"十二五"普通高等教育本科国家级规划教材

化学工业出版社"十四五"普通高等教育规划教材

制药设备与车间设计

（第二版）

原名：《药物制剂过程装备与工程设计》

张　珩　主编

薛伟明　丰贵鹏　张秀兰　副主编

化学工业出版社

·北京·

内容简介

《制药设备与车间设计》（第二版）（原名：《药物制剂过程装备与工程设计》）是教育部"十二五"普通高等教育本科国家级规划教材、国家级一流本科课程"制药工艺设计"的配套教材和教育部高等学校制药工程专业教学指导分委员会推荐教材。

全书共十四章。重点介绍口服固体制剂设备、注射剂设备、搅拌器与间歇反应设备、冷冻与结晶设备、中药提取设备、生物制药发酵设备、制药工程项目设计的基本程序、工艺流程设计、物料与能量衡算及热力学数据估算、工艺设备选型和设计、车间布置设计、管道布置设计、洁净车间净化空调系统设计、非工艺设计项目等内容。全面系统阐述和反映了制药设备与车间设计的基本理论与方法。

《制药设备与车间设计》（第二版）可作为高等院校制药工程专业、药物制剂专业及相关专业的教材，也可供制药、化工等行业从事设计、研究、生产的工程技术人员参考。

图书在版编目（CIP）数据

制药设备与车间设计 / 张珩主编；薛伟明，丰贵鹏，张秀兰副主编. —2版. —北京：化学工业出版社，2024.4（2025.2重印）

"十二五"普通高等教育本科国家级规划教材

ISBN 978-7-122-44670-1

Ⅰ.①制… Ⅱ.①张… ②薛… ③丰… ④张… Ⅲ.①化工制药机械-高等学校-教材②制药厂-车间-设计-高等学校-教材 Ⅳ.①TQ460.5

中国国家版本馆 CIP 数据核字（2024）第 056755 号

责任编辑：马泽林　杜进祥　　　　装帧设计：关　飞

责任校对：杜杏然

出版发行：化学工业出版社
　　　　　（北京市东城区青年湖南街 13 号　邮政编码 100011）
印　　装：北京云浩印刷有限责任公司
787mm×1092mm　1/16　印张 22¼　字数 581 千字
2025 年 2 月北京第 2 版第 2 次印刷

购书咨询：010-64518888　　　　　售后服务：010-64518899
网　　址：http://www.cip.com.cn

凡购买本书，如有缺损质量问题，本社销售中心负责调换。

定　价：65.00 元

《制药设备与车间设计》（第二版）
编 写 人 员

主　　编　张　珩

副 主 编　薛伟明　丰贵鹏　张秀兰

编写人员（以姓氏笔画为序）

丰贵鹏（新乡学院）

王　凯（湖北大学）

任国宾（华东理工大学）

刘根炎（武汉工程大学）

李　峰（新乡学院）

杨　琛（中国医药集团联合工程有限公司）

杨丽烽（江南大学）

张　珩（武汉工程大学）

张秀兰（武汉工程大学）

饶义剑（江南大学）

郭春阳（华东理工大学）

薛伟明（西北大学）

前 言

　　"制药设备与车间设计"是一门以药学、药剂学、药品生产质量管理规范（GMP）和工程学及相关科学理论和工程技术为基础来综合研究制药工程设备与制药工艺设计的应用性工程学科课程。本书第一版为《药物制剂过程装备与工程设计》，是 2012 年 3 月根据药物制剂和制药工程专业设置与发展需求，结合制药工业对药物制剂和制药工程人才知识结构的需要，根据笔者多年来从事制药工程教学与科研的工作经验编写出版的。第一版于 2014 年 9 月荣获教育部"十二五"普通高等教育本科国家级规划教材，是国家级一流本科课程"制药工艺设计"的配套教材和教育部高等学校制药工程专业教学指导分委员会推荐教材。时光荏苒，转眼本书出版已超过十年，制药工业已有了巨大进步，《中国药典》等也有了更新（2020 年版），制药工程专业也已经发展成为一个对国民经济发展具有强大高新技术产业支撑的高新专业。因此，教材内容更新势在必然。

　　本教材《制药设备与车间设计》（第二版）是按照《化工与制药类教学质量国家标准》（制药工程专业）的核心课程"制药设备与车间设计"同名原则更名改版的，意在作为制药工程专业核心课程"制药设备与车间设计"的配套教材。第二版编写原则是体现医药工业新发展和满足制药工程专业教学质量国家标准、国家工程教育认证对制药工程专业的新要求，承担起培养学生解决制药复杂工程问题能力的时代使命。全篇强调制药工程知识结构的完整性，主要改进为两部分：（1）制药设备。系统编入前修课程应反映但弱化了的制药设备内容，结构上增补了上游的化学制药、中药制药、生物制药设备内容，与下游的药物制剂设备统筹考虑，全面反映了制药工业新技术、新装备的发展。（2）制药设计。重点增补的是化学制药、中药制药工程绿色设计理念，阐述了在合成药物设计中，如何体现有机挥发性物质做到近零排放的设计方法；制药合成车间流程设计如何满足 GMP 新要求，特别对最新隔离技术和核心区设计方法的新补充；增加了自动控制系统设计，以促进设计理论上水平提升；使制药工艺设计在设计理论上有个新提高。

　　与第一版相比，本版在章节和内容上作了很大的更新变动。全书共十四章，第一章～第六章以制药设备为主，内容包括口服固体制剂设备、注射剂设备、搅拌器与间歇反应设备、冷冻与结晶设备、中药提取设备、生物制药发酵设备。既有主要药物制剂类型的设备，也有化学制药、中药制药和生物制药的设备，同时对制药过程典型结晶与搅拌单元操作给予了重点增补。第七章～第十四章阐述了制药工程项目设计的基本程序、工艺流程设计、物料与能量衡算及热力学数据估算、工艺设备选型和设计、车间布置设计、管道布置设计、洁净车间净化空调系统设计、非工艺设计项目（包括建筑设计概论、仓库、劳动安全、工程经济）。全面系统反映制药工程工艺设计的基本理论与方法，内容力求横向满足化学制药、天然药物制药、生物制药的设计要求，纵向适应上游原料药和下游药物制剂的需要。从宏观上讲，第一章～第六章加上第九、十章主要解决了"一张表"，即"设备一览表"。而从第七章～第十四章主要解决了"一张图"，即"设备布置图"。因此，"一张表"加"一张图"就使课程内容浑然一体了。

本书由张珩主编，薛伟明、丰贵鹏、张秀兰副主编，全书由张珩、薛伟明、丰贵鹏统稿。具体编写分工如下。绪论：张珩；第一章：薛伟明、李峰、张珩；第二章：薛伟明、张珩；第三章：丰贵鹏、李峰、张珩；第四章：任国宾、郭春阳、张珩；第五章：薛伟明、杨琛、张珩；第六章：饶义剑、张珩；第七章：张秀兰、刘根炎、张珩；第八章：张秀兰、张珩；第九章：王凯、张珩；第十章：张秀兰、刘根炎、张珩；第十一章：张珩、张秀兰、杨丽烽；第十二章：杨丽烽、张秀兰、张珩；第十三章：杨丽烽、张秀兰、张珩；第十四章：丰贵鹏、王凯、李峰。

希望本书能发挥"培根铸魂，启智增慧"的作用。由于编者水平所限，加之时间仓促，疏漏之处恐难避免，切盼专家学者和广大读者不吝指教，批评指正。

张珩

2024 年 3 月

第一版前言

药物制剂过程装备与工程设计是一门以工业药剂学、药品生产质量管理工程、工程学及相关科学理论和工程技术为基础的综合研究药物制剂生产与设计的应用性工程学科课程，即研究药物制剂工程技术及工程设计在满足药品生产质量管理规范（GMP）条件下的原理与方法，介绍药物制剂过程装备的基本构造、工作原理、设备验证以及与制剂生产工艺过程相关的工程设计。它是工科药物制剂专业以及制药工程等专业的一门重要专业课程。

随着 2010 版《中国药典》的正式颁布，药品标准整体水平全面提升，药品安全检测的项目增加，标准化检测与欧美标准接轨，极大地促进了国内医药行业技术进步与规范化发展。同时，经过数次修订的 2010 版药品生产质量管理规范（GMP）已于 2011 年 3 月 1 日正式发布与实施，提高了药物制剂产品生产质量管理标准特别是无菌生产方面的要求。由此势必促进制剂设备的改造升级换代、医药工程设计理念的更新等。而与之相应的全国大约有近百所高校开设有药物制剂专业，其教材及参考书相对滞后，主要表现在：①制剂装备新技术未能及时反映；②内容与生产实际衔接不紧密；③未能反映当前新版 GMP 背景下的制剂工程设计新理念。在此背景下，作者根据多年从事药物制剂领域的教学与科研工作经历与体会，以新版 GMP 对制剂生产厂房、设施和设备及管理等方面的实施为主线，以教育部对高等学校药物制剂专业规范为指南，意在为药物制剂或制药工程等专业提供合适的教材。

为提高本书质量，使本书能较准确、真实和在技术允许情况下有一定深度地反映制剂设备的当前实际和最新发展动态，本书将先进的设备编入书中，内容反映了主要剂型的先进典型制剂生产的工艺与设备的原理、现状和新进展，并增加了药物制剂过程分析技术（PAT）、固体物料输送技术、RABS 隔离技术等反映当前制剂新技术与装备的内容。

本书共十章，由张珩、万春杰任主编。参加编写的人员有：第一章张珩；第二章王凯；第三章朱宏吉；第四章王伟，操锋；第五章万春杰；第六章万春杰，张功臣；第七章李霞；第八章潘林梅；第九章张秀兰，张珩；第十章张秀兰，张珩。全书由张珩、万春杰统稿。

本书可作为高等院校工科药物制剂专业、制药工程专业等相关专业的教材或参考书，也可供从事医药及相关行业研究、设计、生产的工程技术人员参考。

由于编者水平所限，加之时间仓促，书中疏漏之处恐难避免，切盼专家学者和广大读者不吝指教，深表谢意。

张珩　万春杰

2011 年 12 月

于武汉工程大学绿色化工过程省部共建教育部重点实验室

目 录

绪 论

第一节　制药设备与车间设计的重要性

"制药设备与车间设计"是一门以药学、药剂学、药品生产质量管理规范（Good Manu-facturing Practice，GMP）、工程学及相关科学理论和工程技术为基础来综合研究制药工程设备与制药工艺设计的应用性工程学科课程。

制药生产过程包括上游的原料药生产和下游的制剂生产两部分。制药生产过程是按照一定的生产工艺，通过采用各种制药设备进行一系列化学（或生物）反应以及物理处理过程将原料制成合格药品的过程。制药设备在制药生产中的主要作用是：①提供药品生产进行各种化学（或生物）反应的环境和完成反应过程的必要条件；②提供药品生产进行各单元操作过程（动量、热量、质量传递）的环境和完成单元操作过程的必要条件；③保证制药过程安全、高效、低耗、环保的外部条件。制药设备的机械性、自动化、智能化进程，标志着制药工业装备水平，影响着药品质量，是保证制药生产优质、高产、低耗、安全的关键因素。

车间设计是制药工艺设计的组成部分。车间设计以一个或多个产品的生产线工艺设计作为制药工艺设计的基础，工艺设计要素俱全，通过车间设计能够举一反三，学会和懂得：制药工艺设计就是解决如何组织、规划并实现药物工业化规模的生产，其最终成果是建设质量优良、生产高效、运行安全、环境达标的药品生产企业。

制药设备与车间设计是实现药物实验室研究向工业化生产转化的必经阶段，是把一项医药工程从设想变成现实的重要建设环节。它将经过小试和中试检验的药物制备工艺所需的单元反应和单元操作进行组织，对药品生产过程中从原材料到成品之间相互关联的全部生产过程进行设备设计与工艺设计。该过程由4部分组成：①生产准备过程（药品投入生产前，所进行的全部技术准备工作过程）；②基本生产过程（直接把原材料、半成品加工成成品而进行的生产活动总和）；③辅助生产过程（为保证基本生产过程的正常进行所必需的各种辅助生产活动的过程）；④生产服务过程（为保证基本生产和辅助生产的正常进行所需要的各种服务活动的过程）。通过制药设备与车间工艺设计，设计出一个生产流程具有合理性、技术装备具有先进性、设计参数具有可靠性、工程经济具有可行性的成套工程装置或制药生产车间；然后经过建造厂房、布置各类生产设备、配套公用工程，最终使工厂按照设计期望顺利建成开车投产，这一过程就是制药工艺设计的全过程。

制药车间设计重点关注的内容有：①核心前提，工艺流程设计；②基本骨架，三算二布置；③主要法规，GMP；④关注要点，材料选择、设备平衡；⑤发展要求，自动控制，环保、健康、安全（EHS）与工程经济。以形象语言描述"制药设备与车间设计"的内容结构，就是通过三算获得"一张表"，即"设备一览表"，再通过二布置得到"一张图"，即"设备布置图"。"一张表"（承载的是设备）加"一张图"（完成的是设计）就使课程内容浑然一体了。

制药工艺设计内容既有新产品经中试至建设一个完整的工业化规模生产的制药基地，也包括现有生产工艺的技术革新与改造。因此，制药工艺设计人员要自觉进行"三结合"（与药物科研相结合、与提高人民健康水平相结合、与医药市场相结合），主动服务"三需要"（适应市场需要、满足客户需要、控制成本需要），按照"三更新"原则（更新设计观念、更新设计方法、更新科技知识），在设计过程中，加强计算机的应用、先进技术和专利成果的选用、先进设计标准与规范的采用，努力提高医药工程设计的高质量和高水平。

第二节　制药设备与车间设计的特点

在制药生产中，工业反应过程是生产的中心环节，是具有一定反应特性的物料在具有一定传递特性的设备中进行化学反应的过程。它不仅与反应本身特性有关，而且与反应设备特性有关。可见，化学反应是主体，而反应设备则是实现这种变化的环境。设备的结构、型式、尺寸以及操作方式等在物料的流动、混合、传热和传质等方面为化学反应提供了一定的条件。反应在不同的条件下进行，反应的结果也不相同。

制药工艺设计与化工设计的相同点是：设计的安全性、可靠性和规范性是设计工作的根本出发点和落脚点。而不同点是：药品是直接关系到人民健康和生命安全、具有国计民生影响的特殊产品，对药物的纯度与含量要求与对一般化学品或试剂要求有着本质的区别。药品首先要考虑杂质对人体健康没有危害，又不影响疗效。而化学品或试剂只考虑杂质引起的化学变化是否会影响其使用目的和范围。因此，在进行制药工程项目设计时，如何保证药品的质量是不容忽视的重大课题。《中华人民共和国药典》（简称《中国药典》）是国家控制药品质量的标准，是管理药物生产、检验、供销和使用的依据，具有法律的约束力。为使药品质量符合《中华人民共和国药典》的规定，必须以 GMP 作为药品质量管理的基本规范和准则。

制药工艺设计是一项政策性很强的综合工作，设计人员要充分了解国情，了解我国资源分布，严格遵守国家政策法令，自觉维护人民的生命安全。GMP 是一套适用于制药行业的强制性规范。制药工艺设计必须满足 GMP 要求，在设计中保证药品生产全过程能减少和防止污染、交叉污染，确保所生产药品安全有效、质量稳定可控。同时，要紧跟国际先进的设计理论，如 2010 年版 GMP 在硬件上对药品生产过程的无菌、净化要求有很大提高，采用了欧盟标准，实行 A、B、C、D 四级标准，并要求"静态"和"动态"都要达标。而现行GMP 是最新的国际药品生产行为规范和管理标准，其核心理念是要求产品生产和物流的全过程都必须进行验证。

一个优质工艺设计的基本特点应该是"4C"：①创造性（creativity），工程设计需要创造出先前不存在甚至不存在于人们观念中的新东西；②复杂性（complexity），工程设计是具有多变量、多参数、多目标和多重约束条件的复杂工程问题；③选择性（choice），在各个层次上，工程设计者都必须在许多不同的解决方案中做出选择；④妥协性（compromise），工程设计者常常需要在多个相互冲突的目标及约束条件之间进行权衡和折中。

一个好的设计必须观念更新，与时俱进。绿色化的制药工艺设计应以"减量化、再利用、资源化"（reduce、recycle、resource）为基本原则，即"3R"原则。减量化是减少制药过程的能耗、物耗，减少有害物质的使用或生成。再利用是减少废弃物，使废弃物在系统内再利用。资源化是尽量将排放的废弃物转化为可用的再生资源，尽量延长产品的生命周期。制药工艺设计还必须满足 EHS（environment、health、safety）管理体系的要求，EHS 管理体系是环境管理体系（EMS）和职业健康安全管理体系（OHSMS）两个体系的整合。EHS 管理体系建立起一种通过系统化的预防管理机制，消除各种事故、环境和职业病隐患，以便最大限度地减少事故、环境污染和职业病的发生，从而改善企业安全、环境与健康。EHS 的管理目标是：生产的环境保护和控制、员工的身体健康、员工的人身安全和企业的设备安全。EHS 管理体系的目标指标是针对重要的环境因素、重大的危险因素或者需要控制的因素而制定的量化控制指标。目标指标可以是保持维持型的指标，也可以是改进提高型的。因此，在制药工艺设计中必须考虑工艺过程的要求和产品标准（质量）、存在哪些危险及如何避免（安全、健康）、会产生哪些环境问题及如何控制（环境），必须评价工艺过程所具有的各种潜在危险性（如原料、反应、操作条件的不同，偏离正常运转的变化，工艺设备本身的危险性等），研究排除这些危险性或用其他适当办法对这些危险性加以限制的方法。所以，要充分研究 EHS 硬件资源配置：①与安全及消防有关的设施（劳动保护、逃生、防盗、防火、防爆、相关潜在危险源的识别设施，以及危险物品，易燃易爆、有毒物品的仓储和管理设施等）。设计应关注生产过程可能导致员工受伤、设备损坏的因素，并通过预防控制手段阻止危害因素诱发事故。②环境控制及污染源识别、检测和处理设施，主要是"三废"（废气、废液和固体废弃物）处理以及突发环境事件的应急处理设施。设计应提供室内的空气质量、照明、温度、地面的清洁、设备的布置，保证生产现场秩序井然、布局合理，为员工提供良好舒适的生产环境状态。③与人员健康有关的人员急救、防护设施，包括洗眼器、紧急冲淋、防毒防害和基本应急救护用品、药具等。必要时，工艺设计还要提出工艺过程操作原则或安全备忘录。设计应考虑员工在生产过程中的健康问题，控制、操作、接触有毒有害化学品，车间噪声，生产设备的振动等可能对员工的身体造成一定的健康影响。要将工厂绿色设计建设、产品清洁生产、设备采购和对环境友好、保障员工健康和安全作业等融入制药工艺设计之中，有效推进制药工业的不断进步。

　　现代制药厂设计的重要发展趋势和理念是绿色化、智能化、柔性化及工程集成化。绿色制造是在保证产品的功效质量及成本的基础上，综合考虑环境影响和资源效率的现代制造模式。绿色制造核心是制造过程的低碳、节能、高效、环境友好，关键是"绿色工厂"的构建，生产过程产生的经济效益和社会生态价值能够和谐发展。智能制造是基于新一代信息通信技术与先进制造技术深度融合，贯穿于设计、生产、管理、服务等制造活动的各个环节，具有自感知、自学习、自决策、自执行、自适应等功能的新型生产方式。工厂设计智能化目标就是构建数字化工厂和智能化工厂。柔性制造是提高制药设备的利用率，减少设备投资以及工序中在制品量，改进快速应变能力并维持设备的生产能力，还能提高产品的质量、设备运行和产量的灵活性。柔性化目标的实现主要依赖于工厂模块化设计、具备柔性化功能的制药装备和智能制造技术的应用。工程集成化指设计集成化、管理集成化和制药设施模块化、集成化。设计集成系统用信息化、数字化和集成化等技术与手段构建协同工作平台，在统一的平台上进行全专业三维协同设计，完成全流程工程设计数字化，并实现三维工厂模型、工程文档和属性数据的关联集成，最终实现工程数字化交付。工程数字化交付成果与工厂运维系统集成后，对应于物理工厂的数字化工厂自动建立，而数字化工厂的建立又为智能化工厂的构建打下了基础。项目管理集成化是运用集成理念，通过现代通信手段和信息化平台，理顺管理对象和管理系统的内在联系，提高系统整体协调性，使项目参与人员在同一平台上同时实施项目管理，提高管理效益，实现项目集成管理的更加科学高效。制药设施模块化、集成化主要包括：制药装备模块化、集成化和定制模块化工厂。制药装备模块化是指由若干个某种特定功能设备、管路、输送带或控制系统等模块组成的小型成套装置，通过多个模块组合，以最大限度地获得和满足用户对空间和时间的需求，并可以组装成大型成套制药装置或生产线；制药装备集成化是指把分离或转序的工艺集成在一个设备中完成，以及将各个分离的设备、功能和信息等集成到相互关联的、统一和协调的系统之中，其特点是能克服交叉污染、减少操作人员和空间、降低安装技术及安装空间的要求，使资源充分共享，实现集中、高效、便利的管理；定制模块化工厂特点是由预组装的模块化单元构成，大部分模块在工厂进行制造并预验证，再运输到现场进行组装。这种建造方式能大大缩短基地建设周期，降低厂房建设成本，加速药品商业化进程，提升运营效率。

第三节　制药设备与车间设计的分类

通用制药设备分为 8 类：①原料药机械及设备；②制剂机械；③药用粉碎机械；④饮片机械；⑤制药用水设备；⑥药品包装机械；⑦药物检测设备；⑧其他制药机械与设备。

专用制剂设备分为 14 类：①片剂设备；②水针剂设备；③西林瓶粉针剂、水针剂设备；④大输液剂设备；⑤硬胶囊剂设备；⑥软胶囊剂设备；⑦丸剂设备；⑧软膏剂设备；⑨栓剂设备；⑩口服液剂设备；⑪药膜剂设备；⑫气雾剂设备；⑬滴眼剂设备；⑭糖浆剂设备。

根据医药工程项目生产的产品形态不同，医药工程项目设计可分为原料药生产设计和制剂生产设计。根据具体的剂型，制剂生产设计又包括片剂车间设计、针剂车间设计等。

根据医药工程项目生产的产品不同，医药工程项目设计可分为：化学原料药厂设计、天然药物及中药厂设计、微生物发酵制药及生化制药厂设计、现代生物技术制药厂设计和药物制剂及生物制品厂设计。

制药工业属于过程工业型制造业（流程型制造业），流程型制造业一般是能耗和排放大户，其节能、降耗、减排任务十分艰巨。

第四节　学习本课程的意义

制药工程专业人才能力构建的重要方面就是工程能力和工程素质的培养。"制药设备与车间设计"课程正是为了满足这一需求而设置的。

本课程的主要任务是使学生学习制药厂（车间）工艺设计的基本理论和方法，运用这些基本理论与制药工业生产实践相结合的思维方法，掌握工艺流程、物料衡算、热量衡算、工艺设备设计和选型、车间和工艺管路布置设计、非工艺条件设计的基本方法和步骤；训练和提高学生运用所学基础理论和知识，分析和解决制药厂（车间）复杂工程问题的能力，领会药厂洁净技术、GMP 管理理念和原则。

本课程强调工程观点和技术经济观点。通过本课程的学习，使学生树立符合 GMP 要求的整体工程理念，从技术的先进性、可靠性，经济的合理性，以及环境保护的可行性三个方面树立正确的设计思想；掌握制药生产工艺技术与 GMP 工程设计的基本要求以及洁净生产厂房的设计原理，熟悉药厂公用工程的组成与原理，了解制药相关的政策法规，从而为能够进行符合 GMP 要求的制药工程车间工艺设计奠定初步理论基础。

思考题

1. 在制药生产中，制药设备在制造过程中的主要作用是什么？其装备水平的最高级形式是什么？
2. 请简述制药车间设计的核心内容。
3. 为什么好的制药工艺设计要体现"4C"和"3R"？其精髓要义是什么？

第一章
口服固体制剂设备

 学习目标:

口服固体制剂是原料药与适宜辅料经过一定生产技术加工成经口服途径给药的固体剂型，适用于低成本、高效率的工业化生产，是目前临床使用最广泛的制剂。常用口服固体剂型有片剂、胶囊剂、颗粒剂、散剂、滴丸、膜剂等。通过本章的学习，掌握口服固体制剂基本工艺与原理，了解常用制剂设备及其结构与运行原理，熟悉片剂、胶囊剂等固体制剂设备选型原则与方法。

第一节　粉碎工艺与设备

一、粉碎工艺原理

粉碎是借助机械力将大块物料粉碎成适宜粒度的碎块或细粉的操作过程，目的是提供粒度符合制剂工艺要求的物料，提高药物在制剂中的分散性，改善制剂中药物的生物利用度。

在外加机械力作用下，当被粉碎物料局部所受应力超过物料分子间作用力时，物料即产生裂缝而粉碎。粉碎过程中，常见外力包括冲击力、压缩力、剪切力、弯曲力、研磨力等。冲击力、压缩力和研磨力对脆性物料有效，剪切力对纤维状物料有效，冲击力和压缩力对粗颗粒物料有效，剪切力和研磨力对细颗粒物料有效。实际粉碎过程是几种力综合作用的结果。

二、粉碎设备

（1）锤式粉碎机　锤式粉碎机属于机械撞击式粉碎机，主要部件包括带有衬板的机壳、装有许多可自由摆动的 T 形锤并做高速旋转的转子、加料斗、螺旋加料器、筛网及出料口（图 1-1）。固体物料自加料口由螺旋加料器连续定量加入粉碎室，在高速旋转锤的离心作用和冲击作用下，物料受到冲击力、摩擦力、剪切力复合作用并被粉碎成微细颗粒，最后通过筛网经出料口排出。机壳内的衬板可更换，衬板的工作面呈锯齿状，有利于颗粒撞击内壁而被粉碎。

（2）球磨机　球磨机是固体制剂生产中常用的细碎设备。图 1-2 所示球磨机的结构主体是一个不锈钢或瓷制的圆筒体，按筒体内仓室数可分为单仓和多仓。筒体内的研磨介质是直径 25~150mm 的钢球、瓷球或圆棒。待粉碎物料装入量为筒体有效容积的 25%~45%。

工作时，电机通过联轴器和小齿轮带动大齿轮，使筒体缓慢转动，研磨介质随筒体上升至一定高度后向下滚落或滑动，对物料产生连续撞击、研磨和滚压，使物料被粉碎成细粉并排出设备。

球磨机的筒体转速直接影响研磨介质和物料的运动状况及物料的研磨过程。不同转速下，筒体内研磨介质和物料的运动状况不同：①当转速较低时，研磨介质和物料随筒体内壁上升至一定高度便沿斜面滑下，不能形成足够的落差和产生足够大的撞击力，研磨效率低。②当筒体转速很高时，研磨介质和物料在离心力作用下不再脱离筒壁，而是随筒体一起旋转，产生这种状态的最低转速称为筒体临界转速 N_c。N_c 与筒体内径 D 的关系为 $N_c = 42.2/\sqrt{D}$，此时研磨介质对物料几乎没有撞击作用，研磨效率很低。③当筒体转速介于低转速和 N_c 之间时，研磨介质被筒体带到一定高度后沿抛物线落下，对筒底物料产生强烈撞击作用，研磨效率较高。将研磨效率最高时相应的转速称为最佳工作转速，最佳工作转速为 N_c 的 $60\%\sim85\%$。

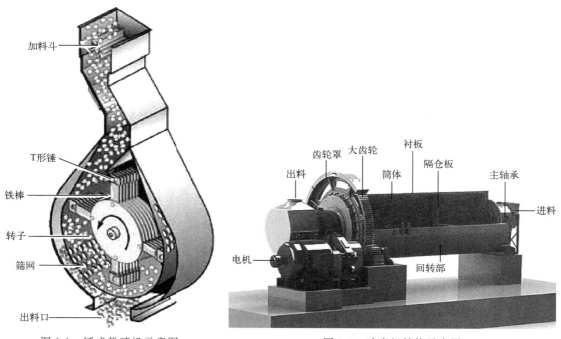

图 1-1　锤式粉碎机示意图　　　　　图 1-2　球磨机结构示意图

球磨机常用于结晶性或脆性药物的粉碎，具有结构简单、运行可靠、可密闭操作、粉尘污染小等优点。密闭操作时，可用于剧毒药物、贵重药物、易吸湿性药物、易氧化性药物、刺激性药物的粉碎。设备主要缺点是运行时有强烈振动和噪声、能耗较大。

（3）振动磨　振动磨是一种超细粉碎设备，利用机械力使振动磨筒体产生强烈转动和振动，在粉碎和磨细物料的同时实现均匀混合。设备运行时，筒体除了公转还有自转，筒体内研磨介质的运动方向和主轴旋转方向相反。这种运动使研磨介质之间以及研磨介质与筒体之间产生强烈的冲击、摩擦和剪切作用，在短时间内将物料研磨成细小颗粒。按照振动机构的特点，可将振动磨分为惯性式和回转式两大类。惯性式振动磨的筒体支撑在弹簧上，当筒体由电机带动旋转时，筒体自身还做振动运动（图 1-3）。回转式振动磨的筒体支撑在弹簧上，主轴两端有偏心配重，主轴的轴承安装在筒体上并通过挠性联轴器与电机相连，当电机带动主轴快速旋转时偏心配重产生的离心力使筒体产生近似椭圆轨迹的运动。这种高速回转运动使筒体中的研磨介质与物料呈悬浮状态，研磨介质产生的抛射、冲击、研磨作用可有效粉碎物料。

振动磨单位容积产量大、占地面积小、流程简单，密封筒体充以惰性气体，可以用于易燃、易爆、易氧化固体物料的粉碎。其缺点是机械部件加工要求高，设备运行时振动和噪声大。

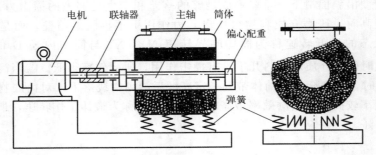

图 1-3　单筒惯性式振动磨示意图

（4）气流粉碎机　气流粉碎机又称气流磨、流能磨或喷射磨，是最常用的超细粉碎设备之一。利用高速气流（300～500m/s）或过热蒸汽（300～400℃）的能量，使物料颗粒相互冲击、碰撞、摩擦而产生超细粉碎作用（图 1-4）。设备的主要类型包括扁平式气流粉碎机、循环式气流粉碎机、对喷式气流粉碎机、流态化对喷（逆向）式气流粉碎机、靶（撞击板）式气流粉碎机。

设备主要特点：①由于压缩气体膨胀时产生冷却作用，以及物料颗粒与气体间快速进行热交换作用，设备在运转时不产生热量，适用于热敏性物质（如抗生素、酶）和低熔点物质的粉碎处理；②采用惰性气体作为气流进行粉碎，能避免物料氧化；③设备结构简单，易于对设备进行无菌处理，常用于粉碎无菌粉末。其缺点是气流撞击噪声大，产量低。

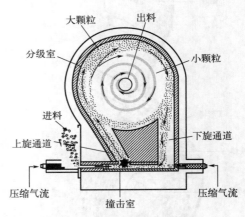

图 1-4　气流粉碎机示意图

一个完善的粉碎工序设计必须对整套工程进行系统考虑。在气流粉碎工艺中，除了粉碎机主体设备外，还需配置气流产生设备、气流净化和处理设备、加料装置、成品收集装置、粉尘处理装置、消声设施等辅助设备。需要特别指出的是，粉碎作业往往是产生粉尘的污染源，整个系统最好在微负压下操作以使粉碎系统符合 GMP 要求。

第二节　筛分工艺与设备

一、筛分工艺原理

固体药物被粉碎后，必须将药物颗粒或粉末按不同的粒度范围要求进行分离。筛分是借助筛网孔径尺寸将物料按粒径进行分离的方法。筛分操作简单、经济、分级精度较高，在医药工业中应用广泛。

二、筛分设备

工业筛分设备主要有振动筛和旋动筛两类。一般要求筛面耐磨、抗腐蚀、工作可靠、设备易维修、低能耗、低噪声等。设备的密闭性应能够防止粉尘进入生产环境。为了适应制剂生产频繁更换品种，设备必须满足便于彻底清洗和防锈要求。

（1）振动筛　振动筛是利用机械振动力或电磁振动力，依靠筛面振动和筛面倾角实现筛分操作。在筛面高频率振动下，物料颗粒与筛面通过相对运动进行良好接触，有效防止了筛孔堵塞。振动筛结构简单紧凑，单位筛面处理物料能力大，特别是对细粉处理能力较强，是一种应用广泛的筛分设备。各种振动筛均采用弹性支撑筛箱，依靠振动发生器使筛面振动进行工作。根据动力来源分为机械振动筛和电磁振动筛；根据筛面运动规律分为直线摇动筛、平面摇晃筛和差动筛等。

旋转式振动筛由筛网、电机、重锤、弹簧等组成。电机通轴的上下部分别安装不平衡重锤，筛框通过弹簧支撑在底座上。工作时，上部重锤使筛网产生水平圆周运动，下部重锤使筛网产生垂直运动，由此形成筛网的三维振动。物料加至筛网中心部位后以曲线轨迹向器壁运动，其中细颗粒通过筛网由下部出料口排出，粗颗粒由上部出料口排出。

（2）旋动筛　旋动筛的筛框一般为长方形且具有一定倾斜度，由偏心轴带动在水平面内绕轴沿圆形轨迹旋动，回转速度为 $150\sim260r/min$，回转半径 $32\sim60mm$，筛网旋动的同时产生高频振动。在筛网底部格栅内置有若干小球，利用小球撞击筛网底部可防止筛孔堵塞。旋动筛可以连续操作，粗筛、细筛可组合使用，粗物料、细物料分别从各层排出口排出。

（3）双曲柄摇动筛　设备由筛网、偏心轮、连杆、摇杆等组成。筛网通常为长方形，放置时保持水平或略倾斜。筛框支撑于摇杆上或悬挂于支架上。工作时旋转的偏心轮通过连杆使筛网做往复运动，物料由一端加入，其中的细颗粒通过筛网落于网下，粗颗粒则在筛网上运动至另一端排出。

第三节　混合工艺与设备

一、工艺原理

混合是将两种或两种以上组分在外力作用下分散并达到均匀状态的操作，以制备均匀的混合物。根据固体颗粒在混合设备中的不同运动状态，将混合机理分为对流混合、剪切混合和扩散混合，实际混合过程通常是这三种混合共同作用的结果。

（1）对流混合　在混合设备翻转或搅拌下，物料颗粒之间产生相对运动并形成环流，许多成团的物料颗粒从混合室的某处移向另一处，而另一处的物料做相向移动，这两群物料在对流运动中相互变换位置而混合。

（2）剪切混合　固体颗粒在混合器内运动时产生滑动，从而在不同成分的界面间产生剪切作用，引起颗粒之间的混合，并具有粉碎颗粒的作用。

（3）扩散混合　当固体颗粒在混合器内混合时，颗粒的紊乱运动使相邻颗粒相互交换位置并产生局部混合，称为扩散混合。当颗粒形状、充填状态或流动速度不同时，即可发生扩散混合。

二、混合设备

混合设备通常由装载物料的容器和提供动力的装置构成。根据设备结构和运行特点，可将混合设备类型分为固定型、回转型和复合型。

1. 容器固定型混合机

（1）槽型混合机　主要由混合槽、搅拌器、机架和驱动装置等组成（图1-5）。搅拌器通常为螺带式并水平安装于混合槽内，轴与驱动装置相连。当螺带以一定速度旋转时，螺带表面推动与其接触的物料沿螺旋方向移动，使螺带推力面一侧的物料产生螺旋状的轴向运动，而四周的物料则向螺带中心运动，结果使物料在混合槽内上下翻滚并均匀混合。槽型混合机结构简单、操作维修方便，在药品生产中广泛应用。其缺点是混合强度小、混合时间长，当颗粒密度相差较大时，密度大的颗粒易沉积于底部，故仅适用于密度相近的物料混合。

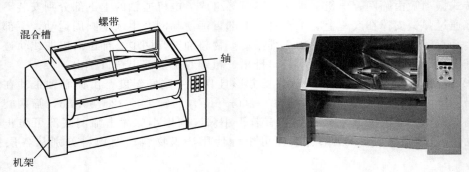

图1-5　槽型混合机结构示意图与设备外观

（2）锥形混合机　主要由锥形壳体和传动装置组成。壳体内一般装有1～2个与锥体壁平行的螺旋式推进器。常见的双螺旋锥形混合机主要由锥形筒体、螺旋杆和传动装置等组成，结构见图1-6（a）。设备运行时，螺旋式推进器在容器内既有公转又有自转，两个螺旋杆的自转可将物料自下向上提升，形成两股对称的沿锥体壁上升的螺柱形物料流，并在锥体中心汇合后向下流动，从而在筒体内形成物料的总体循环流动。同时，螺旋杆在旋转臂的带动下在筒体内做公转，使螺柱体外的物料不断混入螺柱体内，使物料在整个锥体内不断混合。

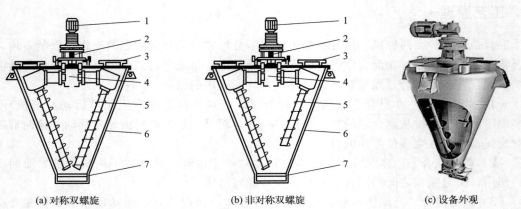

(a) 对称双螺旋　　　　　(b) 非对称双螺旋　　　　　(c) 设备外观

图1-6　双螺旋锥形混合机结构示意图与设备外观

1—电机；2—减速机；3—进料口；4—传动装置；5—螺旋杆；6—锥形筒体；7—出料口

双螺旋锥形混合机可使物料在短时间内混合均匀，多数情况下仅需 7～8min 即可使物料达到最大程度混合。若混合某些物料时产生分离作用，可采用图 1-6（b）的非对称双螺旋锥形混合机。锥形混合机可密闭操作，具有混合效率高、清理方便、无粉尘等优点。

2. 容器回转型混合机

这是一类简单且通用的固体混合设备，混合室为环绕轴旋转的完全封闭容器。根据不同的混合过程，回转轴线与容器轴线可以重合，也可互成一定角度，甚至相互垂直。当轴驱动容器旋转时，容器内的物料颗粒翻滚流动，实现扩散混合。常见容器形式有 V 形、双重圆锥形、滚筒形、Y 形、正立方体形和混合型等。在不同形状的容器中，物料运动状态各有不同，有的产生径向运动，有的产生轴向运动，有的同时产生环向、径向和轴向的复合运动。根据物料特征和混合要求，容器内还可设置破碎装置、加液装置、挡板、搅拌桨叶等辅助设施。

（1）V 形混合机　由传动部分和容器构成（图 1-7）。传动部分主要由电机、减速机、转轴等组成，转轴与容器一般由凸缘连接，转轴、密封套不与混合物直接接触，以免润滑油污染物料。容器部分由两个圆筒形筒体以 V 形焊接而成，两个圆筒的夹角一般为 80°。设于 V 形底部的出料口通常采用 O 形圈密封。容器内壁需进行抛光处理以便粉体充分流动，同时也有利于出料和清洗。V 形混合机的两个料筒长度不等，以便更有效地扰乱物料在混合室内的运动形态，增大"紊流"程度，促进物料充分混合。为了强化混合作用，有时也在容器内部装设挡板、桨叶或强制搅拌桨，对物料进行搅拌和折流。强制搅拌桨的转动方向与筒体回转方向相反，以增加混合速度。容器的形状相对于轴是非对称的，当 V 形混合机的混合室绕轴做回转运动时，两个料筒内的物料交替发生流动。当 V 形混合室的连接处位于底部位置时，物料在 V 形底部汇集；当混合室连接处位于顶部位置时，汇集的物料又分置于两个料筒内。随着混合室的不断旋转，粉体在 V 形圆筒内连续反复混合，物料随机地从一区流向另一区，物料颗粒不断分布达到混合效果。

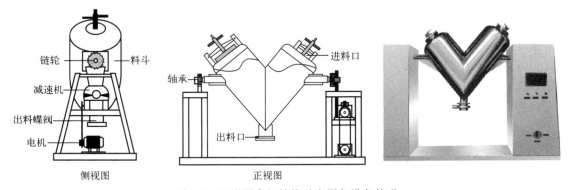

图 1-7　V 形混合机结构示意图与设备外观

（2）一维运动混合机　这类设备又称滚翻运动混合机，由料筒、传动系统（电机、减速机、联轴器等）、机座（含控制器）组成（图 1-8）。装有混合物料的筒体（料筒）在电机带动下做匀速旋转运动，在筒体内壁上焊接的"抄板"推动下，物料沿筒壁做环向运动。由于抄板与筒体中轴线有一定角度，物料在筒体内做前后方向的运动。可见，料筒的运动属于一维旋转运动，但物料在料筒内却呈现三维滚翻的最大相对运动，达到混合目的。

（3）二维运动混合机　又称摇滚运动混合机，是指转筒可同时进行两个方向运动的混合机，由转筒、摆动架、机架三部分构成（图 1-9）。两个运动方向分别是转筒的转动、转筒

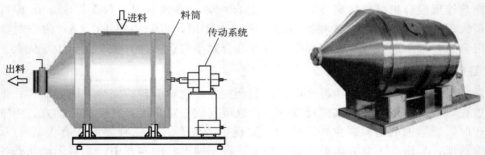

图 1-8　一维运动混合机结构示意图与设备外观

随摆动架的摆动。被混合物料在转筒内随转筒转动、翻转、混合的同时又随转筒的摆动而发生左右来回的掺混运动。转筒安装在摆动架上，由四个滚轮支撑并由两个挡轮对其进行轴向定位，另外两个传动轮在动力系统带动下使转筒产生转动。摆动架由轴承组件支撑在机架上，并由一组安装在机架上的曲柄摆杆机构驱动，使转筒在转动的同时又参与摆动，使筒中物料得以充分混合。二维运动混合机具有混合迅速、混合量大、出料便捷等优点，批处理量可达 250～2500kg，常用于大批量粉粒状物料的混合。主要缺点是间歇操作，劳动强度较大。

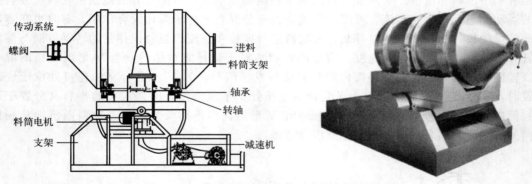

图 1-9　二维运动混合机结构示意图与设备外观

（4）三维运动混合机　由料筒、传动系统、控制系统、多向运行机构和机座等组成（图 1-10）。料筒与两个带有万向节的轴相连，其中一个为主动轴，另一个为从动轴。该设备

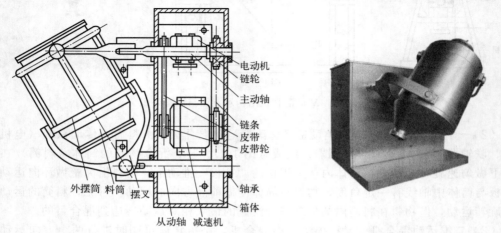

图 1-10　三维运动混合机结构示意图与设备外观

充分利用三维摆动、平移转动和摇滚原理，使混合筒形成复杂的空间运动，并产生强烈的交替脉动，加速物料流动与扩散，使物料在短时间内混合均匀。

三维运动混合机可避免一般混合机因离心力作用而产生的物料偏析和积聚现象，可对不同粒度和不同密度的多种物料进行混合，具有装料系数大、混合均匀度高、混合速度快和混合过程无升温现象等优点。缺点是间歇操作，批处理量小于二维运动混合机。

（5）自动提升料斗混合机 由机架、回转体、驱动系统、夹持系统、提升系统、制动系统及电脑控制系统组成（图 1-11）。设备运行时，将料斗移放在回转体内，再将回转体提升至预定高度并自动将料斗夹紧。压力传感器得到夹紧信号后，驱动系统自动按设定参数进行混合操作。达到设定混合时间后，回转体停止在出料状态，同时停止制动系统工作。提升系统将回转体降至地面并松开夹紧系统，移开料斗，完成混合，自动打印运行数据。车间只需配置一台自动提升料斗混合机及多个不同规格的料斗，便能满足不同批量、多品种的混合要求。

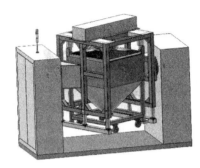

图 1-11 自动提升料斗混合机

设备特点：①回转体的回转轴线与几何对称轴线形成夹角，物料随回转体翻动的同时，还沿斗壁做切向运动，使物料产生强烈的翻转和切向运动，混合效果好；②设备能夹持不同规格的料斗，适应多品种固体制剂混合要求；③自动完成夹持、提升、混合、下降、松夹等全部程序，能自动夹紧料斗，料斗接口标准化，适合自动化密闭操作；④采用 PLC 全自动控制，设置了隔离联锁装置，操作人员离开工作区后才自动启动运行，安全性好。

三、混合设备的选型

混合设备要在遵循 GMP 原则前提下，根据以下 3 个基本原则选型：

（1）根据过程要求选型 设备选型需综合考虑混合物和设备类型与工艺过程的相容性。相容性包括：①物料纯净度；②设备密闭性；③粉碎作用；④升温问题；⑤磨损问题；⑥湿物料问题；⑦间歇或连续问题。初始选择时首先淘汰不相容的混合设备（见表 1-1）。

表 1-1 混合设备特征评价表

混合机形式		粒径/mm			休止角/(°)			含水率			物料差异小	物料差异大	磨损大	出料难易	清洗难易	无菌生产
		>0.1	0.01~0.1	<0.01	<35	35~45	>45	黏结	干燥	润湿						
容器回转	V 形混合	○	△	×	○	△	×	×	○	×	○	×	○	易	易	△
	双重圆锥	○	△	×	○	△	×	×	○	×	○	×	○	易	易	△
	三维运动	○	△	×	○	△	×	×	○	×	○	○	△	易	易	○
	方锥料斗	○	△	×	○	△	×	×	○	×	○	○	△	易	易	○
容器固定	槽型混合	○	○	×	○	○	×	○	○	△	○	×	×	易	易	×
	立式螺带	○	○	×	○	○	○	○	○	○	○	×	○	易	易	×
	行星锥形	○	○	○	○	○	○	○	○	○	○	×	○	易	难	△
	气流搅拌	○	×	×	○	△	×	×	○	×	×	×	○	易	易	×

续表

混合机形式		粒径/mm			休止角/(°)			含水率			物料差异小	物料差异大	磨损大	出料难易	清洗难易	无菌生产
		>0.1	0.01~0.1	<0.01	<35	35~45	>45	黏结	干燥	润湿						
复合型	一维运动	○	○	×	○	○	△	×	○	△	○	△	○	易	易	△
	二维运动	○	○	×	○	○	△	△	○	△	○	○	○	易	易	△
	V形搅拌	○	○	×	○	○	△	△	○	△	○	○	○	易	难	×
	圆锥搅拌	○	○	×	○	○	△	×	○	△	○	△	○	易	难	×

注：○为适合，△为可以使用，×为不适用。

（2）**根据物料的质量要求选型**　物料的混合质量与混合器效率之间是相辅相成的，只有确定了物料的混合质量，才能确定混合设备效率。比较混合设备效率的唯一合理基准是平衡物料的质量。不同混合器达到物料平衡条件所需时间有很大差异，可以采用一种标准物料，通过比较各混合器的性能来综合评价设备效率。

（3）**根据混合过程费用选型**　若有两个或两个以上的混合设备，既能满足工艺过程要求，又能保证混合物质量，那么最终选型方案将取决于混合操作的单位成本。

第四节　制粒工艺与设备

一、挤压制粒

挤压制粒是湿法制粒工艺中常用的技术，是将物料粉末混合均匀，再加入适当的黏合剂捏合制成软材后，用强制挤压的方式使其通过具有一定大小筛孔的孔板或筛网（板）而制成均匀颗粒的方法。常见设备包括摇摆式制粒机、旋转式制粒机、螺旋挤压式制粒机等。

1. 摇摆式制粒机

由制粒部分、传动部分和机架组成。其中，制粒部分由加料斗、七角滚筒、筛网和夹管等组成（见图1-12）。当七角滚筒呈周期性正反向旋转运动时，受左右夹管夹紧的筛网紧贴于滚筒外缘，滚筒外缘由七根截面为梯形的刮刀组成，刮刀对软材产生挤压和剪切作用，将

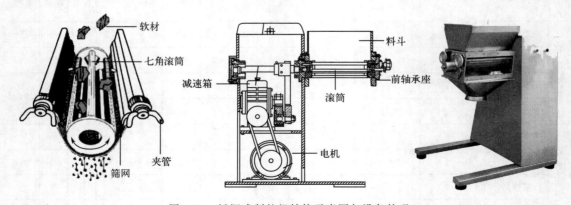

图 1-12　摇摆式制粒机结构示意图与设备外观

软材压过筛网而成为颗粒。这种制粒原理是模仿人工在筛网上用手搓压的动作来制粒的。摇摆式制粒机常与槽型混合机配合使用，后者将物料制成软材后，再经该设备制成湿颗粒。

2. 旋转式制粒机

由筛孔、挡板、圆钢桶、旋转叶片、齿轮、出料口、颗粒接收盘组成（图1-13）。设备的圆筒形制粒室内有上下两组叶片，上部的倾斜叶片（压料叶片）将物料压向下方，下部的弯形叶片（碾刀）将物料推向周边。两组叶片逆向旋转，从制粒室上部加入的物料在两组叶片的联合作用下，从制粒室下方的细孔挤出并成为颗粒。颗粒的大小取决于细孔的孔径，一般选用孔径为0.7～1.0mm。该设备适用于制备湿颗粒。

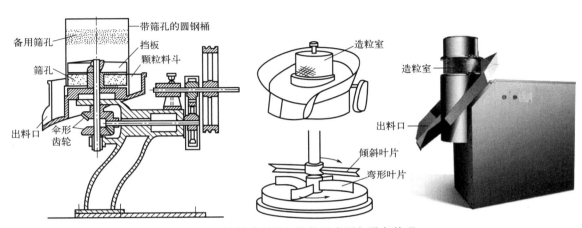

图1-13　旋转式制粒机结构示意图与设备外观

3. 螺旋挤压式制粒机

由混合室和造粒室两部分组成（图1-14）。物料从混合室双螺杆上方的加料口加入。两个螺杆分别由齿轮带动相向旋转，借助螺杆上螺旋的推力，物料被挤进造粒室。物料在造粒室内被挤压滚筒进一步挤压通过筛筒上的筛孔而成为颗粒。螺旋挤压式制粒机的特点是生产能力大，制得的颗粒不易破碎。

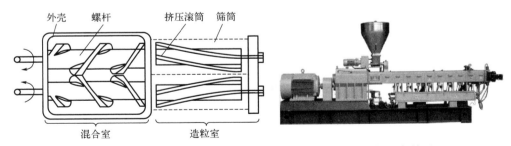

图1-14　螺旋挤压式制粒机工作原理示意图（俯视图）与设备外观

二、搅拌切割制粒

高速搅拌切割制粒是将药物粉末、辅料和黏合剂加入容器中，利用高速旋转的搅拌器及切割刀，迅速完成混合并制成颗粒的方法。

高速搅拌切割制粒机由混合筒、搅拌桨、切割刀和动力系统（搅拌电机、制粒电机、电器控制器和机架）组成，根据设备结构形式可分为卧式和立式两种（图1-15）。设备运行时，将原辅料按处方量加入混合筒中后密封筒盖，开动搅拌桨对干粉进行混合1～2min。待混合均匀后加入黏合剂或润湿剂，再搅拌4～5min，物料即被制成软材。开动切割刀，将物料切割成颗粒。设备特点：①制得的颗粒粒度均匀，干燥后制成的片剂硬度、光洁度、崩解性能和溶出度均优于传统工艺；②混合与制粒一步完成，自动卸料，全过程约10min，工效比传统工艺提高4～5倍；③黏合剂用量比传统工艺减少15％～25％，颗粒干燥时间缩短；④采取洁净气封系统能有效防止物料交叉污染和机械磨损尘埃引起的污染。

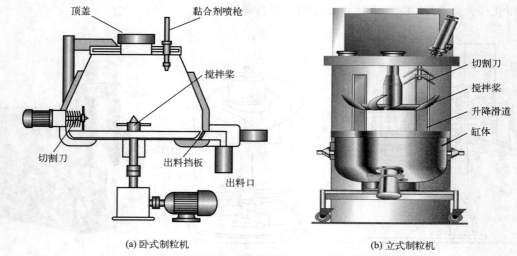

(a) 卧式制粒机　　　　　　　　　　　(b) 立式制粒机

图1-15　高速搅拌切割制粒机结构示意图

三、流化床制粒

在粉末物料形成颗粒过程中，当黏合剂溶液均匀喷洒在悬浮松散的粉体颗粒上时，黏合剂微细雾滴的表面张力促使周围粉末颗粒在液滴界面聚集形成粒子核，在继续喷入黏合剂作用下使粒子核之间黏合架桥和交联，聚集成较大颗粒。干燥后，颗粒表面的黏合剂液体转变为固体骨架，形成多孔颗粒产品。

流化床制粒机由容器、气体分布装置（如筛板等）、喷嘴（雾化器）、气固分离装置（如袋滤器）、空气送排装置、物料进出装置等组成（图1-16）。设备运行时，由送风机吸入的空

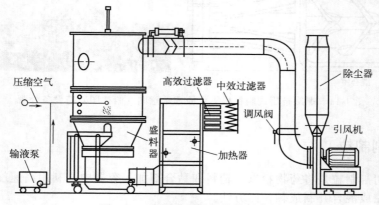

图1-16　流化床制粒机结构示意图

气经过空气过滤器和加热器，从流化床下部通过筛板吹入流化床内，热空气使床层内的物料呈流化状态。随后送液泵将黏合剂溶液送至喷嘴管，由压缩空气将黏合剂均匀喷成雾状，分散在流化态粉粒表面，促使粉粒相互接触并凝集形成颗粒。经过反复喷雾和干燥，当颗粒尺寸符合工艺要求时停止喷雾，形成的颗粒继续在床层内被热风干燥，出料。集尘装置可阻止未与雾滴接触的粉末被空气带出，尾气从流化床顶部经排风机放空。

设备特点为：①集混合、制粒、干燥功能于一体，能直接将粉末物料一步制成颗粒，具有快速沸腾制粒、快速干燥物料的多种功能；②设备在密闭负压下工作，设备内表面光洁无死角，易于清洗，符合 GMP 要求；③以液态物料为润湿黏合剂，可节约大量乙醇；④所得颗粒比表面积大，采用这种颗粒制备的颗粒剂易于溶解，制备的片剂易于崩解。

四、干法制粒

干法制粒法包括滚压法和重压法。滚压法是利用转速同步的两个相向转动辊筒之间的缝隙，将粉末滚压成片状或块状物，产品形状与大小取决于辊筒表面情况。若辊筒表面具有凹槽，可将粉末压制成相应形状的块状物；若辊筒表面光滑或有瓦楞状沟槽，可将粉末压制成大片状，再采用颗粒机将这些片状物或块状物破碎成一定尺寸的颗粒（图 1-17）。重压法是采用重型压片机将固体粉末压成直径为 20～25mm 的片坯，再破碎成所需粒度颗粒。

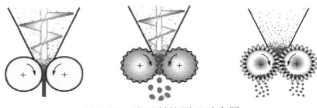

图 1-17 滚压制粒原理示意图

设备运行时，送料螺杆将投入料斗的原料粉末推送到两个辊筒之间进行挤压，压制形成的固体片坯被粗碎机破碎成块状物后，送入具有较小凹槽的粉碎机制成粒度适宜的颗粒，然后送入整粒机进行修整。被修整的颗粒通过带网孔的筛板进入筛分机，成品颗粒通过筛分后进入斗式提升机被送入成品仓。过筛的粉状物通过螺旋输送机返回原料仓，再次压实完成一个封闭循环（图 1-18）。直接压片技术已成为国内外制剂工业研究的热点之一。

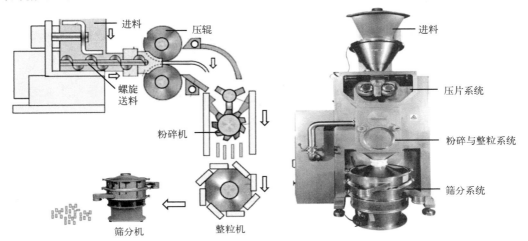

图 1-18 干法制粒工作原理示意图与设备外观

干法制粒优势为：①将粉体原料直接制成满足工艺要求的颗粒状产品，不需任何中间体和添加剂；②造粒后产品粒度均匀，堆积密度显著增加，减少粉料和能源浪费，控制污染；③改善物料外观和流动性，便于储存和运输；④颗粒溶解度、孔隙率和比表面积可控，适用于湿法混合制粒、一步沸腾制粒无法作业的物料；⑤设备占地面积小，加工成本低。

五、整粒机

在湿法或干法制粒后，形成的颗粒存在大小不均匀或结块等现象，因此采用整粒机对颗粒的均匀度进行处理。快速整粒机常温造粒，能耗低，使用寿命长，成粒率可高达 100%，是较先进的医用颗粒造粒设备（图 1-19）。

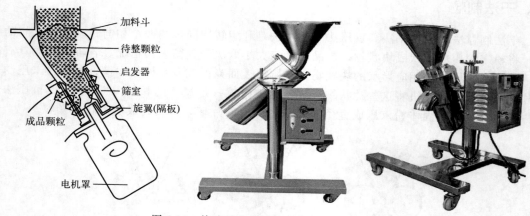

图 1-19　快速整粒机结构示意图与设备外观

加料斗与轴承架连接并伸向机外。旋转滚筒安装在加料斗下方，它通过齿条传动进行倒顺回转。筛网夹管安装在旋转滚筒两旁，中间开有一条长槽，筛网的两端嵌入槽内，转动手轮将筛网包裹在旋转滚筒的外圆上。减速箱采用蜗轮传动，蜗轮外端安装的偏心杆带动齿杆往复运动，与齿杆啮合的齿轮轴即做倒顺回转运动。电机安装板的一端与机座铰链连接，另一端与螺母铰接，当转动机座上手轮时，可调节丝杆旋转，螺母即带动电机板上下活动以调节三角带的松紧。

设备运行时，待加工的原料从整粒机的进料口落入锥形工作腔，由旋转的回转刀对原料起旋流作用，并以离心力将颗粒甩向筛网面，颗粒在旋转刀与筛网之间被粉碎成小颗粒并经筛网排出。颗粒尺寸由筛网数目、回转刀与筛网之间的距离、回转转速来调节。

第五节　干燥工艺与设备

一、干燥原理

干燥是将热量施加于湿润物料以排除挥发性湿分（大多数为水），并获得一定湿含量固体产品的过程。对湿物料干燥时，同时进行传热和传质，重要条件是必须具有传热和传质的推动力。干燥包括真空干燥、冷冻干燥、气流干燥、微波干燥、红外线干燥和高频率干燥等方法。

二、干燥设备

根据加热方式不同，干燥设备分为对流式、传导式、辐射式和介电加热式设备（表1-2）。药物制剂生产中常用的设备是对流干燥设备。

表 1-2　干燥设备的分类

设备类型	设备名称
对流干燥设备	厢式干燥器、气流干燥器、转筒干燥器、流化床干燥器、喷雾干燥器
传导干燥设备	盘架式真空干燥器、耙式真空干燥器、滚筒干燥器、间接加热干燥器、冷冻干燥器
辐射干燥设备	红外线干燥器
介电加热干燥设备	微波干燥器

1. 厢式干燥器

这是一种外形为厢体的干燥器，属间歇式常压干燥器（图1-20）。厢体器壁采用绝热材料制备以减少热量损失。干燥器内设有多层框架，湿物料置于层叠在框架上的托盘内。新鲜空气从设备上侧由风机引入，经过一组加热管后横向流经框架，在盘间及盘上流动并吹过处于静止状态的物料，托盘中湿物料的水分或溶剂被热空气蒸发带走。当空气温度降低后，被另一组加热管重新加热，再流经其他框架，如此重复，空气流最后返回至设备上侧排出。

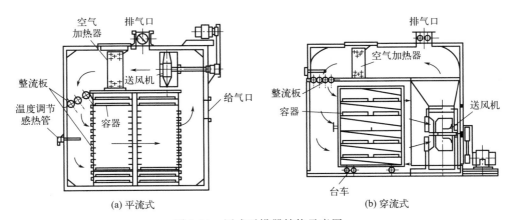

(a) 平流式　　　　　　　　　　　　(b) 穿流式

图 1-20　厢式干燥器结构示意图

根据空气流与物料的接触方式，厢式干燥器分为：①热风沿物料表面平行通过的平流式厢式干燥器；②热风垂直穿过物料的穿流式厢式干燥器。

厢式干燥器优点是构造简单，设备投资少，操作方便，适用范围广。缺点是装卸物料的劳动强度大，设备利用率低，能耗高且产品质量不均匀。它适用于小规模、多品种、干燥条件变动不大及干燥时间长等场合的干燥，特别适合作为中试的干燥装置。

2. 流化床干燥器

又称沸腾床干燥器，是对湿物料干燥的常用设备。加热空气从设备下方通入并向上流动，穿过干燥室底部的气体分布板，将板上的湿物料吹松使之呈流化态悬浮在空气中。当热空气在湿颗粒间穿过时，在热空气与湿颗粒之间进行热量交换并带走水分，进行干燥。干燥过程中不需翻料并自动出料，节省劳力，适合大规模生产。这类设备适合对质地较硬的湿颗粒物料进行干燥，工艺特点是气流阻力小，物料磨损轻，热利用率高，干燥速度快，产品质量好。药品生产常用的流化床干燥装置包括单层流化床、多层流化床、卧式多室流化床、塞流式流化床、振动流化床、机械搅拌流化床等多种类型。其中，单层流化床干燥器（图1-21）由鼓风机、加热器、螺旋加料器、流化干燥室、旋风分离器、袋滤器、气体分布板组成。

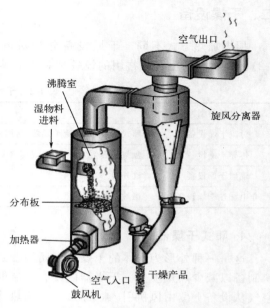

图 1-21　单层流化床干燥器

3. 喷雾干燥器

喷雾干燥是空气经由过滤器进入加热器进行热交换，形成的热空气进入干燥室顶部的空气分配器，使空气呈旋转状进入干燥室。料液由高压泵送至干燥室中部（或顶部）的喷嘴进行雾化，通过形成大量液滴以增加液滴与热空气接触的比表面积，促进水分迅速蒸发，在极短时间内形成干燥的颗粒。颗粒产品在塔底出料口收集，废气及固体粉末经旋风分离器分离，废气由抽风机排出，粉末由旋风分离器下端的收粉筒收集。根据雾化器的不同结构，将喷雾干燥器分为压力式（机械式）、离心式（转盘式）和气流式3种类型。

压力喷雾干燥器（图1-22）主要由空气预热器、气体分布板、雾化器、喷雾干燥室、高压液泵、无菌过滤器、储液罐、抽风机、旋风分离器等部件组成。

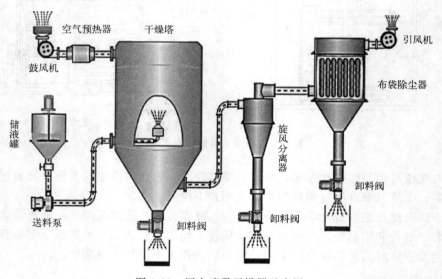

图 1-22　压力喷雾干燥器示意图

4. 红外线干燥器

如图1-23，红外线干燥器由照射部分、冷却部分、传送带部分、排风部分和控制部分组成。红外线具有热效应，使物料分子强烈振动并引起温度升高，促进水分子汽化并达到干燥目的。设备特点为：①干燥速率快，特别适用于大面积表层物质的加热干燥；②待干燥物料表面和内部分子能同时吸收红外线辐射产生的热量，加热均匀，产品干燥质量好；③设备小，远红外线烘干隧道长度显著缩短，建设费用低；④设备构造简单，烘道设计方便，施工安装方便。

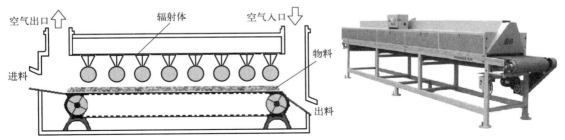

图 1-23　红外线干燥器示意图与设备外观

三、干燥器的选型

药物制剂生产中，干燥器选型原则如下：①产品质量。许多产品的生产对干燥工艺具有无菌和避免高温分解的要求。因此，选型主要保证质量，其次才考虑经济性等问题。②物料特性。包括物料形状、含水量、水分结合方式、热敏性等。物料特性不同，干燥方法也不同（例如，对于散粒状物料主要选用气流干燥器和沸腾干燥器）。③生产能力。生产能力不同，干燥方法不同。当干燥大量浆液时可采用喷雾干燥，而生产能力低时宜采用滚筒干燥。④劳动条件。某些干燥器虽经济适用，但劳动强度大且不能连续生产，这种干燥器特别不宜处理高温、有毒、粉尘多的物料。⑤经济性。在符合上述要求下，应尽可能降低干燥器的投资费用和操作费用。⑥其他要求。设备的制造、维修、操作及设备尺寸是否受到限制也是应考虑的因素。此外，根据干燥过程的特点还可采用组合式干燥器。例如，对于最终含水量要求较高的产品，可采用气流＋沸腾干燥器；对于膏状物料可采用沸腾＋气流干燥器。

第六节　片剂制备工艺与设备

一、片剂制备工艺

片剂生产工艺包括制粒压片法和直接压片法。前者分为湿法制粒压片法和干法制粒压片法，后者分为药物粉末直接压片法和药物结晶直接压片法。生产工艺流程框图如图 1-24。

1. 制粒压片工艺

制粒压片工艺的两个重要前提条件是用于压片的物料（颗粒或粉末）必须具有良好的可压性和良好的流动性。

要制得符合质量要求的片剂，用于压片的物料必须具有良好的可压性。这种可压性指物料在受压过程中可塑性的大小。在加压初期，颗粒（或粉末）被挤紧并发生移动或滑动。随着压力的增加，颗粒间隙进一步减小并产生塑性或弹性变形，同时还有部分颗粒被压碎并填充于颗粒间隙中。当压力增大到一定程度时，颗粒间距被压缩得极小（$10^{-8} \sim 10^{-7}$ m），分子间引力足以使颗粒固结成为整体片状物。可塑性大表明物料可压性好，否则需选用可压性较好的辅料来改善原物料的可压性。同时，还要求物料具有良好的流动性，保证物料能够均匀流畅地填充于压片机的模孔中，使片剂重量和含量均匀分布。

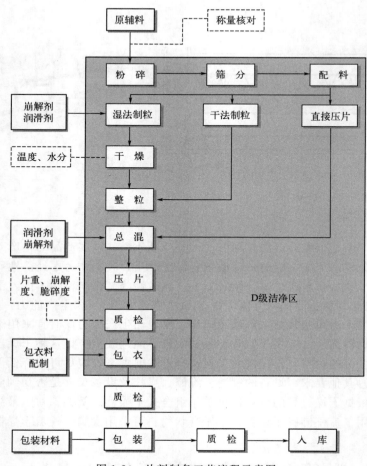

图 1-24　片剂制备工艺流程示意图

（1）湿法制粒压片　湿法制粒压片法是在原料粉末中加入液体黏合剂使粉末聚集形成颗粒，进而实现压片的技术（图 1-25）。只有在湿热条件下稳定的药物方可采用湿法制粒压片工艺。热敏性、湿敏性、极易溶等特殊物料不宜采用该法。

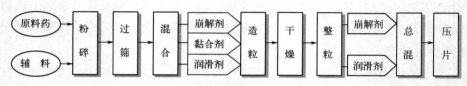

图 1-25　湿法制粒压片工艺流程示意图

（2）干法制粒压片　该法不需黏合剂，采用较大压力将混合均匀的原辅料压制成较大片状物后再破碎成粒径适宜的颗粒（图 1-26），方法简单，省工省时，适合于热敏性、遇水易分解、易压缩成型等药物的制粒。颗粒成型后，再加入润滑剂和崩解剂等辅料进行压片。

图 1-26　干法制粒压片工艺流程示意图

2. 直接压片工艺

（1）粉末直接压片法　该法是指不经过制粒过程而直接将药物和辅料混合压片的方法。由于不需制粒、过筛、干燥、整粒及中间抽样检测等工序，减少了相应设备与厂房投资、检验成本和劳动强度，节约时间与能源，批次间差异小，产品质量稳定，可操作性强，有效保护了主药稳定性，避免了加热和水分对药物的影响，适用于对湿热不稳定的药物。采用该法生产的片剂具有良好的崩解性能和优异的分散均匀度，片剂崩解后可形成比表面积相对较大的细粉，药物溶出速度快，吸收效果好，生物利用度高。因此，该工艺在速释片、速崩片的生产中应用广泛。该法的局限性是粉末流动性差，片重差异大，压片时易出现裂片。目前，用于粉末直接压片的辅料主要是微晶纤维素、无水乳糖、可压性淀粉、聚维酮、微粉硅胶等。

（2）结晶直接压片法　该法是指某些结晶性药物（如阿司匹林）具有适宜的流动性和可压性，只需稍加粉碎和过筛处理，再加入适量崩解剂和润滑剂并混合均匀，即可直接压片（图 1-27）。

图 1-27　直接压片工艺流程示意图

二、片剂制备设备

压片机主要分为单冲式压片机（单冲压片机、花篮式压片机）和旋转式多冲压片机（普通旋转压片机、亚高速压片机、高速压片机、包芯片压片机、全粉末直接压片机等）。单冲式压片机价格低廉、操作方便、结构简单但生产能力小。旋转式多冲压片机结构复杂、价格昂贵但生产能力大，主要用于药品生产。

1. 单冲式压片机

单冲式压片机（图 1-28）由转动轮、加料斗、模圈、上下两个冲头、三个调节器（片重、压力、出片）和一个加料器组成。单冲式压片机只有一副冲模，利用偏心轮和凸轮等机构，旋转一周完成压片与出片。压片过程如下：①上冲上升，下冲下降；②送料靴移至模圈上，将靴内物料填满模孔；③送料靴离开模圈，同时上冲下降，将颗粒压成片剂；④上冲上升，下冲继而上升并将药片从模孔中顶出至模圈上；⑤送料靴移至模圈上并将药片推下冲模台，使药片落入接收器中；⑥下冲下降，使模孔内重新填满物料。如此反复压片、出片。

在曲柄单冲式压片机中，靴形加料器采用左右摆动间歇加料；在花篮式压片机中，靴形加料器采用前后往复直线运动间歇加料。二者都是加料器做填充和刮料的运动，而模孔静止

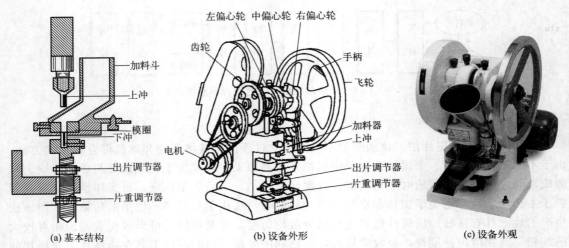

图 1-28　单冲式压片机结构示意图与设备外观

待料。下冲杆附有两个调节器，上方为调节冲头使之与模圈相平，称为出片调节器；下方是调节下冲的下降深度，称为片重调节器。若药片重量不足时，调节片重调节器使下冲杆下降，通过增大模孔容积使片重增加。若药片偏重时，调节片重调节器使下冲杆上升，以减少填充颗粒的容积，使片重减轻。片重调节完毕后，利用连接于上冲杆内的压力调节器，使上冲杆高度下降，缩短上冲与下冲的间距，压力增大，片剂变硬；反之，压力减小，片剂变软。

2. 旋转式多冲压片机

旋转式多冲压片机将多副冲模呈圆周状安装在工作转盘上，各上、下冲的尾部由固定不动的升降导轨控制。当上、下冲随工作转盘同步旋转时，又受导轨控制做轴向升降运动，从而完成连续的压片过程，即连续加料和连续出片。根据工作转盘上冲模的数目，可将旋转压片机分为 19 冲、21 冲、27 冲、33 冲、35 冲、55 冲等型号。这种压片机的压力分布均匀，片重差异较小，可连续操作，生产效率高，生产应用广泛。

旋转式压片机由动力与传动部分、加料部分、压制部分、吸粉装置组成。动力由电机输出，通过无级调速轮输送到三角皮带轮，再通过传动轴离合器中的摩擦轮带动蜗杆轴，经蜗杆传给转盘下方的蜗轮，带动转盘转动。多副冲杆在随转盘一起做圆周运动的同时，沿固定的上下导轨做升降运动，经过加料装置、填充装置、压片装置等机构完成加料、填充、压片、出片等连续的工艺过程（图 1-29 和图 1-30）。

旋转压片机工作时，圆盘绕轴旋转，带动上冲和下冲分别沿着上冲圆形凸轮轨道和下冲圆形凸轮轨道运动，同时中模也做同步转动。根据冲模所处的工作状态，可将工作区沿圆周方向划分为填充区、压片区和出片区。

在填充区，加料器向模孔填入过量物料。当下冲运行至片重调节器上方时，调节器的上部凸轮使下冲上升至适当位置，将模孔中过量的药粉推出，并被刮料板刮离模孔。片重调节器通过调节下冲的上升高度来调节模孔容积，达到调节片重的目的。

在压片区，上冲在上压轮的作用下进入模孔，下冲在下压轮的作用下上升。在上冲和下冲的联合作用下，模孔内的药粉被挤压成一定形状的片剂。

在出片区，上冲和下冲同步上升，压成的片剂被下冲顶出模孔，随后被刮片板刮离圆盘并沿导槽滑入片剂接收器。随后下冲下降，冲模在转盘的带动下进入下一填充区，开始下一

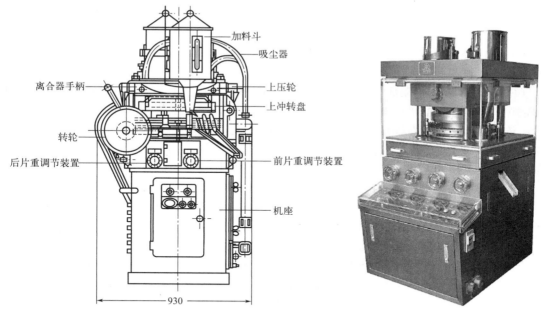

图 1-29　旋转式多冲压片机结构示意图与设备外观

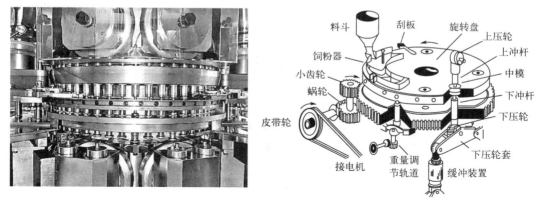

图 1-30　旋转式多冲压片机工作转盘外观与结构示意图

轮操作循环。通过出片调节器可将下冲的顶出高度调整至与中模上部相平或略高的位置。

旋转式多冲压片机主要结构（图 1-31）及工作原理如下：

（1）**工作转台**　这是压片机的主要工作部件，由上下轴承组件、主轴、转台等构成。转台由主轴带动旋转，完成加料、填充、压片、出片等压片全过程。

（2）**轨道机构**　由上轨道和下轨道组成圆柱凸轮和平面凹轮，是上冲杆与下冲杆运动的轨迹。上轨道由上冲上行轨、上冲下行轨、上冲上平行轨、上冲下平行轨等多块轨道组成，它们分别紧固在上轨道盘上。下轨道由下冲上行轨、下冲下行轨和充填轨组成，分别安装在下轨道座上。

（3）**充填调节装置**　充填调节机构安装在主体内部，在主体平面上可观察到弯月形充填轨，它通过螺旋作用上升或下降来控制模孔中的药粉充填量，即片剂重量。

（4）**片厚（压力）调节装置**　通过调节下压轮来调节片厚（压力）。下压轮被安装在主体的两侧并被套在曲轴上，曲轴外端装有蜗轮副。当曲轴的偏心轮向上或向下偏转时，偏心距增大或减小，引起下压轮上升或下降，施加在模孔中药粉上的压力增大或减小，使片剂变薄或增厚，借以控制片剂的厚度和硬度。

（5）**加料装置** 该装置由加料斗、调节螺钉、加料器等组成。加料器被安装在转台上，为月形栅式加料器。

（6）**传动装置** 传动部分由电机、同步带轮、蜗轮减速箱、试车手轮等组成。电机通常固定在机身内部。电机的伸出轴上固定有无级变速轮，通过三角带带动机座上部的传动轴转动。传动轴水平安装在轴承托架内，中间的蜗杆通过带动转盘上的蜗轮使转盘运转。传动轴前端为试车手轮，另一端为离合器。离合器通过拨叉带动摩擦轮沿轴向移动，使之与皮带轮压紧或分离。压紧时传动轴转动，分离时传动轴停止转动。当需要临时停车时，按逆时针方向向下拉动手柄，手柄通过拉杆右端螺纹使拉杆轴向移动，并带动拨叉使摩擦轮向右移动与三角皮带轮分离。手柄复位后，摩擦轮由弹簧压紧，使之与三角皮带轮一起转动。通过变速手轮调节电机轴上无级变速轮内部两个活片之间的距离，可以改变无级变速轮的有效直径，进而调节压片速度。无级变速轮有效直径越小，压片速度越低。

（7）**罩壳部分** 全封闭的压片机罩壳符合 GMP 要求。上半部分由四扇视窗围成，便于清扫和维修。下半部分为封闭式的不锈钢门，当维修和安装冲模时方打开此门。压片室与机器传动部分由不锈钢围罩隔开，保证压片室清洁及保护传动零件免受粉末污染和腐蚀。

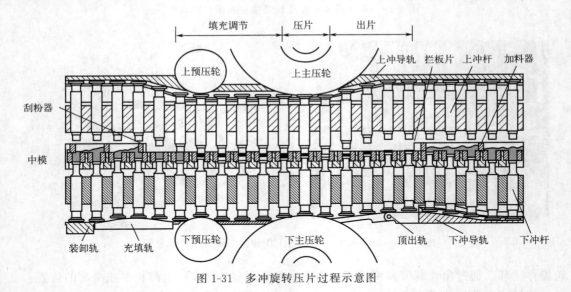

图 1-31　多冲旋转压片过程示意图

3. 高速压片机

全自动高速压片机（图 1-32）具有全封闭、压力大、噪声低、转速快、生产效率高、产品质量好等特点。压片时采用双压模式，微型计算机实现片重自动控制和废片自动剔除，机器在传动、加压、充填、加料、冲头导轨、控制系统等方面都明显优于普通压片机。

（1）**设备工作原理** 主电机通过交流变频无级调速器经蜗轮减速后带动转台旋转。转台转动时，上冲头和下冲头在导轨作用下产生上、下相对运动，药粉颗粒经填充、预压、主压、出片等工序被压成片剂，压片基本原理与旋转压片机相同。但在整个压片过程中，控制系统通过对压力信号进行检测、传输、计算和处理，实现片重自动控制、废片自动剔除、自动采样、故障显示和打印数据等操作。

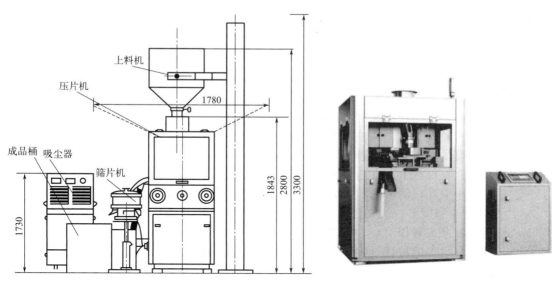

图 1-32　高速压片机系统配置示意图与设备外观

（2）设备基本结构　　设备基本结构包括传动部件、转台、导轨、加料器、填充和出片部件、片剂计数与剔废部件、润滑系统、液压系统、控制系统、除尘部件等。

① 传动部件　由带制动的交流电机、皮带轮、蜗轮减速器、调节手轮等组成。电机启动后通过一对皮带轮将动力传递到蜗轮减速器上，由减速器的输出轴带动转台主轴旋转。电机的转速可通过交流变频无级调速器调节，电机的变速可使转台转速变化，使压片产量由 1 万片/h 提高到 30 万片/h 以上。

② 加料器　采用强迫加料器。由小型直流电动机通过小蜗轮减速器将动力传递给加料器的齿轮并分别驱动计量、配料和加料叶轮。药粉颗粒物料从料斗底部进入计量室，经叶轮混合后压入配料室，再流向加料室并经配料叶轮、加料叶轮通过出料口送入中模。加料器的加料速度可根据具体情况由无级调速器调节。

③ 填充和出片部件　设备的下冲下行轨有 A、B、C、D、E 五挡，每挡调节范围均为 4mm，极限量为 5.5mm，操作前需按品种确定片重后再选定适宜的某挡轨道。控制系统通过运算发出指令控制步进电机通过齿轮带动填充调节手轮旋转，对填充深度进行调节。步进电机带动手轮每旋转一格，填充调节深度变化 0.01mm。手动旋转手轮可使填充轨上下移动，每旋转一周填充深度变化 0.5mm。有的高速压片机连接有液压提升油缸，液压提升油缸平时仅发挥软连接支撑作用，当设备出现故障时，油缸通过泄压对机器进行保护。高速压片机在出片槽中安装了两条通道，右通道是合格药片通道，左通道是废片排出通道，两个通道之间的切换可通过槽底旋转电磁铁加以控制。开车运行初期，废片通道打开，合格药片通道关闭。待设备压片运行稳定后，切换通道，合格药片通过筛片机出片。

④ 压力部件　压片时药粉颗粒经预压后再进行主压，预压和主压均有相对独立的调节机构和控制机构。预压和主压时，通过手轮调节冲杆的进模深度与片厚，两个手轮各旋转一周可使进模深度分别变化 0.16mm 和 0.1mm，两个压轮最大压力可分别达到 20kN 和 100kN。通过压力传感器对预压和主压产生的电信号采样、放大、运算并调节压力，使操作自动化。

预压是为了排除药粉颗粒中的空气，对主压起到缓冲作用，提高片剂质量和产量。上预压轮通过偏心轴支撑在机架上，利用调节手柄改变偏心距，改变上冲进入中模的位置，达到调节上预压的目的。下预压轮安装在压轮支座上，压轮支座下部连接有丝杆、蜗轮、蜗杆、万向联轴器和手柄。通过手柄可调节下冲进入中模的位置，达到调节下预压的目的。压轮支座的丝杆连在液压支撑油缸上，当压片力超出预压力时，油缸通过泄压起到安全保护作用。

上压轮通过偏心轴支撑在机架上，偏心轴的一端连接在上大臂的上端，上大臂的下端连在液压支撑油缸上端的活塞杆上。液压支撑油缸起软连接作用，保护机器超压时不受损坏。下压轮也通过偏心轴支撑在机架上，偏心轴的一端连在下大臂的上端，下大臂的下端通过丝母、丝杆、螺旋齿轮副、万向联轴器等连在手柄上，通过手柄即可调节片厚。

为了延长中模的使用寿命，避免长期在中模内同一个位置压片，高速压片机上安装有冲头平移调节装置。在保持上、下压轮距离不变的条件下，即在片剂厚度保持不变的条件下，使上、下冲头在中模孔内同时向上或向下移动，从而实现冲头平移。

⑤　片剂计数与剔废部件　在传动部件的一个皮带轮外侧固定一个带齿的计数盘，其齿数与压片机转盘的冲头数相对应。齿的下方是固定的磁电式接近传感器，传感器内有永久磁铁和线圈。当计数盘上的齿移过传感器时，永久磁铁周围的磁力线发生偏移，在线圈中产生感应电流并将电信号传递至控制系统。这样，计数盘转过的齿数就代表转盘上压片的冲头数，即压出的片数。根据齿的顺序，通过控制系统就可以判断出冲头所在顺序号。对同一规格的片剂，压片机开始生产时，先采用手动方式将片重、硬度、崩解度调节至符合工艺要求，再切换至电脑控制状态，使压制的片剂具有相同厚度与重量。若中模内药粉填充过松或过紧，用于压片的冲杆所受反作用力将发生变化，安装在上压轮上大臂处的压力应变片会将这种数值变化输入电脑。若冲杆反力的数值不符合设定阈值范围，则压出的片剂为不合格品，此时电脑会记录压制不合格品的冲杆序号。在转盘出片处安装有剔废器，它有一个压缩空气吹气孔正对着出片通道，正常情况下该吹气孔处于关闭状态。当出现废片时，电脑根据产生废片的冲杆顺序号向吹气孔开关输出电信号，压缩空气可将不合格片吹出，同时关闭合格片剂通道，使废片通过废片通道出片。

⑥　控制系统　主要包括远距离控制装置、定量加料装置、记忆自动操作系统、片重自动控制装置、压力自动控制装置和安全装置。根据压力检测信号，利用液压系统调节预压力和主压力，并根据片重值调整填充量。当片重超过设定值时，机器给予自动剔除。若出现异常情况，能自动停机。控制器具有显示和打印功能，能将设定数据、实际工作数据、统计数据、故障原因、操作环境等显示并打印出来。

⑦　除尘部件　有两个吸尘口，一个在中模上方的加料器旁，另一个在下层转盘的上方，通过底座后保护板与吸尘器相连，吸尘器独立于压片机之外。吸尘器与压片机同时启动，将中模所在转盘上方、下方的粉尘吸出。

4. 旋转式包芯压片机

（1）工艺原理　包芯片又称干包衣片，是在预压制得的成片上进行二次物料填充压制，形成具有内层和外层结构的片剂。由于物料在生产过程中未接触任何溶剂或水，故包芯片是糖衣包衣、薄膜包衣、缓控释包衣等技术的一种补充形式。

包芯片的应用优势为：①利用内外两层释药速率的差异，可长时间维持平稳的释药速率和有效血药浓度，根据需求实现药物缓释、药物速释、脉冲释药、延迟释药、双峰释药、多相释药等缓控释新技术；②将不同药物组分压制成互不混合的片层，能够改善药物配伍禁忌，增加药物在片剂中的稳定性；③用压片方式实现外层包衣，可避免片剂直接包衣不均匀引起的药物泄漏，同时具有掩味和防潮的作用。

（2）设备结构　旋转式包芯压片机由罩壳、上压轮与下压轮、上轨道与下轨道、转台、加料器、传动机构、润滑机构、加芯部件组成。其中，加芯部件是设备的核心部位，主要功能是在加芯盘运转时精确定位和检测芯片位置，避免芯片错位。

（3）设备原理 在电机带动下，转动的转台带动冲模旋转运动，上下冲随曲线导轨做升降运动完成药粉填充与压片动作。同时，加芯装置完成外层药粉初填充、加芯、药粉再填充和包芯片压制。在这一过程中，上压轮可通过上下移动调节上冲进模深度，在压片过程中对药片厚度进行控制；上下轨道相当于圆柱凸轮，决定了上下冲在圆周上升降运动的轨道。

加芯装置由转台、加芯盘、下冲杆、下冲加芯轨组成。转台中心连接有中心轴，转盘节圆上均匀分布着冲模孔。加芯盘的中心连接有加芯轴，盘节圆上均匀分布加芯孔。下冲加芯轨上连接着下冲加芯压下轨，下冲杆在下冲加芯压下轨的轨道上滑动，同时下冲加芯轨与水平有一夹角，使转台节圆与加芯盘节圆相交两点，保证落芯位置准确，提高了运行稳定性。

设备采用全封闭式结构，工作室与外界隔离，保证了包芯与压片区域的清洁，不会造成与外界的交叉污染。同时包芯与压片室采用不锈钢材料制作，便于清洁保养，确保与药品接触部位的干净和无污染。转台采用不锈钢制作且表面耐蚀耐磨，转台与药品直接接触部分均可拆卸以确保零件的可靠清洗与消毒。采用光电开关和压力传感器的双重检测，剔片程序完成缺芯片的自动剔片动作，保证包芯片含芯率达到100%。

三、压片机的选型

对压片机选型时，首先应符合GMP生产要求，然后根据物料状态、片剂形式、生产规模、产量、压片力、压片直径以及是否有特殊要求等方面综合评价（表1-3）。

表1-3 压片机类别及相关参数

类别	类型/kN	最高转台转速/(r/min)	最高产量/(万片/h)	配用冲模	最大压片直径/mm	特点	适用范围
单冲压片机	50		0.6	定制	12/24	结构简单、便宜	适于实验室研究和特小批量生产
	100		0.3	定制	40		
	200		0.15	定制	80	适合难压片	
	300		0.15	定制	120		
多冲旋转式压片机	普通中速型(80)	30	10~13	ZP型	13	运行成本低	较小批量生产
				ZP型	13		
	全自动亚高速型(100)	40	18~25	I系列	B型16	转速适中、结构紧凑、压片力大、运行成本低、性价比好	规模集约生产
					D型22		
				I系列	B型16		
					D型22		
	全自动高速型(100)	50	30~33	I系列	B型16	转速快、产量高、自动化程度高、运行成本高	规模集约生产
					D型22		
				I系列	B型16		
					D型22		

压片机选型设计需考虑的因素是：①最大压片直径决定了片剂外形尺寸和重量；②最大充填深度决定了最大片重要求；③最大压片力与片剂硬度要求相关；④最大压片厚度与最大压片直径决定了片剂体积；⑤最大产量决定了生产规模，一般按最大产量的 60%～80% 推算生产规模；⑥模具型号对设备运行成本具有影响；⑦电器配置和自动化程度，对操作技能和维修保养提出了相应要求；⑧配件供应是否及时，对片剂生产的连续性具有影响。

第七节　包衣工艺与设备

包衣是片剂生产工艺流程中继压片工序之后常用的一种制剂工艺，是在片芯表面包裹上适宜的包衣材料。根据衣层材料及溶解特性不同，分为糖衣片、薄膜衣片、肠溶衣片和膜控释片等。目前，国内常用的包衣设备为普通包衣机和高效包衣机。

一、普通包衣机

这是最常用的滚转式包衣设备，一般由包衣机、动力部分、加热部分、鼓风设备等组成。包衣机有荸荠形、苹果形、梨形、六角形和圆柱形等形式。荸荠形包衣机见图 1-33。

包衣机一般采用紫铜或不锈钢材料制成，直径 100cm 或 80cm，深度约 55cm，内外抛光。包衣机安放在由电机带动的轴上，轴常与水平呈 30°～45° 斜角，使片芯在包衣机内既能沿锅的转动方向滚动，又能沿轴的方向运动，有利于包衣材料在片芯表面均匀分布和干燥。轴的转速可根据包衣机的体积、片芯性质和不同包衣阶段进行调节，常用转速范围为 12～40r/min。包衣机以一定速度旋转，使片芯在离心力作用下沿锅壁向上移动，当片芯重力大于离心力和摩擦力时便沿锅壁弧线滚转而下，使片芯均匀翻滚并在锅口形成旋涡，片芯表面多次被包衣料液包覆并不断干燥，使衣料在片芯表面沉积成膜。加热装置常用天然气、电能或热空气加热，使片剂表面衣料干燥，同时采用排风装置吸除湿气和粉尘。

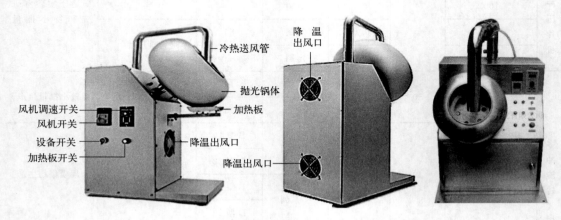

图 1-33　荸荠形包衣机结构与设备外观

为了增大普通包衣机的生产效率，在其结构基础上进行了改进：

（1）加挡板包衣机　在包衣机内表面加装一定数量的挡板，可以改进药片在锅内光滑表面打滑现象，优化药片在锅内的滚动状态，使衣料在药片表面上均匀分布，提高包衣质量。

（2）**改进加热干燥系统的包衣机** 改变热空气流动方式，提高干燥效率，缩短生产时间。以后孔式包衣机为例，热风从包衣机一端进入对药片进行加热，另一端的排风装置则不断将挥发湿气和粉尘吸除，使锅内的气流运动保持恒定方向，干燥效果较好。

（3）**埋管式包衣机** 埋管式包衣机属于喷雾包衣设备。在普通包衣机的底部装有通入包衣溶液、压缩空气和热空气的埋管。包衣时，埋管插入包衣机中翻动的片床内，包衣浆液由泵输出后再经气流式喷头连续雾化，直接喷洒在片剂上，干热空气伴随雾化过程从埋管吹出，穿透整个片床进行干燥。湿空气从排出口引出，经集尘过滤器排出。该设备可用有机溶剂溶解的衣料或水性混悬浆液的衣料，对片剂包薄膜衣或包糖衣。埋管式包衣设备结构简单，能耗低，可在普通包衣机上安装埋管和喷雾系统进行生产。

（4）**无气喷雾包衣机** 该设备（图1-34）在生产运行时，压缩空气推动高压无气泵将包衣液加压后，经稳压过滤器送至各台包衣机，通过专门设计的喷嘴对包衣液雾化进行包衣。喷浆设备由无气喷浆机、喷浆管道、空气管道和喷嘴组成。整个包衣过程由计算机控制，一台程序控制箱能够同时控制多台包衣机，产品质量重现性好，技术参数稳定，适用于薄膜包衣和糖衣包衣。由于包衣操作时液体喷出量较大，使用这种设备时需严格调整包衣液喷出速度和包衣液雾化程度，还需调节片床温度、干燥空气温度和流量之间的平衡。

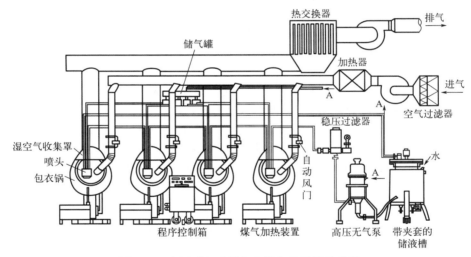

图 1-34 高压无气喷雾包衣设备及管道示意图

二、高效包衣机

高效包衣机（图1-35）整体装置包括包衣机、定量喷雾系统、送风系统、排风系统和程序控制系统。其结构、工作原理与普通包衣机完全不同。普通包衣机敞口包衣工作时，热交换仅限于表面，且部分热量由吸风口直接吸出而没有利用，损失了部分热源。高效包衣机干燥时则是热风穿过片芯间隙，并与表面的水分或有机溶剂进行热交换，使热源得到充分利用，片芯表面的湿液充分挥发，有效提高了干燥效率。

根据锅型结构的不同，高效包衣机分为网孔式、间隔网孔式和无孔式三类。其中，网孔式和间隔网孔式统称为有孔高效包衣机。

（1）**网孔式高效包衣机** 该机的整个锅体圆周都分布有圆孔，经过滤并被预热的洁净空气从锅体右上部通过网孔进入锅内，热空气穿过运动状态的片芯间隙，并从锅底下部的网

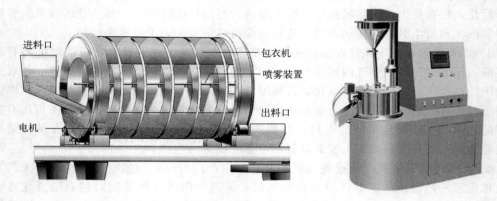

图 1-35   高效包衣机工作原理与主机外观

孔穿过再经排风管排出。热空气流动途径可以是逆向的，也可以从锅底左下部网孔中进入，再经右上方排风管排出。前一种称为直流式，后一种称为反流式。这两种方式使片芯分别处于"紧密"和"疏松"的状态，可依品种不同选择。

（2）**间隔网孔式高效包衣机**   该机的开孔部分是按锅壁圆周的几个等份进行分布。网孔沿圆周每隔 90°在锅壁上分布并与四个风管连接。工作时，四个风管与锅体一起转动，当锅体转动到风管与固定风门恰好对准状态时，出风口与锅内连通使之处于通风状态，进行排湿。这种间隔排列的网孔结构，减少了锅体加工量，热量也得到充分利用。

（3）**无孔式高效包衣机**   该机的旋转滚筒圆周上没有圆孔。在包衣机洁净密闭的旋转滚筒内，片芯在流线型导流板作用下不停地做复杂轨迹的翻转运动，包衣料液经进口喷枪喷洒到片芯表面。同时，经 C 级过滤的热风通过滚筒中心的气道分配器进入滚筒，在排风和负压作用下穿过片芯床层，从气道分配器风门抽走，经除尘后排出。包衣介质在片芯表面快速干燥，形成坚固、致密、光滑的表面薄膜，整个过程在 PLC 控制下完成。

设备主要特点为：①主机滚筒完全密闭且无筛孔结构，内设导流板。筒壁和导流板均经镜面抛光处理，使片芯翻转流畅，避免了碎片与磕边，提高了成品率。②进入滚筒的热风经过三级过滤达到 C 级洁净效果，排风采用布袋除尘装置，除尘效果达 99%。③滚筒内配置视孔防爆灯，使工作中的物料清晰可见，便于掌握工艺变化。

三、流化床包衣机

流化包衣法又称沸腾包衣法，是将待包衣的物料（片芯、小丸、颗粒、胶囊等）置于流化床中，通入洁净气流使物料上下翻腾浮动处于流化状态，同时将包衣溶液喷入流化床并雾化，使固体物料表面黏附一层包衣材料。在热气流作用下，物料表面迅速干燥并形成包衣，直至符合工艺要求。本法常用设备为悬浮包衣机，主要设备结构包括顶部喷头、侧面切线喷头和底部喷头。流化床包衣工艺的核心是液体的喷雾系统。在包衣过程中，应根据物料性质和产品质量要求选择喷雾方法。喷雾方法有三种：顶端式喷雾、切线式喷雾和底端式喷雾。

（1）**顶端式喷雾**   多用于锥形流化床，颗粒在设备中央向上流动，接受顶喷雾化液沫后向四周落下，被流化气体冷却固化或蒸发干燥。在顶端式喷雾包衣中，颗粒流动最为杂乱无章，包衣液自身干燥最为严重，损耗大，产品包衣质量不稳定。尽管如此，由于该法的生产规模远大于其他方法，设备结构简单和操作方便，这种包衣方法仍广泛应用。

（2）**切线式喷雾**   底部平放旋转圆盘，中部有锥体凸出。底盘与器壁的环隙中引入流化气体，颗粒从切向喷嘴接受雾化雾滴并沿器壁旋转向上，颗粒表面的包衣液被环隙中引入的流化气体冷却固化或蒸发干燥成膜层。

（3）底端式喷雾　多用于导流筒式流化床（图1-36），将喷嘴设置在气流分布板中心处的导流筒内，微丸或片剂在导流筒内接受底部喷入的雾化液沫，随流化气体在导流筒内向上运动至筒顶上方，并沿导流筒与器壁之间的环形空间落下。在筒内向上和筒外向下运动过程中，物料被流化气体并流或逆流冷却固化或蒸发干燥。导流筒式流化床的分布板是特殊设计的，导流筒投影区域内开孔率较大，区域外开孔率较小，使导流筒内气流速度大，保证筒内颗粒向上流动，稳定颗粒循环流动。这是最常用的微丸包衣方式，包衣效率高，微丸不易粘连。

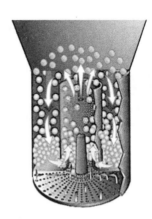

图 1-36　流化床包衣机设备外观及工作原理示意图

四、压制包衣机

压制包衣法又称干压包衣法。当片芯从第一台压片机的中模孔中推出时，即由特制的传送器送到第二台压片机的模孔中。在第二台压片机的模孔中，先填充适量的包衣材料作底层，将片芯置于其上，再加入其余的包衣材料填满模孔，最后压制成包衣片。设备运转时不需要中断操作即可抽样检查，并采用自动控制装置检出空白片，保证所有片剂均含有片芯。压制包衣机基本结构见图1-37。

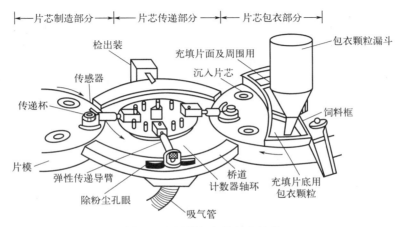

图 1-37　压制包衣机基本结构

第八节　硬胶囊剂制备工艺与设备

硬胶囊剂（图 1-38）的生产是将经过处理的固体、半固体或液体药物直接灌装于胶壳中，是目前除片剂之外应用最为广泛的固体剂型。装入胶壳的药物为粉末、颗粒、微丸、片剂及胶囊，甚至液体或半固体糊状物。由于胶囊壳具有掩味、遮光等作用，可将刺激性药物和不稳定药物制成硬胶囊剂以获得良好的稳定性和疗效，并达到控制释放等目的。全自动胶囊填充机的广泛使用，提高了硬胶囊剂的生产效率和质量，降低了生产成本。

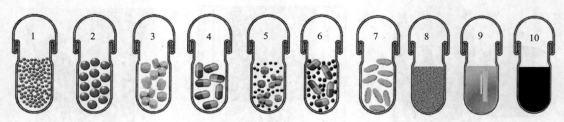

图 1-38　各种不同配方的药物胶囊

1—颗粒混合；2—微丸；3—片剂；4—硬胶囊；5—片剂加颗粒；6—硬胶囊加颗粒；
7—软胶囊；8—粉末；9—溶液；10—糊剂

一、硬胶囊生产工艺过程

硬胶囊生产工艺与生产区域划分见图 1-39。硬胶囊剂的生产线（图 1-40）包括空胶囊制备、填充物料制备、胶囊填充、胶囊抛光、胶囊分装和包装等过程。其中，胶囊填充是关键步骤。根据硬胶囊灌装生产工序，硬胶囊生产可分为手工操作、半自动操作、全自动间歇操作和全自动连续操作。胶囊填充可分为胶壳排列、方向校准、胶壳分离、药物填充、胶壳闭合和胶囊送出等工序。

二、全自动硬胶囊填充机

1. 设备概述

全自动硬胶囊填充机（图 1-41）是最重要的硬胶囊生产设备，由药粉供给、药粉充填、空胶囊落料排序、空胶囊定向、囊体囊帽分离、胶囊充填、自动剔废、囊体囊帽锁合、成品出料、清洁吸尘、传动等装置组成。相应的 8 个基本工位（图 1-42）如下：①空胶囊定向排列工位；②囊体囊帽分离工位；③囊体囊帽错位工位；④计量充填工位；⑤剔除废囊工位；⑥囊体囊帽闭合工位；⑦成品胶囊出料工位；⑧清洁工位。将空心胶囊和药粉分别置于胶囊储桶和药粉储桶中后，利用药粉回转盘和胶囊回转盘的机构联动，自动完成药粉填充和胶囊制备。

2. 设备运行原理

（1）空胶囊落料排序　为了防止空胶囊变形，空胶囊原料一般为帽体合一的空心套合胶囊（图 1-43），本工位将空胶囊储料桶中杂乱堆垛的空胶囊通过漏斗连续竖直地送入孔槽落料器，使空胶囊在孔槽中移动并完成落料，每个孔槽下方均设有卡囊弹簧。工作时，落料

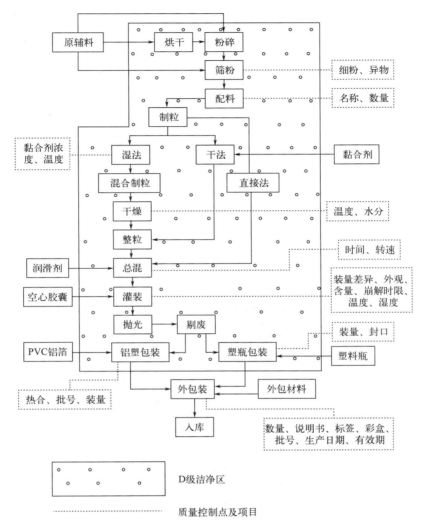

图 1-39 硬胶囊生产工艺与生产区域划分

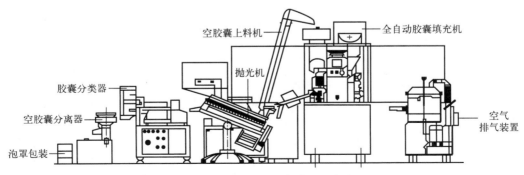

图 1-40 全自动硬胶囊填充生产线

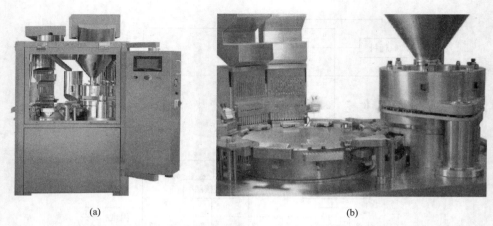

(a)　　　　　　　　　　　　　　　　(b)

图 1-41　全自动硬胶囊填充机外观（a）与工作回转盘外观（b）

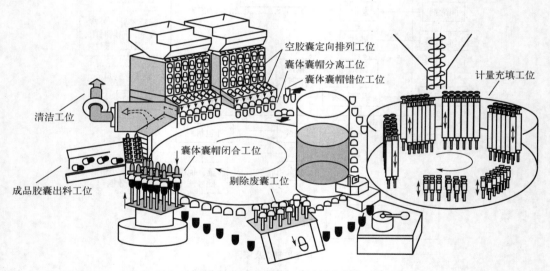

图 1-42　硬胶囊填充机工作转盘及主要生产工位

器在驱动机构带动下做上下往复运动。每上下滑动一次，引起落料器孔槽下方的阻尼弹簧产生相应的压缩和释放，完成一次空胶囊的输送和截止动作。当落料器上行时，卡囊弹簧将一个胶囊卡住；落料器下行时，卡囊弹簧松开并使胶囊在重力作用下排出落料器，进入定向滑槽并在水平推爪作用下进行定向排列。

（2）**空胶囊定向排序**　空胶囊由落料器孔槽落入水平定向滑槽内，滑槽的宽度比囊帽外径略窄、比囊体外径大，滑槽只对囊帽有卡紧作用（图 1-44）。定向由两个步骤完成：先水平定向，再垂直定向。在水平定向滑槽中，推爪的推力点始终作用在直径较小的囊体上，将空胶囊推至矫正块外端并使胶囊呈囊体在前方、囊帽在后方的水平体位。紧接着由垂直运动的压爪顺势将空胶囊推送成囊帽朝上、囊体向下的垂直体位，在真空吸力作用下落入主工作盘上的重合且对中的上下囊板孔中。

（3）**囊体与囊帽分离装置**　空胶囊落入工作转盘上重合且对中的上下模块（又称囊孔板）的孔中后，真空气体分配板上升，其上表面与下囊板的下表面紧密贴合。由于上囊板孔中部台阶直径小于囊帽，下囊板孔下部台阶直径小于囊体，抽真空时囊体被吸入下模孔中，囊帽因被台阶卡在上模孔中，实现了囊帽与囊体的分离（图 1-45）。随后，上下模具平移分开，露出囊体并做好药物填充准备。

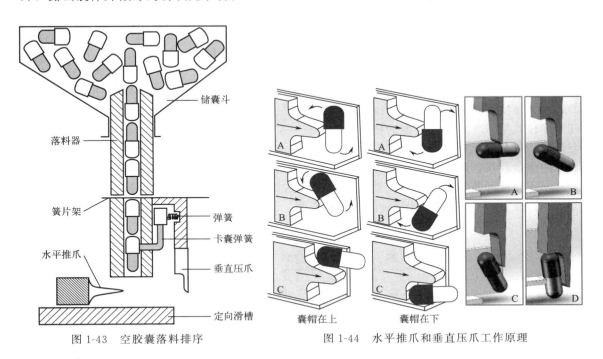

图 1-43　空胶囊落料排序

图 1-44　水平推爪和垂直压爪工作原理

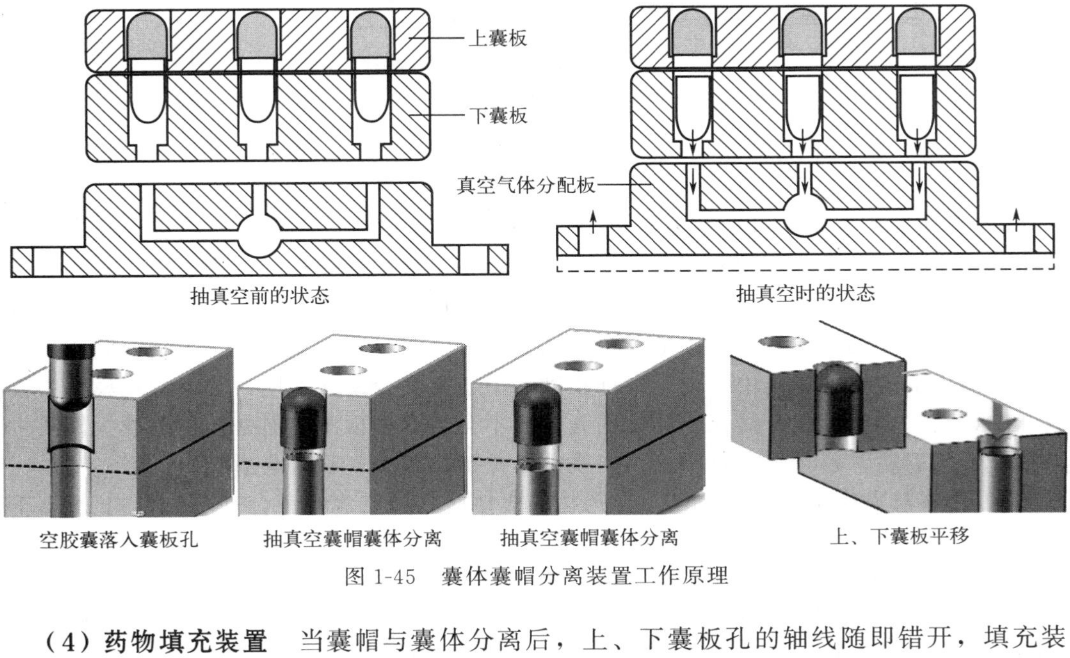

图 1-45　囊体囊帽分离装置工作原理

（4）药物填充装置　当囊帽与囊体分离后，上、下囊板孔的轴线随即错开，填充装置将药物定量充填于下囊板中的囊体中，完成药物充填。常见的药物充填方式包括：填塞式定量装置（粉末、颗粒充填）、间歇插管式定量装置（粉末、颗粒充填）、活塞－滑块定量装置

（颗粒、微丸充填）、真空定量装置（适用各类型药物充填）。填塞式定量装置中，电机带动减速器输出轴连接的输粉螺旋，将进料斗中的药粉定量供入计量盛粉器的内腔，借助转盘和搅粉环的转动，将物料供给填充装置计量环，实现药粉供给。

以填塞式定量填充装置（图 1-46）为例，填充工作转盘上共有 6 组计量冲杆（以 A～F 表示）。计量冲杆由计量活塞、校准尺、重量调节环、弹簧和计量管等组成，计量活塞在计量管中的高度可控制填充量。填充操作时，第 1 组计量冲杆插入定量盘模孔中，冲杆内部的活塞将进入计量管中的药粉压成具有一定高度的药粉柱。当冲杆自模孔中抬起时，定量盘转动一个角度，使药粉将定量盘模孔中剩余的空间填满。随后第 2 组冲杆下降，使模孔中的药粉再次被压实。如此充填一次、压实一次，药粉柱高度依次增加。当定量盘转动至第 6 组冲杆下降位置处时，定量盘下方的托板在此处有一个缺口，第 6 组冲杆将模孔中的药粉柱捅出定量盘，使其落入刚好停在下方的囊体内。利用刮粉器与定量盘之间的相对运动，将定量盘表面的多余药粉刮除，保证药粉柱的计量要求。为了减少填充差异，应经常保持料斗内粉末具有一定高度和流动性，同时药物处方中常加入润滑剂或助流剂（如硬脂酸镁、微粉硅胶等），防止药物粉末黏附于计量头内或活塞表面。

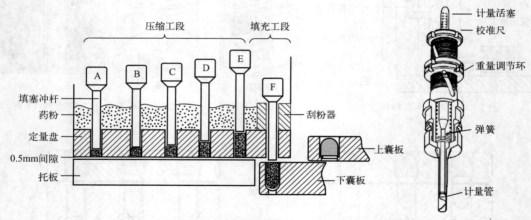

图 1-46　填塞式定量填充装置工作原理与冲杆结构示意图

（5）自动剔废装置　自动剔废是指在工作过程中自动剔除空胶囊的装置。在囊帽囊体分离工位，个别空胶囊未实现帽体分离而一直滞留在上囊板的模孔中。为了防止这种空胶囊混入成品，需要在胶囊闭合之前将其剔除。在剔除工位上，在上囊板和下囊板之间安装有一个可以上下往复运动的顶杆架。当上囊板转动到该工位时，顶杆架上行，带动安装在顶杆架上的顶杆插入上囊板的模孔中。由于顶杆长度略小于上囊板模孔深度，若上囊板模孔中仅有已拔开的囊帽时，上行顶杆插入模孔中的囊帽时不会将囊帽顶出。但是，当上囊板模孔中存在未拔开的空胶囊时，会被上行顶杆顶出模孔，并被压缩空气吹入集囊袋中。

（6）囊体与囊帽锁合装置　已填充药物的囊体应立即与囊帽锁合（图 1-47）。上、下囊板同时旋转到闭合工位，两个囊板的模孔轴线重合后，上囊板上方的弹性压板与下囊板下方的顶杆相向运动，弹性压板压住囊帽，顶杆推动囊体沿模孔上行，使囊帽与囊体闭合锁紧。

（7）成品出料装置　出囊装置的主要部件是一个可以上下往复运动的出料顶杆。当携带锁合胶囊的上、下囊板旋转至出囊装置上方时，出料顶杆在凸轮带动下上升，将胶囊顶出囊板孔。随后，压缩空气将胶囊吹入出囊滑道中。

（8）清洁吸尘装置　上、下囊板在主工作盘的拖动下运行至清洁工位时，正好位于清洁装置的缺口处。此时压缩空气开通，将囊板孔中的粉末、碎囊皮等污染物自下囊板模孔底部沿模孔向上吹出。随后，囊板上方的吸尘系统将污染物吸入吸尘器，使囊板孔保持清洁。

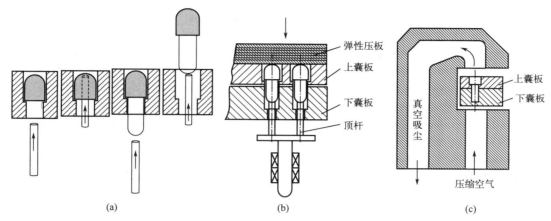

图 1-47　废囊剔除（a）、胶囊锁合（b）、清洁吸尘（c）装置工作原理

第九节　软胶囊剂制备工艺与设备

软胶囊是一种将油状液体、混悬液、糊状物或粉粒定量压注并密封于软质胶囊壳内的胶囊剂新剂型。软胶囊的主要优点是外表整洁美观，便于服用、携带和储存，崩解速度快、生物利用率高，可以掩盖药物的不适味道，有利于提高药物稳定性，可以制成速效、缓释、肠溶、胃溶等控制释放制剂。含有明胶和甘油的软质胶壳具有一定的强度和韧性。

不同于硬胶囊需预先制备空胶囊然后灌装的两步生产法，软胶囊是通过旋转模具一步实现药物灌封和胶囊成型。软胶囊的主要生产工艺流程如图 1-48 所示。在两个连续相向旋转的模具滚压下，采用明胶和甘油制得的胶皮通过模具上的模腔成型，在向腔体内灌装药物的同时对胶皮进行密合，灌装恰好在密封前结束。软胶囊成型后，一般送入转笼干燥机中进行干燥定型，然后进行清洗和最终干燥。最后经过检视，进入包装程序。

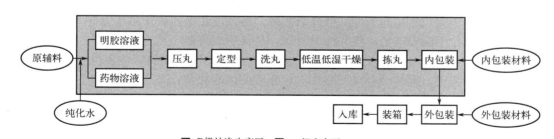

图 1-48　软胶囊生产工艺流程示意图

一、设备概述

软胶囊的制备主要有压制法和滴制法两种。压制法又分为平板模式和滚模式两种方法。

采用压制法制备软胶囊时，先将明胶、甘油、水等混合溶解，制成胶皮（胶带），再将药物注于两块胶皮之间，用钢模压制密封而成。

目前，大规模生产主要采用滚模式压制工艺制备软胶囊，常用设备为滚模式全自动软胶囊机（图1-49）。成套设备由压制主机、胶囊输送机、定型干燥滚笼、内容物供料系统、明胶液供料系统、胶皮冷却系统、油滚系统、润滑系统、电气控制系统组成。辅助设备包括空调净化系统、网胶装运与处理系统、液体石蜡供应系统、压缩空气系统、电力系统。

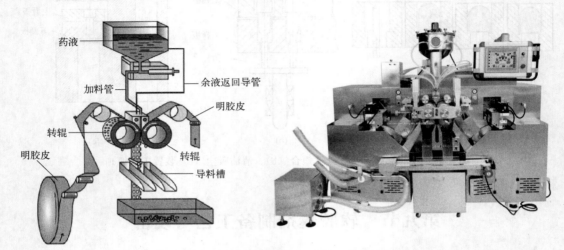

药液

加料管 余液返回导管

明胶皮

转辊 转辊

明胶皮 导料槽

图 1-49　滚模式全自动软胶囊机工作原理示意图和主机外观

二、生产工序与设备工作原理

1. 化胶工序

软胶囊的囊壳通常由明胶、增塑剂、水和添加剂（如遮光剂、着色剂、矫味剂、甜味剂、防腐剂）制备而成。其中，明胶：甘油：水（体积比）＝1：（0.3～0.4）：（0.7～1.4）为宜。首先，室温条件下在化胶罐内将明胶颗粒、增塑剂、水等混合，形成含水量充足的松软明胶。随后将物料加热至50～60℃进行熔融处理。启动真空泵对溶液脱泡，获得澄清的合格明胶液。将明胶液输送到电加热储罐内，保持温度为57～60℃，以便进行软胶囊包封操作。由于明胶在高温条件下会逐渐降解，使胶液黏度和胶皮强度下降，因此在整个灌封过程中需监控明胶胶液的温度和保温时间，确保明胶液能顺利在灌装机上生产。

常用化胶设备是水浴式化胶罐或真空搅拌罐。水浴式化胶罐的罐体由卫生级不锈钢制成，罐内有搅拌装置，罐外设有以循环热水为介质的加热夹套。真空搅拌罐是一种控温水浴式加热设备，加热夹套以热纯净水为加热介质，罐体上安装有温度控制组件和温度指示表，罐盖上安装有气体接头、安全阀和压力表，通过控制压力可将罐内胶液送至主机的胶盒中。

2. 内容物制备工序

包封在软胶囊中的内容物可以是均相溶液、非均相溶液或固液混悬液。内容物混合后，需在真空下充分脱除混合液中滞留的空气（脱气操作）。滞留气体会影响到内容物的黏度、均匀度、重量均一性，还会影响软胶囊产品的含量均匀度、物理稳定性和化学稳定性。通常在耐压不锈钢容器内进行抽真空脱气处理。软胶囊灌封时，内容物混合液的温度最高保持在35～37℃，温度过高会影响软胶囊的密封。灌封黏弹性、剪切敏感性（剪切增稠或膨胀）并在灌封过程易于固化的内容物时，可在储罐内或输送管内连续加热至较高温度，使之到达楔形体进行灌封之前冷却至工艺要求温度。主要设备是真空均质乳化机、胶体磨。

3. 胶皮制备工序

明胶液供料斗的底部开有一条狭缝，狭缝与下方冷却转鼓之间形成一定高度的间隙。当转鼓旋转时，熔融态明胶液自料槽底部狭缝流出并均匀铺展在转鼓表面，形成沿整个宽度和长度方向厚度均匀的胶液带（图1-50）。转动明胶供料斗两边的旋钮可调节胶皮的厚度和均匀度，也可以通过增大或降低转鼓速度来调节，胶皮厚度一般为0.55～1.15mm。明胶液自供料斗狭缝流出并与冷却转鼓接触时，温度为57～60℃，此时需采用液体冷却剂（如冷却水）对转鼓表面的胶液带进行快速均匀冷却，胶液带经冷却定型后，由上油滚轮揭下胶皮。

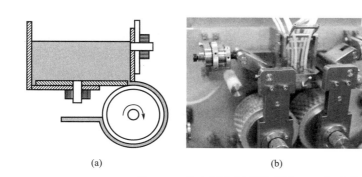

(a)　　　　　　　　(b)　　　　　　　　(c)

图1-50　胶皮制备原理示意图（a）与胶囊压制机构（b）、（c）

胶皮制备过程中，明胶盒内的明胶液可通过加套阀和胶液液位传感器实现自动供胶。胶液液位下降，液位传感器发出信号控制胶液加套阀打开，使加套阀供胶。当胶液到达所需液位时，液位传感器发出信号，使加套阀关闭停止供胶。

4. 软胶囊压制工序

滚模式软胶囊设备主机包括机座、机身、机头、供料系统、油滚系统、下丸器、明胶盒、润滑系统等。两个滚轮分别安装在机头的左右滚模轴上，右滚模轴只能转动，左滚模轴既可转动又可横向水平移动。当滚模之间装入胶皮后，旋紧滚模侧向的加压旋钮，可将胶皮均匀压紧在两个滚模之间。机头后部安装有滚模"对线"调整机构，通过调整右滚模转动，使左右滚模上的凹槽一一对准。两片胶皮分别穿过各自的上油滚轮，从左右两侧向中间相向旋转的一对滚模靠拢，经胶带传送导杆和传送滚柱，从滚模上部送进相对旋转的滚模间隙，使两条对合的胶皮在相对旋转运动的模腔边缘首先被封合，形成"下部接缝"。此时，内容物料液泵同步将内容物料液通过料液管定量输出到楔形注液器，经喷射孔喷入两片胶皮之间由模腔包托着的半成型软胶囊空腔内。随着左右滚模的相向转动，喷液完毕后的囊腔上部完全封合形成"上部接缝"，得到软胶囊。随着磨辊连续旋转，制得的软胶囊从胶皮上剥离下来，被送入干燥转笼内。收集残余明胶皮进行回收利用。

5. 软胶囊干燥工序

软胶囊输送机由机架、电机、链轮链条、传送带和调整机构等组成。在调整机构作用下，传送带向左运动时将合格胶囊送入干燥机内，向右运动时则将废胶囊送入废胶囊箱中。

干燥机由转笼、风机、电机和支撑板组成，主要用于湿胶囊的定型与干燥。转笼的笼身由不锈钢丝编织而成，鼓风机安装在干燥机的端部，通过风道向各个转笼输送经净化的室内风。通过调整转笼的转向，可使胶囊留在转笼内干燥或排出转笼。转笼正转时，胶囊留在笼内滚动；反转时，胶囊可以从一个转笼自动进入下一个转笼。

　　起始胶液中的湿含量很大，软胶囊灌封机制得的软胶囊非常柔软。由软胶囊灌封机制成的软胶囊要经过短时间低强度的初级干燥过程，随后是二次较长时间的高强度干燥过程。软胶囊最初在转笼内进行翻转干燥，温度低于 35℃ 的干燥空气连续送入转笼，吹过软胶囊表面的热空气透过囊壳进入胶囊内部，带动内部水分向胶囊表面转移，自里向外对软胶囊进行干燥。热空气还有助于使明胶保持半流体状态，促使软胶囊进一步密封。

 思考题

1. 简述片剂生产的主要工艺流程，举例说明各工艺环节相关的重要设备的工作原理。
2. 常见的混合设备有哪些？各有何特点？
3. 简述湿法制粒和干法制粒的工艺原理及相关设备特点。
4. 简述高效包衣机的结构与工作原理。
5. 简述全自动硬胶囊填充机制备硬胶囊主要生产工序及设备工作原理。

第二章

注射剂设备

 学习目标:

通过本章学习，掌握制药用水制备、储存与分配的生产工艺与设备选择，掌握小容量注射剂、大容量注射剂和粉针剂的制备工艺与设备，了解注射剂工艺原理、设备结构与设备运行原理。

注射剂又称针剂，是采用针头注射方式将药物直接注入人体的一种制剂。针剂类型有溶液型针剂、粉针剂、混悬型针剂、乳剂型针剂等。其中，溶液型针剂又包括水溶性针剂和非水溶性针剂两大类。水溶性针剂又称水针剂，是各类针剂中应用最广泛的。根据针剂容器材质的不同，水针剂分为玻璃容器类、塑料容器类和非 PVC 软袋类。根据分装剂量，又可分为小针剂和大输液。水针剂使用的玻璃小容器称为安瓿，常用规格为 1mL、2mL、5mL、10mL 和 20mL。我国目前使用的水针剂安瓿为曲颈易折型安瓿。

水针剂的生产工艺分为灭菌生产工艺和无菌生产工艺。灭菌生产工艺中采用原辅料生产药品产品的过程是带菌的，产品经过高温灭菌后达到无菌要求，工艺设备简单，生产成本较低，但产品必须能够耐受灭菌时的高温且药效不受影响。无菌生产工艺中采用原辅料生产药品产品时，每道工序均需实行无菌处理，生产设备和人员必须有严格的无菌消毒措施，以确保产品无菌。无菌生产工艺的生产成本较高，常用于热敏性药物针剂的生产。目前，我国水针剂生产大多采用灭菌生产工艺。

第一节　制药用水的生产工艺与设备

作为制药过程的重要原料，制药用水和纯蒸汽参与了注射剂的整个生产过程，包括原料生产、分离纯化、成品制备、洗涤、清洗和消毒等过程，目的是减少或消灭潜在的污染源。因此，制药用水系统和纯蒸汽系统非常关键。

一、制药用水的分类

制药用水有 4 种类型：①饮用水。自来水公司供应的自来水，不能直接用作制剂和制备用水。②纯化水。采用蒸馏、离子交换、反渗透等方法对饮用水处理所得，可作为配制普通药物制剂的溶剂，但不得用于配制注射剂。③注射用水。以纯化水作为原水，采用特殊设计的蒸馏器蒸馏冷凝再经膜滤制备而得，可作为配制注射剂的溶剂。④灭菌注射用水。以注射用水为原水，按照注射剂生产工艺制备而得，可用作灭菌粉末的溶剂或注射液的稀释剂。

制药用水生产系统主要由生产单元、储存与分配管网系统两部分组成。生产单元的主要设备为纯化水机、蒸馏水机和纯蒸汽发生器。储存与分配管网系统包括储存单元、分配单元和用点管网单元。

纯蒸汽主要应用于灭菌柜、生物反应器、罐类容器、管路系统、过滤器等重要设备的灭菌，其冷凝水需满足各国药典中关于注射用水的质量要求。与制药用水系统一样，纯蒸汽系统也是药品生产过程中非常重要的洁净公用工程系统。

二、纯化水预处理生产工艺与设备

纯化水生产是以饮用水作为原水，采用前端预处理系统和后端纯化系统进行生产。前端预处理工艺包括多介质过滤、活性炭过滤、软化处理、精密过滤等环节。后端纯化工艺包括蒸馏、离子交换、电渗析、反渗透、电法去离子等环节。

水质预处理的主要目的是去除原水中的不溶性杂质、可溶性杂质、有机物和微生物，使主要水质参数达到后续处理设备的进水要求，减轻后续纯化系统的净化负荷。预处理系统一般包括原水箱、多介质过滤器、活性炭过滤器、软化器等多个单元，工艺流程见图 2-1。

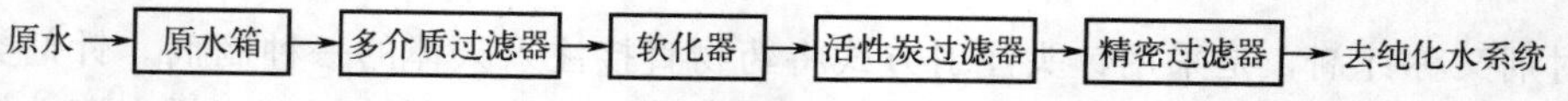

原水 → 原水箱 → 多介质过滤器 → 软化器 → 活性炭过滤器 → 精密过滤器 → 去纯化水系统

图 2-1　水质预处理系统工艺流程示意图

1. 原水箱

原水箱用于储存原水、沉淀水中泥沙与其他可沉淀物质，同时缓冲原水管的水压。原水箱一般配置一定体积的缓冲罐，其体积配置应具备足够的缓冲时间以保证整套系统稳定运行。由于水流速度较慢，需要向原水缓冲罐中定量投加次氯酸钠（0.3～0.5mg/kg）以便抑制微生物繁殖。采用余氯监测仪可自动监测水中氯残留量，原水进入反渗透装置之前应去除残氯。原水泵用于恒定系统供水压力和稳定供水量。

2. 多介质过滤器

多介质过滤器（图 2-2）大多填充石英砂、无烟煤、锰砂等过滤材料，通过薄膜过滤、

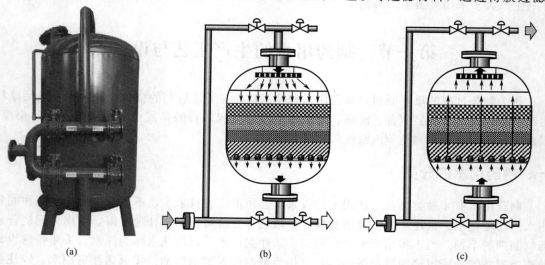

(a)　　　　　　　　　(b)　　　　　　　　　(c)

图 2-2　多介质过滤器外观（a）、正洗（b）与反洗（c）工艺示意图

渗透过滤或接触过滤作用，除去原水中颗粒尺寸约为 $20\mu m$ 的泥沙、铁锈、胶体、悬浮物等。其中，锰砂对进水中的铁离子和锰离子具有优异的去除能力。多介质过滤器的维护方法简单，运行成本较低，可选用手动阀门或全自动控制器进行反洗和正洗操作，排出过滤器中的沉积物。为保证运行效果，需定期更换装置中的过滤填料，更换周期一般为 2～3 次/年。

设计和选择多介质过滤器时，需要重点分析原水浊度和硅化物浓度。当原水浊度和硅化物浓度较高时，需要在多介质过滤器前端向原水中添加一定浓度的絮凝剂，通过絮凝和混凝脱硅作用分别降低水的浊度和硅化合物负荷。由于絮凝剂残留可能会对纯化水的水质带来质量风险，一旦使用絮凝剂就必须对其进行严格的残留量检测和验证。因此，采用水质较好的原水，可降低整个系统的质量风险和运行成本。

3. 活性炭过滤器

以活性炭为过滤介质，利用炭颗粒中的毛细孔吸附水中的色素、余氯、三卤化物、总有机碳和异味，减轻后端过滤单元的负荷。同时，以碳作为催化剂时，水中次氯酸根（ClO^-）能生成氧自由基并对有机物分子进行氧化降解。硬度是活性炭使用寿命的重要指标。采用椰壳制备的活性炭具有优异的硬度和吸附能力，能够耐受巴氏灭菌的高温条件和反冲洗压力，是制备制药工艺用水的首选材料。由于大量总有机碳在活性炭上的吸附会导致微生物繁殖，长时间运行过程中滋生的微生物一旦泄漏到后端水处理单元，必然影响水处理效果并带来微生物污染风险。因此，需要设置活性炭过滤器消毒系统，控制纯化水生产的微生物指标。巴氏消毒和蒸汽消毒是活性炭过滤器的有效消毒方式，同时高温高压还有助于碳的活化（图 2-3）。

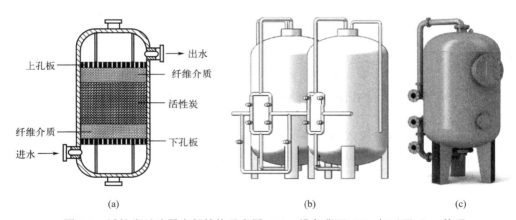

图 2-3　活性炭过滤器内部结构示意图（a）、设备背面（b）与正面（c）外观

当原水中的游离氯浓度超过后续处理设备进水标准时，会对设备造成危害：①影响设备的运行寿命和出水水质；②游离氯会使阳离子交换树脂的活性基团氧化分解并引起树脂分子长链断裂，导致树脂不可逆膨胀和易于破碎；③游离氯会使电渗析器、电法去离子系统和反渗透装置中的膜元件产生氧化和不可逆损坏。因此，对水中余氯和总有机碳的吸附能力是评价活性炭性能的重要指标。研究表明，活性炭将余氯吸附在表面并依靠碳基对余氯彻底水解，将具有氧化性的 ClO^- 还原为不具有氧化性的氯离子和氧原子，随后氧原子与碳原子由吸附状态迅速转变为化合状态，形成二氧化碳。可见，在反应过程中活性炭过滤器内的活性炭总量会逐渐减少，必须定期更换活性炭以保证脱氯效果。

尽管加药处理方式成本低、操作运行简便，但是引入大量外来化学物质增加了后续设备的处理负荷。在生产过程中，应根据进水水质合理选择水处理方案。活性炭吸附还可使高锰酸钾耗氧量由 15mg/L 降低至 2～7mg/L。

4. 软化器与加药系统

为了确保后续处理设备运行良好，对进水中的 Ca^{2+}、Mg^{2+} 含量进行了严格规定。因此，当原水硬度较高时，应当利用软化器中填充的钠型软化树脂对水中 Ca^{2+}、Mg^{2+} 进行离子交换，达到去除目的。为了防止进水中浓度超标的 Fe^{2+}、Mn^{2+} 对软化树脂造成污染，在软化处理前可采用锰砂过滤器去除这些离子。

为了保证纯化水制备系统能实现 24h 连续运行，通常采用双级软化器进行生产，使一台软化器再生时另外一台仍然可以制水。若水质预处理环节中次氯酸钠浓度为 0.3～0.5mg/kg 时，可将软化器置于活性炭过滤器之前，这样能有效利用预处理系统中次氯酸钠的杀菌作用，预防微生物在软化器中的快速滋生。

三、纯化水生产工艺与设备

1. 离子交换器

离子交换法的净化原理是基于离子交换树脂和天然水中各种离子之间的可交换性。工艺流程为：原水→加压泵→多介质过滤器→活性炭过滤器→软水器→精密过滤器→阳离子交换树脂柱→阴离子交换树脂柱→阴阳离子混合树脂柱→微孔过滤器→储水箱。

离子交换树脂由高分子聚合物本体和交换基团两部分组成。目前我国制药企业常用树脂类型有两种：732 型苯乙烯强酸性阳离子交换树脂，717 型苯乙烯强碱性阴离子交换树脂。

（1）成套设备基本组成　主要由酸液罐、碱液罐、阳离子树脂交换器、阴离子树脂交换器、混合树脂交换器、再生柱和过滤器等组成。交换器的上、下端均设有液体分布器，使进水在树脂床层中分布均匀，并阻止树脂颗粒与水或再生液一起流失。阳离子树脂交换器和阴离子树脂交换器内的树脂填充量一般为柱高的 2/3。混合离子树脂交换器中阴、阳离子树脂常按 2∶1 比例混合，填充量一般为柱高的 3/5。根据水源情况，过滤器可选择丙纶线绕管、陶瓷砂芯或各种折叠式滤芯作为过滤滤芯。再生柱的作用是配合混合柱对混合树脂进行再生。

（2）离子交换器　这种立式圆筒状压力容器通常用钢板焊接制成，内壁整体衬有耐酸、耐碱的橡胶层。原水从装置一端通入，与装置内部密实压紧的离子交换树脂床层充分接触并进行离子交换，从装置的另一端采出净化水。操作一段时间后，若原水中离子在树脂上的交换量达到饱和状态时，需用强酸或强碱对树脂进行再生。阳离子树脂可用 5% 盐酸溶液再生，阴离子树脂则用 5% 氢氧化钠溶液再生。由于阴离子树脂和阳离子树脂所用的再生试剂不同，故对混合床层再生前需从床层底部逆流注水，利用两种树脂的密度差使其分层。两种树脂分别在两个容器中再生，再生后将阳离子树脂抽入混合柱中混合，使其恢复离子交换能力。

（3）设备工作原理　原水先经过滤器除去有机物、固体颗粒、细菌及其他杂质，再进入阳离子树脂交换器，使进水中的阳离子与树脂上的氢离子交换，结合形成无机酸。随后，原水进入阴离子交换树脂柱，去除水中的阴离子。经过处理得到初步净化的原水，进入混合离子交换树脂柱使水质再次净化。所得纯化水的电阻率（25℃）可达 $10 \times 10^6 \Omega \cdot cm$ 以上。

树脂使用一段时间后，会逐步失去离子交换能力，需定期采用强酸、强碱对树脂进行活化再生。再生产生的废水存在环境污染隐患，必须经处理合格后才能排放。另外，微生物易在树脂床层中繁殖，离子交换树脂会长期向纯化水中渗溶有机物。

2. 电渗析器

（1）设备基本结构　工业生产中使用的电渗析器有立式和卧式两种，基本部件包括阴离子交换膜（阴膜）、阳离子交换膜（阳膜）、隔板、电极、夹紧装置、防漏胶板、酸洗系统、流量计、压力表、管件、阀门和可控硅整流柜。

阴膜和阳膜对水中的自由离子具有选择透过性，在装置中发挥对原水的脱盐作用，使出水有浓缩水、淡水、极水之分。隔板主要采用聚丙烯制成，用于支撑离子交换膜并与之共同构成浓水室和淡水室。电极用于形成外加直流电场，通过形成电位差为离子跨膜交换提供传质所需的过程推动力。夹紧装置主要是固定两种离子交换膜、电极、隔板等使之成为一个整体。防漏胶板是在电极和隔板之间的防止系统漏水的装置。酸洗系统是整个装置中不可缺少的部分，当装置出现脱盐率下降、产水量下降、操作压力升高等不正常现象时，可启动酸洗程序进行化学清洗。可控硅整流柜是通过可控硅整流器将交流电整流为电压可调的直流电压，在膜堆内形成直流电场，促进溶液中的阴、阳离子定向迁移。

（2）设备工作原理　在外加直流电场驱动下，原水中的自由阴离子和自由阳离子分别向正极和负极定向迁移，在迁移方向上设置有离子交换膜屏障。若离子交换膜本体携带的固定电荷性质与溶液中自由离子电性相反，则自由离子可在静电吸引力作用下结合在膜面上并跨膜传递；反之，自由离子被膜排斥截留（图2-4）。因此，在电渗析过程中，阳膜允许自由阳离子透过而排斥阻挡阴离子，阴膜允许阴离子透过而排斥阻挡阳离子。在阳膜和阴膜组成的中间隔室中，原水中的盐浓度就会随着自由离子的跨膜定向迁移而降低，实现淡水或纯化水的制备。而靠近正极的阳极室和靠近负极的阴极室分别成为阴离子和阳离子的浓缩室。

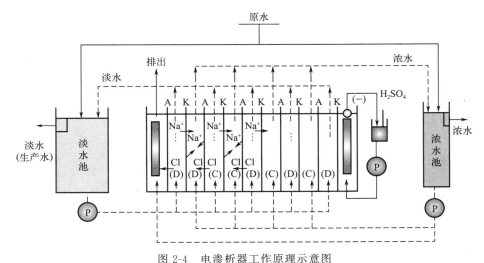

图 2-4　电渗析器工作原理示意图

K—阳离子交换膜；A—阴离子交换膜；D—淡水室；C—浓水室

（3）电渗析与离子交换的异同点

①两种工艺采用的分离介质均为离子交换树脂，但电渗析器中的树脂形态为片状薄膜，离子交换器中为颗粒状球体。②离子交换工艺中，原水中的自由离子与树脂颗粒上相反电性离子间发生交换反应，属于离子的转移置换；电渗析工艺中，离子交换膜中的固定电荷选择性地结合原水中的相反电性自由离子，并在电位差驱动下促进所结合的离子跨膜传递。③电渗析工作介质不需再生但消耗电能；离子交换工作介质需再生但不消耗电能。

3. 反渗透膜装置

（1）工艺原理 装置以反渗透膜为分离介质，以膜两侧静压力差为过程推动力，进行从含盐水溶液中制备纯水的膜分离操作。当膜两侧的静压力差超过溶液的渗透压时，会驱动溶剂向膜的低压侧方向跨膜扩散，在膜的低压侧得到纯水，在高压侧得到浓缩的含盐水。螺旋卷式反渗透膜结构及纯水制备原理如图 2-5 所示。

反渗透分离工艺中，所用分离膜的膜孔径 $d \leqslant 10^{-4} \mu m$。膜表面的皮层具有致密孔结构，厚度占整个膜厚度的 $5\% \sim 10\%$。皮层下方为具有大孔结构的支撑层。具有这种非对称孔结构形态的反渗透膜，能够在保证分离精度的同时，有效提高分离通量。

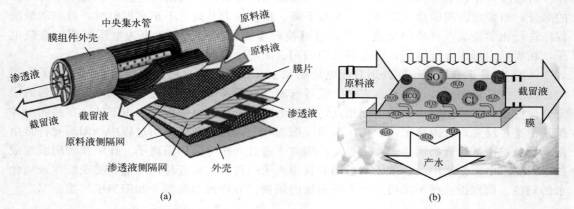

图 2-5 螺旋卷式反渗透膜结构（a）及纯水制备原理（b）示意图

（2）成套装置基本构成 由预处理系统、反渗透系统、后处理系统、清洗系统和电气控制系统组成，能有效除去水中的离子、无机物、胶体微粒、细菌及有机物等，是制药用纯化水的理想制备设备。工艺流程如图 2-6 所示，反渗透膜机组示意图及设备外观如图 2-7 所示。

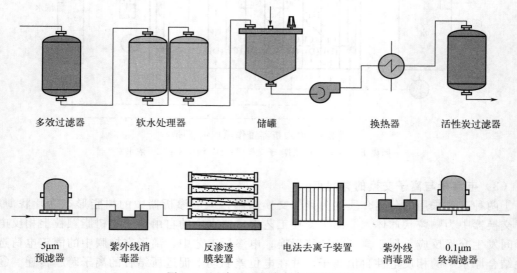

图 2-6 反渗透纯化水制备工艺流程

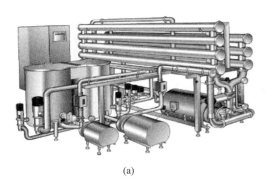

(a)　　　　　　　　　　　　　　　(b)

图 2-7　反渗透膜机组示意图（a）及设备外观（b）

① 预处理系统　包括原水罐、原水泵、加药装置、多介质过滤器、活性炭过滤器、软水器、离子交换器、精密过滤器、超滤器等，通过降低原水污染指数、余氯、藻类、细菌等，达到反渗透膜组件的进水要求。反渗透膜浓水端常常会发生 $CaCO_3$、$MgCO_3$、$MgSO_4$、$CaSO_4$、$BaSO_4$、$SrSO_4$、$SiSO_4$ 的浓度积大于其平衡溶解度常数而结晶析出的现象，这种现象会降低膜组件的分离性能。因此，在原水进入反渗透膜组件之前，应当使用离子软化装置或投放适量的阻垢剂，阻止碳酸盐、硅酸盐和硫酸盐的晶体析出。精密过滤器采用平均孔径为 $5\mu m$ 熔喷滤芯，可以滤除上一级过滤单元遗漏的颗粒性杂质，避免其进入反渗透装置并损坏膜表面。

② 反渗透系统　一般包括高压泵、反渗透膜元件、膜壳（压力容器）、支架等，主要作用是去除水中的盐分，使出水满足使用要求。

③ 后处理系统　一般包括混床、紫外杀菌等设备，对反渗透出水进行后处理。

④ 清洗系统　一般包括清洗水箱、清洗水泵、精密过滤器。当反渗透系统受到污染导致出水指标不能满足要求时，需要对反渗透装置进行化学清洗使之恢复功效。

⑤ 电气控制系统　用于控制整个反渗透系统正常运行，包括仪表盘、控制盘、各种电器保护、电气控制柜等。

4. 电法去离子装置

电法去离子（electro deionization，EDI）又称连续电除盐技术，是一种将离子交换技术和电渗析技术相结合、在电场作用下连续去除离子的水处理方法。通过离子交换膜对水中离子的选择透过作用，以及离子交换树脂对水中离子的交换作用，在直流电场作用下实现水中离子的定向迁移，对水进行深度净化除盐，并通过水电解产生的氢离子和氢氧根离子对装填树脂进行连续再生。因此，EDI 制水过程不需酸、碱再生即可连续制取高品质的超纯水。该技术具有技术先进、结构紧凑、操作简便、清洁环保的优点。EDI 技术的最大特点是用电场和离子交换膜取代了离子交换树脂的化学再生，克服了树脂再生产生的废水排放问题。

（1）设备基本结构　一般由阴/阳电极板、阴/阳离子交换膜、阴/阳离子交换树脂、浓水室流道、淡水室流道、极水室流道六部分组成。

EDI 常与反渗透工艺联用，构成 RO-EDI 纯水处理系统（图 2-8、图 2-9）。一个标准的 EDI 模块由数个双腔室夹在两个直流电极之间，呈层叠式板框结构。双腔室包括淡水腔（D室）和浓水腔（C室），两个腔室之间用一对离子交换膜（阴离子交换膜和阳离子交换膜）相隔。阴膜与阳膜之间装填阴、阳离子交换树脂混合床构成 D 室。该阴膜与阳膜分别与另一个 D 室中的阳膜与阴膜之间构成 C 室。

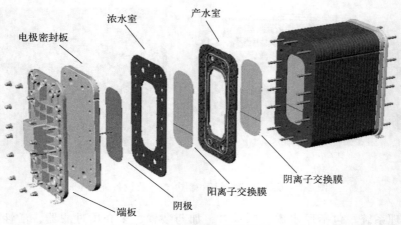

图 2-8　EDI 膜堆结构示意图

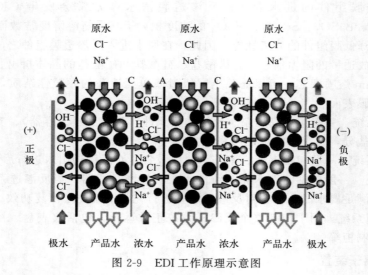

图 2-9　EDI 工作原理示意图

（2）设备工作原理　将离子交换树脂填充在阴、阳离子交换膜之间形成 EDI 单元，并在该单元两边设置阴、阳电极。在直流电作用下，将离子从进水（通常是反渗透纯水）中进一步清除。EDI 组件中，将一定数量的 EDI 单元层叠在一起，使阴离子交换膜和阳离子交换膜交替排列。采用隔网将每个 EDI 单元隔开形成浓水室，EDI 单元中间为淡水室。其中，阴离子交换膜只允许阴离子透过，而阳离子交换膜只允许阳离子透过。

（3）装置特点　①原水脱盐率大于 99.9%，能连续产出符合工艺要求的高纯水；②树脂使用量仅为传统混床的 5%，节约树脂 95% 以上，经济高效；③离子交换树脂不需要酸碱再生处理，节约大量酸碱和清洗用水，降低劳动强度；④清洁环保，无废水排放；⑤自动化程度高，易于维护，可设计成完善的高纯水生产线；⑥产水电阻率 15～18MΩ·cm，pH 6.5～7.0，硅<1.0ppb（1ppb=1×10^{-9}），完全无菌；⑦占地面积小，节省了混床和再生装置。

5. 消毒灭菌技术

（1）纯蒸汽灭菌　制药用水系统应首选纯蒸汽灭菌，该方法消毒效果最可靠，但管道系统及储罐需耐压。①采用纯蒸汽对制药用水管道灭菌时，纯蒸气压力为 0.2MPa；②当管道内温度升至 121℃时开始计时，灭菌 35min；③灭菌后若水系统不立即使用，应对系统充氮或充压缩空气保护，避免冷凝形成真空可能带来污染；④储罐等容器设备在纯蒸汽灭菌前应进行清洗，灭菌后若过夜后使用，在使用前应用注射用水再次淋洗；⑤对于安装在注射用水系统用于自动排放凝结水的疏水器，要求疏水器为热动力型且带温度检测，采用 304 或 316L 不锈钢制造，具有卫生接口和自排功能；⑥用于纯蒸汽消毒的管路储罐应有良好的保温设施，避免死角和积水。通常注射用水系统除阀门外全程保温，PW 系统（热力灭菌方式）除净化区内管路外全程保温。洁净区内管道保温层外壳应为 304 不锈钢保护外壳。

（2）**巴氏消毒灭菌**　巴氏消毒用于纯化水管路系统，在循环回路上安装换热器或储罐带夹套，将纯化水加热到 80℃以上并维持 1h。关键在于管路要有加温保温装置（加热量＞散热量），保证灭菌温度和时间。输送泵、传感器等应耐受 80℃以上热水。

（3）**过热水灭菌**　过热水灭菌与巴氏消毒灭菌类似，区别在于加热开始前，系统内用过滤的氮气或压缩空气充压至 0.25MPa 左右，然后将系统水温加热到 125℃，持续一段时间后冷却排放，系统用过滤的氮气或压缩空气充压保护。

（4）**臭氧消毒灭菌**　臭氧消毒有两种方式：①对水消毒时，当臭氧浓度达到 0.3mg/L 时，维持灭菌时间 0.5～1min 即可完全杀死细菌；②对空管路消毒时，使用臭氧水消毒并在用水前开启紫外灯减少臭氧残留，是制药用水系统（尤其是纯化水系统）消毒的常用方法。

（5）**紫外线消毒**　紫外线有一定的杀菌能力，通常安装在纯化水系统中用于控制微生物的滋生，并在臭氧灭菌系统中用于残余臭氧的分解。

四、注射用水生产工艺与设备

1. 蒸馏水机

常用设备为多效蒸馏水机和蒸汽压缩式蒸馏水机。

（1）**多效蒸馏水机**　多效蒸馏水机是应用最广的注射用水制备系统的关键设备，包括列管式、盘管式和板式三种类型。设备由蒸馏塔、冷凝器、高压水泵、电气控制元器件、管道、阀门、计量显示仪表、机架、电控制箱等组成。与蒸馏水、二次纯蒸汽接触的压力容器和管道采用 316L 不锈钢制作，密封材料采用聚四氟乙烯（PTFE）制作，其他部分（包括机架）采用 304 不锈钢制作。多效列管式蒸馏水机外观及工艺流程示意图如图 2-10 所示。

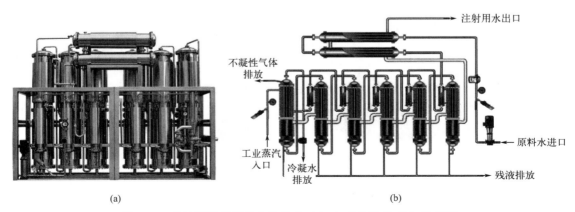

图 2-10　多效列管式蒸馏水机外观（a）与工艺流程（b）示意图

工艺流程：进料纯化水预热→料液蒸发→气液分离→蒸汽冷凝→蒸馏水。采用多效蒸馏水机制取蒸馏水时，理论上效数越多，能量利用率越高，但设备投资和操作费用随之增加。超过5效后，节能效果提高程度并不明显。实际生产中一般采用3～5效。

工作原理：经充分预热的纯化水通过多效蒸发和冷凝，排除不凝性气体和杂质，获得高纯度的蒸馏水。新鲜原料水用泵加压后，被依次送入冷凝器、第五效至第一效预热器，原料水逐渐升温至97℃并进入第一效蒸发器顶部的喷淋室，经过液体分布器均匀地进入蒸发列管，在蒸发列管内壁呈膜状向下流动的同时被加热而部分蒸发，形成的二次蒸汽与未蒸发的原料水一起向下流动并在蒸发器下端被强制呈180°折返，使任何含有杂质的水滴和蒸汽中的颗粒聚集在蒸发器底部。二次蒸汽继续在蒸发器中盘旋上升至中上部特殊分离装置处，利用不锈钢丝网和除沫器除去二次蒸汽中夹带的水雾，随即进入次效蒸发器的壳体，作为该效的加热蒸汽。而未蒸发的原料水从蒸发器底部经节流孔进入次效蒸发器顶部的喷淋室，作为该效蒸发器的进料水。以后各效的进水和二次蒸汽均按此方式流动。由于在各效蒸发器中形成的二次蒸汽是洁净蒸汽，因此，二次蒸汽在次效蒸发器中释放热量后凝结形成的蒸馏水将成为注射用水产品。将各效形成的蒸馏水与末效二次蒸汽冷凝形成的蒸馏水合并，与温度较低的原料水换热后作为注射用水输出。工业蒸汽在第一效蒸发器和预热器中对原料水加热，热量被吸收后形成凝结水被排放。在最后一效中仍未蒸发的原料水作为凝结水被排放。不凝性气体由安装在冷凝器上方的排放装置去除。

（2）蒸汽压缩式蒸馏水机 蒸汽压缩式蒸馏水机是利用动力对二次蒸汽进行压缩、提高其温度和压力后对原水循环蒸发来制备注射用水的设备，通过重新利用设备自身产生的蒸汽能量，从而减少对外界能源需求。通过比较产水量相同的热压式蒸馏水机和五效蒸馏水机的运行能耗，发现前者的工业蒸汽消耗量减少了50%，同时每生产1t注射用水会增加10kW左右的电能消耗。

蒸汽压缩式蒸馏水机主要有机械式蒸汽压缩设备和热压式蒸汽压缩设备两种类型。前者使用机械驱动设备（如离心式压缩机、罗茨风机、轴流压气机）对二次蒸汽压缩，后者采用热压式设备（如高压动力蒸汽喷射器）对二次蒸汽压缩。其中，热压式蒸馏水机具有产水量大、能耗低、寿命长、水质好等优点，有效产能可达到20000L/h以上，正在国内外制药企业中推广应用。热压式蒸馏水机主要由预热器、压缩机、蒸发器构成，另外还包括收集器缓冲罐、注射用水缓冲罐、阀门、仪表、控制部分等。热压式蒸馏水机外观如图2-11所示。

(a) 立式 (b) 卧式

图 2-11 热压式蒸馏水机外观

热压式蒸馏水机各组件工作原理如下：

　　① 预热单元　通过使用多个双管板换热器，依次利用蒸馏水、浓水、工业蒸汽携带的热量与进料水进行换热，通过回收余热来提高料液温度，随后进料水被雾化喷洒在蒸发器管束外壁上形成二次蒸汽。进料水进入热压式蒸馏水机的温度一般为 25℃ 左右，蒸发器的蒸发温度需要达到 100℃，产水（即注射用水）温度一般为 80℃ 左右，而浓水的排放温度越低越好。由于原料水进入蒸馏水机后最终会转变为注射用水和浓水，因此，可将注射用水和浓水携带的热量传递给进料水，以减少工业蒸汽的消耗量。另外，不凝性气体在排放之前也需要将热量转移给进料水。采用双管板换热器，能够有效避免两种换热介质发生交叉污染。

　　② 压缩机　作为设备的核心部件，压缩机通过电动机带动叶轮运动，吸入稀薄的二次蒸汽并将之压缩成高温高压的过热蒸汽，并送至蒸发器的管束内与进料水进行热交换。目前，热压式蒸馏水机主要采用离心压缩机，具有叶片的工作轮在压缩机轴上旋转时，吸入气体并带动气体旋转，增加了气体动能和压力。当气体转出工作轮并进入扩压器时，气体的速度转变为压力，经过压缩的气体再经弯道和回流器进入下一级叶轮进一步压缩至所需压力。气体在叶轮中升高压力的主要原因有两个：叶轮高速旋转产生的离心力使气体压力增大；气体在由里到外逐渐扩大的叶轮里扩压流动，使气体通过叶轮后压力增大。

　　③ 蒸发器　主要功能是将进料水与压缩形成的高温高压蒸汽进行换热。在换热过程中，管束内的高温蒸汽释放潜热并冷凝为注射用水，喷洒在管束外壁上的进料水吸收蒸汽冷凝时释放的潜热而蒸发，形成的蒸汽被压缩机吸入并压缩，周而复始。蒸发器管束上方有喷淋装置、气液折流挡板和丝网结构，这种结构能够去除蒸汽中夹带的小颗粒水珠及杂质，保证绝对去除蒸馏水中的热源和降低细菌内毒素含量。在蒸发器管束内形成的注射用水进入注射用水缓冲罐，经电导率检测合格后，将合格水输送至分配系统。由于压缩蒸汽的潜热可以被重复利用，因此不需像多效蒸馏水机那样在设备末端设置一个单独的产水降温冷凝器。根据蒸发器的形式，可将热压式蒸馏水机分为立式和卧式两种类型。

2. 纯蒸汽发生器

（1）纯蒸汽的分类　在药品生产中，根据用途可将蒸汽分为工厂蒸汽、洁净蒸汽和纯蒸汽。工厂蒸汽以软化水为进水，由工业蒸汽锅炉制备，含有化学添加剂，pH 较高；洁净蒸汽由锅炉制备，锅炉中未添加任何可能被净化、过滤或分解的添加剂，在药品生产中常用于临时加热；纯蒸汽是由蒸汽发生器产生的蒸汽，冷凝后水质达到注射用水的要求。

（2）工作原理　纯蒸汽发生器由两个并联的柱体组成（图 2-12），即双壳无缝管洁净型交换器和除污染柱体。原料水通过进料泵输送到除污染柱体和热交换器的管子一侧，由液位计控制液位。工业蒸汽或过热水进入热交换器后，将原料水加热到蒸发温度，并在两个柱体内部形成强烈的热循环。纯蒸汽在蒸发器（除污染柱）中产生。

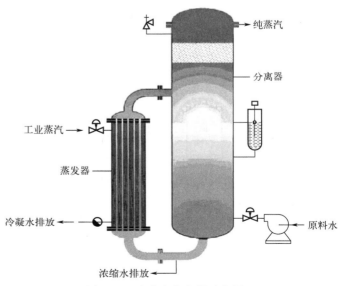

图 2-12　纯蒸汽发生器示意图

蒸汽的低速和柱体的高度在重力作用下将会去除任何可能不纯净的小水滴。通过气动调节器调节工业蒸汽进汽阀门的开启度，纯蒸汽压力可以恒定维持在 0～0.3MPa。当纯蒸汽有非冷凝气体含量限制要求时，蒸汽发生器将会配置特殊的进料水脱气装置。纯蒸汽发生器可以使用工业蒸汽进行加热，也可以使用过热水加热。该设备的技术优势是：①操作灵活，整个装置可以根据需要自动在 0～100％范围内调节生产能力；②无热原蒸汽的质量稳定可靠，不会因压力和生产速度的改变而受影响；③除污染腔中的水量和温度将保证整个装置可以在很短时间内从待机状态达到最大生产能力；④设计紧凑，设备不需要额外的维修保养。

第二节　制药用水储存与分配系统

制药用水（纯化水和注射用水）储存分配系统的良好设计是保证制药用水质量的重要前提，"纯化水、注射用水的制备、贮存和分配应当能够防止微生物的滋生"是《药品生产质量管理规范》（GMP）对制药用水储存分配系统的核心要求。

该要求的主要原则如下：①采用连续循环方式为各使用点供水，注射用水循环温度须保持在 70℃以上；②储罐容量应与用水量及系统制备的产水能力相匹配，缩短制药用水从制备到使用的储存时间；③储罐和输配管道的设计和安装应无死角和盲管，采用 304 和 316L 不锈钢等材料，内壁表面粗糙度 $Ra \leqslant 0.8$；④管件、阀门、输送泵采用卫生级的设计及相应材质，储罐、管路以及元件能够完全排尽；⑤储罐通气口应安装不脱落纤维的疏水性除菌滤器、回水设置喷淋球等；⑥设置卫生级在线监测仪表对水质和系统工作状态进行在线监测和控制；⑦设置适宜消毒灭菌装置，对存储分配系统进行定期消毒灭菌。

一、基本原理

储存与分配系统包括储存单元、分配单元和用水点管网单元。对于储存与分配系统，将储罐容积与输送泵的流量之比称为储罐周转或循环周转。对于生产、储存与分配系统，储罐容积与蒸馏水机产能之比称为系统周转或置换周转（图 2-13）。

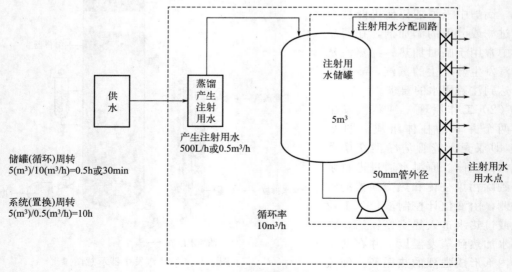

图 2-13　系统周转与储罐周转

二、储存单元

储存单元用于储存符合药典要求的制药用水并满足系统的最大峰值用量要求。储存系统必须保证供水质量，以便保证终端产品达到合格质量。从细菌角度看，储罐越小越有利于提高系统循环率，降低了细菌快速繁殖的可能性。通常储存系统的腾空次数需满足 1～5 次/h（推荐 2～3 次/h），相当于储罐周转时间为 20～30min。对于臭氧消毒的储存与分配系统，降低罐体容量有利于缩减罐体内表面积，有利于臭氧在水中的快速溶解。储存单元主要由储罐、喷淋球、压力与温度传感器、爆破片、罐体呼吸器、液位传感器、罐体连接件等组成。

1. 储罐

储罐大小的选择依据是经济性和预处理量。在同一生产车间中，采用稍小的制备单元配备稍大的储罐，与采用稍大的制备单元配备稍小的储罐均能满足生产需求。通常系统周转时间控制在 1～2h 为宜。若储罐容积选择过大，则罐体腾空次数受限，微生物污染的风险增大。同时，适宜的制药用水储罐有效容积比为 0.8～0.85。

储罐有立式和卧式两种形式，选择时需综合考虑罐体容积、安装要求、罐体刚性要求、投资和设计要求。通常优先考虑立式罐体，因为立式罐体具有最低排放点，容易满足"全系统可排尽"的要求。但卧式罐体在下列情况是更好的选择：①罐体体积过大（超过10000L）；②制水间对罐体高度有限制；③蒸馏水机出水口需高于罐体入水口；④相同体积时，卧式罐体的投资比立式罐体节省较多。

储罐采用巴氏消毒时，罐体一般采用 316L 不锈钢的常压或压力设计，按 ASME BPE标准进行设计和加工，罐体外壁带保温层以维持温度并防止人员烫伤。罐体附件包括360°旋转喷淋球、压力传感器、温度传感器、带电加热夹套的呼吸器、液位传感器、罐底排放阀。

当储存与分配系统采用臭氧消毒时，罐体一般采用 316L 不锈钢的常压或压力设计，按 ASME BPE 标准进行设计和加工，罐体外壁的保温层可以取消。罐体附件包含压力传感器、温度传感器、呼吸器、液位传感器、罐底排放阀和臭氧破除器。臭氧消毒系统无须安装喷淋球，以防臭氧被雾化溢出。在呼吸器出口安装臭氧破除器以保护环境和人员安全。

当工艺用水储罐采用大于 0.1MPa 蒸汽灭菌时，储罐应按压力容器设计。如采用纯蒸汽或过热水进行消毒时，罐体采用 316L 不锈钢的压力（－0.1～0.3MPa）设计，按 ASME BPE 标准进行设计和加工。罐体外壁带保温层以维持温度并防止人员烫伤。罐体附件包括360°旋转喷淋球、爆破片、压力传感器、温度传感器、带电加热夹套的呼吸器、液位传感器、罐底排放阀。呼吸器能实现在线灭菌和在线完整性检测。对于需采用罐体自身加热来维持水温的储存单元，其罐体还需设计工业蒸汽夹套。

2. 喷淋球

喷淋球主要作用是保证罐体始终处于润湿状态，并保证全系统温度均匀。固定式喷淋球虽能发挥全系统润湿作用，但其清洗时耗水量很大，且长时间使用有系统生锈风险。因此，制药用水系统罐体通常采用 360°旋转喷淋球。旋转喷淋球需要有 0.15～0.2MPa 的开启压力，在高压回水的冲击下喷淋球能自动旋转起到 360°喷淋的效果。若旋转喷淋球本身易脱落铁屑，整个系统（尤其是注射用水系统）发生红锈的风险非常大，故需选择性能可靠的旋转喷淋球，以减少发生红锈的风险。

3. 压力与温度传感器

罐体压力传感器主要用于监测罐内压力，同时在罐体杀菌时开启或关闭呼吸器提供指令依据，罐内的压力将通过 PLC 控制。当系统采用纯蒸汽或过热水杀菌时，一定要选择耐受负压的压力罐体设计，以避免不必要的"瘪罐"安全隐患。罐体温度传感器主要用于实时监控罐体水温，通常采用 PLC 控制。通常纯化水罐体水温维持在 18～20℃，注射用水水温维持在 70～85℃为宜。纯化水温度超过 25℃时，系统滋生微生物的风险较大；注射用水温度高于 85℃时，系统发生红锈的风险较大。

4. 爆破片

爆破片主要用于承压的压力罐体上，它是传统安全阀门的替代品，一般为反拱形设计。其优点是采用卫生型卡箍连接和 316L 不锈钢材质设计，有效解决了老式安全阀存在的死角风险。GMP 要求爆破片带有报警装置，以便系统发生爆破时能及时发现。

5. 罐体呼吸器

设置罐体呼吸器的主要目的，是有效阻断外界颗粒物和微生物对罐体水质的影响。呼吸器的滤芯孔径为 $0.2\mu m$，材质为聚四氟乙烯，套筒形式有 T 形和 L 形两种。当系统处于高温状态时，冷凝水容易聚集在滤膜上并导致呼吸器堵塞，采用电加热夹套的呼吸器能有效防止"瘪罐"现象发生，并能有效降低呼吸器的染菌概率。对于臭氧消毒的纯化水系统，因没有任何呼吸器堵塞的风险，且呼吸器长时间处于臭氧保护下，故无须安装电加热夹套。

呼吸器的微生物控制方法主要是定期更换滤芯或定期灭菌。在线进行正向或反向灭菌时，膜内外实际压差不能高于膜本身的最大耐受压差。采用高压灭菌，在 135℃、30min 条件下，滤膜能耐受的反复灭菌极限次数为 30 次；采用循环灭菌，在 126℃、60min 条件下，滤膜能耐受的反复灭菌极限次数为 30 次。

6. 液位传感器

液位传感器是罐体的重要附件之一，主要是为水机提供启停信号，并防止后端离心泵发生空转，罐内液位通过 PLC 进行监控。传统设计中，将液位传感器信号分为五挡（高高液位、高液位、低液位、低低液位、停泵液位），水机的启停主要通过高液位和低液位两个信号进行，而停泵液位（一般为 10%～15%）主要是为了保护后端的水系统输送离心泵，防止其发生空转。适用于水系统的液位传感器主要有三种：静压式液位传感器、电容式液位传感器和压差式液位传感器。三种液位传感器均采用卫生型卡箍连接，耐受高温消毒。

（1）静压式液位传感器　这种液位传感器经济实用，工作原理简单（$P=\rho g h$），安装于罐体侧壁，适用于水温恒定且不频繁启停泵体的工况（如臭氧消毒的纯化水储存与分配系统）。

（2）电容式液位传感器　该传感器的设计原理是，当液体介电常数恒定时，极间电容正比于液位。因为纯化水和注射用水的介电常数偏差较小，不影响正常的液位检测，使该传感器能应用于制药用水储存与分配系统。该传感器需从罐顶插入安装，故对罐体高度有一定要求。

（3）压差式液位传感器　工作原理是采用罐体液相和气相压差来实现液位的监控。与静压式液位传感器和电容式液位传感器相比，气相压力、水温和水电导率变化均不会影响其检测准确度，且不受罐体安装高度的影响，是制药用水系统中最理想的液位传感器。该传感器有两个探头，用于测定气相和液相压力，分别安装于罐体上封头和罐体底部封头（或侧壁）上。

7. 罐体连接件

由于储罐中的制药用水处于相对静止状态，罐体是储存与分配系统中微生物滋生风险最大的地方。因此，除周期性对储存系统进行消毒或杀菌外，罐体内壁还需具有足够的表面光洁度（即抛光度），以有效阻断微生物附着在罐壁上形成难以去除的生物膜。通过实现罐体附件连接的无死角安装，很好地解决了连接处可能存在的微生物滋生风险。

三、分配单元

1. 制药用水的分配形式

根据使用温度，制药用水系统分为三种不同的温度形式：热水系统，常温水系统，冷水系统。图 2-14（a）～（h）列举了 8 种常用制药用水分配形式。选择具体方案时需要考虑在合理的成本下最大限度地降低污染风险。

（1）热储存，热分配　适用场合：①制得的水为热水；②用水点需要的是热水；③制水过程中对微生物控制严格。缺点是无法提供常温水。

（2）热储存，冷却后再加热　适用场合：①制得的水是热水；②制水过程中对微生物控制严格但用于灭菌处理的时间很短；③水的供应量有限。缺点是能耗较大。

（3）单罐平行管路　适用场合：①需要提供多种温度的水；②单个降温点费用很高时；③对供水水压有限制时。缺点是对管路流量平衡要求非常严格。

（4）常温储存，常温分配　适用场合：①对常温水和冷水需求很多；②制得的水是常温水；③灭菌有足够的时间。缺点是灭菌和操作有一定的冲突。

（5）热储存，自带分配　适用场合：①制得的水是热水；②有很多低温要求的用水点；③能量消耗控制严格。缺点是单位能量费用较高，储罐更新量较少。

（6）多罐再循环　当制水方法不太可靠，且用水前需要进行水质检查时，需采用这种分配形式。缺点是投资和运行成本较大。

（7）加臭氧灭菌的储存与分配系统　适用场合：①生产允许周期性的自动化消毒；②所有用户都不在现场；③能量费用很高。缺点是产品易受臭氧影响。

（8）分支/单路系统　当预算紧张，制水过程对微生物控制要求不高或无要求，需要持续用水时，往往采用这种形式。由于管路存在死水，用水会时断时续，且操作费用较高。

2. 在线监测

在分配系统中，一般安装温度传感器、压力传感器、流量传感器、电导率传感器、TOC 传感器、pH 传感器和臭氧传感器等，用于监测水质和运行。

（1）温度传感器　温度是注射用水储存与分配系统的关键参数。温度传感器一般置于主换热器前后，与加热或冷却用的比例调节阀联动控制，为实时监测管网温度和周期性杀菌提供帮助。通常，纯化水水温维持 $18\sim20\,^{\circ}\mathrm{C}$、注射用水水温维持 $70\sim80\,^{\circ}\mathrm{C}$ 为宜。纯化水系统采用巴氏消毒时，系统温度维持在 $80\,^{\circ}\mathrm{C}$ 并保持 $1\sim2\mathrm{h}$；注射用水系统采用纯蒸汽或过热水杀菌时，系统温度维持在 $121\,^{\circ}\mathrm{C}$ 并保持 $30\mathrm{min}$。温度传感器采用卫生型设计，满足 $4\sim20\mathrm{mA}$ 信号输出功能，测量范围为 $0\sim150\,^{\circ}\mathrm{C}$，采用 Tri-Clamp 卫生型卡箍连接。

（2）压力传感器　一般置于末端回水端，主要用于监测回水管网压力。当回水压力低于设定值时，系统报警，操作人员需查看是否有用水点发生不恰当的用水情况。风险分析表明，回水压力偏低时对系统污染风险较大，当某个用水点流量很大时，很可能发生空气倒吸而引发水系统污染。为了保证回水喷淋球能正常开启，一般将回水压力控制在 $0.15\sim0.2\mathrm{MPa}$ 为宜，报警压力可设置为 $0.05\sim0.1\mathrm{MPa}$。某些水系统会设置备压阀来调节回水压力，目的是保证系统始终处于正压状态。压力传感器采用卫生型设计，满足 $4\sim20\mathrm{mA}$ 信号输出功能，测量范围为 $0\sim1\mathrm{MPa}$ 或 $-0.1\sim0.6\mathrm{MPa}$，采用 Tri-Clamp 卫生型卡箍连接。

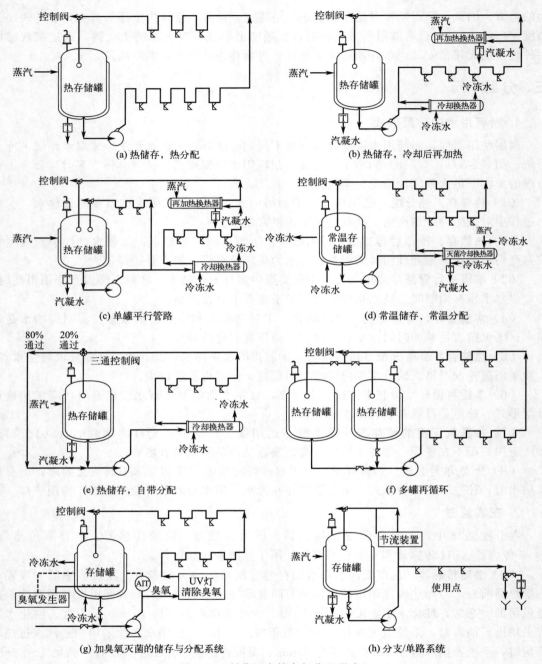

图 2-14　制药用水储存与分配形式

（3）流量传感器　一般置于末端回水端，主要用于监测回水管网流量。水系统泵体可采用回水流量或回水压力进行变频联动。正常情况下，保持系统末端回水流量不低于 1m/s。可将泵体变频流量始终设定为 1.2~1.5m/s。流速对水质的长期稳定运行非常关键，但当系统处于峰值用量时，短时期内回水流速低于 1m/s 并不会引起系统微生物的快速滋生。流量传感器采用卫生型设计，满足 4~20mA 信号输出功能，采用 Tri-Clamp 卫生型卡箍连接，测量范围一般与泵体流量相匹配。分配系统中，常用流量传感器有全金属转子流量传感器、涡街流量传感器等。分配系统回水流量仅需监测和报警功能，不需准确定量。质量流量传感器虽能准确进行质量定容，但价格昂贵，多用于配料系统或原位清洗（CIP）系统。

（4）**电导率传感器**　电导率仪是测定水中总离子强度的重要工具，在线电导率监测仪是整个分配系统中的关键仪表之一，其安装位置必须能反映用水质量。在线监测的最佳安装位置一般为管路中最后一个"使用点"的阀后，且在回储罐之前的主管网上。由于温度对电导率测量影响较大，为了消除温度的影响，需将水温补偿到标准温度。但是，温度补偿法本身并不精确，所以补偿电导率的测量值不能保证纯化水和注射用水的质量。因此，当使用在线电导率仪监控纯化水和注射用水的质量时，必须按 USP 要求测定非补偿电导率值和水温。

（5）**TOC 传感器**　采用 TOC 分析仪可以指示水中的内毒素污染。储存与分配系统的在线 TOC 监测的最佳位置为管路中最后一个"使用点"的阀后，且在回储罐之前的主管网上。因此，在线 TOC 监测仪是分配系统中的关键仪表。药典要求 TOC 指标不能高于 500×10^{-9}，一般程序上设定的 TOC 报警值为 100×10^{-9}，TOC 行动值为 250×10^{-9}。TOC 可采用在线监测和离线取样分析两种方法。安装在线 TOC 监测仪有利于实时监测水质并进行合理调控。

（6）**pH 传感器**　主要安装在纯化水制备单元中。由于 pH 传感器需定期更换缓冲液，且耐受高温消毒次数有限，在储存与分配系统中不推荐安装在线 pH 传感器。

（7）**臭氧传感器**　在臭氧消毒的纯化水系统中，需安装在线臭氧传感器用于实时监测水中臭氧浓度。臭氧传感器采用溶氧池的方式进行在线臭氧浓度的测定。

四、制药用水点管网单元

1. 制药用水点的要求

用水点管网单元是指从制水车间分配单元出发，经过所有工艺用水点后回到制水车间的循环管网系统，其主要功能是通过管道将符合药典要求的制药用水输送到使用点。用水点管网单元主要元件组成：取样阀、隔膜阀、管道管件、支架与辅材、保温材料等。对于注射用水系统，还包含冷用点模块。ASME BPE（2005）对制药用水点的要求见图 2-15。

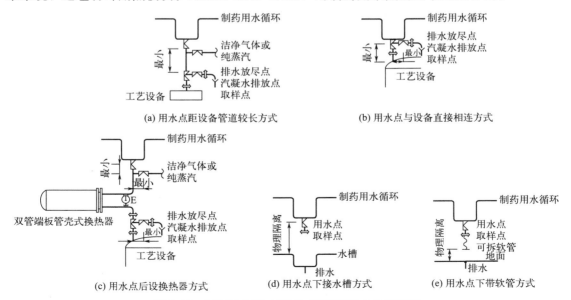

图 2-15　ASME BPE（2005）对制药用水点的要求

2. 制药用水点设计方式

（1）热注射用水点 ASME BPE（2005）列举了部分热注射用水点的设计方式（图 2-16）。

（2）常温及低温注射用水点见图 2-17，使用时有以下两种工况：

① 使用点不使用低温注射用水时，关闭循环主干管道上的切断阀，全部使用点管路进入热循环，有利于系统自动消毒及节约冷冻水。

② 使用点使用低温注射用水时，应排去不合格温度注射用水，待支管注射水温度达到要求后，打开使用点阀门用水；用水结束后，待水温回升至＞70℃时，重新进入热循环。本方式优点：符合 GMP 关于循环管路中水温的控制要求（＞70℃），不合格的水予以排放，不进入主循环；消毒可与主循环管路一起进行，简化了使用点的操作及配管；使用点支管及循环管路的流速得到了良好控制；可手工或自动操作，节约投资费用。

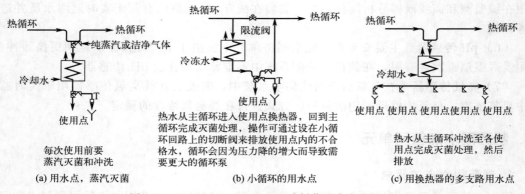

(a) 用水点，蒸汽灭菌 (b) 小循环的用水点 (c) 用换热器的多支路用水点

图 2-16 ASME BPE（2005）对制药用水点的设计

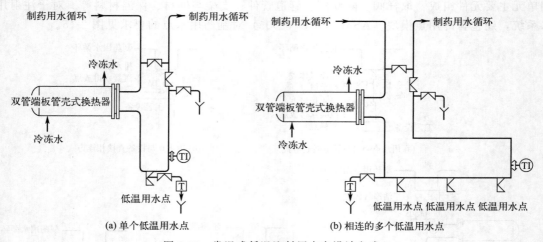

(a) 单个低温用水点 (b) 相连的多个低温用水点

图 2-17 常温或低温注射用水点设计方式

第三节　小容量注射剂工艺与设备

一、药液的配制

原辅料和注射用水按工艺处方要求精确称量、核对后，在洁净的不锈钢配料罐中进行投料、溶解、配制（图 2-18）。根据总量取一定比例的注射用水，向其中加入处方量的原辅料并搅拌溶解，随后加注射用水稀释至全量。粗滤后调整滤液 pH 值，测定半成品含量，合格后再精滤，即完成药液的配制和精制。配制方法有浓配法和稀配法两种。

1. 浓配法

当原料质量较差、杂质较多时，此法使溶解度较小的杂质在高浓度时不溶解而除去。在浓配锅中按不同品种配成一定浓度的浓溶液（如葡萄糖注射用水配成 50%、70% 浓溶液），加入活性炭，必要时调节 pH 值，加热煮沸 15min，冷却至 50℃，经砂棒过滤器加压过滤脱炭后，输入稀释锅，补加活性炭搅拌均匀，使药物含量与 pH 值在合格范围内，并调控药液温度。

2. 稀配法

当原料质量较好、纯度较高时，采用稀配法。称取所需质量的原料，与注射用水直接配制成所需浓度，加入活性炭搅拌均匀，调整 pH 值并放置 20min，使药物含量与 pH 值分布在合格范围内，并调控药液温度。

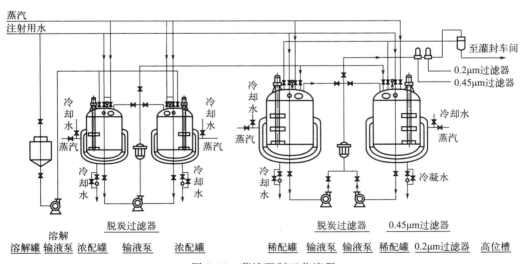

图 2-18　药液配制工艺流程

二、药液精制过滤设备

1. 板框过滤机

药液经泵加压输送至板框过滤机，板与框上预先开有药液通道，这些通道与滤框内侧小孔相通，使药液可同时并行进入各滤框与其两侧过滤介质构成的滤室中。过滤后的药液在滤板的沟槽中汇集并流入滤板底部与滤液通道相通的小孔，再由滤液通道引出（图2-19）。

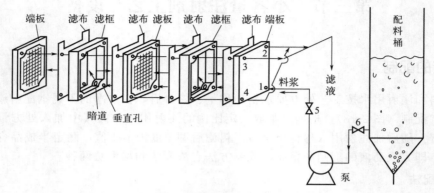

图 2-19　板框压滤机结构与工作原理示意图
1—料浆通道；2~4—滤液通道；5，6—进口阀

2. 砂滤棒

砂滤棒具有吸附性，能降低滤液中某些成分的含量。砂滤棒中含有微量金属离子，过滤时能使某些易氧化药物溶液变色（如维生素C溶液）。砂滤棒本身呈微碱性，易使药液 pH 值发生改变。因此，砂滤棒在使用前（特别是新砂滤棒）应用稀碱、稀酸与蒸馏水充分洗涤，至洗涤水澄明并呈中性为止。常见砂滤棒为硅藻土和白陶土两种类型。硅藻土砂滤棒质地较软，易脱落砂粒。白陶土砂滤棒较硬，不易脱落粒点，且耐洗。

3. 垂熔玻璃滤器

这是硬质中性玻璃微粒在高温下熔合制成的具有微孔的棒状滤材。根据需要制成棒状的，称垂熔玻璃棒；制成滤板并粘连于玻璃漏斗中，称垂熔玻璃漏斗；将滤板粘连于球形玻璃中，称垂熔玻璃滤球。这种滤器化学稳定性高，过滤时不与药液发生化学反应，不影响药液 pH 值。滤器中的滤球可装成密闭管路，不会被外界空气污染，比砂滤棒易洗涤。根据滤孔尺寸，国产垂熔玻璃滤器分为 6 个型号，号数愈大，孔径愈小，5 号以上可除菌。

4. 微孔滤膜

微孔膜滤器结构采用高分子材料（如醋酸纤维素等）制作的微孔滤膜置于滤膜托板上，托板与上盖之间构成滤室（图2-20）。操作一段时间后，药液中夹带的气体将汇集于滤室上部，故需定期将气体排出。托板与下滤盖之间的空间用以收集滤液并经出液嘴排出。

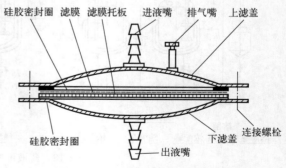

图 2-20　微孔膜滤器结构示意图

三、安瓿洗涤设备

目前国内使用的安瓿洗涤设备主要为冲淋式安瓿洗涤机组、气水喷射式安瓿洗涤机组和超声安瓿洗涤机组。

1. 冲淋式安瓿洗涤机组

冲淋式安瓿洗涤机组由冲淋机、蒸煮箱和甩水机组成。机组具有设备简单、生产效率高等优点，曾被广泛用于安瓿的预处理。但该机组占地面积大，耗水量多及洗涤效果欠佳，不适用于现在推广使用的易折曲颈安瓿。

（1）安瓿冲淋机　安瓿冲淋机（图 2-21）是利用清洗液（通常为水）冲淋安瓿内、外壁浮尘，并向瓶内注水的设备。它由传送系统和供水系统组成。

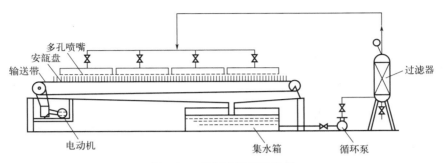

图 2-21　安瓿冲淋机示意图

　　工作时，安瓿以口朝上的方式整齐排列于安瓿盘内，在输送带的带动下，逐一通过各组喷嘴的下方。同时水以一定压力和速度由各组喷嘴喷出，所产生的冲淋力将瓶内外的污垢冲净，并向安瓿内注满水。由于冲淋下来的污垢将随水一起汇入集水箱，故在循环水泵后设置一台过滤器，对洗涤水过滤净化，可保证洗涤水清洁。冲淋机结构简单且效率高，缺点是耗水量大，且个别安瓿可能会因受水量不足而难以保证淋洗效果。

　　为了克服上述缺点，可增设一排能往复运动的喷射针头。工作时，针头伸入传送到位的安瓿瓶颈中，将水直接喷射到内壁上以提高淋洗效果。另外也可增设翻盘机构，并在下面增设一排向上的喷射针头。当安瓿盘入机后，利用翻盘机构使安瓿口朝下，上面的喷嘴冲洗安瓿外壁，下面的针头自下而上冲洗安瓿内壁，冲淋下来的污垢及时流出安瓿，淋洗效果较好。

　　（2）安瓿蒸煮箱　安瓿经冲淋并注满水后，需送入蒸煮箱中蒸煮消毒。蒸煮箱（图 2-22）由普通消毒箱制成。小型蒸煮箱内设有若干层盘架，架上放置安瓿盘。大型蒸煮箱内常设有小车导轨，工作时可将安瓿盘放在可移动的小车盘架上，再推入蒸煮箱。蒸煮时，蒸汽直接从底部蒸汽排管中喷出，利用蒸汽冷凝释放的潜热对注满水的安瓿进行加热。

　　（3）安瓿甩水机　经蒸煮消毒的安瓿被送入甩水机，将安瓿内的积水甩干。安瓿甩水机（图 2-23）主要由圆筒形外壳、离心框架、固定杆、传动机构和电动机等组成。离心框架上焊有两根固定安瓿盘的压紧栏杆。工作时，不锈钢框架上装满安瓿盘，安瓿瓶口朝外，并在瓶口上加装尼龙网罩，以免安瓿被甩出。机器开动后，在离心力作用下，安瓿内的积水被甩干。随后将安瓿送往冲淋机冲洗注水，经蒸煮消毒后再用甩水机甩干，如此反复 2～3 次即可将安瓿洗净。

　　2. 气水喷射式安瓿洗涤机组

　　该机组（图 2-24）主要由供水系统、压缩空气及过滤系统、洗瓶机等组成。工作时，电磁喷水阀和电磁喷气阀在偏心轮及行程开关的控制下交替启闭，向安瓿内外交替喷射洁净洗涤水或净化压缩空气，以便将安瓿洗净。

　　3. 超声安瓿洗涤机组

　　该设备利用超声波的空化效应和振动效应清洗安瓿。由于高能量的超声波作用在清洗液中，液体被撕裂成数量众多的微小空穴，这些空穴闭合的瞬间会产生极大的瞬间压力并作用

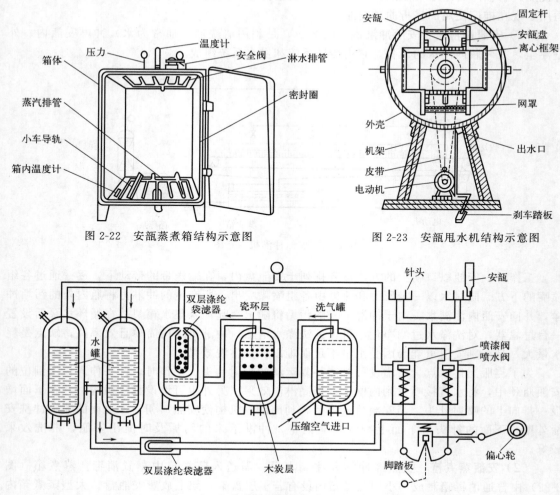

图 2-22　安瓿蒸煮箱结构示意图　　　　图 2-23　安瓿甩水机结构示意图

图 2-24　气水喷射式安瓿洗涤机组工作原理

在安瓿器壁上，促进污垢脱落。同时，超声波产生的振动作用增加了清洗液的湍流强度及相对接触面积，使安瓿与液体接触界面处的污垢瞬间溶解或剥落，达到清洗安瓿的目的。

（1）简易超声安瓿洗涤机　由超声波发生器和清洗槽组成。工作时，超声波发生器可产生 6～25kHz 的高频电振荡，并通过压电陶瓷将电振荡转变为机械振荡，再通过耦合振子将振荡传递至清洗槽底部，使清洗液产生空化现象，达到清洗安瓿的目的。

清洗液通常为纯化水。提高温度可降低清洗液黏度，强化超声空化效果，加速污垢溶解。但温度太高会影响压电陶瓷和振子正常工作。实际操作中，清洗液温度以 60～70℃ 为宜。

（2）回转式超声安瓿洗涤机　综合运用超声清洗和针头单支清洗技术的大型连续式安瓿洗涤设备（图 2-25），可连续自动操作，劳动条件好，生产能力大，适用于大批量安瓿的洗涤。

水平安装的针鼓转盘上设有 18 排针管，每排针管有 18 支针头（共 324 支针头）。与转盘相对的固定盘上，不同工位设有管路接口以通入水或空气。针鼓转盘转动时，各排针头座依次与循环水、压缩空气、新鲜纯化水等接口相通。安瓿斗呈 45°倾斜，下部出口与清洗机

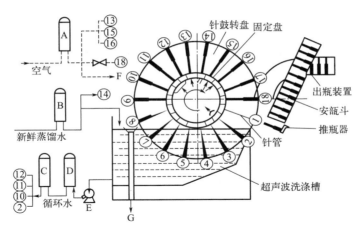

图 2-25　回转式超声安瓿洗涤机工作原理示意图
A～D—过滤器；E—循环泵；F—吹除玻璃碎屑；G—溢流回收

的主轴平行并开有 18 个通道，借助推瓶器每次可将 18 支安瓿推入针鼓转盘的第 1 个工位。

洗涤槽内设有超声振荡装置并充满洗涤水，同时设有溢流装置以便保持所需液面高度。纯化水（50℃）经 0.45μm 微孔膜滤器 B 除菌后，一部分送入洗涤槽，另一部分被引至工位 14 的接口，用于冲净安瓿内壁。洗涤槽下部出水口与循环泵相连，利用循环泵将水依次送入 10μm 滤芯粗滤器 D 和 1μm 滤芯细滤器 C，除去洗涤水中超声清洗下来的污垢。过滤后的水以一定压力（0.18MPa）分别进入工位 2、10、11 和 12 的接口。

空气由无油压缩机输送至 0.45μm 微孔膜滤器 A，除菌后的空气以一定压力（0.15MPa）分别进入工位 13、15、16 和 18 的接口，用于吹净瓶内残水和推送安瓿。

工作时，针鼓转盘围绕固定盘进行间歇转动，在每一个停顿时间段内，各工位分别完成相应的操作。在第 1 工位，推瓶器将一批安瓿（18 支）推入针鼓转盘。在第 2～7 工位，安瓿首先被注满洗涤水，然后在洗涤槽内进行超声清洗。第 8 和 9 两个工位为空位。在第 10～12 工位，针管喷出循环水对倒置的安瓿内壁进行冲洗。在第 13 工位，针管喷出净化压缩空气将安瓿吹干。在第 14 工位，针管喷出新鲜蒸馏水对倒置的安瓿内壁进行冲洗。在第 15 和 16 工位，针管喷出净化压缩空气将安瓿吹干。第 17 工位为空位。在第 18 工位，推瓶器将洗净的安瓿推出清洗机。可见，安瓿进入清洗机后，在针鼓转盘的带动下，将依次通过 18 个工位，逐步完成清洗安瓿的各项操作。

四、安瓿干燥灭菌设备

安瓿的干燥灭菌是将清洗后的安瓿进行干燥、灭菌和除热原的过程，并保证安瓿的洁净度符合小容量注射剂的要求。常规工艺是 300～350℃保温不低于 6min，其灭菌和除热原通过热分布试验、热穿透试验、微生物挑战试验验证合格后方可投入使用。

常用干燥设备有间歇式干燥箱、连续式远红外隧道烘箱、连续式电热隧道烘箱。间歇式干燥箱适用于小批量生产或研发。连续式远红外隧道烘箱和连续式电热隧道烘箱工作方式基本相同。目前使用较多的是连续式电热隧道烘箱（图 2-26）。

连续式电热隧道烘箱由传送带、加热器、层流箱、隔热层组成。隧道烘箱分为预热段、加热段、冷却段三部分。在干燥灭菌过程中，安瓿通过传送带进入隧道烘箱。在预热段内，安瓿由室温上升至 100℃左右，大部分水分被蒸发；加热段为高温干燥灭菌区，该区域温度

达到 $300\sim350℃$，使残余水分进一步蒸发的同时，对安瓿进行灭菌和除热原处理；冷却段内，温度由高温降低至 $100℃$ 左右，冷却后离开隧道。

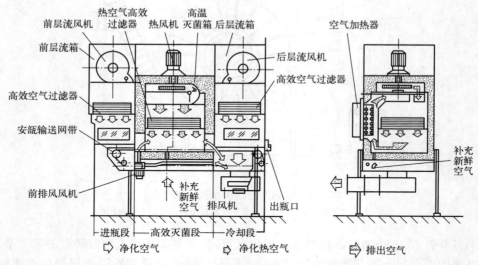

图 2-26　连续式电热隧道烘箱工作原理示意图

五、安瓿灌封设备

安瓿灌封设备包括灌装设备、灌封设备、封口设备 3 个部分。现主要介绍安瓿灌封机（图 2-27）、安瓿拉丝灌封机、安瓿洗烘灌联动生产机的构造原理及特点。

1. 安瓿灌封机

安瓿灌装封口包括安瓿上瓶、料液灌注、充氮和封口等工序。故安瓿灌封机主要由传送部分、计量灌注部分、封口部分组成（包括机架、排瓶机构、灌注与重启机构、层流罩、控制器、封口喷嘴、出瓶板等）。

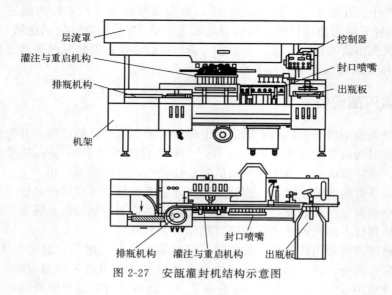

图 2-27　安瓿灌封机结构示意图

（1）**安瓿传送** 在一定时间间隔内，将灭菌安瓿按照一定距离间隔排放到灌封机的传送装置上，并输送到安瓿灌封工序。通过机电控制可以统计安瓿输入数量和安瓿封口后数量。

（2）**料液灌注** 将经过无菌过滤的药液按照装量要求，通过灌注计量机构注入安瓿中。灌注计量机构主要包括活塞式注射泵和蠕动泵两种类型。活塞式注射泵可分为玻璃活塞式注射泵、陶瓷活塞式注射泵、不锈钢活塞式注射泵等。安瓿一般为 2 支、4 支、6 支、8 支等同时进行灌注，为保证灌装精度，通常每个安瓿对应一套计量机构和注射针头。可根据安瓿输入数量进行自动止灌，防止料液浪费。

（3）**充氮** 为了防止药品氧化，需要用惰性气体（一般为氮气，根据药品的不同，有的需使用二氧化碳气体等惰性气体）置换料液上部空气。填充氮气时，将经过酸碱处理的氮气进行无菌过滤，通入与注射针头同步运行的充氮针头进行填充。

（4）**封口** 封口是通过火焰加热完成的。将完成灌注与充氮工序的安瓿送入预热区，在轴承带动下安瓿进行自转以保证颈部受热均匀。随后安瓿进入封口区并在高温下熔化，采用拉丝钳将安瓿上部多余的部分强力拉走，在安瓿自身旋转作用下，安瓿颈部受到离心力和表面张力的共同作用而呈现出光滑的球状。封口后的安瓿严密不漏，薄厚均匀。

2. 安瓿拉丝灌封机

该设备由传送部分、灌注部分、封口部分组成，各部分由电动机带动主轴控制。

（1）**传送部分** 由料斗、梅花盘、移瓶齿板和传送装置组成（图 2-28）。灭菌的安瓿通过不锈钢盘放入料斗，料斗下的梅花盘在链条带动下转动，将 2 支安瓿推入固定齿板上。固定齿板由上、下两个呈三角形的齿板组成，安瓿的上、下端刚好在三角形槽中被固定并与水平呈 45°角。当偏心轴做圆周运动时，带动与之相连接的移瓶齿板动作。当移瓶齿板动作到上半部后，将安瓿从固定齿板上托起并使之超过固定齿板三角形槽的齿顶，再将安瓿移动两格放到固定齿板上。偏心轴转动一周，安瓿通过移瓶齿板向前移动两格，如此循环实现安瓿传送。

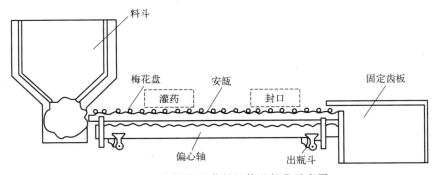

图 2-28 安瓿拉丝灌封机传送部分示意图

（2）**灌注部分** 由凸轮杠杆装置、吸液灌液装置和缺瓶止灌装置组成（图 2-29）。当压杆顺时针摆动时，压簧使针筒芯向上运动，使针筒下部产生真空，此时针筒单向玻璃阀关闭而药液罐单向玻璃阀开启，药液罐中的药液被吸入针筒。当压杆逆时针摆动使针筒芯向下运动时，针筒单向玻璃阀开启而药液罐单向玻璃阀关闭，药液经管路和伸入安瓿内的针头注入安瓿，完成药液灌装操作。另外，灌装药液后的安瓿常需充入氮气或其他惰性气体，以提高制剂的稳定性。充气针头与灌液针头并列安装于同一针头托架上，灌装后随即充入气体。

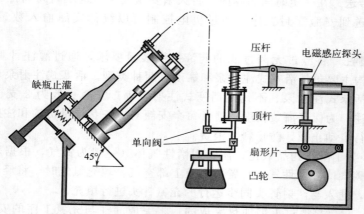

图 2-29　安瓿拉丝灌封机灌注部分示意图

（3）封口部分　由拉丝机构、加热机构、压瓶机构组成（图 2-30）。①拉丝装置的钳座上设有导轨，拉丝钳沿导轨上下滑动。借助凸轮和气阀，可控制压缩空气进入拉丝钳管路，进而控制钳口的启闭。②加热装置的主要部件是氢氧焰喷嘴。氢氧焰温度可达 2800℃，火焰集中，封口速度快，对药品无任何污染。氢氧焰水针剂拉丝封口机不储存气体，边产边用，按需制造，供气压力低于 0.2MPa，比传统燃气安全。③当安瓿被移瓶齿板送至封口工位时，其颈部靠在固定齿板的齿槽上，下部放在蜗轮蜗杆箱的滚轮上，底部放在呈半球形的支头上，而上部由压瓶滚轮压住。此时，蜗轮转动并带动滚轮旋转，使安瓿围绕自身轴线缓慢旋转，同时来自氢氧焰喷嘴的高温火焰对瓶颈进行加热。当瓶颈加热部位呈熔融状态，拉丝钳张口向下并到达最低位置时，拉丝钳收口并将安瓿颈部钳住，随后拉丝钳向上将安瓿熔化丝头抽断，使安瓿闭合。当拉丝钳运动至最高位置时，钳口启闭两次，将拉出的玻璃丝头甩掉。安瓿封口后，压瓶凸轮和摆杆使压瓶滚轮松开，移瓶齿板将安瓿送出。

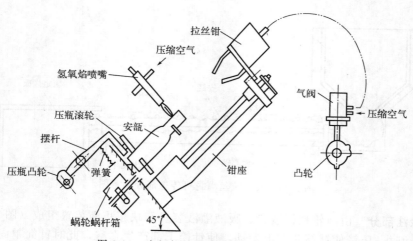

图 2-30　安瓿拉丝灌封机封口部分示意图

3. 安瓿洗烘灌联动机组

安瓿洗烘灌联动机组（图 2-31）是将原本独立操作的安瓿清洗、干燥灭菌、药液灌封三个工艺单元进行联动生产的设备，节省了场地和设备投资以及人力资源消耗，减少了半成品周转，最关键的是将药品混淆和交叉污染风险降到了最低。

安瓿洗烘灌联动机组由安瓿超声波洗瓶机、隧道烘箱和拉丝灌封机组成。安瓿洗烘灌联动机组主要特点：①全机设计考虑了运行过程的稳定性和自动化程度，实现了机电一体化，根据程序输入正确的运行参数和工艺控制参数，自动控温、自动记录、自动报警、自动故障显示，最大限度地保证生产的可靠性。②生产全过程在密闭和层流条件下进行，确保了安瓿的灭菌质量符合 GMP 要求。③设备采用多项先进工艺技术，物料的进入完全采用输送轨道进行，结构清晰，占地面积小，有效避免了交叉污染。④各种规格的安瓿可更换性强，且更换容易。但设备造价高，对操作和维修人员要求较高。

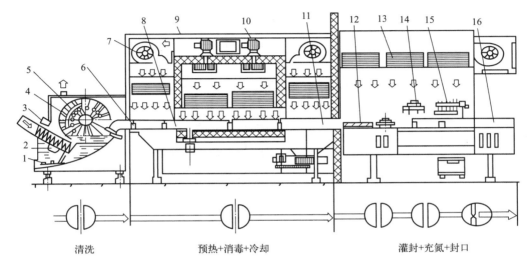

图 2-31　安瓿洗烘灌联动机组结构示意图

1—水加热器；2—超声波换能器；3—喷淋水；4—冲水气喷嘴；5—转鼓；6—预热器；7，10—风机；
8—高温灭菌区；9—高效过滤器；11—冷却区；12—不等距螺杆分离；13—洁净层流罩；
14—充气灌封工位；15—拉丝封口工位；16—成品出料口

六、灭菌检漏设备

小容量注射剂属于无菌制剂，灌封后必须灭菌，确保注射剂产品的无菌性和无热原性。小容量注射剂采用湿热灭菌设备进行灭菌。以热压灭菌检漏柜为例，该设备由箱体、蒸汽管、导轨、液位计、密封圈、温度计、真空表、压力表、安全阀、淋水管等组成。工序包括灭菌、检漏和冲洗。为了保证灭菌效果，通过电子控制使蒸汽按照规定的压力和时间对产品进行灭菌。在灭菌过程中，利用真空脉动技术排除灭菌柜中空气，保证冷点的消除，保证产品质量。

七、澄明度检测设备

注射剂生产过程中难免会带入一些异物，必须进行澄明度检查，以剔除带有异物的注射剂。通常有人工灯检和安瓿异物光电自动检查两种方法。

1. 人工灯检

人工灯检以目测方式进行检查。检查时采用日光灯作光源，并用挡板遮挡以避免光线直射入眼内，背景应为黑色或白色（检查有色异物时用白色背景）。检测时，将待测安瓿置于距光源 200mm 处轻轻转动，通过观察药液中是否有微粒运动达到检测目的。

2. 安瓿异物光电自动检查

利用光电系统采集运动图像中（只有药液是运动的）微粒大小和数量的信号，并排除静止的干扰物，再经电路处理可直接得到不溶物大小及数量的显示结果，再通过机械动作及时准确地将不合格安瓿剔除（图 2-32）。检测方法是利用旋转的安瓿带动药液一起旋转，当安瓿突然停止转动时，药液由于惯性会继续旋转一段时间。在安瓿停转瞬间，以光束照射安瓿，在光束照射下产生变动的散射光或投影，背后的荧光屏上即同时出现安瓿及药液的图像。

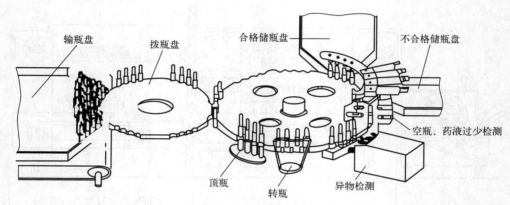

图 2-32　安瓿澄明度光电自动检查仪主要工位

第四节　大容量注射液工艺与设备

大容量注射液是指容量为 50mL 以上的最终灭菌注射液，又称大输液，有 50mL、100mL、250mL、500mL 等规格，常用于急救及手术不能口服患者，适用于人体失水、电解质紊乱、补充营养物质、防止休克或迅速维持药效等治疗目的。

大输液的生产工艺流程包括溶液配制和包装两条生产线。溶液配制工序的设备与水针剂类似。包装生产线包括瓶盖、瓶塞、隔离膜的清洗和塞盖、翻盖、加盖、轧盖等操作工序（图 2-33）。大输液的包装材料分为玻璃瓶、塑料瓶和非 PVC 软袋包装。

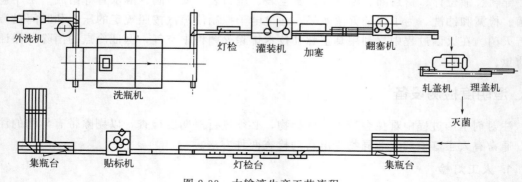

图 2-33　大输液生产工艺流程

一、理瓶机

理瓶机（图 2-34）是将拆包取出的输液瓶按顺序排列，并逐个输送给洗瓶机。常见设备有圆盘式理瓶机和等差式理瓶机两种。

1. 圆盘式理瓶机

当低速转动的转盘上堆积有输液瓶时，固定不动的拨杆将运动着的瓶子拨向转盘周边，并沿圆盘壁进入输送带至洗瓶机清洗。

2. 等差式理瓶机

设备由等速进瓶机和差速进瓶机组成。等速进瓶机有 7 条平行的等速传输带，差速进瓶机有 5 条差速传输带。当等速传输带将输液瓶送至差速传输带上后，由于差速传输带的链轮齿数不同，产生的速度差使输液瓶在各输送带和挡板作用下成单列按顺序输出。

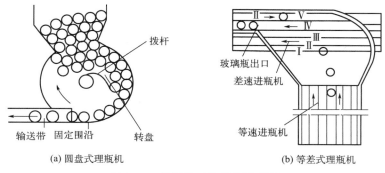

(a) 圆盘式理瓶机　　　　　　　　(b) 等差式理瓶机

图 2-34　理瓶机工作原理示意图

二、洗瓶机

1. 滚筒式洗瓶机

设备（图 2-35）由一组粗洗滚筒和一组精洗滚筒组成，每组均由前滚筒和后滚筒组成。每个滚筒设有 12 个工位，采用水平左右向安装，这样既便于理瓶机送瓶，又便于清洗后的瓶向下一工序移动。在粗洗段与精洗段之间用输送带连接，粗洗机组可以设置在非洁净区，精洗机组必须设置在洁净区，保证精洗后的输液瓶不会被污染。

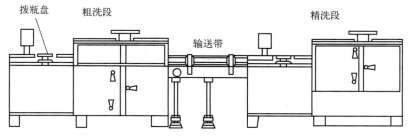

图 2-35　滚筒式洗瓶机示意图

载有玻璃瓶的滚筒转动到设定位置时，碱液注入瓶内。当带有碱液的玻璃瓶处于水平位置时，毛刷进入瓶内刷洗瓶内壁 3s，随后毛刷退出。滚筒转到下两个工位时，喷液管再次对瓶内注入碱液冲洗。当滚筒转到进瓶通道停歇位置时，进瓶拨轮将冲洗后瓶子推向后滚筒进行常水外淋、内刷、内冲即完成粗洗。经粗洗后的瓶子被输送带送入精洗滚筒，精洗滚筒没有毛刷，其他结构与粗洗滚筒相同。为保证洗后瓶子洁净度，精洗滚筒使用的水是去离子水和注射用水。

2. 箱式洗瓶机

设备（图2-36）由不锈钢罩或有机玻璃罩密闭，各工位的装置在同一平面内呈直线排列。洗瓶机前端有输液瓶翻转轨道，输液瓶在进入传输轨道之前瓶口朝上，通过翻转轨道后改为瓶口朝下，落入传输轨道上的瓶套中。瓶套里的瓶子随传输带依次经过热水喷淋→碱液喷淋→热水喷淋→冷水喷淋→喷水毛刷冲洗→冷水喷淋→纯化水喷淋→沥干工序，达到清洗要求。

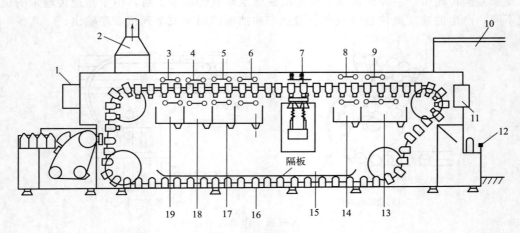

图 2-36   箱式洗瓶机结构示意图

1，11—控制箱；2—排风管；3，5—热水喷淋；4—碱水喷淋；6，8—冷水喷淋；7—喷水毛刷冲洗；9—纯化水喷淋；
10—出瓶净化室；12—手动操作杆；13—纯化水收集器；14，16—冷水收集器；
15—残液收集器；17，19—热水收集器；18—碱水收集槽

三、灌装设备

灌装机有多种形式，按照运动形式分为直线式间歇运动、旋转式连续运动两种；按灌装方式分为常压灌装、负压灌装、正压灌装和恒压灌装四种；按计量方式分为流量定时式、量杯容积式、计量泵注射式三种。其中，量杯式负压灌装机和计量泵注射式灌装机最为常见。

1. 量杯式负压灌装机

量杯式负压灌装机（图2-37）为回转式设计，由药液量杯、托瓶装置和无级变速装置三部分组成。这种设备一般有10个充填头，盛料桶中装有10个计量杯，计量杯与灌装套用硅橡胶管连接，玻璃瓶由螺杆式输瓶器经拨瓶星轮送入转盘的托瓶装置，托瓶装置由圆柱凸轮控制升降，灌装头套住瓶肩形成密封空间，通过真空管路抽真空，药液经负压流进瓶内。设备具有无瓶不灌装程序。设备主要优点是量杯计量、负压灌装，药液与所接触的零部件无相对机械摩擦，没有微粒产生，保证了药液在灌装过程中的澄明度。

2. 计量泵注射式灌装机

灌装机通过注射泵对药液进行计量并在活塞压力下将药液充填于容器中。充填头有2

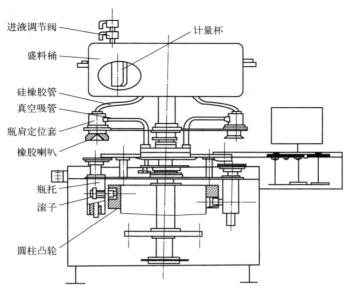

图 2-37　量杯式负压灌装机结构示意图

头、4 头、6 头、8 头、12 头等。机型有直线式和回转式。

直线式 8 头灌装机（图 2-38）中，洗净的玻璃瓶在输送带上每 8 个一组由两星轮分隔定位，V 形卡瓶板卡住瓶颈，使瓶口准确对准充氮头和进液阀出口。灌装前，先由 8 个充氮头向瓶内预充氮气，灌装时边充氮边灌液。充氮头、进液阀、计量泵活塞的往复运动均依靠凸轮控制。从计量泵泵出的药液先经终端过滤器再进入进液阀。

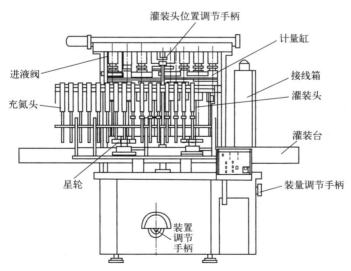

图 2-38　直线式 8 头灌装机结构示意图

采用容积式计量，计量调节范围较广，可根据需要在 100～500mL 范围内调整。改变进液阀出口形式可对不同容器进行灌装，如玻璃瓶、塑料瓶、塑料袋及其他容器。因为活塞式强制充填液体，可适应不同浓度液体的灌装。无瓶时计量泵转阀不打开，可保证无瓶不灌液。药液灌注完毕后，计量泵活塞杆回抽时，灌注夹止回阀前管路中形成负压，灌注头止回阀能可靠地关闭，加之注射管的毛细管作用，可靠地保证了灌装完毕不滴液。该设备灌装过程中，与药液接触的零部件少，没有不易清洗的死角，清洗消毒方便。计量泵既有粗调定位用于控制药液装量，又有微调装置用于控制装量精度。

四、封口设备

封口设备是与灌装机配套使用的设备。药液灌装完毕后必须在洁净区内立即封口，避免药品被污染和氧化。我国制药企业采用的封口形式主要有翻边型橡胶塞和 T 形橡胶塞，胶塞外面再加盖铝盖并轧紧，完成封口操作。常用封口设备如下：

1. 塞胶塞机

塞胶塞机（图 2-39）主要用于 T 形橡胶塞对 A 型玻璃输液瓶的封口，自动完成输瓶、螺杆同步送瓶、理塞、送塞、加塞等工序。机械手抓住 T 形橡胶塞，玻璃瓶的瓶托在凸轮作用下上升，密封圈套住瓶肩形成密封区，真空吸孔充满负压，使玻璃瓶继续上升。机械手对准瓶口中心，在外力和瓶内真空作用下，将胶塞插入瓶口，弹簧始终压住密封圈接触瓶肩。

2. 加塞翻塞机

该设备（图 2-40）由理塞振荡料斗、水平振荡输送装置和主机组成，主要用于翻边型橡胶塞对 B 型玻璃输液瓶进行封口，可自动完成输瓶、理塞、送塞、加塞、翻塞等工序。设备工作时，加塞头插入胶塞的翻口时，真空吸孔吸住胶塞并对准瓶口，加塞头向下压，杆上销钉沿螺旋槽运动，塞头既有向瓶口压塞的功能，又有模拟人手旋转胶塞向下按的动作。

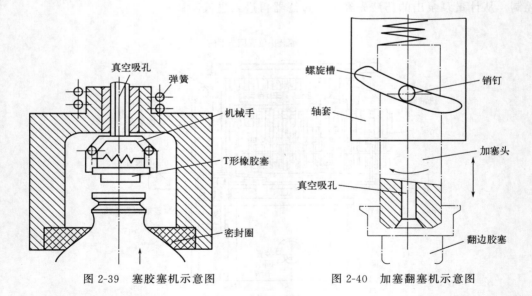

图 2-39　塞胶塞机示意图　　　　图 2-40　加塞翻塞机示意图

为了保证翻塞效果且不损坏胶塞，一般设计为五爪式翻塞机，爪子平时靠弹簧收拢，整个翻塞机构随主轴做回转运动，翻塞头顶杆在平面凸轮或圆柱凸轮轨道上做上下运动。玻璃瓶进入回转的托盘后，翻塞杆沿凸轮槽下降，瓶颈由 V 形块或桶花盘定位，使瓶口对准胶塞。翻塞爪插入橡胶塞，由于受下降距离的限制，翻塞芯杆抵住胶塞大头内径平面，而翻塞爪张开并继续向下运动，达到张开塞子翻口的作用，如图 2-41 所示。

3. 玻璃输液瓶轧盖机

玻璃输液瓶轧盖机由振动落盖装置、掀盖头、轧盖头等组成,能够进行电磁振荡输送和整理铝盖、挂铝盖、轧盖等工序。轧盖时瓶子不转动,而轧刀绕瓶旋转。轧头上设有三把呈正三角形布置的轧刀,轧刀收紧由凸轮控制,轧刀旋转由一组皮带变速机构来实现。整个轧刀机构(图 2-42)沿主轴旋转,又在凸轮作用下做上下运动。三把轧刀均能以转销为轴自行转动。轧盖时,压瓶头抵住铝盖平面,凸轮收口座继续下降,滚轮沿斜面运动,使三把轧刀(图 2-42 中只绘一把)向铝盖下沿收紧并滚压,即起到轧紧铝盖的作用。

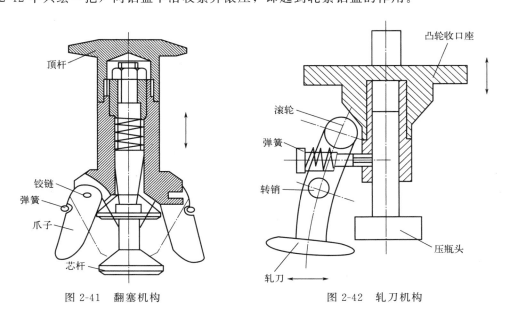

图 2-41 翻塞机构   图 2-42 轧刀机构

五、塑料瓶(袋)输液生产工艺及设备

塑料瓶输液的生产方法包括一步法和分步法。一步法是从塑料颗粒处理开始,制瓶、灌封、封口等工艺在一套装备中完成。分步法是完成塑料颗粒制瓶后,进而在清洗、灌装、封口联动线上完成。

1. 塑料瓶一步法成型工艺

工艺包括挤塑-吹塑制瓶工艺和注塑-吹塑制瓶工艺。前者是把塑料颗粒挤料塑化成坯,然后直接通入压缩空气吹制成型。后者是把塑料颗粒在线注塑成坯,然后立即双向拉吹,在同一台机械上一步到位完成。

2. 塑料瓶分步法成型工艺

注塑机先将塑料颗粒塑化,将熔化的树脂注入模具中制成瓶坯,随后打开模具将瓶坯推出,输送至存放间冷却。吹瓶机将冷却后的瓶坯整理上料后再加热,加热后的瓶坯被送入拉吹工位,由气动拉杆通过调节行程来纵向拉伸,横向拉伸由吹入高压气完成。

六、非 PVC 软袋输液生产工艺及设备

非 PVC 多层共挤膜采用 PP、PE 等原料制成,这种包装材料柔软、透明、薄膜厚度小,制得的软包装可通过自身的收缩,在不引入空气的情况下完成药液向人体的输入,使药液避

免了外界空气的污染，保证输液的安全使用，实现封闭式输液。主要特点是：①制袋、印字、灌装、封口在同一生产线上完成，使用筒膜不用水洗，避免生产环节中的污染；②一次性包装，不能重复使用，无交叉污染；③回收没有污染产生。

第五节　粉针剂工艺与设备

无菌粉针剂又称注射用无菌粉末，是一类在临用前加入注射用水或其他溶剂溶解的粉状灭菌注射剂。凡是在水溶液中不稳定的药物都可制成粉针剂，是生物药物的常见剂型。如某些抗生素、酶制剂、血浆等生物制品都需要制备成粉针剂。

注射用粉针剂分为注射用冻干粉针和注射用无菌分装粉针。注射用冻干粉针是将药物配制成无菌水溶液分装后，经冷冻干燥制成固体粉末直接密封包装的产品。注射用无菌分装粉针是采用灭菌溶剂结晶法、喷雾干燥法等先制成固体药物粉末，再经无菌分装后得到的产品。本节主要介绍分装和冻干设备。

一、无菌分装技术与设备

1. 气流分装机

设备（图 2-43）利用真空定量吸取粉体，再将粉体通过净化干燥的压缩空气吹入西林瓶中。其主要部件有粉剂分装系统、盖胶塞机构、机身及传动系统、西林瓶输送系统、拨瓶转瓶机构、真空系统、压缩空气系统等。

设备工作时，搅粉浆每旋转一周则吸粉一次，并协助将下落药粉装进粉剂分装头的定量分装孔中。接通真空后，药粉被吸进分装孔，在粉剂隔离塞阻挡下空气逸出，随后在分装头回转180°至装粉工位时，净化压缩空气通过吹粉阀门将药粉吹入瓶中，通过分配盘与真空和压缩空气相连，实现粉针头在间歇回转中的吸粉和卸粉。气流分装机的优点是分装速度快，装量误差小，性能稳定，适用于分装流动性较差的固体，但不适用于小剂量的产品。目前抗生素分装均采用此类设备。

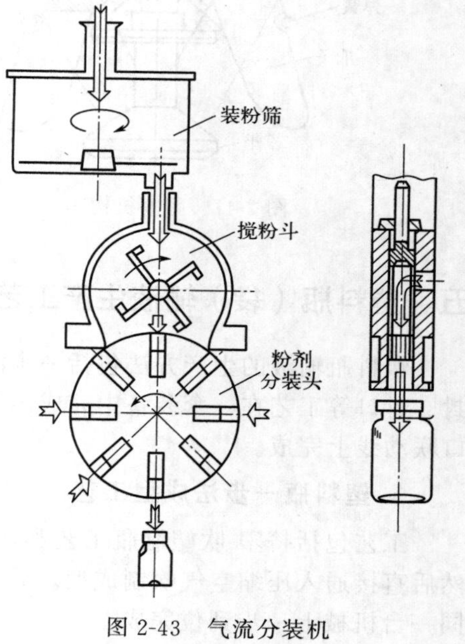

图 2-43　气流分装机

2. 螺杆分装机

该设备利用螺杆的间歇旋转将药物装入瓶内，以达到定量分装的目的。螺杆分装机由进瓶转盘、定位星轮、饲料器、分装头、胶塞振荡饲料器、盖塞机构和故障自动停车装置组成，有单头分装机和多头分装机两种。螺杆分装机具有结构简单、不需净化压缩空气与真空系统等附属设备、调节装量范围大、原料药粉损耗小等优点。但由于是机械方法操作，分装速度较慢，故适用于小规模生产。

螺杆分装机工作时，将待装药物加于饲料斗内，通过不断转动的搅拌器使药粉均匀散布在螺杆周围，利用来回往复摆动的扇形齿轮带动一个只能单向转动的离合器，与一个垂直的螺杆相连而做单向的间歇旋转（图 2-44）。

当扇形轮向下摆动时，螺杆在转动的同时将药粉由漏斗内推出并装入瓶中；当扇形轮向上摆动时，在单向离合器的作用下使螺杆停止转动，停止下粉。在螺杆停止转动的时间间隔中，定位星轮带动瓶子向前移动一个位置，以便进行下一个装粉周期。装量控制可通过调换不同规格的螺杆（小号螺杆分装 0.12～0.4g 剂量，中号螺杆分装 0.4～0.8g 剂量，大号螺杆分装 0.8～1.4g 剂量）来实现。还可根据药粉物理性状，调节带动扇形轮运动的连杆的偏心位置，改变扇形轮摆动幅度进而改变螺杆转速，达到调节装量的目的。为了保证装量的准确性，要求螺杆与漏斗壁之间的间距愈小愈好。机器设有自动保护装置，当螺杆与漏斗相

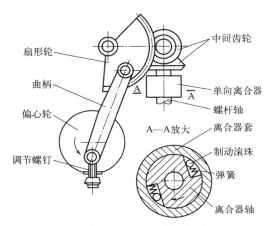

图 2-44 螺杆计量的控制与调节机构

碰时，电源即自动切断，机器停止运转，并发出报警信号。

西林瓶完成装粉后，胶塞经过振荡器振荡，从轨道内滑出并被机械手夹住盖在瓶口上。胶塞振荡器由振荡盘、支撑弹簧、磁铁、整流器和电阻组成。振荡器除了能使胶塞自动沿螺旋轨道爬升外，还可以起到排序整理的作用，使胶塞排成一个方向。

螺杆式分装机适用于流动性较好的药粉，通过调节螺杆转速就能够在（1∶1）～（1∶3）范围内任意调节装粉量。装量误差最小的螺杆转速是 4～6 转/次，即扇形轮的摆幅居中的位置。

二、隔离系统

1. 隔离系统的标准

目前，国际上将无菌制造工艺隔离系统分为最低标准（LABS，limited access barrier system）、中级标准（RABS，restricted access barrier system）与高级标准（isolator）。以 LABS 为例，其工艺操作被聚碳酸酯材料组成的帘膜-墙/门所保护，必要时可将门帘打开。通常通过手套管操作，以减少层流的干扰。

2. RABS 的概念

RABS 即人工干预受限制的隔离装置。这是一种物理隔断，它将无菌工艺区与周围环境部分隔离，以提高对无菌工艺区的保护。其作用是将人员与无菌环境隔离，限制人员直接接触物品，最大限度降低人员对环境和物品的潜在污染。

3. RABS 的分类

RABS 分为主动式 RABS、被动式 RABS、主动式 cRABS 和被动式 cRABS（图 2-45）；又分为开式与闭式，cRABS 为闭式，不冠字母"c"为开式。cRABS 连接有附属设备进行物料转移。开式系统有开口但被设计成相对正压，将系统内部环境与周边环境隔离。

（1）**主动式 RABS** 采用 A 级循环空气装置保证 RABS 隔离装置内部层流空气气幕，结合使用隔离防护罩可构成完整的隔离系统。输入的空气直接取自室内，进入分装设备的空气高度与分装设备工作台等高。隔离装置环境背景级别为 B 级，可通过隔离手套介入生产设备操作。

（2）**被动式 RABS** 环境空气质量等级为 B 级。分装设备由环境空气质量等级 A 级的层流空气气幕隔离起来。系统配备有中央 HVAC（供热通风与空气调节系统）装置。隔离空气从分装设备工作台上方介入室内。可通过隔离手套介入工作区进行生产操作。

（3）**主动式 cRABS** 通过使用等级为 A 级的循环空气保证层流空气气流，输入的空气直接取自 RABS 隔离装置内。可随时进行循环空气管道的清洁，并能保证更换过滤器芯时不产生交叉污染。分装设备隔离防护罩与循环空气设备构成了等级为 B 级的整体环境空气质量。期间，可通过隔离手套介入工作区的生产操作。

（4）**被动式 cRABS** 环境空气质量等级为 B 级，层流空气层的等级为 A 级。该隔离装置配备中央 HVAC 设备，生产过程中前级过滤的循环空气可随时进行循环空气道的清洁，并能保证更换过滤器滤芯时不产生交叉污染。可通过隔离手套介入工作区的生产操作。

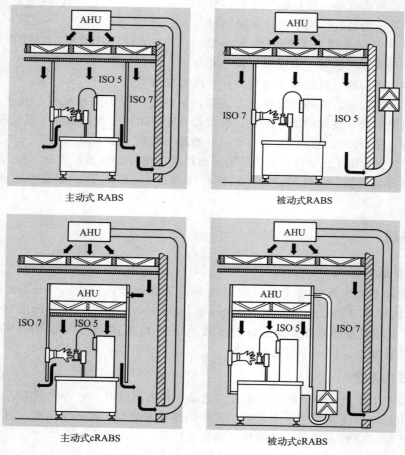

图 2-45 RABS 的分类

AHU—组合空调箱

三、冷冻干燥技术与设备

1. 冷冻干燥原理

冷冻干燥是将可冻干的物质在低温下冻结成固态，再在高真空下将其中水分不经液态直接升华成气态而脱水的干燥过程。这种干燥方法处理温度低，对热敏性物质特别有利，是制备生物药品的理想方法。经冷冻干燥处理后的物质，原有的物理、化学、生理性能和表面色泽基本不变，脱水后物质形态基本不变，内部呈多孔性结构，具有极佳的速溶性和快速复水性。

2. 冷冻干燥工艺操作

待冻干的药品需配制成一定浓度的液体，为保证干燥后有一定的形状，冻干产品应配制成固体物质含量为 4%～25% 的稀溶液，以含量为 10%～15% 最佳。这种溶液中的水，大部分是以分子形式存在于溶液中的自由水，少部分是以分子吸附在固体物质晶格间隙中或以氢键形式存在的结合水。冻干就是在低温真空环境中除去物质中的自由水和一部分吸附于固体晶格间隙中的结合水。因此，冷冻干燥工艺操作分为三步：预冻结、升华干燥、解析干燥。

（1）预冻结　制品在干燥前必须预冻。新产品在预冻前应先测定其低共熔点。低共熔点是指溶液在冷却过程中，冰和溶质同时析出结晶时的温度。预冻时应将温度降到低于产品低共熔点 10～20℃。预冻方法有速冻法和慢冻法。速冻法是先将干燥室温度降到 −45℃ 以下，再将制品置于干燥室内使之急速冷冻，形成细微冰晶，制得的产品疏松易溶，且不易引起蛋白质变性，适用于生物制品干燥。慢冻法形成结晶较粗，有利于提高冷冻干燥的效率。预冻时间一般为 2～3h。

（2）升华干燥　将预冻产品置于密封的真空容器中加热，冰晶升华成水蒸气逸出而使产品脱水干燥。干燥是从外表面开始逐步向内推移的，冰晶升华后残留下的空隙变成后续升华水蒸气的逸出通道。已干燥层和冻结部分的分界面称为升华界面。在生物制品干燥中，升华界面以 1mm/h 左右的速度向内推进。当全部冰晶除去时，第一阶段干燥就完成了，此时除去全部水分的 90% 左右。

（3）解析干燥　第一阶段干燥结束后，产品内还残留 10% 左右未被冻结的水分吸附在干燥物质的毛细管壁和极性基团上。当这部分水含量达到一定数值时，就为微生物生长繁殖和某些化学反应提供条件。此时，可将制品温度升高到允许的最高温度（病毒性产品为 25℃，细菌性产品为 30℃，血清、抗生素等可高达 40℃）并维持一定时间，并尽可能提高真空度，使残留水分含量达到工艺规定值。通常冻干药品的水分含量应少于 3%。

3. 冻干机的结构和组成

真空冷冻干燥机主要由制冷系统、真空系统、循环系统、液压系统、拉制系统等组成（图 2-46）。

（1）制冷系统　制冷系统在冻干设备中最重要，由制冷压缩机、冷凝器、蒸发器和热力膨胀阀等构成，主要是为干燥箱内制品前期预冻供给冷量，并为后期冷阱盘管捕集升华水汽供给冷量。

冷冻干燥过程要求温度达到 −50℃ 以下，冷冻干燥机中常采用两级压缩进行制冷。主机选用活塞式单机双级压缩机，每套压缩机都有独立的制冷循环系统，通过板式交换器或冷凝盘管，分别服务于干燥箱内板层和冷凝器。

制冷系统中的工作介质称为制冷剂，这种低沸点的特殊液体在低温下极易蒸发，在蒸发时通过吸收周围环境的热量，使周围物体的温度降低；随后，这种蒸气循环至压缩机被压缩成高压过热蒸气，将热量传递给冷却剂（通常是水或空气），其本身被液化。如此不断循环，制冷剂将热量从一个物体转移到另一个物体上，实现了制冷过程。

（2）箱体干燥箱　又称冻干箱，呈矩形或圆桶形，是既能够制冷至 −50℃ 左右，又可以加热至 50℃ 左右的真空密闭的高、低温箱体，是制品进行冷冻干燥的场所。冻干箱内部主要有搁置制品的不锈钢搁板，负载制冷剂的导管分布其中，可对制品进行冷却或加热。板

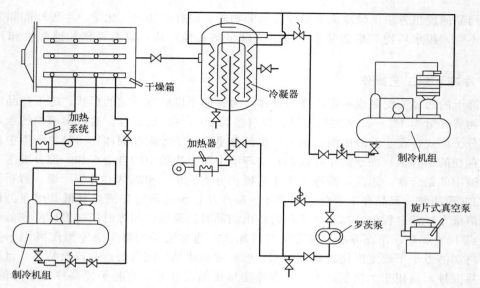

图 2-46　真空冷冻干燥机结构与组成

层组件通过支架安装在冻干箱内，由液压活塞杆带动可上下运动，便于进出料和清洗。最上层的一块搁板为温度补偿加强板，用于保证箱内所有制品的热环境相同。

　　冷阱（又称冷凝器）是一个真空密闭容器，其内部有一个较大表面积的金属吸附面。吸附面的温度能降低到－700℃以下，并且能恒定地维持该温度。在制冷系统中，冷阱的作用是使冻干箱内产品升华出来的水蒸气能够充分地凝结在与冷盘管相接触的不锈钢柱内表面上，从而保证冻干过程的顺利进行。

　　（3）真空系统　制品中的水分只有在真空状态下才能很快升华，达到干燥目的。冻干机的真空系统由冻干箱、冷凝器、真空阀门、真空泵、真空管路、真空测量元件等组成。系统采用真空泵组，在干燥箱和冷凝器之间形成真空，促使干燥箱内的水分在真空状态下升华，并利用冷凝器和干燥箱之间形成的真空度梯度（压力差），使制品水分升华后被冷凝器捕获。

　　真空系统的真空度应与制品的升华温度和冷凝器温度相匹配，真空度过高或过低都不利于升华。对真空度进行控制的前提是真空系统本身必须泄漏率很小。真空泵有足够大的功率储备，以确保达到极限真空度。

　　（4）循环系统　冷冻干燥本质上是依靠温差引起物质传递的一种工艺技术。制品首先在搁板上冻结，升华过程开始时，水蒸气从冻结状态的制品中升华出来，在冷阱捕捉面上重新凝结为冰。为获得稳定的升华和凝结，需要通过板层向制品提供热量，并从冷凝器的捕捉表面去除。搁板的制冷和加热都是通过导热油的传热来进行的，为了使导热油不断地在整个系统中循环，在管路中要增加一个屏蔽式双体泵，促进导热流体强制循环。循环泵一般为一个泵体两个电动机，平时工作时，只有一台电动机运转，若一台电动机工作不正常时，另外一台会及时切换上去。这样系统就有良好的备份功能，适用性宽。

　　（5）液压系统　液压系统是在冷冻干燥结束时，将瓶塞压入瓶口的专用设备。液压系统位于干燥箱顶部，由电动机、油泵、单向阀、溢流阀、电磁阀、油箱、油缸及管道等组成。冻干结束后，在真空条件下，液压加塞系统使上层搁板缓缓向下移动完成制品瓶的加塞任务。

　　（6）控制系统　冷冻干燥的控制包括制冷机、真空泵和循环泵的启、停，加热功率的控制，温度、真空度和时间的测试与控制，自动保护和报警装置等。根据自动化程度的不同，可分为手动控制（即按钮控制）、半自动控制、全自动控制和计算机控制等类型。

 思考题

1. 重要的制药用水预处理设备有哪些？

2. 简述制药用水中纯化水的制备工艺流程，列出重要的纯化水制备设备。

3. 简述电法去离子设备的基本结构与工作原理，这种设备与电渗析装置的异同点有哪些？

4. 制药用水的储存单元由哪些部分组成？分配形式有哪些？各有什么特点？

5. 简述安瓿洗涤和灌封设备的组成、结构与工作原理。

6. 大容量注射剂包装生产线由哪些工艺环节组成？相关典型设备有哪些？

第三章
搅拌器与间歇反应设备

 学习目标：

通过本章的学习，掌握间歇反应器的基本设计原理和选型原则，并掌握搅拌器的工作原理与设计方法，熟悉搅拌器轴功率计算，了解搅拌器的放大原理和方法。

第一节　搅拌设备

在药品生产中经常需要进行液体的搅拌，应用范围包括混合、混匀、分散、悬浮、溶解、结晶、传热与化学反应等。搅拌的目的是：①使被搅拌物料各处达到均质混合状态；②强化传热过程；③强化传质过程；④促进化学反应。在实际操作中，搅拌操作常常可以同时达到以上几种目的。根据搅拌目的的不同，可采取不同的方法来评估搅拌效果。强化传热、传质可用传热及传质系数的大小来判断；对于混合或分散，可用调匀度（主要对均相体系）或分隔尺度（主要对非均相体系）来度量；对于促进化学反应，可用反应速率或转化率来衡量。工业上最常用的搅拌方法是机械搅拌，除此之外还有通气搅拌、罐外循环式搅拌等方式。

一、机械搅拌设备的组成

搅拌器施加给流体的能量，使流体获得特定的流型。机械搅拌设备的主要部件有搅拌桨、搅拌轴、减速器、电动机等（图 3-1）。医药工业中的通风发酵设备还包括空气分布器。

二、搅拌器的工作原理

搅拌器是搅拌设备的核心组成部分。搅拌效果主要取决于搅拌器的结构尺寸、操作条件、物料性质及其工作环境。搅拌器通常具有4 种作用：①将能量传递给液体；②使气体在液体中分散；③使气液分离；④使液体中各组分混合。为了实现均匀混合，搅拌器应具备两种功能，即在釜内形成一个循环流动，称为总

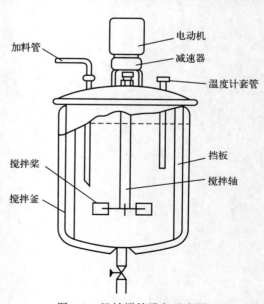

图 3-1　机械搅拌设备示意图

体流动；同时也能产生强剪切力或湍动。

搅拌器将能量直接传递给被搅拌的物料，并迫使流体按一定的流动状态流动。流体的运动总是伴随着能量消耗，在搅拌过程中机械能转化为热能。流体达到和维持一定的运动状态必须依靠搅拌器所能提供的最低能量消耗。

气泡的产生和分散也需要消耗能量。当通气速度一定时，气泡尺寸越小，气液界面积越大，传质速率越高。因此，搅拌器的气体分散作用就是保证需要的气液界面积和最佳的界面积分布。

实际操作中，一个搅拌器常可同时起到几种作用。如在气液相固体催化反应器中，搅拌既使固体颗粒催化剂在液体中悬浮，又使气体以小气泡形式均匀在液体中分散，从而大大加快了传质和反应；在生化反应过程中，除了培养基内各组分之外，悬浮的微生物和气泡在发酵液中应尽可能达到完全的混合。

三、搅拌效果的评价

搅拌操作视工艺过程的目的不同而采用不同的评价方法以衡量搅拌装置及其操作状况的优劣。对以多种物料混合为目的的搅拌操作过程而言，通常采用混合的调匀度和分隔尺度作为搅拌效果的评价准则。

1. 调匀度的概念

设有 A、B 两种液体，各取体积 V_A 及 V_B 置于同一容器中，A 与 B 不发生化学反应，无体积效应，则容器内液体 A 的平均体积浓度 c_{A0} 为：

$$c_{A0} = \frac{V_A}{V_A + V_B} \tag{3-1}$$

经过一定时间搅拌后，在容器中各处取样分析。若各处样品的浓度分析结果皆等于 c_{A0}，表明已搅拌均匀，若分析结果不一致，则表明搅拌尚未均匀。样品浓度 c_A 与平均浓度偏离越大，均匀程度越差。引入调匀度的概念来表示样品与均匀状态的偏离程度。定义某一样品的调匀度 I 为：

$$I = \frac{c_A}{c_{A0}} \quad \text{（当样品中 } c_A < c_{A0} \text{ 时）} \tag{3-2}$$

或：

$$I = \frac{1 - c_A}{1 - c_{A0}} \quad \text{（当样品中 } c_A > c_{A0} \text{ 时）} \tag{3-3}$$

可见，调匀度 I 不可能大于 1。

若对全部样品的调匀度取平均值，得平均调匀度。平均调匀度可用于度量整个液体混合均匀程度。当混合均匀时，平均调匀度为 1。

若需用搅拌将液体或气体以液滴或气泡的形式分散于另一种不互溶的液体中，此时单凭调匀度并不足以说明物系的均匀程度。

设有 A、B 两种液体通过搅拌达到两种状态（图 3-2）。在两种状态中，液体 A 都已呈微团均布于另一种液体 B 中，但液体微团的尺寸却相差很大。如果取样体积远大于微团尺寸，每一样品皆包含为数众多的微团，则两种状态的分析结果相同，平均调匀度都应接近于 1。但是，如果样

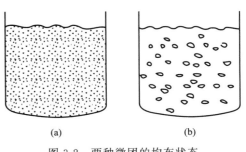

图 3-2　两种微团的均布状态

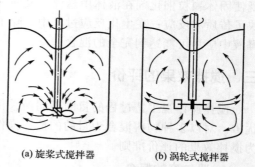

品体积小到与图 3-2（b）中的微团尺寸相近，则图 3-2（b）状态的平均调匀度将明显下降。可见单凭调匀度不能反映混合物的状态。因此，对多相分散物系，分隔尺度（如气泡、液滴和固体颗粒的大小和直径分布）是搅拌操作的重要指标。

2. 宏观混合与微观混合

混合效果的度量与考察的尺度有关，因此必须引入混合尺度的概念。就图 3-2 所示的（a）、（b）两种状态而言，从设备尺度上考察，（b）状态为宏观混合，而（a）状态达到接近分子尺度的均匀，即为微观混合。真正的微观混合只有依赖于分子扩散，才能达到分子尺度的均匀。

3. 混合机理

（1）釜内的总体流动与大尺度的混合　将不同的液体置于搅拌釜中，启动搅拌器，搅拌器的旋转带动流体做切向圆周运动，同时也因桨叶形式不同而形成轴向或径向流动。旋桨式搅拌器产生一股高速液体从轴向射出，因射流夹带使周围更多的液体一起流动，受釜壁所限形成图 3-3（a）所示的釜内总体流动。涡轮式搅拌器则产生一股高速液流从径向射出，夹带周围的液体形成图 3-3（b）所示的釜内总体流动。

(a) 旋桨式搅拌器　　(b) 涡轮式搅拌器

图 3-3　搅拌器的流型结构

总体流动将液体破碎成一定尺寸的液团并带至釜内各处，形成大尺度上的均匀混合。大尺度的均匀混合并不关注液团的尺寸，重要的是将产生的液体分布到容器的每一个角落。这就要求搅拌器能够产生强大的总体流动，同时在搅拌釜内消除流动达不到的死区。与涡轮式搅拌器相比，旋桨式搅拌器可提供更大的流量，特别适用要求大尺度混合均匀搅拌。

（2）强剪切或高度湍动与小尺度的混合

① 均相液体的混合机理　总体流动可以达到大尺度的均匀混合。但更小尺度上的混合是由高度湍动液流和旋涡造成的。搅拌器的作用是向液体提供能量，造成高度湍动的总体流动。液体的破碎不是发生在搅拌器的桨叶上，而主要发生在搅拌釜内高度湍动的流区里。湍流是由平均流动与大量不同尺寸、不同强度的旋涡运动叠加而成。总体流动中高速旋转的旋涡与液体微团之间会产生很大的相对运动和剪切力，液团正是在这种剪切力的作用下被破碎得更加细小。不同尺寸和不同强度的旋涡对液团有不同的破碎作用。旋涡尺寸越小，破碎作用越大，所产生的液团也越小。大尺度的旋涡只能产生较大尺寸的液团，而尺寸较小的液团将被大旋涡卷入与其一起旋转而不被破碎。

旋涡的尺寸和强度取决于总体流动的湍动程度。总体流动的湍动程度越高，旋涡的尺寸越小，强度越高，数量越多。因此，为达到更小尺度上的均匀混合，除选用适当形式的搅拌器外，还应采用措施促进总体流动的湍动。

液体微团的大小，取决于旋涡尺寸。在通常的搅拌条件下，微团的最小尺寸为几十微米。因此，单凭机械搅拌是不可能达到分子尺度的均匀。混合的机理表明：总体流动在搅拌器旋转时使釜内液体产生一定途径的循环流动，从而达到设备尺度上的宏观均匀，通过高速旋转的旋涡与液体微团产生相对运动和剪切力，进一步实现更小尺度上的均匀。但最终要达到微观均匀，只能通过分子扩散，使微团最终消失。

在生物发酵过程中，发酵液常常是高黏度及非牛顿流体。高黏度流体在经济的操作范围内不可能获得高度湍动而只能在层流状态下流动，此时的混合机理主要依赖于充分的总体流动，同时希望在桨叶端部造成高剪切区，借助剪切以分割液团，达到预期的宏观混合。为此，常使用大直径搅拌器，如框式、锚式和螺带式等。

② 非均相物系的混合机理 非均相物系的混合包括不互溶液体的混合、气泡或固体颗粒在液相中的分散。两种不互溶液体搅拌时，必有一种液体被破碎成液滴，称为分散相，而另一种液体称为连续相。为达到更小尺度的均匀混合，必须尽可能减小液滴尺寸。当液滴小到一定程度，总体流动对液滴的进一步破碎已无能为力，而只能依靠湍动。因此，对液体搅拌而言，为使液滴破碎，首先必须克服界面张力，使液滴变形。

当总体流动处于高度湍动状态时，存在着方向迅速变换的湍流脉动，液滴不能跟随这种脉动而产生相对速度很大的绕流运动。这种绕流运动，沿着液滴表面产生不均匀的压强分布和表面剪应力。正是这种不均匀的压强分布和表面剪应力将液滴压扁并扯碎。总体流动的湍动程度越高，湍流脉动对液滴绕流的相对速度越大，产生的液滴尺寸越小。

液滴尺寸的大小取决于总体流动的湍动程度。对一定的搅拌过程，总体流动的湍动程度一定，可能达到的最小液滴尺寸亦随之而定。实际上液体搅拌时，不仅存在大液滴的破碎过程，同时也存在小液滴相互碰撞而聚并的过程。破碎和聚并过程同时发生，必然导致液滴尺寸的不均匀分布。实际的液滴尺寸分布取决于破碎和聚并过程之间的平衡。此外，在搅拌釜内各处流体湍动程度不均匀也是造成液滴尺寸分布不均匀的主要因素。在叶片的区域内流体湍动程度较强，液滴破碎速率大于聚并速率，液滴尺寸较小；在远离叶片的区域内流体湍动程度较弱，液滴聚并速率大于破碎速率，液滴尺寸变大。

为使液滴大小分布均匀，可采用下列措施：尽量使流体在设备内的湍动程度分布均匀；在混合液中加入少量的保护胶或表面活性物质，使液滴在碰撞时难以合并。

原则上，气泡在液体中的分散与液滴分散相同，只是气液表面张力比液液界面张力大，分散更加困难。气液密度差较大时，大气泡更易浮升溢出液体表面。小气泡不但具有较大的相际接触面积，而且在液体中有较长的停留时间。一般搅拌釜内的气泡直径为 2～5mm。

固体细颗粒投入液体中搅拌时，首先发生固体颗粒的表面润湿过程，即液体取代颗粒表面层的气体，并进入颗粒之间的间隙；接着是颗粒团聚体被流体动力所分散的过程。通常搅拌不会改变颗粒的大小，因此只能达到小尺度的宏观混合。

对粗颗粒，如果搅拌转速较慢，颗粒会全部或部分沉于釜底，这大大降低固液接触界面。只有足够强的扫底总体流动和高度湍动才能使颗粒悬浮起来。当搅拌器转速由小增大到某一临界值时，全部颗粒离开釜底悬浮起来，这一临界转速称为悬浮临界转速。实际操作必须大于此转速，才能使固液两相有充分的接触界面。过高的转速虽可提高釜内搅拌的均匀性，但对提高固液两相界面的作用不大。

4. 均相反应的预混合问题

从工程角度考虑，均相反应的基本特点在于反应系统已达到分子尺度的均匀混合，这就意味着排除了反应物和产物的扩散传递问题。那么，实际反应器中的物料能否达到分子尺度上的均匀呢？这就引出了预混合问题。

预混合问题指物料在进行反应前能否达到分子尺度上的均匀问题。

$$A+B \xrightarrow{\text{机械搅拌}} 微团 \xrightarrow{\text{分子扩散}} 分子尺度均相 \xrightarrow{r_{反}} 反应$$

其中，$r_{反}$ 为反应速率；$r_{扩}$ 为分子扩散速率。

当 $r_{反}$ 慢，$r_{扩}$ 快——可认为是均相反应。

当 $r_{反}$ 快，$r_{扩}$ 慢（反应系统可成为均相系统）——整个反应过程仍属非均相反应。

均相反应应当满足以下两个条件：①反应系统可以成为均相；②预混合过程分子扩散速

率远大于反应速率。

四、搅拌器的类别与选型

1. 搅拌器的主要形式

根据物料性质和搅拌目的，可供选择的搅拌器如表 3-1 和图 3-4 所示。

表 3-1　常用搅拌器的类型与结构参数

形式		常见搅拌器尺寸及外缘圆周速度 v
旋桨式		$S:d=1(S-$螺距$;d-$搅拌器直径$);z=3(z-$桨叶数$);v=5\sim15\mathrm{m/s};v_{\max}=25\mathrm{m/s}$
桨式	平直叶	$d:B=4\sim10(d-$搅拌器直径$;B-$桨叶厚度$);z=2;v=1.5\sim3\mathrm{m/s}$
	折叶	
涡轮式	开启平直叶	$d:B=5\sim8;z=6;v=3\sim8\mathrm{m/s}$
	开启弯叶	$d:B=5\sim8;z=6;v=3\sim8\mathrm{m/s}$
	圆盘平直叶	$d:L:B=20:5:4(L-$桨叶长度$);z=6;v=3\sim8\mathrm{m/s}$
	圆盘弯叶	$d:L:B=20:5:4;z=6;v=3\sim8\mathrm{m/s}$
锚式		$d':D=0.05\sim0.08(d'-$搅拌器外缘与釜内壁的距离$;D-$釜内径$);d'=25\sim50\mathrm{mm};v=0.5\sim1.5\mathrm{m/s};B:D=1:12$
框式		
螺带式		$S:d=1;z=1\sim3(z=2$指双螺带$);v=1\sim2\mathrm{m/s}$

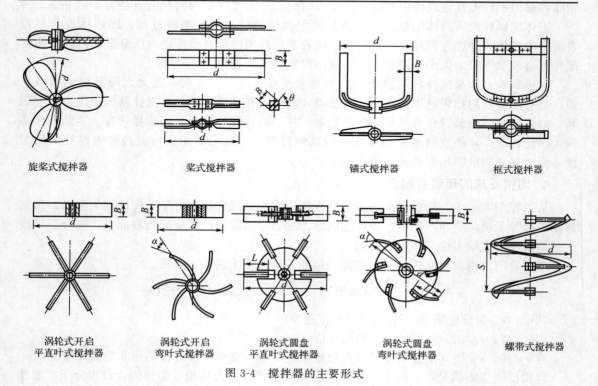

旋桨式搅拌器　　桨式搅拌器　　锚式搅拌器　　框式搅拌器

涡轮式开启　　涡轮式开启　　涡轮式圆盘　　涡轮式圆盘　　螺带式搅拌器
平直叶式搅拌器　　弯叶式搅拌器　　平直叶式搅拌器　　弯叶式搅拌器

图 3-4　搅拌器的主要形式

不同生产过程对混合有不同的要求。有的搅拌过程只要求罐内溶液是大尺度上的宏观均匀，充分的总体流动即可。而另一些过程，如两种液体的快速反应，不但要求大尺度的宏观混合，还希望在分子尺度上快速地混合均匀，因而需要高度的湍动或高剪切。因此，对具体的搅拌过程要首先分析工艺过程对混合的要求，然后决定采用何种搅拌以满足这些要求。下面讨论几种常用搅拌器可提供的流动方式和湍动程度，以便于选择。

（1）大叶片低转速搅拌器（包括桨式、锚式、框式、螺带式等） 对于高黏度液体，采用低转速、大叶片的搅拌器比较合适。桨式搅拌器的桨叶尺寸大、转速低，其旋转直径为搅拌釜直径的 0.5～0.8 倍，叶片端部切向速度为 1.5～3.0m/s。即便是折叶桨式搅拌器，所造成的轴向流动也不大，当釜内液位较高时，可在同一轴上安装几个桨式搅拌器，或与旋桨式搅拌器配合使用，形成异形桨叶。桨式搅拌器的径向搅拌范围大，可用于较高黏度液体的搅拌。当黏度更大时，可将桨式搅拌器改成锚式和框式。其旋转半径与容器内径基本相等，间隙很小，转速很低，端部切向速度为 0.5～1.5m/s，只是在桨叶外缘与容器内壁之间产生较强的剪切作用，且搅动范围很大。在某些生产过程中，锚式和框式搅拌器还可用来防止器壁沉积现象。但其基本不产生轴向流动，故难以保证釜内轴向的混合均匀。

（2）旋桨式搅拌器（推进式搅拌器） 旋桨式搅拌器类似于无外壳的轴流泵，其直径比容器小，但转速较高，叶片端部的圆周速度一般为 5～15m/s，适用于低黏度（<10Pa·s）液体的搅拌。螺旋桨产生轴向流动，一般向下流至釜底，然后折回螺旋桨入口。其主要形成大循环量的总体流动，但湍动程度不高，主要适用于大尺寸的调匀，轴向流尤其适用于要求容器上下均匀的场合。大循环量的总体流动冲向釜底，也有利于固体颗粒的悬浮。

（3）涡轮式搅拌器 涡轮式搅拌器类似于无泵壳的离心泵，直径一般为容器直径的 0.3～0.5 倍。转速较高，端部切线速度为 3～8m/s，适用于低黏度或中等黏度（<50Pa·s）的液体搅拌。与推进式相比，涡轮式搅拌器造成的总体流动回路曲折，出口绝对速度大，桨叶外缘附近造成激烈的旋涡运动和很大的剪切力，可将液体微团分散得更细。因此，涡轮式搅拌器适用于小尺度均匀的搅拌过程，但对易于分层的物料（如含有较重固体颗粒的悬浮液）则不合适。

推进式和涡轮式搅拌器都具有直径小、转速高的特点，适用于黏度不大的液体。对高黏度液体，搅拌器提供的机械能会因黏性阻力而被很快消耗，液体湍动程度随出口距离急剧下降，总体流动范围大为缩小。例如，对与水相近的低黏度液体，涡轮式搅拌器的上下搅拌范围可达容器直径的 4 倍；但当液体黏度为 50Pa·s 时，搅拌器的上下搅拌范围将缩小为容器直径的一半。此时，容器内距搅拌器较远的部分液体流速缓慢甚至接近静止，混合效果不佳。

（4）搅拌器的流型 搅拌器形成的流型主要为：①轴向流，能够使溶液在轴向上混合均匀，形成上、下两个循环流动；②径向流，能够使溶液在径向上混合均匀；③切向流，优点是能促进传热、壁表面更新，缺点是搅拌造成旋涡，增大的切向速度产生离心作用，降低了搅拌效果。不同搅拌器的流型见表 3-2。

各种形式的搅拌器适用范围，如表 3-3 所示。轻度搅拌速度范围 2.5～3.3m/s；中度搅拌速度范围 3.3～4.0m/s；强烈搅拌速度范围 4.0～5.5m/s。

表 3-2 不同搅拌器的流型

搅拌器形式	无挡板	有挡板
桨式（锚，框）	切向循环流为主,轴向流小,涡流弱	主要切向流,轴向流增强
旋桨式	轴向流为主,少量涡流	主要轴向流,径向流增强,切向流减弱
涡流式	径向流为主,少量轴向流,伴随涡流	径向流、轴向流增强,切向流减弱

表 3-3　各种形式的搅拌器适用范围

形式	速度范围		适用范围
	转速/(r/min)	圆周速度/（m/s）	
桨式	20～120	1～3	适合黏度小,固体悬浮物含量 5%以下,以及仅需保持缓和混合的场合(溶解、熔化、悬浮)
框式、锚式	30～60	0.5～1.5	搅拌不必太强烈但必须涉及全部液体的场合。适合搅拌黏度范围为 0.1～1000Pa·s 的液体,亦适合含有相当多固体的悬浮液体,固体和液体密度相差不大且易挂料等
旋桨式	200～800	4～15	适于搅拌低黏度(2Pa·s)且密度可达 2000kg/m³ 的各种液体,不适于高黏度液体
涡轮式	200～550	2.5～6.5	适于混合黏度相差较大或密度相差较大的两种液体,适于混合较高浓度固体微粒(可达 60%)的悬浮液,适于混合黏度 2～25Pa·s,密度 2000kg/m³ 的液体介质

2. 强化湍动的措施

液体中湍动的强弱可从搅拌器所产生的压头大小反映出来。因为在容器内液体做循环流动，搅拌器对单位质量流体所提供的能量即压头，必定全部消耗在循环回路的阻力损失上。回路中消耗的能量越大，说明液流中旋涡运动越剧烈，内部剪应力越大，即湍动程度越高。为此可从以下几方面采取强化湍动的措施。

（1）提高搅拌器的转速　搅拌器的工作原理与泵的叶轮相同，所产生的压头 H 和转速 n 的平方成正比。提高搅拌器的转速，搅拌器可提供较大的压头。

（2）阻止容器内液体的圆周运动　旋桨式和涡轮式搅拌器均造成液体快速圆周运动。无挡板时，它对混合并无显著作用，相反使釜内液面呈抛物线状。轴心处造成负压，液面下凹减少了搅拌釜的有效容积，液体对搅拌的反作用力减小，机械能无法输送到液体内部，严重时甚至使搅拌器暴露于空气中而将空气卷入，破坏正常操作。因此，必须采用适当方法抑制釜内液体的快速圆周运动。

① 在搅拌釜内安装挡板　挡板的主要作用，是将流型从旋转型涡流或旋涡改变为对混合有利的垂直流动（即将切向流转变为径向流或轴向流），增大被搅拌液体的湍动程度，从而改善搅拌效果。最常用的挡板是沿容器壁面垂直安装的条形钢板，它可以有效地阻止容器内的圆周运动。设置挡板后，液体在挡板后造成旋涡，这些旋涡随主体流动遍及全釜，提高了混合效果。同时，自由表面的下陷现象也基本消失，挡板对流体功率可成倍增加。挡板通常设置 4 个。若容器非常大，可适当增加挡板数目。此外，搅拌釜内的温度计管套、各种形式的换热管等也在一定程度上起着挡板的作用。

② 破坏循环回路的对称性　它能增加旋转运动的阻力，有效地阻止圆周运动，增加湍动程度，提高混合效果，消除凹陷现象。对于小容器，可将搅拌器偏心或偏心倾斜安装。对于大容器，可将搅拌器偏心水平地安装在容器下部。

③ 导流筒　若搅拌器周围无固体边界约束，液体可沿各个方向流到搅拌器入口，故不同的流动微元行程长短不一。在容器中设置导流筒，可以严格地控制流动方向，既消除了短路现象，有助于消除死区，又能提高循环流量和混合效果。对于旋桨式搅拌器，导流筒可安装在搅拌器的外面；对于涡轮式搅拌器，导流筒则应安装在搅拌器的上面。

对某些特殊场合，如含有易于悬浮的固体颗粒的液体的搅拌，安装导流筒是非常有益的。导流筒抑制了圆周运动的扩展，对增大湍动程度、提高混合效果大有好处。

五、搅拌器的设计计算

1. 搅拌器的设计计算步骤

（1）根据生产任务确定搅拌釜直径 D。

（2）选定桨叶直径与釜径的比值 d/D，初步求出 d。例如，平桨式为 $0.5 \sim 0.873$，涡轮式为 $0.33 \sim 0.40$，螺旋桨为 $0.1 \sim 0.33$。可见，d/D 的大致范围为 $0.2 \sim 0.8$。

（3）根据要求搅拌程度确定搅拌级别和总体流速。

（4）计算搅拌器的泵送量 Q_L（$Q_L = uA$，其中 u 为叶端速度，m/s；A 为叶片面积，m^2）。

（5）运用 R_{ea} 和泵送特征数 N_Q 的函数关系求得转速 n。计算 R_{ea} 后，再从图上读出 N_Q，通过试差校正，选定合适 n。

因为

$$R_{ea} = \frac{n_r d^2 \rho}{\mu}$$

所以

$$n = \frac{Q_L}{N_Q d^2} \tag{3-4}$$

式中，ρ 为流体密度；μ 为流体黏度；n 为搅拌转速。

（6）对搅拌器直径进行黏度校正，校正因数 C_F 查设计手册，$d = d_e C_F$。其中，d_e 是桨叶经校正后的直径。

（7）计算搅拌器所需功率。需要注意，计算 n 的出发点是依搅拌任务难度，合理选择搅拌级别。若搅拌任务涉及传热和混合时间，则需另行考虑，进一步核算。

2. 确定反应釜中搅拌器转速的方法

搅拌容器内流体的流速分布和搅拌器的转速有密切关系。转速 n 取决于对搅拌的要求。如连续搅拌反应器系统（CSTR）中，应确保进料有效混合，此时应使 CSTR 中叶轮有足够的泵送能力，依实验和理论的经验规则，在 CSTR 中获得完全混合时，应使原料速率为进料速率的 $4 \sim 10$ 倍。若搅拌的目的是使颗粒悬浮，要求达到稳定的悬浮体系，此时搅拌器的转速与颗粒的沉降速度有关。搅拌器叶轮的转速愈高，直径愈大，颗粒的沉降速度愈小，获得的搅拌程度愈高。

为满足反应过程的要求，不仅要知道对搅拌的要求，还要了解反应物料的量、物料的物理性质（如密度、黏度、表面张力、粒状物料在悬浮介质中的沉降速度等），然后从搅拌器设计的角度分析搅拌任务的尺度和难度。"尺度"指搅拌体系中物料量的大小，"难度"指达到搅拌效果所需要克服的"阻力"，如需混合的两种物料的密度差和黏度差，需保持悬浮的粒子沉降速度等，在掌握搅拌任务的尺度和难度基础上，可选定搅拌器形式，设计搅拌器叶轮的直径、搅拌器转速以及所需轴功率。搅拌器设计的最优化，除满足工艺过程要求外主要是考虑经济问题。

d 与 n 是决定搅拌器性能的重要参数，桨叶的叶端速度和作用于物料的剪切力有关。nd^3 则表征流体在釜内循环量大小（相当于泵送量），保持 nd 或 nd^3 的数值一定，n 和 d 可在一定范围内变化，即 d 与 n 是相互依存的两个参数。一定范围内，改变 n 或者 d 的同时，调整 n 与 d 的值，对搅拌器性能不会有明显影响，均满足工艺过程要求。在达到相同泵送流量 Q_r（nd^3）前提下，将 d 小 n 大叶轮与 d 大 n 小叶轮比较，前者所需的功率较小（功率正比于 $n^3 d^5$）但需要的减速装置较大（减速比值较小），所以 d 小 n 大的搅拌装置操作费高，投资费低。但对减速机和电机这类使用寿命较长的设备，操作费占主要地位，选用操作费低的设备往往是合适的。

对混合和搅动类型的搅拌过程强烈程度可按相互混合的液体的黏度差和密度差来区分，可分 10 级（表 3-4）。

表 3-4 不同搅拌级别的搅拌效果

搅拌级别	总体流速/[ft(m)/min]	搅拌效果
1	6(1.8)	1~2 级适于混合密度和黏度差别小的液体。2 级能将相互混合密度差小于 0.1，黏度差小于 100 倍的液体混匀，液面平坦
2	12(3.7)	
3	18(5.5)	3~6 级多数为间歇反应所需搅拌程度，6 级可将相互混合密度差小于 0.6，黏度差小于 1 万倍的液体混匀。可使沉降速度小于 1.2m/min 的微量固体（<1%）保持悬浮。液体黏度小时，液面呈波浪形
4	24(7.3)	
5	30(9.2)	
6	36(11)	
7	42(12.8)	7~10 级为要求甚高的聚合釜等反应器所要求的搅拌级别。10 级可将密度差小于 1.0、黏度差小于 10 万倍的液体混匀。可使沉降速度小于 1.8m/min、含量小于 2% 的固体悬浮。液体黏度较小时，液面产生浪涛
8	48(14.6)	
9	54(16.5)	
10	60(18.3)	

3. 搅拌功率的计算

搅拌器功率消耗主要用来使被搅拌的液体获得能量。搅拌功率的大小反映了釜内液体的搅拌程度和湍动程度。影响搅拌功率的因素可分为几何因素与物理因素两类。

影响搅拌功率的几何因素有：①搅拌器直径；②搅拌叶片数、形状、叶片长 l_b 和宽度 ω；③搅拌釜直径 D；④搅拌釜中液体的高度 H_L；⑤搅拌器离反应釜底部的距离 L_a；⑥挡板数目 n_b 及宽度 B。对特定的搅拌装置，通常以搅拌器直径 d 为特征尺寸，而其他的几何尺寸，则以这些几何尺寸与 d 的比值（无量纲）来描述。比值称为形状因子。

影响搅拌功率的物理因素也有很多，对均相液体搅拌过程，主要因素为液体的密度 ρ，黏度 μ 和搅拌器的转速 n。如反应釜中液体发生旋涡现象，一部分液体被推举到平均液面之上，液体的升举需克服重力而做功，故重力加速度（g）也是影响搅拌功率的物理因素（如无旋涡，g 可忽略）。因此，为了使搅拌功率达到工艺要求，且消耗小，在计算之前，需要先选型，确定结构尺寸、转速，这些一旦确定，则功率消耗就确定了。

以均相液体的搅拌轴功率 P 计算为例进行说明。研究发现，搅拌与搅拌雷诺数有关：

$$Re_{搅} = \frac{nd^2\rho}{\mu} = \frac{nd^2\gamma}{\mu g} \tag{3-5}$$

式中，n 为转速；d 为搅拌器直径；γ 为液体重度；μ 为液体黏度；g 为重力加速度。

可见，轴功率 P 与 n、d 及物性有关，还与设备尺寸相关。经推导可得轴功率一般式：

$$P = N_P \rho n^3 d^5 \tag{3-6}$$

式中，$N_P = \frac{\pi^3 h}{8d}\xi$，为功率特征数，与雷诺数相关，$\xi$ 为阻力系数。因此，要求得 P，关键是求 N_P。

实验测定各种搅拌器的 N_P-Re 关系曲线如图 3-5 所示，分为 4 个区域（以六叶涡轮桨叶为例）：

AB 段：$Re<10$，层流区，N_P 仅与 Re 有关，为 135°直线，$N_P = f(Re)$。

层流区：$P = C\mu n^2 d^3$，C 的数值可查相关表获取。

BC 段：Re 为 $10 \sim 10^3$，过渡区，N_P 仅与 Re 有关。

CD 段（有挡板）：Re 为 $10^4 \sim 10^6$，湍流区，N_P 为定值，与 Re 无关（水平线段）。

此时 $N_P = K$：

$$P = K\rho n^3 d^5 \tag{3-7}$$

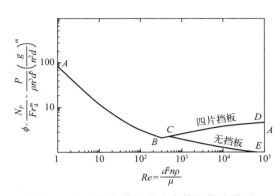

图 3-5　六叶涡轮桨叶的功率特征数关联图

K 值可查相关设计手册，条件为 $\dfrac{H_L}{d} = 3$，H_L 为装液高度。

若条件不符，则：

$$P = fK\rho n^3 d^5 \tag{3-8}$$

校正值：

$$f = \frac{1}{3}\sqrt{\frac{D}{d} \times \frac{H_L}{d}}$$

CE 段（无挡板）：Re 为 $10^4 \sim 10^6$，湍流区功率特征数 N_P 的下降与重力有关，$N_P = f(Re_d\,Fr)$。Fr 为弗鲁达特征数，反映重力影响。

$$Fr = \frac{n^2 d}{g} \tag{3-9}$$

在无挡板湍流段，计算时先要判断 Fr 的大小：

$Fr < 0.1$ 时，计算可不考虑 Fr 的影响；

$Fr > 0.1$ 时，计算要考虑 Fr 的影响。

此时，$\dfrac{P}{\rho n^3 d^5} = N_P Fr^{\frac{a - \lg Re}{b}}$。式中，$a$，$b$ 为常数，可查设计手册，其与 D/d 有关。

所以

$$P = N_P \rho n^3 d^5 Fr^{\frac{a - \lg Re}{b}} \tag{3-10}$$

应当指出的是，搅拌器的形式不同，划分层流区与湍流区的 Re 值不完全相同。

综上所述，轴功率计算步骤：工艺要求→选型→确定 n，d→结合物性（ρ，μ）→求 Re，Fr→查相应功率特征数关联图，决定 N_P→P。

求得搅拌轴功率 P，即可计算电动机功率 $P_{电}$：

$$P_{电} = \frac{\beta K(\sum\delta + 1)P + P_C}{\eta} \tag{3-11}$$

式中，P_C 为填料函内的摩擦消耗功率，其值取决于填料函的结构，$P_C = M_{摩擦}\, n$；$M_{摩擦}$ 为摩擦力矩；K 为容器装料高度的系数，它反映容器装料高度对功率的影响，$K = \dfrac{H_0}{D} = \dfrac{(0.75 \sim 0.80)H}{D}$；$H_0$ 为反应器装料高度；H 为反应器下封头与直边总高度；$\sum\delta$ 为由于容器内附属装置而导致功率增加的系数，可查表；β 为启动或搅拌过程中阻力增加而引起功率加大的系数，大多数场合取 $\beta = 1$，β 应尽可能选较小值；η 为机械传动效率，可查表。

4. 搅拌功率的分配

搅拌器的消耗功率用于向液体提供能量。设搅拌釜中搅拌器所输送的液体量为 Q_V，搅拌器对单位质量流体所做的功即压头为 H，与离心泵相同，搅拌功率为：

$$P = Q_V H \rho g \tag{3-12}$$

搅拌功率既与釜中循环流量 Q_V 有关，又与流体所带的能量 H 有关。压头 H 的大小反映了流体中的湍动程度和剪切力的大小。

宏观混合：需要较大 Q_V 和较小 H；微观混合：需要较小 Q_V 和较大 H。

在同样的功率消耗条件下，通过调节流量 Q_V 和压头 H 的大小，功率可做不同的分配，对不同的搅拌目的，可做不同的选择。

在湍流区，$P \propto n^3 d^5$。流量取决于桨叶扫过的面积 d^2 和速度 nd 的乘积 nd^3，而叶轮的叶端速度 $\propto nd$，因为 $Q_V \propto nd^3$。

由定义式可知：$H \propto n^2 d^2$ 或 $\dfrac{Q_V}{H} \propto \dfrac{d}{n}$。

当搅拌功率一定时，$n^3 d^5$ 为一定值，则

$$n \propto d^{-5/3}, d \propto n^{-3/5} \tag{3-13}$$

$$\frac{Q_V}{H} \propto d^{8/3}, \frac{Q_V}{H} \propto n^{-8/5} \tag{3-14}$$

在相同功率消耗下，采用大 d、低 n 搅拌器，所产生的 Q_V 大，但 H 小，可获得一个大的比值 $\dfrac{Q_V}{H}$，更多的功率消耗于循环流量，有利于宏观混合。采用小 d、高 n 的搅拌器，搅拌器的叶片面积小，速度高，而 $\dfrac{Q_V}{H}$ 值小，更多功率消耗于湍动，有利于微观混合。为了达到功率消耗小而混合效果好的目的，应根据混合要求，正确选用搅拌器的直径和转速。

六、搅拌器的放大

搅拌器的放大技术主要是通过模型试验、小试、中试来确定。

搅拌器的设计放大主要包括：①确定搅拌器类型以及搅拌釜的几何形状，以满足工艺过程的混合要求；②确定搅拌器的具体尺寸、转速和功率。

试验方法是在若干不同类型的小型搅拌装置中，加入与实际生产相同的物料并改变搅拌器的转速，确定能够满足混合效果的搅拌器类型。对不同的搅拌过程，度量其混合效果的标志不同。对于化学反应过程可用反应速率来度量，对于固体悬浮过程则可用平均调匀度来度量。

搅拌器的类型一经确定，即可将选定的小型搅拌装置按一定准则放大为几何相似的生产装置，即确定其尺寸、转速和功率。所用放大准则应能保证在放大时混合效果保持不变。对于不同的搅拌过程和搅拌目的，有如下放大准则可供选择。

1. 保持叶片端部切向速度 πnd 不变

小型和大型搅拌器之间应满足：

$$n_1 d_1 = n_2 d_2 \tag{3-15}$$

保持 nd 恒定，即近于保持流体力学相似，但在传热传质上不能获得相同结果。可见，这种放大是粗糙的。

2. 保持搅拌雷诺数 $\dfrac{nd^2\rho}{\mu}$ 不变

由于物料相同，由此准则可导出小型搅拌器和大型搅拌器之间应满足：

$$n_1 d_1{}^2 = n_2 d_2{}^2 \tag{3-16}$$

3. 保持单位体积能耗 $\dfrac{P}{V_0}$ 不变

使单位体积消耗的功率相等，尤拉特征数相等（搅拌功率的特征）。V_0 为釜内所装液体量，$V_0 \propto d^3$，则可导出充分湍流区小型和大型搅拌器之间应满足：

$$n_1^3 d_1^2 = n_2^3 d_2^2 \tag{3-17}$$

4. 保持搅拌器的流量和压头之比值不变

$\dfrac{Q_V}{H}$ 不变，据此准则，可导出小型和大型搅拌器之间应满足下述关系：

$$\frac{n_1}{d_1} = \frac{n_2}{d_2} \tag{3-18}$$

5. 保持传热相似

保持传热膜系数相等：$\alpha_1 = \alpha_2$，由此可导出小型和大型搅拌器之间应满足：

$$\frac{n_2}{n_1} = \left(\frac{d_1}{d_2}\right)^{\frac{2x-1}{x}} \quad 或 \quad \frac{P_2}{P_1} = \left(\frac{d_2}{d_1}\right)^{\frac{3-m-x}{x}} \tag{3-19}$$

6. 保持传质相似

保持传质膜系数相等：$k_1 = k_2$，由此可导出小型和大型搅拌器之间应满足：

$$\frac{P_2}{P_1} = \left(\frac{d_2}{d_1}\right)^{\frac{3-m-y}{y}} \quad 或 \quad \frac{n_2}{n_1} = \left(\frac{d_1}{d_2}\right)^{\frac{2y-1}{y}} \tag{3-20}$$

一般情况下，$m = 0.15 \sim 0.2$，当 $Re < 30$ 时，$m = 1 \sim 1.7$；带夹套的搅拌釜 x 为 0.67，带蛇管的搅拌釜为 $0.5 \sim 0.67$；在溶解固体的搅拌釜，当 $Re > 6.7 \times 10^4$ 时 y 为 0.62，当 $Re < 6.7 \times 10^4$ 时为 1.4。

具体搅拌过程哪一个放大准则比较适用，需要根据放大具体要求，通过逐级放大试验来确定。逐级放大试验步骤为：在几级（一般为三级）几何相似大小不同的小型或中型试验装置中，改变搅拌器转速进行试验，以获得同样满意的混合效果。然后判定哪一个放大准则较为适用，并据此放大准则外推求得大型搅拌器的尺寸和转速。

必须指出，有时会出现以上放大准则皆不适用的情况，此时必须进一步探索，再进行放大。

第二节　间歇搅拌釜式反应器

一、间歇搅拌釜式反应器的结构及特点

1. 间歇搅拌釜式反应器的基本结构

这类反应器主要由釜体、搅拌装置、轴封和换热装置四部分组成。基本结构见图 3-6。

（1）釜体　釜体由圆形筒体、上盖、下封头构成。上盖与筒体连接有两种方法：一种是盖子与筒体直接焊死，构成一个整体；另一种形式是考虑拆卸方便用法兰连接，上盖开有人孔或手孔和工艺接口等。釜体材料根据工艺要求确定，最常用的是铸铁和钢板，也有的采用合金钢或复合钢板。当用来处理有腐蚀性介质时，则需用耐腐蚀材料来制造反应釜，或在反应釜内衬内表搪瓷、衬瓷板或橡胶。

釜底常用的形状有平面形、碟形、椭圆形和球形。平面形结构简单，容易制造，一般在釜体直径小、常压（或压力不大）时采用；椭圆形或碟形应用较多；球形多用于高压反应器；当反应后物料需用分层法使其分离时可用锥形底。

（2）搅拌装置　搅拌装置由传动装置（包括电动机、减速机、联轴器及机座等）、搅拌轴和搅拌器组成，此外还有挡板、导流筒等附件。

由于反应过程的搅拌速度通常低于电动机的转速，在很多情况下，电动机与减速机是配套供应的，电动机的选用需要考虑功率、转速、安装形式及防爆等；减速机常用形式有摆线针齿行星减速机、两级齿轮减速机、V带减速机和谐波减速机等，需要根据功率和转速范围选取。减速机固定在机座上，联轴器的作用是连接搅拌轴和减速机，动力由电动机提供通过减速机、联轴器传递给搅拌轴。

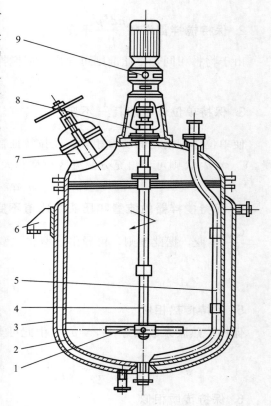

图 3-6　间歇搅拌釜式反应器结构

1—搅拌器；2—罐体；3—夹套；4—搅拌轴；5—压出管；
6—支座；7—人孔；8—轴封；9—传动装置

（3）轴封　轴封是指搅拌轴与罐顶或罐底之间的密封结构，用来维持设备内的压力或防止釜体与搅拌轴之间的泄漏。常用填料密封和机械密封。填料密封由压盖、本体、填料、油杯螺栓等组成，结构简单、拆装方便，但不能保证绝对不漏，已逐渐被机械密封所代替。机械密封又称端面机械密封，由动环、静环、弹簧、密封圈等组成。机械密封的密封效果好，功率消耗小，结构紧凑，但结构复杂，安装技术要求高，拆装不方便。

（4）换热装置　搅拌反应釜常安装夹套（或夹套盘管）换热器或（和）蛇管换热器，用来输入或移出热量，以保持适宜的反应温度。

夹套换热器是包裹在反应器外面的夹层，换热介质在夹层里通过。如果换热介质是液体（水或油），应下进上出；如果是蒸汽，则上进下出，目的是防止蒸汽入口被底部的冷凝水淹没，产生汽蚀现象。夹套换热器的优点是不易堵塞，制作相对简单，因此搅拌釜式反应器一般都带有夹套。其缺点是单位体积换热面积相对较小，换热面积较难调节。

夹套盘管换热器由半圆形的管道缠绕焊接在反应器的周围，在其中通入换热介质起到换热作用。夹套盘管换热器的优点是占体积较小，流体在内部速度较高，形成湍流提高换热速率；缺点是换热面积小，制作相对复杂。

蛇管换热器通常由一组或多组盘绕成环状的管道组成，直接装入反应器内。它的优点是换热效果好，单位体积换热面积大且可根据情况增减；缺点是占据反应器有效体积，易堵且清洗困难。当夹套换热面积不足时，通常在反应器内加装一定数量的蛇管换热器。

2. 间歇搅拌釜式反应器的特点

间歇搅拌釜式反应器具有结构简单、操作方便、适应性强的特点；釜内设有搅拌装置，釜外常设传热夹套，传质和传热效率均较高；在搅拌良好的情况下，釜式反应器可近似看成理想混合反应器，釜内浓度、温度均一，化学反应速率处处相等；釜式反应器操作灵活，适应性强，便于控制和改变反应条件，尤其适用于制药工业中小批量、多品种生产情况。

二、等温间歇搅拌釜式反应器的设计

间歇搅拌反应器（batch stirred tank reactor，BR）是在非稳态下操作的封闭反应系统，反应开始前将原料进料完毕，反应后再将产品全部取出。反应进行过程中间没有物料的输入和输出。在任一瞬间，反应器中各处的组成、浓度、温度都是均匀的，全部物料参加反应的时间是相同的，即 T，C，$\gamma = f(\tau)$；T，C，$\gamma \neq f(v)$。主要用于混合物体积变化不大的液相反应或气液器。因此主要讨论恒容过程。

间歇搅拌釜式反应器工艺设计的一般方法：根据已知处理量 W，要求达到的转化率 X→决定反应时间 t→求得反应器有效体积 V_R→反应器总体积 V_T→决定有关工艺尺寸。

1. 间歇搅拌釜基础设计方程的数学描述

假定：由于剧烈搅拌，反应器内物料浓度达到分子尺度上的均匀，且反应器内浓度处处相等，因而排除了物质传递对反应的影响；具有足够强的传热条件，温度始终相等，不需考虑器内的热量传递问题。于是，反应结果将唯一地由化学动力学所确定（实则排除了三传的影响）。反应器内部各物质浓度、温度等不随空间位置而随时间变化，因而可以对整个反应器进行物料衡算。根据物料守恒定律，对反应物 A 进行衡算：

输入的量＝输出的量＋反应消耗掉的量＋累积量

对于间歇过程，输入的量和输出的量为零，若反应器的物料体积为 V_r，单位时间反应消耗反应物 A 的量为 $r_A V_r$，累积 A 量为 $\mathrm{d}n_A / \mathrm{d}t$。故：

$$r_A V_r + \frac{\mathrm{d}n_A}{\mathrm{d}t} = 0 \qquad (\mathrm{d}n_A < 0) \qquad (3\text{-}21)$$

分析和设计反应器时，用转化率表示更为方便，即有：

$$n_A = n_{A0}(1 - X_A), \ \mathrm{d}n_A = -n_{A0}\mathrm{d}X_A$$

上式可写为：

$$r_A V_r = n_{A0} \frac{\mathrm{d}X_A}{\mathrm{d}t} \qquad (3\text{-}22)$$

积分得普遍适用的间歇釜式反应器基础设计式：

$$t = n_{A0} \int_0^{X_A} \frac{\mathrm{d}X_A}{r_A V_r} \qquad (3\text{-}23)$$

此式为一般设计式，对等温、非等温、恒容、变容过程均适用。求解方法包括解析积分、数值积分和图解积分。只要已知反应动力学方程式或反应速率与组分 A 浓度 c_A 之间的变化规律，就能计算反应时间。最基本、最直接的方法是数值积分或图解法。

2. 等温恒容操作的反应时间

间歇反应器处理的多为液相物料，可视为恒容体系。在等温条件下，反应速率常数和平衡常数都保持不变。

对于恒容体系，$c_A = c_{A0}(1 - X_A)$，$\mathrm{d}c_A = -c_{A0}\mathrm{d}X_A$，所以：

$$t = c_{A0} \int_0^{X_{Af}} \frac{dX_A}{r_A} = -\int_{c_{A0}}^{c_{Af}} \frac{dc_A}{r_A} \tag{3-24}$$

式（3-24）即为理想间歇反应器的恒容设计方程，只要给定反应速率 r_A、初始浓度 c_{A0} 和最终转化率 X_{Af} 或浓度 c_{Af}，即可确定所需要的反应时间 t。

由此可得重要结论：①在等温间歇釜式反应器中，反应物达到一定的反应转化率所需要的反应时间只取决于过程的反应速率，而与反应器的大小无关。②反应器的大小只取决于反应物料的处理量。③反应时间公式，既适于小型设备，又适于大型设备。这样，利用中间试验数据设计大型设备时，只要保证两种情况下化学反应速率的影响因素相同即可。例如：保持相同温度，相同搅拌程度等，就很容易进行设备高倍数放大。

（1）一级反应 对于 n 级不可逆反应：

$$r_A = kc_A^n = kc_{A0}^n (1 - X_A)^n \tag{3-25}$$

代入间歇反应器的恒容设计方程，可得：

$$t = \frac{1}{kc_{A0}^{n-1}} \int_0^{X_{Af}} \frac{dX_A}{(1 - X_A)^n} \tag{3-26}$$

由于 n 已知，上式可解析积分。例如，若 $n=1$，积分结果为：

$$t = -\frac{1}{k} \ln(1 - X_{Af}) \tag{3-27}$$

或：

$$kt = -\ln(1 - X_{Af}) \tag{3-28}$$

对间歇搅拌釜中一级反应的几点讨论：①等式右边仅由无量纲 X 所组成，因而等式左边 k 与 t 乘积亦为无量纲项。这样 k 量纲为时间$^{-1}$。既以互积因子出现，那么，k 以任何倍数增加，t 以同样倍数下降。②反应所需时间仅与转化率有关，而与反应物初始浓度无关。故当 X 一定，初始浓度任何提高，并不导致反应时间的延长。③反应大部分时间花在反应的末期。高转化率要求，会使所需的反应时间大幅度增长。一般工业反应到较高转化率后保温以完成后续较高转化率的增长。为使所求 t 精确，重要的是保证末期动力学的准确可靠。

综上所述，得出一个重要概念：根据反应动力学的观点，一个任向形式反应器并无固定的生产能力，即使对同一反应，为达到一定的反应结果，反应器生产能力可以随着温度和初浓度的改变而有很大的变化。

（2）二级反应 若 $n=2$，则积分结果为：

$$t = \frac{1}{kc_{A0}} \times \frac{X_A}{1 - X_A} \tag{3-29}$$

或：

$$kc_{A0}t = \frac{X_A}{1 - X_A} \tag{3-30}$$

对间歇搅拌釜中二级反应的几点讨论：①和一级反应相同，kt 仍为互乘积，k 提高使 t 同等程度地减少，t 组成无量纲项。②当要求残余浓度很低，即 $c_A \ll c_{A0}$ 时，可以忽略。这样，所需的反应时间将基本上不随初浓度而变化。故残余浓度给定后，所需的反应时间也确定。③反应前期低转化率时曲线变化与 $n=1$ 相似，但随转化率的提高后面曲线比 $n=0$ 更加平坦，表明反应末期花费的时间占总时间的分率较 $n=1$ 大得多。因为 $n=2$ 时，反应速率随反应物浓度下降迅速地下降。④当 X_A 一定时，c_{A0} 提高使 t 降低。所以 c_{A0} 增加，单釜产量增加，单釜 t 则降低。

如果反应速率复杂，在等温条件下设计方程可能无法解析积分，这时可以采用图解法或数值方法求解。间歇反应器反应时间的图解计算见图 3-7。

化学反应一般都伴有热效应，反应热可能使物料温度变化。但如果采用恰当的控制措

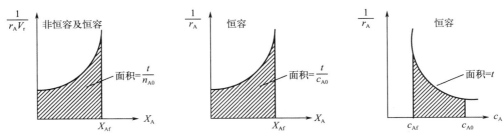

图 3-7　间歇反应器反应时间的图解计算

施，不断地转移走或补充热量，可以保持反应温度恒定，实现等温操作。工业生产中的很多反应过程是变温的，因此有时还需要进一步研究变温过程。

3. 反应器总容积的计算

釜式反应器间歇操作时，每处理一批物料都需要一定的出料、清洗、加料等辅助操作时间，故处理一定量物料所需要的有效体积不仅与反应时间有关，而且与辅助操作时间有关。

反应器有效容积大小由下式来确定：

$$V_r = Q_0(t + t_0) \tag{3-31}$$

式中，Q_0 为每个操作循环单位时间平均处理物料的体积量；t_0 为反应釜加料、清洗等辅助生产时间。

辅助操作时间一般根据经验确定。为了提高间歇釜式反应器的生产能力，应设法减少辅助操作时间。实际反应器的总容积 V_T，要比反应有效容积 V_r 大，为保证反应物料上面有一定的空间，通常由下式确定：

$$V_T = \frac{V_r}{\varphi} \tag{3-32}$$

式中，φ 为反应器装料系数（占用系数），一般取 0.4~0.85。φ 由经验确定，也可根据反应物料的性质不同而选择：对于沸腾或起泡沫的液体物料，可取小的系数，如 0.4~0.6；对于不起泡沫或不沸腾的液体物料可取 0.70~0.85。

4. 反应器的台数及单釜容积的确定

反应器的总容积确定后，即可进行单釜容积 V_{TS} 和釜数 n 的计算。

计算时，在 V_{TS} 和 n 这两个变量中必须先确定一个。通常用几个不同的 n 值来算出相应的 V_{TS} 值，再决定采用哪一组 n 和 V_{TS} 值比较合适。

从提高劳动生产率和降低设备投资来考虑，选用体积大而台数少的设备比选用体积小而台数多的设备有利，但是还要考虑其他因素做全面比较。如大体积设备的加工和检修条件是否具备，厂房建筑条件（厂房的高度、大型设备的支撑构件等）是否具备，关键还要考虑大型设备的操作工艺和生产控制方法是否成熟。

（1）V_r 一定，反应器高径比关系如何，即主要结构工艺尺寸的确定。基本原则是：主要考虑物料混合状况，传热要求及机械制造、工艺要求等方面。反应器的高径比大多数情况约为 1，此时体积最大，材料最省。如满足不了传热要求时，可适当增加高径比。若 D 大，L 小，径向不易均匀；若 D 小，L 大，轴向不易均匀，同时搅拌轴的强度较难达到，稳定性亦难以保证。

（2）给定 V_{TS}，求 n 的情况在产品扩产时比较常见。因为工厂已有若干台反应器，需通过计算确定扩产后所需要的反应器台数。生产过程需用的反应釜数量 n' 可按下式计算：

$$n' = \frac{V_{\mathrm{T}}}{V_{\mathrm{TS}}} \tag{3-33}$$

当 V_{r} 一定，V_{T} 和 n 的关系为：n 大，则 V_{T} 小，此时物料易均匀，但设备费、操作费增大；当 n 小，V_{T} 大，搅拌效果难以保证。这里有个最优化问题。

由式（3-33）计算得到的 n' 值通常不是整数，需圆整成整数 n。这样反应釜的生产能力较计算要求提高了，其提高程度称为生产能力的后备系数，以 δ 表示，即

$$\delta = \frac{n}{n'} \tag{3-34}$$

一般情况下，δ 的值在 $1.0 \sim 1.15$ 之间较为合适。

（3）给定 n，求 V_{TS}。有时由于受生产厂房面积的限制或工艺过程的要求，先确定了反应釜的数量 n，此时每台反应釜的体积可按下式求得：

$$V_{\mathrm{TS}} = \frac{V_{\mathrm{T}}\delta}{n} \tag{3-35}$$

（4）n 和 V_{TS} 均为未知，求 n 和 V_{TS}。情况在新建制药工程项目中较为常见。计算时，可结合工艺要求及厂房等具体情况，先假设反应器的单釜容积 V_{TS} 或所需反应器的台数 n，然后按上述方法计算出 n 或 V_{TS} 值。因此常先假设几个不同的 n 值求出相应的反应釜容积 V_{TS}，再对照工艺要求及厂房等具体情况，确定一组适宜的 n 和 V_{TS} 值作为设计值。

（5）公称容积的确定。如果是标准设备可满足生产要求，将式（3-35）求得的设备计算容积 V_{TS} 尽可能圆整到国内常用的公称容积系列，具体查阅相关化工工艺设计手册。注意从手册上选定的公称容积要略大于计算容积 V_{TS}，还应该进行传热面积的校核。若所需传热面积小于选定的设备实际传热面积，则可直接根据手册确定设备其他的技术尺寸。

5. 主要工艺尺寸的确定

一般搅拌反应釜的高度与直径之比 $H/D = 1.2$ 左右（图 3-8）。釜盖与釜底采用椭圆形封头（图 3-9），图中注明的封头体积（$V = 0.131D^3$）不包括直边高度（$25 \sim 50\mathrm{mm}$）的体积。

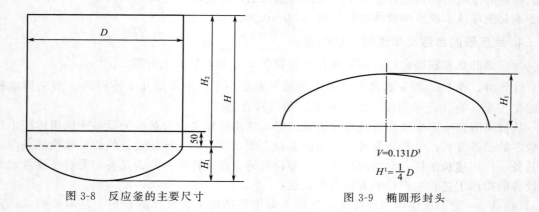

图 3-8　反应釜的主要尺寸　　　　　　图 3-9　椭圆形封头

由工艺计算决定反应器的体积后，即可按下式求得其直径与高度：

$$V_{\mathrm{TS}} = \frac{\pi}{4}D^2 H_2 + 0.131D^3 \tag{3-36}$$

所求得的圆筒高度及直径需要圆整，并检验装料系数是否合适。

确定了反应釜的主要尺寸后，其壁厚、法兰尺寸以及手孔、视镜、工艺接管口等均可按工艺条件从国家或行业标准中选择。

三、间歇搅拌釜式反应器的选型

间歇搅拌釜式反应器能适应多样化的生产而在化学制药领域广泛应用，其选型需要根据反应物料的性质、操作压力等因素具体考虑。

1. 反应物料的性质

间歇搅拌釜式反应器的选材主要考虑反应物料的性质，按材质分为钢制反应釜、铸铁反应釜及搪玻璃反应釜等。

（1）钢制反应釜　最常见的材料为 Q235A（或容器钢）。钢制反应釜的特点是制造工艺简单、造价费用较低、维护检修方便、使用范围广泛。因此，化学原料药生产普遍采用。但 Q235A 材料不耐酸性介质腐蚀，不锈钢材料制的反应釜可以耐一般酸性介质，常用 0Cr18Ni9（304）、0Cr17Ni12Mo2（耐氯化物腐蚀 316）、0Cr26Ni5Mo2 和 00Cr18Ni5Mo3Si2（耐晶间腐蚀和耐氯化物应力腐蚀能力强的双相不锈钢）等材质的不锈钢反应釜。

（2）铸铁反应釜　在氯化、磺化、硝化、缩合等反应过程中使用较多。

（3）搪玻璃反应釜　在碳钢釜的内表面涂上含有二氧化硅玻璃釉，经 900℃ 左右的高温焙烧，使玻璃质釉密着于金属基体表面形成玻璃搪层。搪玻璃反应釜夹套用 Q235A 型等普通钢制造，若使用低于 0℃ 的冷却剂时则改用合适的夹套材料。由于搪玻璃反应釜能耐各种无机酸、有机酸、有机溶剂及 pH 值小于或等于 12 的碱溶液，所以广泛用于化学原料药及医药中间体生产中的卤化反应及有盐酸、硫酸、硝酸等存在时的各种反应，但对强碱、氢氟酸及温度高于 180℃、浓度大于 30% 的磷酸不适用，此时可考虑选用钢衬聚乙烯（PE）、聚四氟乙烯（PTFE）和石墨等非金属材料的反应釜。

我国标准搪玻璃反应釜有 K 型和 F 型两种。K 型反应釜釜盖和釜体分开，可以装置尺寸较大的锚式、框式和桨式等各式搅拌器，反应釜容积有 50～10000L 等规格，适用范围广。F 型是盖体不分的结构，盖上都装置人孔，搅拌器为尺寸较小的锚式或桨式，适用于低黏度、容易混合的液液相、气液相等反应。F 型反应釜的密封面比 K 型小很多，所以对气液相卤化反应以及带有真空和压力下的操作更为适宜。

2. 操作压力条件

按反应釜所能承受的操作压力可分为低压釜和高压釜。低压釜是最常见的搅拌釜式反应器。在搅拌轴与壳体之间采用机械轴封等动密封结构，在低压（1.6MPa 以下）条件下能够防止物料的泄漏。

高压条件下常采用磁力搅拌釜。其主要特点是以静密封代替了传统的填料密封或机械密封，从而实现反应釜在全密封状态下工作，保证无泄漏。因此，更适合于各种极毒、易燃、易爆以及其他渗透力极强的制药工艺过程，是化学原料药及其中间体工艺中进行硫化、氟化、氢化、氧化等反应的理想设备。

 思考题

1. 简述搅拌的目的。
2. 简述混合尺度概念的提出原因与意义。
3. 旋桨式、涡轮式、大叶片低转速搅拌器各有什么优缺点？
4. 间歇搅拌反应器如何进行设计与选型？

第四章

冷冻与结晶设备

 学习目标：

通过本章的学习，掌握冷冻设备和结晶设备的基本设计原理，熟悉冷冻和结晶设备的选型原则，了解结晶设备随结晶技术发展的不断进步。

第一节　冷冻设备

真空冷冻干燥是将物料或溶液在一定温度（如−10～−50℃）下冻结成固态，然后在真空下将其中水分不经液态直接升华成气态而脱水的干燥过程。真空冷冻干燥在医药、食品等方面应用广泛。真空冷冻干燥特点是：①物料处于冷冻状态下干燥，水分以冰的状态直接升华为水蒸气，而物料的物理结构和分子结构变化极小；②物料在低温下进行干燥操作，使物料中的热敏性成分保留不变，保持原有的色、香、味及生物活性；③干燥后的物料在被除去水分后其组织的多孔性能不变，若添加水，可在短时间内恢复干燥前的状态；④干燥后物料中残存水分很低，若防湿包装良好，可在常温下长期储存。

冷冻离心分离是利用转子的旋转产生离心力，对安放于转子内的溶液中不同质量的物质进行分离、沉降、浓缩和精制，以提取所需要的成分的过程。

一、冷冻设备工作原理

1. 冷冻干燥机工作原理

（1）水的相图分析　图 4-1 中 OA、OB、OC 三条曲线分别表示冰和水、冰和水蒸气、水和水蒸气两相共存时其压力与温度之间的关系。O 为气、液、固三相共存点，其温度为 0.0098℃，压力为 610.38Pa。凡是在三相点以上的压力和温度下，水可由固相变为液相，最后变为气相；而在三相点以下的压力与温度时，水可由固相不经液相直接变为气相，该过程即为升华，气相遇冷后仍变为固相。根据冰的升华曲线 OB，升高水温或降低水的压力都可打破气-固平衡，使整个系统朝

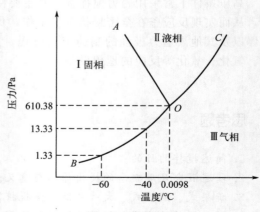

图 4-1　水的相图

着冰变为气的方向变化。冰在 -40℃、-60℃ 的蒸气压分别为 13.3Pa、1.33Pa。若将 -40℃ 冰面上的压力降为 1.33Pa，则固态冰直接转变为水蒸气，并在 -60℃ 的冷却面上又变为冰；同理，若将 -40℃ 的冰在压力为 13.3Pa 时加热至 -20℃ 也能发生升华现象。冷冻干燥技术就是根据这个原理，使冰不断变成水蒸气，将水蒸气抽走，最后达到干燥目的。

（2）**共晶点**　双组分体系的相图比纯水的相图复杂得多。图 4-2 中 MQ 与 NQ 分别表示溶液的冰点下降曲线与溶解度曲线，交点 Q 为水和溶质同时结晶并与溶液达到三相平衡的状态点。只有当溶液全部结晶后，温度才能继续下降。Q 点称为共晶点。多组分溶液的相平衡关系比双组分溶液复杂，但其最低共晶点仍然反映了所有溶质与溶剂共同结晶的特征温度。

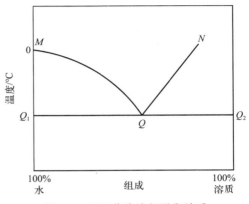

图 4-2　双组分溶液相平衡关系

真空冷冻干燥过程中，若产品温度超过最低共晶点温度，部分或全部溶质将处于液体中，冰晶体的升华被液体蒸发所取代，干燥后的产品将发生萎缩，溶解速度降低，并且活性物质长时间处于高浓度电解质中也容易变质。因此，最低共晶点温度是获得最佳冻干效果的临界温度。

（3）**冷冻干燥三阶段**　冷冻干燥操作（图 4-3）分为三个阶段：预冻、升华干燥（也称第一期干燥）、解吸干燥（也称第二期干燥阶段）。

图 4-3　冷冻干燥过程示意图

① 预冻阶段　预冻是指将溶液中的自由水固化，使干燥后产品与干燥前具有相同的形态，防止抽真空干燥时产生起泡、收缩和溶质移动等不可逆变化，减少因温度下降引起的溶质可溶性降低。该阶段需要控制好预冻温度、预冻时间和预冻速率，以使所得晶型结构合理、易于升华，提高冻干产品的质量和冻干操作的经济性。预冻温度必须低于产品的共晶点温度，以克服溶液的过冷现象。一般产品的共晶点范围为 -30～-20℃，通常需将产品冻结至 -40～-35℃。物料的冻结为放热过程，需要一定时间。达到规定的预冻温度后还需维持一定时间。为了使整箱产品全部冻结，一般在产品达到规定的预冻温度后，需要保持 1～2h。预冻速率直接影响冻干产品的外观和性质，冷冻期形成的冰晶显著影响干燥产品的溶解速率和质量。慢冻产生的晶格较大，在升华后留下较大的空隙，有利于提高冻干效率，但干燥后溶解慢；而速冻产生的冰晶较小，所得产品粒子细腻，外观均匀，比表面积大，多孔结构好，干燥后溶解速度快，能反映出产品的原来结构，但细冰晶在升华后留下较小的间隙，使下层冰晶升华受阻，冻干效率降低。

② 升华干燥阶段　升华干燥是指将冻结后的产品置于密闭的真空容器中加热，使冰晶升华成水蒸气逸出而使产品脱水干燥。升华前必须在 30min 内使冷凝器温度达到 -40℃ 以下（在 -50℃ 最为经济）。开启真空泵，待冻干箱内真空度达到 10Pa 左右转入加热升华干燥。真空度太低会影响升华速率，一般控制真空度为 20～40Pa。先开油加热器，后开循环

油泵，使油液在搁板内循环加热。这一阶段的关键之处在于，产品冷冻的温度应低于产品共晶点温度并确保产品冻牢。超过共晶点，将会造成产品融化降解，色级加深，含量减少。

③ 解吸干燥阶段　第一阶段干燥结束后，在干燥物质的毛细管壁和极性基团上还吸附有部分未被冻结的水分。当吸附水的含量达到一定值，就为微生物的生长繁殖和某些化学反应提供了条件。实验证明，即使是单分子层吸附下的低含水量，也可能成为某些化合物的溶液，产生与水溶液相同的移动性和反应性。解吸干燥的目的是除去吸附水以改善产品的储存稳定性，延长保质期。由于吸附水的吸附能量较高，需提供足够高的能量才能将这些吸附水从产品中解吸出来。因此，该阶段的干燥温度应足够高，但必须低于崩解温度。同时，在该阶段冻干箱内必须保持高度真空以使产品内外形成较大的蒸汽压差，推动解吸出来的水蒸气逸出产品。经该阶段干燥后，产品中残余水分的含量视产品种类和要求而定，一般为 $0.5\%\sim4\%$。

以冷冻时间为横坐标，以产品和搁板在预冻、升华干燥、解吸干燥阶段的温度作为纵坐标，同时以干燥箱、真空泵端的真空度作纵坐标，即可绘制出冻干曲线（图4-4）。每种物料的冻干曲线不同，一般是由实验确定，用来指导冻干生产。在自动化程度较高的冻干机上，只要输入正确的冻干曲线参数，装置即可自动执行冻干工艺程序，直至生产出合格产品。

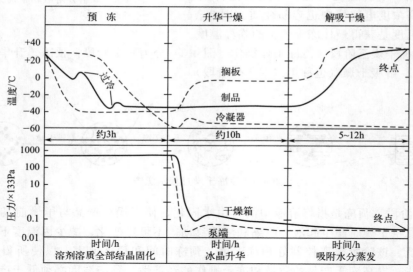

图 4-4　冷冻干燥曲线

冷冻干燥机的工作原理：先将物料冻结到共晶点温度以下，使水分变成固态的冰；再将预冻物料装入干燥箱内，在低温真空状态下，由加热板导热或辐射方式供给热能，使物料中的水分直接由冰升华成水蒸气。升华产生的水蒸气由真空泵组抽至捕水器内，在 $-40\sim-45℃$ 排管外壁上凝结被捕，直至按照冻干曲线达到规定要求而停止供热和抽真空，完成物料冻干的全过程。

2. 冷冻离心机工作原理

离心分离过程是以离心力加速不同物质沉降分离的过程。密度、尺寸和形状不同的物质在重力作用下的沉降速率不同，因而在形成密度梯度的液相体系中具有不同的平衡位置。被分离物质之间必须存在密度或沉降速率差异，才能以离心分离法进行分离。离心分离法的主要类型包括速率密度梯度离心法、等密度梯度离心法和差速离心法。差速离心法操作简便，使用最为广泛，但其分离纯化分辨率低于等密度梯度离心法。

（1）差速离心法 大小不同的颗粒物质与液体混合后，颗粒物质在地球重力场作用下向下沉降。大而重的颗粒沉降最快，最先到达底部；小而轻的颗粒沉降较慢，沉降后聚集在大颗粒沉降层的上方。在无外加离心力和不改变悬浮液性质的情况下，多种小颗粒在固液分子间相互影响作用下可以稳定悬浮在液相中。离心机械提供的离心力可为地心引力的数万倍，微小颗粒与液体分子间的相互影响力被离心力克服，原条件下稳定悬浮的多种微小颗粒又依自身密度大小等条件顺序沉降下来。在离心分离过程中逐次增加离心力或离心时间，每次可从沉降物料中得到不同的组分，这种离心方法称为差速离心法。

（2）等密度梯度离心法 该方法需要与速率密度梯度离心法相似的密度梯度环境，但待分离粒子的密度介于密度梯度液的高、低密度范围之间。待分离料液可以铺在梯度液上面，也可以加在梯度液下面或均匀分布于密度梯度介质中。离心一段时间后，料液中不同密度粒子分别运动到达它们的密度平衡点，即等密度点形成组分区带，达到与料液中其他物质组分相分离的目的。到达平衡点的粒子相互分离完全由其密度所决定而与离心时间不再有关，若改变离心转速则只能改变平衡区带的相对位置而不改变其顺序。从高密度梯度处加样的离心方法又称浮升密度梯度离心法。

（3）速率密度梯度离心法 向离心管中装入密度梯度溶液，溶液密度从离心管顶部至底部逐渐增加。然后，将待分离的料液加至密度梯度溶液顶部。在离心力作用下，由于料液中不同密度或不同大小的粒子在梯度溶液中移动速度不同，经过一定时间离心后会在梯度溶液中的不同位置形成稳定的沉降区带，因此，该方法又称为速率区带离心法。采用该方法分离的物质密度必须大于梯度溶液中的最大密度，离心过程必须在被分离物区带到达管底前停止。

将装有料液的离心管、离心瓶或特制的分离袋平衡装入转头，并置于驱动电动机或其他驱动装置相接的转轴上，驱动装置提供的动力使转头快速旋转，产生作用于料液的离心力。离心力使料液中性质不同的颗粒得以相互分开，达到分离的目的。离心力 F 与被分离物质的质量 m、旋转运动物体的角速率 ω^2、物体的运动半径 r 呈正相关关系。离心机能够承受的相对离心力（RCF）是离心机性能的重要参数。工业上将离心机能够产生的额定最高 RCF 称为最大分离因数。

冷冻离心机的工作原理：通过制冷系统达到低温工作要求，通过驱动轴带动转子旋转，产生离心力，安放于转子室内的溶液在离心力的作用下实现组分分离。

二、冷冻干燥机

真空冷冻干燥机（简称冻干机）是冻干生产过程中的主要工艺设备。根据运行方式不同，可分为间歇式冻干机和连续式冻干机；根据冻干物质的容量不同，可分为工业用冻干机和实验用冻干机。冻干机的主要结构包括干燥箱、捕水器、制冷机、真空泵和阀门、电气控制装置等。冻干系统主要由制冷系统、真空系统、控制系统、液压系统、气动系统、换热系统、蒸汽灭菌系统（含在位清洗系统）组成。冻干机工作原理如图4-5所示。

1. 制冷系统

由制冷机与干燥箱、捕水器内部的管道与换热器等组成。制冷机可以是互相独立的数套，也可以只有一套。制冷机的功能是对干燥箱和捕水器进行制冷，以产生和维持它们工作时所需要的低温。制冷方式分为直接制冷和间接制冷两种方式。干燥箱是一种能够制冷至 $-60\,^\circ\!\mathrm{C}$ 左右、加热到 $70\,^\circ\!\mathrm{C}$ 左右且能抽真空的密闭容器，是冻干机的主要组成部分。将待冻

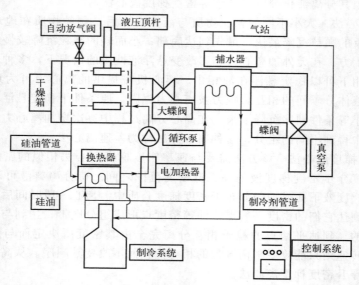

图 4-5　冷冻干燥系统工作原理

干的物料置于干燥箱内的金属搁板上，对物料进行冷冻，并在真空下加热，使物料内的水分升华而干燥。捕水器也是一种真空密闭容器，它的内部有一个较大表面积的金属吸附面，吸附面的温度能降到−40℃以下（最低可达−80℃），并能恒定地维持这个低温。捕水器的作用是将干燥箱内物料升华出来的水蒸气冻结并吸附在其金属表面上。

2. 真空系统

由干燥箱、捕水器、真空管道和阀门、真空泵组组成。真空系统需对外界密封，真空泵组是真空系统建立真空的重要部件。真空系统对产品的迅速升华干燥是必不可少的。

3. 控制系统

由人机界面（或计算机）、可编程逻辑控制器（PLC）、指示调节仪表及其他装置等组成。冻干机控制一般有手动控制和自动控制两种方式。在对工艺进行摸索试验时，一般采用手动控制方式。在工艺成熟情况下，可采用自动控制方式。

4. 液压系统

由液压顶杆（包括液压站）、可上下移动的搁板组成，功能是在干燥箱冻干制品瓶冻干结束时对半加塞的制品瓶进行液压加塞。由于在箱内真空条件下加塞，制品瓶出箱后，避免了外界空气中的水分、灰尘、细菌等对制品的影响。由于搁板可以上下移动，可以做到无死角清洗。

5. 气动系统

由大蝶阀、小蝶阀、气泵（气站）、气管、自动锁门装置等组成。它的功能是在冻干过程中（或维护时）开启或关闭大蝶阀、小蝶阀，从而完成各项工作。

6. 换热系统

由换热器、电加热器、循环泵、制冷机、硅油介质及相关管道组成。对干燥箱采用间接制冷和间接加热的方式，目的是使干燥箱内搁板温度均匀一致（≤1℃），使制品品质一致。在干燥箱制冷时启动制冷机，制冷剂使换热器内的传热介质（如硅油）降温，降温后的传热介质通过循环泵送到干燥箱搁板中，达到使干燥箱搁板降温的目的。制冷时电加热器关闭。在干燥箱需要加热时，启动电加热器，电加热器使传热介质升温，升温后的传热介质通过循环泵送至干燥箱搁板中从而达到使干燥箱搁板升温的目的（加热时，制冷机不对换热器制冷）。

一般对捕水器采用直接制冷的方式，即从制冷机出来的低温制冷剂直接对捕水器内盘管制冷，使其降温。

7. 蒸汽灭菌系统

由干燥箱、大蝶阀、捕水器、真空管道、小蝶阀（包括外界蒸汽源）组成。其功能是在整个冻干结束、制品出箱后，对干燥箱、捕水器等进行高温灭菌处理。按要求灭菌温度为≥121℃，压力为 0.115MPa，时间为 0.5h。

三、冷冻离心机

1. 冷冻离心机的分类与结构

按用途分为分析型和制备型，按安装工作条件分为台式机和固定式机，按转速分为低速、高速和超高速冷冻离心机，按制备容量分为大容量冷冻离心机和超大容量冷冻离心机。

冷冻离心机的结构包括制冷系统、驱动系统、主轴、承载转头安全保护与承载结构。功能完善的离心机一般还配有物料保护及运行支持系统。同时，离心机的操作自动控制部分也构成离心机的一个独立功能系统。

冷冻离心机工作必须有性能优越的动力驱动系统。目前制备型高速离心机和低速大容量离心机选用变频电动机为动力，一些较先进的制备型高速及超高速离心机使用可变磁驱动系统作动力。可变磁驱动系统可以大大缩短离心机转子升速、降速时间，显著提高工作效率。有的离心机由于分离任务的特殊性而以汽轮机作为驱动力。

主轴及载料转头是离心机分离物料成分的工作部分。除少数机型外，离心机工作时其主轴承载转头自身和负荷物料的全部重量高速旋转。离心时转头自身的动平衡差异和负荷物料分配的不平衡可以对主轴产生巨大的剪力，所以主轴设计时必须考虑动平衡的问题。离心机承载转头的外形因机型设计不同而有很大差异。它在实验室常用的分析型或制备型台式机中称为转头，在管式制备型离心机中称为转筒或转鼓，在连续流超高速离心机中称为转芯，正规的文件中称为转子室。转子室承受机器高速离心时物料及转子室自身所产生的全部离心力。离心机转子室必须经过动平衡检测和最大离心速度验证才能用于离心分离。

离心机工作时产生巨大离心力，离心转子室的材料疲劳、腐蚀变形、断裂及安装使用操作错误等可对离心机造成极大的破坏，所以离心机必须具备安全保护装置。离心转子仓作为安全保护结构一般极为坚固，具有防撞击的装甲性能。离心机主轴处可装有不平衡保护探测器，确保及时发现故障并在发生问题时能及时自动停机。离心机的自动门锁也是离心机的安全保护装置，在离心机运转过程中不能打开仓门，更不能以手或其他器物为离心转子减速。

离心机的操作控制系统不但对离心机的运行程序、运行时间、旋转速度、制冷温度、转子仓真空度等按设定参数进行反馈调节控制，对运行故障还可自动进行应急处理。

2. 典型冷冻离心机性能介绍

DLB-7 低速大容量冷冻离心机适用于生物制药过程中多种细胞分离及人血浆蛋白质的沉淀。在设定温度范围内，离心机工作时能保证物料温度低至 4℃。主要技术参数见表 4-1。

表 4-1　DLB-7 低速大容量冷冻离心机的主要性能指标

转头型号	最高转速 /(r/min)	最大分离因数	最大离心半径 /mm	最大容积 /mL	允许最大不平衡量 /(g/s)
甩开型 S4.2	4200	5010	254	1000×6	15
角型 J7	7000	9200	173	500×6	15

GLB-24 高速大容量冷冻离心机适用于生物制药过程中多种微生物发酵产物分离及多种病毒和蛋白质的沉淀，可用于多种离心场合。在设定温度范围内，离心机高转速工作时能够保证物料温度低至 4℃。主要技术参数见表 4-2。

表 4-2　GLB-24 高速大容量冷冻离心机的主要性能指标

转头型号	最高转速 /(r/min)	最大分离因数	最大离心半径 /mm	最大容积 /mL	允许最大不平衡量 /(g/s)
角型 J24T	24000	60000	93	12×8	0.2
角型 J18	18000	39120	108	50×8	1
角型 J10	10000	15316	137	250×6	6
角型 J7	7000	9200	173	500×6	6

四、冷冻干燥机的 GMP 验证

药品冷冻干燥机必须执行 GMP，实现高度无菌化、无尘化，达到高度可靠、安全、维护简便。因此，冷冻干燥机采用蒸汽灭菌系统（SIP）以保证灭菌彻底、无死角。同时采用在位清洗系统（CIP），对干燥室、冷凝器、主阀及管道就地清洗并预设排液坡度，保证无液体滞留。同时具有应对停电、停水、误操作的保护措施，一旦出现故障，可以对药品实行保护。实现冻干机操作运行的计算机控制，具有停电停水误操作控制系统，可以多路联锁自动报警。

冷冻干燥机验证包括：①设计确认。首先要考虑技术性能的先进化，满足合同要求的各项指标，确认选材、设计结构、选用配套部件及控制功能是否符合 GMP 要求，是否适合用户生产工艺、维护保养、清洗、灭菌等方面要求。设计中主要考虑因素是：选择材质（如采用 AISI316L，导热介质采用硅油或导热液）、设计结构［如在线灭菌（SIP）机型用气动插销门紧锁箱门，使箱门在进行蒸汽灭菌时无法打开］、控制功能（如选用不同的控制方式，在控制功能中设有联锁功能和报警功能）、设计文件（如冻干机全套图纸）。②安装确认。药机厂和制药厂共同进行安装确认，确保设备按设计图纸要求组装，以达到设备的性能要求，保证设备调试运行正常。主要内容包括：主要配套部件确认（药机厂、制药厂）；对冻干箱、冷凝器进行检查；对各系统管路连接、布置进行检查；对电控系统进行确认检查；对制冷系统、循环系统的管路要做保压试验，确保系统无泄漏；根据随机文件清单、产品装箱单核对设备配套部件的数量及完好性（制药厂）；现场就位，公用工程管路确认；安装确认记录，在进入运行确认之前，温度、真空度等登记表应由法定计量部门鉴定。③运行确认。运行确认是按调试程序对机器进行调试后，按冻干机操作规程操作确认冻干机空载达到各项技术指标。设备各部件运转测试确认，主要检查各电动机转向是否正确，压缩机、真空泵有无注油，记录仪、中隔阀运行是否符合要求（药机厂、制药厂）。各项技术指标测试如下：搁板温度分布均匀性、搁板降温速率、搁板升降温范围、真空系统抽气速率、冻干箱真空泄漏率、冷凝器最低温度、冷凝器最大捕水量的确认、冻干箱的在线清洗、冻干机的在线灭菌。

第二节　结晶设备

结晶是从蒸气、溶液或熔融物中析出固态晶体的操作。根据药典统计，超过 85％的药物产品是固体类药物。因此，结晶操作单元是药物产品生产过程的关键步骤，它不仅是分离和提纯单元，还是重要的分子组装和调节单元。在世界范围内，医药结晶技术水平的高低，是现代医药工业竞争的焦点之一。在生产中溶液结晶、熔融结晶、反应结晶及耦合结晶技术的开发和应用进展十分迅速。本节重点介绍溶液结晶。溶液结晶过程指通过改变操作条件或添加晶种使体系中关键组分的溶解度（或过饱和度）发生变化，体系由平衡稳定状态转变为非稳定状态，促使新相产生，从而达到结晶物质与体系中其他混合物分离的目的。

一、结晶设备工作原理

1. 结晶过程及其在制药生产中的重要性

结晶是固体物质以晶体状态从蒸气（汽）、溶液或熔融物中析出的过程。溶质从溶液中结晶出来，需要经历两个步骤：晶核生成和晶体生长。晶核生成是在过饱和溶液中生成一定数量的微小晶体粒子；在过饱和溶液中已有晶核形成或加入晶种后，以过饱和度为推动力，晶核或晶种将长大，这种现象称为晶体生长。无论是晶核生成还是晶体生长过程，都必须以溶液的过饱和度作为推动力。过饱和度的大小直接影响晶核生成和晶体生长过程的快慢，而这两个过程的快慢又影响着晶体产品的粒度分布和纯度，因此，过饱和度是结晶中极其重要的参数。

在结晶器中结晶出来的晶体和剩余的溶液所构成的混悬物称为晶浆，去除悬浮于其中的晶体后剩下的溶液称为母液。在结晶过程中，含有杂质的母液会以表面黏附和晶间包藏的方式夹带在固体产品中。工业上，通常在对晶浆进行固液分离以后，再用适当的溶剂对晶体进行洗涤，以尽量除去黏附和包藏母液所带来的杂质。

据统计，90％以上药物产品如片剂、胶囊、喷雾剂、注射剂等包含的药物活性成分（API）最终是以晶体形式存在的，因此结晶操作往往是 API 生产的最终工序。研究表明，超过 60％晶体粒子皆具有敏感的构效关系及同质多晶行为，表现在医药晶体的功能性指标（如药效生物活性、稳定性等），都取决于它的形态学指标——晶型、粒度分布、尺度效应等。人们发现，药物的纯度及其晶体粒子形态学指标是决定产品理化性质和功能的本质要素。

随着现代化学药物研究不断深入，人们发现即使分子组成相同的药物，若其微观及宏观形态不同，则药效或毒性也可发生显著变化。因此，药物晶型研究正在成为现代化学药物研究的重要内容。药物晶型是指药物活性成分的分子以不同的排列形成的不同晶体状态。多晶型现象普遍存在于固体化学药物中，有的药品一旦晶型发生改变，可能造成生物体吸收的几倍甚至几十倍的作用差异（例如氯霉素棕榈酸酯和利托那韦）。正是基于这个事实，人们更深刻地意识到，在药品生产中，结晶绝不是一种简单的分离或提纯手段，而是制取具有医药活性及特定固体状态药物的一个不可缺少的关键手段。医药对于晶型和固体形态的严格要求，赋予了药品活性成分结晶过程不同于一般工业结晶过程的特点，它对于结晶工艺过程及结晶器的构型提出了异常严格的要求。只有在特定的结晶工艺条件及特定的物理环境下，才能生产出特定晶型的医药产品；只有特定构型的结晶器，才能保证特定的流体力学条件，才能保证生产出的医药产品具有所要求的晶体形态与粒度分布。

2. 介稳区与结晶条件

溶质浓度等于溶质溶解度的溶液称为饱和溶液，溶质浓度超过溶解度的溶液为过饱和溶液。同一温度下，过饱和溶液与饱和溶液的浓度差为过饱和度。溶液的过饱和度与结晶的关系见图4-6。图中S-S线为饱和溶解度曲线，T-T线为过饱和溶解度曲线（也称超溶解度曲线）。在溶解度曲线以下的区域为不饱和区，称为稳定区。在过饱和度溶解度曲线以上的区域称为不稳定区。而介于S-S线和T-T线之间的区域称为介稳区。据研究，介稳区中各部分的稳定性并不一样，接近S-S线的区域较稳定，称为第一介稳区，在此区域内晶核不会自发产生，但加晶种（在过饱和溶液中人为加入少量溶质晶体的小颗粒，称为晶种）后晶体则

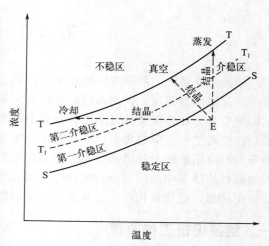

图 4-6　饱和曲线与过饱和曲线

缓慢成长，而接近T-T线的区域称为第二介稳区，在此区域内晶核并非绝对不会产生，只是产生的过程非常缓慢，而晶体成长的速度却最快。就结晶条件而言，不稳区的结晶过程失去控制，晶核无限制产生，形成细晶，无法保证晶体的尺寸和形状；稳定区无结晶传质动力，晶核无法生成，晶体会自动溶化。良好的结晶条件位于第一和第二介稳区的交界附近，并且当操作参数（温度或浓度）控制严格时，可偏向第二介稳区以加快晶体成长，提高结晶产量；当操作参数难于控制，又需确保晶体尺寸和形状时可靠近第一介稳区操作。

此外，一个特定物系只有一条确定的溶解度曲线，但超溶解度曲线的位置却要受很多因素的影响，例如有无搅拌、搅拌强度、有无晶种、晶种大小与多少、冷却速率快慢等。因此，应将超溶解度曲线视为一簇曲线。图4-6表示了初始状态为E的洁净溶液，分别通过冷却法、蒸发法及真空绝热蒸发法进行结晶的途径。

3. 结晶设备的工作原理

根据结晶条件的不同，结晶可分为溶液结晶、非溶液结晶等。根据溶液达到过饱和状态的技术不同，将溶液结晶主要分为冷却结晶、蒸发结晶、溶析结晶、反应结晶等。非溶液结晶主要包括熔融结晶、升华结晶。其他结晶方法包括物理场促进结晶（超声、磁场、微波）、超临界流体结晶以及耦合结晶等。根据过程操作方法分类，结晶可分为间歇结晶和连续结晶。

（1）溶液结晶

① 冷却结晶　这是通过冷却降温使溶液成为过饱和溶液而析出晶体的方法，是最简便且常用的结晶方法，适用于溶解度随温度降低而显著下降的物质，如图4-7中曲线Ⅲ和曲线Ⅳ

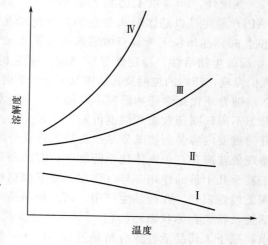

图 4-7　溶解度曲线的主要类型

所示。与其他溶液结晶过程相比，该方法能量消耗较少。扑热息痛、牛磺酸等药品即采用该方法进行精制。冷却结晶又分为自然冷却结晶、间壁换热冷却结晶和直接接触冷却结晶。

自然冷却结晶是将热的结晶溶液置于无搅拌的有时甚至是敞口的结晶釜中，依靠大气自然冷却降温而结晶。此法所得产品纯度较低，粒度分布不均，容易发生结块现象，且设备所占空间大，容积生产能力较低。但这种结晶过程设备造价低，设备安装使用条件要求也不高，在某些产品量不大、对产品纯度和粒度要求不严格的情况下，仍在应用。

间壁换热冷却结晶是制药过程中应用广泛的结晶方法，依靠夹套或管壁间接传热冷却结晶。该方法的主要问题在于冷却表面上常会有被称为晶疤或晶垢的晶体析出，使冷却效果下降，而从冷却面上清除晶疤通常耗时较多。

直接接触冷却结晶是通过冷却介质与热结晶母液直接混合达到冷却结晶的目的。常用的冷却介质有空气以及与结晶溶液不互溶的碳氢化合物，还有采用专用的液态冷冻剂与结晶溶液直接混合，借助冷冻剂的汽化而直接制冷。采用这种操作必须注意的是冷却介质可能对结晶产品产生污染，选用的冷却介质不能与结晶母液中的溶剂互溶或者虽互溶但应易于分离。直接接触冷却结晶有效地克服了间壁换热冷却结晶出现晶疤的缺点。

② 蒸发结晶　使溶液在常压或减压下蒸发浓缩达到过饱和而析出结晶。此法适用于溶解度随温度降低变化不大或具有逆溶解度特性的物系，如图 4-7 中曲线 Ⅱ 的情况。该方法的不足是与其他结晶方法相比能耗较大，温度升高会使热敏性药物变性，且可能导致加热面结垢。生产中通常采用真空蒸发方式进行结晶，目的在于降低操作温度，避免热敏性物质分解，提高分离效率，降低能耗，应用较为广泛。例如，赤霉素的乙酸乙酯提取液经过减压浓缩，除去溶剂后即有结晶析出。

③ 真空绝热冷却结晶　这是使溶剂在真空条件下闪急蒸发而使溶液绝热冷却以达到过饱和状态的结晶方法，适用于具有正溶解特性且溶解度随温度变化速率中等的物系，如图 4-7 中曲线 Ⅲ 的情况。操作原理是：将热浓溶液送入绝热保温的密闭结晶器中，器内维持较高真空度。由于溶剂沸点低于原料液温度，溶液势必闪急蒸发而绝热冷却到与器内压强相对应的平衡温度。实质上溶液通过蒸发浓缩及冷却两种效应来产生过饱和度。该方法主体设备简单，无换热壁面，晶疤较少，检修周期较长，设备防腐较容易解决，是大规模结晶生产的首选方法。

④ 溶析结晶　通过向体系中添加另外一种溶剂，该溶剂与体系溶液可以互溶，但又不能溶解或仅能微溶待结晶物质，使溶液成为过饱和溶液而析出晶体。加入的溶剂称为溶析剂。溶析结晶广泛应用于药物的精制，特别是热敏性的抗生素类药物（操作温度低）。例如在硫酸巴龙霉素的浓缩液中加入 10~12 倍体积的质量分数为 95% 乙醇，即可得硫酸巴龙霉素的结晶。

⑤ 反应结晶　利用气体与液体或者液体与液体之间进行化学反应以产生固体沉淀，通过加入反应剂与结晶物质发生反应，生成新的物质，当新物质浓度超过饱和溶解度时，便会有晶体析出。此法的实质是利用化学反应对结晶物质进行结构修饰，以降低其溶解度从而析出晶体。反应结晶广泛应用于难溶性药物成盐过程。例如，在利尿剂盐酸氢氯噻嗪的制备中，就是向溶解有氢氯噻嗪的溶液中加入盐酸，获得反应结晶。

（2）非溶液结晶

① 熔融结晶　利用固-液相平衡来实现物质分离与纯化的过程。该法先将固相混合物加热熔解成液相混合物，再对熔融的液相混合物降温冷却至目标产品的凝固点，进一步移去热量，使目标物质由液相转变为固相，采用过滤方法进行固液分离，得到目标产物。发汗是熔融结晶中经常采取的后处理措施，是指通过控制换热介质温度，使结晶层逐渐受热，因杂质

在晶层中分布不均，含有较高杂质的部分晶层熔点较低，会首先熔化为液体而排出，并对附着在晶体上的残液起到置换和冲洗作用。通过结晶和发汗操作，可以使物质纯度大幅提高。制药工业中熔融结晶主要是用于分离提纯药物同分异构体和中间体。例如，采用熔融结晶可将低纯度的异喹啉（质量分数85%）精制为高纯度的异喹啉（质量分数99.99%以上）。与精馏分离相比，熔融结晶具有能耗少（熔解热仅为蒸发热的 $1/4 \sim 1/2$）、操作条件温和、环境污染小、不需要加入其他溶剂、产品纯度高等优点。

② 升华结晶　在一定条件下，使被分离的固态物质不经过液相而直接转变为气态，达到分离的目的，常用于很难用常规方法分离的物质，如碘、氯化汞、某些医药中间体等。

（3）其他结晶技术

① 物理场促进结晶　一些外加物理场（超声、磁场、静电场、微波等）对晶体生长具有非常重要的影响，可以调控晶核的生成和成长，达到控制晶体产品的目的。

a. 超声强化溶解结晶。将较大功率的超声波（频率范围为 $20 \sim 100 \mathrm{kHz}$）应用于溶液结晶过程，可以缩短结晶诱导期，减小介稳区宽度，因而可促进成核，常用于控制晶体粒径大小并使粒径分布均匀，其作用机理通常认为与空化效应直接相关。空化过程分为稳态空化和暂态空化两种类型。稳态空化是指寿命较长的气泡核在超声膨胀阶段体积慢慢膨胀，而在超声压缩阶段则慢慢缩小，体积变化呈周期性振荡，同时可围绕平衡点做振动。暂态空化是指超声膨胀阶段气泡急剧膨胀而在压缩阶段急剧缩小，气泡被绝热压缩后急剧升温直至崩溃并形成局部高温、高压，气泡在压缩阶段急剧闭合，在液体中产生强烈的冲击波和微射流。

b. 磁场强化溶液结晶。磁场能够将特殊能量作用在物质上，改变物质微观结构并影响物质的理化性质。由于流体的宏观性质与分子势垒、分子内聚力（即吸引力）等性质关系密切，溶液经磁场处理后，分子势垒、分子内聚力发生变化，必然引起流体的宏观性质变化，进而影响溶液的结晶过程。影响磁处理效果的主要因素包括流体性质（主要为流体磁化率的绝对值）、磁感应强度、磁处理器的结构形式、流体流过磁场的宏观流速等。

c. 静电场强化溶液结晶。电场具有一些特殊性质，能够对物质产生热作用、极化作用、电化学作用等。静电场强化溶液结晶是一种新型高效分离技术，是静电技术与制药分离工程交叉融合的学科前沿，目前对其机理研究尚有待深入。

d. 微波化溶液结晶。微波是一种频率范围为 $300 \mathrm{MHz} \sim 300 \mathrm{GHz}$ 的电磁波，具有体热源瞬时加热特性。它具有波动性、高频性、热特性和非热特性四大特性。微波作用于含有极性分子的物料时，体热源瞬时加热效应使物料温度迅速且均匀升高，扩散系数增大。另外，微波能够对固体表面的液膜产生微观"扰动"，使其变薄，减少了扩散阻力。

② 超临界流体结晶　伴随着温度和压力的变化，任何一种物质都存在气相、液相和固相三种相态。在某一特定的温度和压力点该物质液相与气相界面消失，则称该点为临界点。温度和压力同时达到或高于临界点的流体，称为超临界流体。超临界流体的密度和溶剂化能力接近于液体，黏度和扩散系数接近于气体。一般而言，溶质在溶剂中的溶解度与溶剂密度呈正相关关系。由于在临界点附近，温度或压力的微小变化均能引起流体密度发生相当大的变化，因此，超临界流体被视作一种优良的结晶溶剂，尤其是超细颗粒制备。超临界流体结晶的应用主要包括超临界流体快速膨胀结晶（rapid expansion of supercritical solutions，RESS）和超临界流体溶析结晶（gas antisolvent crystallization，GASC）。RESS 是溶解有固体组分的超临界流体通过减压膨胀作用，使流体密度显著减小并导致流体对溶质的溶解能力急剧下降，溶液在极短的时间内（约 $10^{-5} \mathrm{s}$）形成过饱和状态，并产生大量的、粒度分布范围很窄的超细晶体微粒。

③ 耦合结晶　近年来，人们也关注结晶技术与其他化工操作单元的耦合，如精馏-结晶

技术、离解萃取结晶技术、膜结晶技术、超临界流体萃取结晶技术及传统结晶技术之间的耦合等。可见，这类技术是将传统的结晶技术与制药工艺新型分离技术进行组合，或将两种以上的分离技术组合成一种结晶分离效率较高的集成化结晶操作单元，提高产品选择性和收率，最终实现工业化生产。耦合结晶工艺主要包括蒸发与冷却耦合、冷却与溶析耦合、反应与冷却耦合等。例如，真空绝热冷却结晶是使溶剂在真空下闪急蒸发而使溶液绝热冷却的结晶法，该法通过浓缩效应与冷却效应之间的耦合使溶液达到过饱和状态，如图 4-7 中曲线 Ⅲ 的情况。

二、冷却搅拌结晶器

冷却搅拌结晶器比较简单。对于产量小、结晶周期较短的情况多采用立式结晶器，对于产量较大、结晶周期比较长的情况多采用卧式结晶箱。该类设备具有冷却装置（如冷却排管或冷却夹套）和搅拌装置。

1. 立式结晶器

立式（釜式）结晶器是制药工业中使用最为广泛的结晶器，可用于高纯度产品的制备。结晶器的主要结构包括一个具有平盖和圆锥形底的筒形锅，并安装有夹套或蛇管，基本结构如图 4-8 所示。操作时先将热溶液尽快地冷却到过饱和状态，然后放慢冷却速率以防进入不稳区，同时加入晶种（也可不加，但自发成核较难控制）。一旦结晶开始，由于释放结晶热，应及时调整移出热量的速率，使溶液能够按照一定的速率降温。

对于在空气中易氧化物质的结晶可采用密闭式结晶锅，并将惰性或还原性气体通入槽内空间，例如在氢醌的结晶过程中，可通入二氧化硫气体以防止产品变黑。

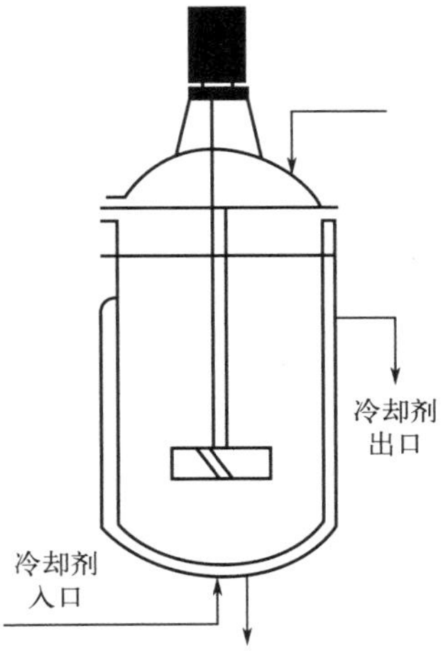

冷却剂出口

冷却剂入口

图 4-8　立式结晶器示意图

2. 卧式结晶器

卧式结晶器是一种应用广泛、生产能力较大的结晶器，基本结构是一种敞式或闭式固定长槽，器底为半圆形。长槽搅拌式连续结晶器如图 4-9 所示。敞式结晶槽有额外的空气冷却作用。槽外具有冷却水夹套，槽内安装有长螺距低转速螺带搅拌器。

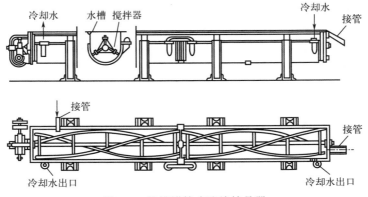

图 4-9　长槽搅拌式连续结晶器

设备工作时，热的浓溶液从槽的一端连续加入，冷却水在夹套内与溶液做逆流流动。为了控制晶体的粒度，有时需要在长槽的某些部位通入额外的冷却水。若操作调节得当，在距加料口不远处，就会开始形成晶核，这些晶核随着溶液在结晶器中前进而均匀地成长。螺带搅拌器除了发挥搅拌和输送晶体的作用外，其重要功能是防止晶粒聚集在冷却面上，故可获得粒度相当均匀的晶体，很少形成晶簇，杂质含量少。如果螺带搅拌器与槽底间的间隙太小，则会因发生刮片而引起晶粒的磨损，产生大量不希望的细晶。因此，螺带搅拌器与槽底间的间隙应在 13～25mm 范围内。这种结晶设备节省场地和材料，可连续进料和出料，生产能力大，体力劳动少，适用于葡萄糖、谷氨酸钠等卫生条件要求较高、产量较大的结晶生产。

三、蒸发结晶器

为了满足不同产品的结晶需求，蒸发结晶设备也在发展与创新。下面介绍两种典型设备。

1. DTB 型结晶器

图 4-10 为具有中央循环管和挡板的 DTB（draft tube baffled）型结晶器。该设备可用于真空绝热冷却法、蒸发法、直接接触冷却法、反应法等结晶操作。该结晶器罐内设有循环管，下部设有缓慢运转的螺旋桨式搅拌器。料液由循环管底部送入，晶浆母液自下向上经过循环管到达溶液表面，缓慢而均匀地沸腾。循环管外设有折流圈，将罐内沉降区与结晶生长区隔开。罐下部有结晶分级腿。在螺旋桨的搅拌作用下，结晶生长区中溶液浓度分布均匀，形成一定数量的晶核，晶粒生长充分。充分生长的结晶粒子流向下部淘析腿。由于母液自下向上流动，小颗粒被淘洗，只有合乎要求的结晶颗粒落入结晶分级腿中。上升至沉降区的携带细小颗粒的母液，由上方溢流

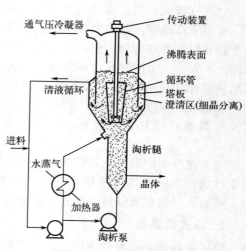

图 4-10　DTB 型结晶器

口排至罐外，经循环泵送至加热器补充蒸发所需的热量，同时微晶受热溶解，再与母液一起进入罐内。这种装置的优点是生产强度高，可获得大且均匀的晶体。

2. Oslo 流化床真空结晶器

该结晶器是 20 世纪 30 年代挪威 Jeremiassen 提出的，又称为 Krystal 结晶器或粒度分级型结晶器，是一种发展非常成熟并在工业上广泛使用的结晶器。该设备的主要特点是过饱和度产生区域与晶体生长区分别设置在结晶器的两个部位，晶体在循环母液中流化悬浮，为晶体的生长提供了良好条件。

如图 4-11 所示，该结晶器由汽化室与结晶室两部分组成。母液与热浓料液混合后用循环泵送到高位的汽化室，在汽化室中溶剂部分汽化而使料液浓缩，形成过饱和状态。然后，浓缩的料液通过汽化室的中央降液管流至结晶室底部，转而向上流动。在结晶室中，晶体颗粒悬浮在溶液中并呈流态化分布。粒度较大的晶体富集在底层，与降液管中流出的过饱和度最大的溶液接触，使晶体生长得更大。在结晶室中，液体向上的流速逐渐降低，使悬浮在其中的晶体粒度越往上越小，过饱和溶液向上穿过晶体悬浮床时，逐步解除其过饱和度。当溶

液到达结晶室的顶层，基本不再含有晶粒，澄清的母液在结晶室的顶部溢流进入循环管路。进料管位于循环泵的吸入管路上，母液在循环管路中重新与热浓料液混合后，再次进入产生过饱和区域的汽化室。

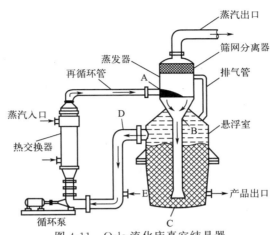

图 4-11　Oslo 流化床真空结晶器

A—闪蒸区入口；B—介稳区入口；C—床层区入口；D—循环流入口；E—母液进料口

　　Oslo 流化床真空结晶器属于典型的母液循环式，优点在于循环液中基本不含晶粒，避免了叶轮与晶粒间的接触成核现象，再加上结晶室的粒度分级作用，使结晶器制备的晶体大而均匀，特别适合生产饱和溶液中沉降速度大于 20mm/s 的晶粒。母液循环的缺点在于限制了生产能力，因为必须限制液体的循环流量及悬浮密度，把结晶室中悬浮液的澄清界面限制在溢流口之下，防止母液中挟带明显数量的晶体。

四、熔融结晶设备

　　目前工业结晶中主要的熔融结晶设备有澳大利亚的 Brodie 提纯器、日本的 KCP 结晶器与 4C 结晶器、荷兰的 TNO 分布结晶器、瑞士的 MWB 结晶器以及中国的 FFC 液膜结晶器。其中，MWB 结晶器引入了计算机辅助控制，强化了传质传热能力，大幅提高了熔融结晶的生产能力，可应用于医药产品的生产。

　　MWB 结晶器是瑞士开发的能够有效应用于有机混合物工业分离的熔融结晶器，在其中发生典型的多级冷凝逐步冷凝过程，工作原理如图 4-12 所示。原料分离成纯品和残液是在一系列逆向单个分离段中进行。前一段的结晶产品进入下一段，与本段加料液进行混合，熔

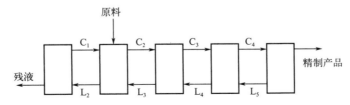

图 4-12　熔融结晶过程物料平衡

$C_1 \sim C_4$—单段提纯产品的结晶组分；$L_2 \sim L_5$—单段残液的母液组分

融再结晶；而本段的残液会逆向进入前一段与前两段的结晶产品进行混合，熔融再结晶。因此，从左至右，样品纯度不断提高，分离的段数取决于每一段的分离效率以及残液和纯品中杂质浓度的比例。

MWB 结晶器的特点是各分离段均在一台共同的结晶设备中进行循环。结晶器由一定数量的垂直管式结晶单元组成且相互平行（图4-13）。一般管长 12m，管径 50～70mm。在结晶器顶部，循环物流被分布到各单元管中，在管内壁上形成降膜。冷却/加热的介质流也被分布在各管的外壁形成降膜。当管外通入冷却介质时，管内的降膜开始形成晶核并生长，形成结晶层。结晶器内的产品量可以通过计量槽中的体积或质量的变化来测定。在结晶过程结束时，管中形成一定厚度的结晶层，通常 5～20mm。一定量的母液会包裹在结晶层的表面，晶体内部也会有母液残留，通过稍高于熔点温度的加热，可以将杂质从结晶层中排出，进而提高样品纯度，这个过程称为发汗。紧接着将

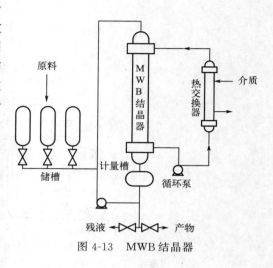

图 4-13   MWB 结晶器

一定纯度的料液再次加入结晶器中，与上述结晶层进行混合，再进行热循环，实现多级结晶过程。

五、连续结晶设备

目前，国内制药工业生产中主要采用间歇结晶操作，即按照规定配方方式、生产顺序、时间、操作参数进行生产。作为一种周期性生产方式，间歇结晶生产过程状态和操作参数都是动态的，生产中对人员操作的依赖程度高，参数控制要求高，对于小批量产品较易控制。但是，间歇生产过程生产能力低，能耗大，且批次之间操作参数条件难以调控一致，导致产生批间差异。连续生产包含了整个生产中的连续合成、连续结晶、连续分离、连续干燥、连续造粒和连续制剂等工艺，工艺特征是连续进料和连续出料，连续操作一旦达到稳态，就会得到均匀的产品，表现出更好的重现性。与间歇生产过程相比，连续生产具有连续生产能力高、过程参数稳定、设备占地面积小、产品质量好等优点。例如，一个年产 16t 原料药结晶工艺，若溶剂和溶质比为 20:1、产品停留时间为 4h，则所需间歇结晶器容积为 5000L。而同样条件下连续结晶工艺所需结晶器容积仅为 250L，操作费用和设备费用能够降低约 20%。

连续结晶工艺常用结晶器主要有三种：混合悬浮混合出料连续结晶器（mixed-suspension mixed-product removal，MSMPR）、活塞流连续结晶器（continuous plug flow crystallizer，PFC）和振荡挡板连续结晶器（continuous oscillatory baffled crystallizer，OBC）。

1. MSMPR

该装置温度较易控制，操作费用低，维持结晶稳态比较容易，因此在设计连续结晶过程中最为常用。MSMPR 连续结晶过程中，反应液连续进料，通过冷却、蒸发和加入反溶剂等方式产生过饱和度，溶质成核并长成晶体，最终产品料液混合连续排出。严格讲，MSMPR是一个理想化的结晶器模型：①排出晶浆的粒度分布与器内相同；②晶粒成长速率不变，与

器内大小和位置无关；③任一晶粒在器内停留时间可视为相同。

MSMPR 主要由进料釜、结晶器、收料釜组成（图 4-14）。进料釜与结晶器通过泵连接，二者之间的物料输送既可以通过压力传送也可以通过泵传送。MSMPR 可以由一个结晶釜构成单级结晶器，也可由多个结晶釜串联成多级结晶器，既适用于停留时间较长、生长缓慢的晶体生产，也适用于悬浮密度大、黏稠母液的结晶。在实际操作中，还可以通过增加结晶器的级数来改变最终产品的性质。由于混合悬浮混合出料易于达到间歇操作所需的平衡条件，因此，将现有间歇结晶系统改造升级为混合悬浮混合出料连续结晶过程相对容易。

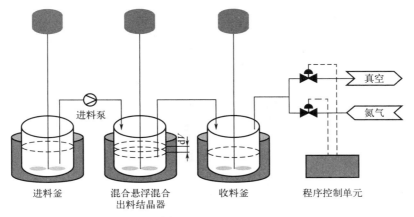

图 4-14　MSMPR

2. PFC

PFC 可用于生产粒度小且粒度分布窄的结晶产品，适用于快流速、短停留时间晶体的生长。图 4-15 所示的溶析结晶活塞流连续结晶器，由 4 个一定体积的玻璃管结晶器模块构成，结晶器外部设置的控温夹套可用于控制结晶体系温度。含有溶质的溶液从结晶器左端流向右端，在结晶器 1、2、3、4 处可分别加入反溶剂，使反应液达到一定的过饱和度并形成晶体。在 PFC 的管道中设置有 Kenics 静态混合器，该静态混合器的尺寸、形状、个数等对结晶过程具有重要影响。PFC 的主要问题是结晶温度难以控制，操作费用高，操作中容易堵塞管路等。

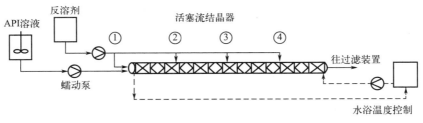

图 4-15　PFC

3. OBC

OBC（图 4-16）是一种带有挡板的管式结晶器，挡板按一定距离排列在管道内，挡板中心具有一定尺寸的空隙，挡板方向与液体流向垂直。在结晶器的头部或尾部设置的振荡装置，对结晶器管道内流体产生的振荡作用能够与挡板对液体的作用叠加，使结晶器中发生连续涡流的产生与衰减，为溶液提供了充分的轴向与径向混合，体现出良好的传质与传热性能。该结晶器的振荡流动特征可用振荡雷诺数（Re_0）和斯特劳特征数（St）来表征。

$$Re_0 = 2\pi f x_0 D\rho/\mu \tag{4-1}$$

$$St = D/(4\pi x_0) \tag{4-2}$$

式中，f 为振荡频率，Hz；x_0 为最大振幅，m；D 为圆管内径，m；μ 为流体黏度，kg/（m·s）；ρ 为流体密度，kg/m^3。

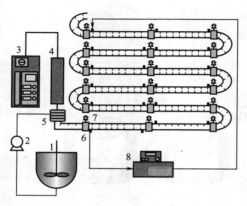

图 4-16   OBC 示意图

1—进料釜；2—蠕动泵；3—控制箱；4—线性马达；5—波纹管；6—聚醚酮对接环；7—热电偶；8—恒温水浴

六、过程分析技术

近年来，过程分析技术（process analytical technology，PAT）引入药物开发、生产及质量控制过程，并广泛应用于药物结晶领域，对实现质量源于设计理念和先进结晶控制方法具有关键作用。作为一种过程分析集成技术，PAT 通过实时测量原料、过程物料和工艺过程关键质量指标，能够确保原材料、工艺参数和最终产品的关键质量达到设计指标，实现过程开发、优化、设计、分析和调控。结晶是一个复杂的多相传质和传热过程，应用PAT 对结晶过程进行实时检测，有助于研究人员深入理解结晶过程。

PAT 工具是根据物料的理化性质或生物性质，采用相应的软件采集并分析数据，获得被监测物质的结构性质、量化信息和过程参数，达到优化和控制系统或过程的目的（图 4-17）。结晶过程的常用 PAT 工具包括衰减全反射傅里叶红外光谱仪（ATR-FT-IR）、拉曼光谱（Raman）、聚焦光束反射测量仪（FBRM）、粒子成像显微镜（PVM）和衰减全反射紫外/可见光谱（ATR-UV/Vis）等，工作原理和应用如表 4-3 所示。

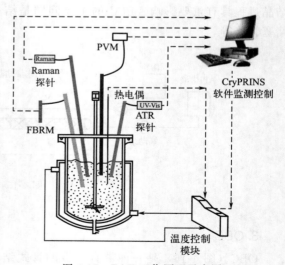

图 4-17   PAT 工作原理示意图

表 4-3　常用 PAT 工具原理及应用

PAT 工具	工作原理	应用
ATR-FT-IR	晶体样品吸收入射频率下的红外光,反射光强度减小,产生与透射吸收相似的光谱,从而获得样品表面化学组分的结构信息	测定和监测结晶过程溶质浓度
Raman	拉曼光谱是一种散射光谱,采用不同的入射光频率分析可得到分子振动和旋转信息。与红外光谱互补,可用于分析与分子间键能相关的信息	识别多晶型的差异,并能对溶剂介导转晶、溶液浓度和固体混合物中不同晶型比例进行定性和定量研究
FBRM	接收激光束通过粒子产生的反射信号,并计算光束穿过粒子的时间,以获得弦长分布	实时监测粒径和粒数变化以及成核和晶体的生长
PVM	通过探头上的视频显微镜直观地显示颗粒状态,连续捕获在各种工艺条件下的高分辨率图像,无须采样或离线分析	监测结晶过程的成核、生长、聚结、形状演化和多晶型行为。内窥镜探针可以检测与颜色相关的变化
ATR-UV/Vis	紫外-可见吸收光谱是电子光谱,由价电子跃迁产生,可用作物质组成、含量和结构的分析	原位检测结晶过程的成核、多晶型转变、过饱和度变化

 思考题

1. 冷冻干燥机和冷冻离心机的工作原理分别是什么?
2. 真空冷冻干燥装置由哪几个系统组成?各系统的功能是什么?
3. 结晶的途径有几种?如何选择适宜的结晶条件?
4. 冷冻结晶和蒸发结晶的原理分别是什么?

第五章
中药提取设备

 学习目标:

通过本章的学习,以中药生产制备工艺为引导,掌握中药材前处理生产设备和中药常规提取设备原理,懂得设备选型使用。在中药提取新技术、新工艺指导下,学会中药提取新设备对新工艺的实现方法。

第一节　中药材前处理工艺与设备

一、中药材的前处理与炮制工艺

中药工业化生产由中药材的前处理和炮制、中药有效成分提取液与中药浸膏的生产、中药制剂的生产组成。中药材前处理的目的是生产符合提取工艺和制剂工艺所要求的合格饮片,为中药有效成分的提取与中药浸膏的生产提供可靠的保证。

1. 中药材的前处理工艺

通常,中药材的前处理工艺流程如图 5-1 所示。

图 5-1　中药材前处理基本工艺流程

(1)净制　净制包括中药材净选和清洗,目的是去除药材中的杂质,达到药用的净度标准和规格要求。

净选工艺要点:①按工艺要求采用拣选、风选、筛选、剪切、刮削等方法,清除杂质或去除非药用部分,使药材符合净选质量要求;②拣选药材时应设置表面平整且不易产生脱落物的工作台;③风选、筛选等粉尘较大的操作间应安装捕尘吸尘设施。

清洗工艺要点:①清洗厂房内应有良好的排水系统,地面不积水,易清洗,耐腐蚀;②洗涤药材的设备或设施,其内表面应平整、光洁、易清洗、耐腐蚀,不与药材发生化学变化或吸附药材;③按工艺要求,对不同的药材可采用淘洗、漂洗、喷淋洗涤等方法;④洗涤药材时应使用符合国家饮用水标准的流动水,用过的水不得用于洗涤其他药材,不同的药材不宜在一起洗涤，洗涤后的药材应及时干燥。

（2）**润药**　传统的润药方法包括浸润、泡润、洗润、淋润等，目的是使药材适当吸水，软硬适度，便于切制。润药工艺的要点：①根据待浸润药材的大小、粗细、软硬程度，分别采用淋洗、泡、润等方法；②控制用水量与润药时间，做到药透水尽，不得出现药材伤水腐败、霉变、产生异味等变质现象。

（3）**切制**　切制目的是保证煎药或提取质量，或有利于进一步炮制和调配。根据不同药材的性状，采用切、镑、刨、锉、劈等方法，将药材切成片、段、丝、块等。切制要点：质地坚硬的根及根茎类、藤木类或动物角类药材，应切制成极薄片，较硬的应切制成薄片，疏松的切制成厚片，部分质地坚实的切制成段，皮类（根皮及茎皮）和叶类药材切制成丝。

（4）**干燥**　将切制好的药材或饮片及时干燥，防止霉变。干燥工艺要点：①根据药材性质和工艺要求选用不同的干燥方法和设备，不得露天干燥；②一般情况下，干燥温度不宜超过80℃，含挥发性成分药材的干燥温度不宜超过60℃。干燥后的饮片应干湿均匀，含水率7%～13%。

（5）**粉碎**　粉碎可以增加药材与提取溶剂之间的传质比表面积，促进药物溶解扩散，加速药材中有效成分的浸出。根据中药材的来源与性质，粉碎方法有单独粉碎、混合粉碎、干法粉碎和湿法粉碎等。粉碎法特别适合矿物药、部分种子与果实类药、部分菌类药等不宜切制的药材。采用超声粉碎、超低温粉碎等现代超细微粉化技术，可将传统粉碎工艺得到的粉末粒径从75μm减小到5～10μm，药材细胞的破壁率可达到95%以上，使药材中有效成分的溶出与起效更加迅速完全。粉碎所得粉末种类包括最粗粉、粗粉、中粉、细粉、最细粉、极细粉。

（6）**包装**　将符合质量标准的中药饮片分装成不同包装规格后称量，包装封口，送入合格成品库房。

2. 中药材的炮制工艺

中药炮制是按照中医用药要求将中药材加工成中药饮片的传统方法和技术。炮制主要作用是降低或消除药物毒性或副作用，改变或缓和药物性能，增强药物联系，改变或增强药物作用部位和趋向，矫味矫臭利于服用，便于调剂和制剂，利于储藏及保存药效。

传统炮制方法主要有蒸、煮、炙、浸、炒、焙、炮、煅、飞等。①蒸分为清蒸、酒浸蒸、药汁蒸；②煮包括盐水煮、甘草汁煮、黑豆汁煮；③炙法是向净选或切制的药材中加入液体辅料拌炒，使辅料逐渐深入药材组织内部，方法分为酒炙、醋炙、盐炙、姜炙、蜜炙、油炙等；④浸的方法分为盐水浸、蜜水浸、米泔水浸、浆水浸、药汁浸、酒浸、醋浸等；⑤炒法分为清炒和加辅料炒两大类，清炒包括炒黄、炒焦、炒炭等，加辅料炒法包括麸炒、米炒、土炒、砂炒、蛤粉炒和滑石粉炒；⑥炮与炒炭基本相同，但要求火力猛烈且操作动作快，促使药材体积膨胀疏松；⑦煅法是将药材直接置于适当的耐火容器内煅烧，分为明煅法、煅淬法、扣锅煅法，利于药材质地疏松，利于粉碎和有效成分溶出，提高疗效或产生新的药效；⑧发酵与发芽法是借助酶或微生物的作用，改变药材原有性能，增强或产生新的功效；⑨制霜法是药材经过去油制成松散粉末或析出细小结晶或升华、煎熬成粉渣，方法包括去油制霜、渗析制霜、升华制霜、煎煮制霜等；⑩水飞法是在水中将不溶于水的矿物药材（如朱砂、雄黄）或贝壳类药材反复研磨，倾取上部混悬液以制备极细腻粉末的方法。

二、中药前处理设备

根据中药材常规前处理的需要，常用机械设备包括洗药机、润药机、切药机、筛药机、粉碎机、烘干机等设备。

1. 筛药机

按照物料在筛面上的运动轨迹划分，中药生产中常用的筛药机类型包括圆筛药机（物料在筛面上做圆形运动）、旋转式筛药机、直线振动式筛药机（物料在筛面上向前做直线运动）。

（1）圆筛药机

① 设备结构　主要由激振器、筛箱、不平衡重锤、电动机、悬挂（或支撑）装置组成。筛面固定于筛箱上，筛箱由弹簧悬挂或支承，主轴的轴承安装在筛箱上，主轴由带轮带动而高速旋转。一般来说，圆筛药机的振动器只有一个轴，又称单轴振动筛。其结构与外观如图 5-2 所示。

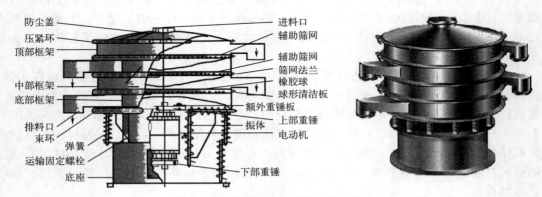

图 5-2　圆筛药机结构示意与设备外观

② 设备原理　圆筛药机的动力源是振动电动机，电动机转轴的上、下端安装有不平衡重锤。其中，上旋转重锤使筛面产生平面回旋振动，下旋转重锤使筛面产生锥面回转振动，二者共同作用使筛面产生复旋型振动，运动轨迹为复杂空间立体曲线。调节上、下旋转重锤的激振力可以改变振幅，调节上、下重锤的空间相位角可以改变筛面运动轨迹，通过延长或缩短物料在筛面上的停留时间可以达到理想的筛分效果。当电动机带动激振器主轴旋转时，由激振器产生的离心力改变电动机上下重锤的相位角，带动筛面做出水平、垂直、倾斜的三维运动，促进细小物料运动到料层底部并逐步透过筛网，达到筛分目的。

③ 设备特点　①设备工作时筛箱振动强烈，筛分效率高，减少了物料堵塞筛孔的现象；②设备结构简单，筛面便于拆卸和更换；③采用偏心块调节振幅和圆柱偏心轴激振器，方便维护；④采用穿孔筛板或弹簧钢编织网，不易堵孔；⑤采用橡胶隔振弹簧，噪声小，共振稳定。

（2）旋转式筛药机

① 设备结构　旋转式筛药机（图 5-3）主要由筛箱、筛网、振动器、减振弹簧装置、不平衡锤、底架组成。与圆筛药机类似，旋转式筛药机也属于单轴振动筛，一般倾斜安装。

② 设备原理　旋转式筛药机的工作原理与圆筛药机类似，共性特征为物料在筛面上做圆形轨迹运动。利用电动机轴上下安装的两个不平衡重

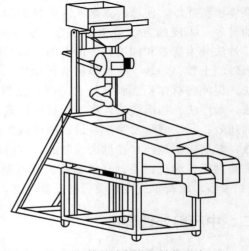

图 5-3　旋转式筛药机结构示意

锤,将电动机的旋转运动转变为水平、垂直、倾斜的三维运动,并将此运动传递给筛面,使物料在筛面上做外扩渐开线运动,故该类振动筛称为旋转振动筛。旋转振动筛具有物料运行轨迹长、筛面利用率高等优点。调节上、下两端重锤的相位角,可改变物料在筛面上的运动轨迹,使物料在倾斜筛面上做连续抛掷运动,物料与筛面相遇时使小于筛孔的颗粒透过,实现精筛分、概率筛分等。

③ 设备特点 a.采用轴偏心作为激振力,激振力强,运转平稳;b.筛机结构简单,维修方便;c.筛分效率高,处理量大,寿命长。

(3)直线振动式筛药机

① 设备结构 由振动电动机、电动机座、筛体、出料口、支架、上弹簧座、入料口、筛网组成(图5-4)。设备的激振器有两个轴,每个轴上有一个偏心重锤,故又称双轴直线振动筛。

② 设备原理 设备工作时,两台电动机同步反向旋转使激振器(偏心重锤)产生反向激振力,两个偏心重锤产生的离心力在 x 轴上的分量相互抵消,在 y 轴上的分量相互叠加,结果在 y 轴方向上产生往复运动的激振力,使筛箱在 y 轴方向上产生往复直线轨

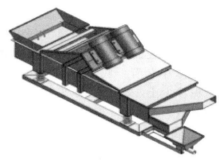

图 5-4 直线振动式筛药机示意

迹振动,促使物料在筛面上产生抛射与回落并不断向前运动。由于物料的抛射与回落对筛面产生冲击,使小于筛孔的颗粒能够通过多层筛网产生数种规格的筛上物与筛下物,分别从各自出口排出。

③ 设备特点 直线振动筛水平或倾斜安装,结构紧凑,运行平稳。设备为全封闭结构,操作过程中无粉尘溢散、无混级串料现象。设备自动排料,适合流水线作业。

2. 洗药机

为去除中药材原料中的泥沙与杂物,清洗是中药材前处理的必要环节。根据药材清洗的目的,清洗包括水洗和干洗两种工艺。

(1)水洗式洗药机 水洗的主要设备是洗药机和水洗池。洗药机包括喷淋式、循环式和环保式三种类型。喷淋式洗药机的水源为自来水,洗后废水直接排放,具有劳动强度轻、耗水量大的特点;循环水洗药机(图5-5)自带水箱和循环泵,对于批量药材的清洗具有节水优势;环保型洗药机在循环水洗药机的基础上,通过增加污水处理功能,对洗涤水重复利用(限同一批药材),进一步节约水资源。循环水洗药机的设备结构、设备原理、设备特点如下。

图 5-5 循环水洗药机

① 设备结构 洗药机由电动机、减速器、滚筒外圈和滚筒组成机械传动系统,同时配备高压水泵、水箱、喷淋水管。洗药机筒体采用不锈钢制成,配有高压水泵喷淋装置,可选用自来水直接冲洗,待清洗物料由内螺旋导向板向前推进,自动出料。

② 设备原理 物料由进料斗送入,启动高压水泵转动筒体,物料在筒体内被螺旋板推进的同时进行漂洗、喷淋洗或高压水冲洗,利用水冲刷力和物料翻滚摩擦力,除去物料表面杂物。

③ 设备特点　装配高压水和喷淋水双喷淋系统，能适应不同清洗难度药材的洗净要求。设计双水箱、泥沙二次过滤、水位和水混浊度观察镜、高压水泵等装置，具有节约用水、减少污染、快速洗净等优点。

（2）干洗式洗药机　主要设备是干式表皮清洗机（图 5-6）。为避免水洗过程中导致药材有效成分流失，可采用干洗式洗药机对根类、种子类、果实类药材进行净制。设备主要由主机、除尘器、风机和消声器组成。设备工作原理：经蜗轮蜗杆带动滚筒，筒体内的物料在转动中翻滚摩擦并经特制的螺旋导向板推进物料以筛除物料表面泥沙灰尘。滚筒上部和下部装有两套除尘装置，底部备有泥沙储斗，能有效筛除泥沙尘土，滚筒装有变频调速装置以适应不同物料。

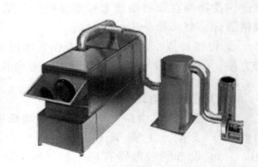

图 5-6　干式表皮清洗机

3. 润药机

目前，大部分中药制药企业使用注水式真空润药机。设备由主体（储罐）部分、水系统、气（抽气和气压）系统、提升装料系统、出料斗车、电气控制系统等部分组成（图 5-7）。

① 设备工作原理　采用减压抽真空的方法，将药材纤维空隙中的空气抽出，使之接近真空状态。负压条件下，利用气体具有强穿透性的特点，使水蒸气迅速进入药材纤维空隙，药材在低含水量条件下快速均匀地软化，保证药材切制时无干心、无碎片。

② 设备特点　中药材软化加工时具有浸润速度快、软化效果好、药材含水率低、有效成分流失少等优点。设备自动完成开机、容器密封、抽真空、真空度控制、充蒸汽润药、关机等过程。

图 5-7　卧式润药机

4. 切药机

切药机（图 5-8）是一种能将药材切成片状或块状并可调节厚薄程度的设备。根据刀具运动方式，可将切药机分为往复式和旋转式两种类型。

剁刀式切药机　　　　　　　直切式切药机　　　　　　　转盘式切药机

图 5-8　不同类型的切药机

（1）往复式切药机　常见设备为摆动往复式（又称剁刀式）和直线往复式（又称切刀垫板式或直切式）切药机，由电动机、机架、曲轴、切刀、输送带、步进系统和自习惯压料系统组成。

① 设备原理　当电动机皮带轮旋转时，曲轴带动切刀做上下往复运动。曲轴的轴端装有连杆与步进系统相连，步进系统带动输送带做步进移动并与压料机构衔接。压料机构上装有压紧装置，输送带和压料机构将物料按设定的距离做步进移动，切刀直落在输送带上切断物料。设备主要用于根、茎、叶、草皮类中药材的饮片切制，可切制切口平整、片形好的饮片。

② 设备特点　a. 采用可调间歇进给机构且刀口尺寸大，可以切制 1～15mm 之间任意厚度的饮片或切段；b. 进给机构采用楔块和楔轮驱动，可通过扳动楔块控制手柄，实现进料与退料；c. 能够方便调整切刀角度，调整后切刀不会错刀；d. 采用曲柄摇杆切削机构，切出的片形较好，一般不带毛茬；e. 为了增加切削力和保证切刀运动平稳，在曲轴的一端装配有惯性轮随曲轴运转；f. 采用间歇进料（进药时不切药、切药时不进药），避免了顶刀和打碎药物；g. 链条松紧可自由调节，通过调整上链架的角度避免药物阻塞。

（2）旋转式切药机　常见设备为刀片旋转式（或称转盘式）和物料旋转式（或称旋料式）切药机。旋转式切药机主要由刀盘转动装置和输送链传动装置组成。

设备原理：输送链与旋转刀盘呈垂直方式布置，物料连续向刀盘输送。刀盘传动装置中，电动机通过三角胶带传动带动刀盘旋转。输送链传动装置中，调速电动机驱动链传动带运动，使上下输送轮同步相向运动，将处于上下输送链的物料送入刀门。这样，在刀盘旋转的同时，输送链将药材送至刀门，达到切制目的。

5. 粉碎机

根据药材粉碎尺寸，可将粉碎机分为粗碎机、中碎机、细磨机、超细粉碎机。各种类型的粉碎机见图 5-9。粉碎机机组外观见图 5-10。

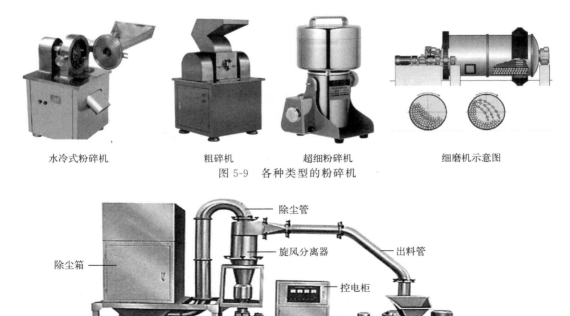

| 水冷式粉碎机 | 粗碎机 | 超细粉碎机 | 细磨机示意图 |

图 5-9　各种类型的粉碎机

图 5-10　粉碎机机组外观

在粉碎过程中，施加于固体药材的外力有四种：压轧、剪断、冲击、研磨。①压轧适用于硬质料和大块料的破碎，主要设备为粗碎机和中碎机；②剪断适用于对韧性物料进行粉碎，主要设备为细磨机；③冲击适用于对脆性物料粉碎，主要设备为中碎机、细磨机和超细磨机；④研磨适用于小块和细颗粒的粉碎，主要设备为细磨机和超细磨机。

（1）粗碎机   粗碎机由底座、电动机、粉碎室、机盖及加料斗组成，加料斗和机盖可翻转一定角度，便于清除粉碎室内的存料及维修。药材由进料斗送进粉碎室，经刀刃和刀座的冲击，被旋转刀和固定刀同时剪切粉碎。在旋转离心力的作用下，粉碎物料自动从出口流出。该机适用于坚硬难粉碎的物料加工，也可作为微粉碎机、超微粉碎机前道工序的配套设备。

（2）中碎机   常用设备有锤式破碎机、棒磨机、笼型磨碎机和自磨机。

① 棒磨机   设备筒体内装载的研磨体为钢棒。设备工作时，异步电动机通过减速器与小齿轮连接，带动周边大齿轮减速转动并驱动回转部旋转，使钢棒在离心力和摩擦力作用下被提升到一定高度后呈抛落状落下，将物料粉碎。粉碎物料在溢流和连续给料的力量作用下排出设备。

② 笼型磨碎机   设备内外两组笼条高速相向旋转，物料自内向外被笼条撞击粉碎。粉碎细度由双辊间距控制，间距越小粒度越细。设备结构简单，粉碎效率高，密封性能好，运转平稳。

③ 自磨机   设备筒内四周安装比筒直径短的铁轨衬板，端面装上导向放射衬板。伴随着筒体回转，被粉碎物料互相之间强力压缩、冲击、反复转动进行粉碎。

（3） 细磨机   细磨机由一套以上纵向设置的细磨装置组成，每套细磨装置包括立体结构架、主动辊、与主动辊辊壁平行紧贴的磨铁及动力部分，磨铁带有万向装置和弹簧压紧装置，使磨铁可以自动调整与主动辊的辊壁保持平行接触，保证细磨效果。设备运行时，电动机带动主轴及涡轮高速旋转，使研磨介质在筒体内不规则地翻滚运动，物料与研磨介质之间产生强烈的剪切、冲击和研磨作用，使物料得到理想的磨细效果。同时，涡轮吸入的大量空气起到了冷却机器、研磨物料及传送细料的作用。细磨机的轴承部位装有特制的迷宫密封，可以有效阻止粉尘进入轴承腔。机门内装有两道 O 形橡胶密封圈，保证设备运行时无粉尘泄漏。

（4）超细粉碎机   这是一种细粉及超细粉的粉碎加工设备。将需要粉碎的物料从机罩壳侧面的进料斗加入机内，悬挂在主机架上方的磨辊在围绕垂直轴线公转的同时本身自转，在旋转时产生的离心力作用下，磨辊向外摆动并紧压磨环，使铲刀铲起物料送到磨辊与磨环之间，在磨辊的滚动碾压下达到粉碎物料的目的。物料研磨后，风机将风吹入主机壳内并吹起粉末，依靠研磨室上方的分离器对粉末进行分选，过粗的粉末落入研磨室重磨，细度合乎规格的粉末随气流进入旋风收集器，收集后经出粉口排出，即为成品。这种设备可使药材的细胞破壁率高于 95%。

6. 烘干机

烘干机所用热源主要为煤、电、气等，烘干模式包括带式烘干、滚筒烘干、厢式烘干、塔式烘干等。在烘干过程中，热气流与湿物料充分接触，通过热传导、热对流或热辐射方式将热能直接传递给物料，使物料中的水分不断被蒸发，实现物料的连续干燥。中药提取生产中重要的烘干设备为隧道式烘干机（图 5-11）。

① 设备结构   由干燥室、烘干车、料盘、供风系统、热风炉、自动电控系统等构成，是连续式烘干设备。干燥室采用金属保温板或砖混结构，烘干盘采用金属或其他材料制作。隧道式烘干机采用分段式加热，在隧道中分段设有多个加热器，热风温度可以分段控制，炉

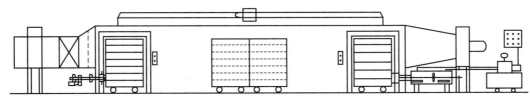

图 5-11 隧道自动进出液压推车装置烘干机示意

内温度均匀，可持续对湿物料进行干燥。隧道双边配有链条传动，解决运输过程中载料小车跑偏问题。每个料车的前侧固定有挡风板，将相邻料车隔开。

② 设备原理 设备工作时，将湿物料放置在烘干小车的烘盘上，烘干车从隧道末端依次进入并沿隧道向前移动进行干燥。同时，热风由供风系统从干燥室的出干料端送入，与烘干车运行方向相反以便与物料逆向充分接触，小车将干燥物料从隧道靠近热风炉的一侧运出。

第二节 中药常规提取工艺与设备

一、浸取工艺与设备

1. 浸取工艺

浸取又称固-液萃取，是采用适当溶剂浸取中药材中有效成分，获得浸取液并弃去药渣的过程，属于固-液传质分离单元操作。浸取过程分为湿润、渗透、解吸、溶解、扩散等相互关联的阶段。因此，为了在中药提取生产中将药材内外有效成分扩散的浓度差保持在较高水平，不断更新固液两相界面层、创造最大浓度差就成为设计浸取工艺和浸取设备的关键。

中药材的浸取方法有煎煮法、浸渍法、渗漉法、水蒸气蒸馏法等。强化浸取效率的主要手段有微波辅助浸取、超声波辅助浸取、电磁场强化浸取、电场强化浸取、脉冲强化浸取等。根据浸取过程中达到溶解平衡状态的次数，将浸取工艺分为单级浸取和多级浸取两种类型。其中，多级浸取工艺又分为多级错流浸取工艺和多级逆流浸取工艺。

（1）单级浸取工艺 单级浸取工艺中，将药材和溶剂一次性加入浸取装置中，经一定时间浸取后放出浸出液并排出药渣。在整个浸取过程中，理论上仅达到了一次溶解扩散平衡状态，故称为单级浸取。这种浸取工艺简单，常用于小批量生产。缺点是浸出时间长，药渣中有效成分浸取不完全，浸出率低。常见的单级浸取工艺为冷浸法和热浸法。

① 冷浸法 这是在室温下进行的单级浸取操作。操作要点为：将药材饮片和溶剂加入密闭容器并在室温下搅拌浸取至规定时间。过滤并压榨药渣，合并滤液与压榨液，弃去药渣。滤液静置24h后再次过滤，即得浸取液。此法可制备药酒和酊剂。若将浸取液浓缩，可制备流浸膏、浸膏、片剂、颗粒剂等。

② 热浸法 将药材饮片和溶剂（如白酒或乙醇溶液）置于特制容器中，采用水浴或蒸汽加热至40～60℃并浸取至规定时间，随后操作同冷浸法。由于该法的浸取温度高于室温，故浸出液冷却后往往有沉淀析出，需要分离除去。

（2）多级错流浸取工艺 多级错流浸取工艺中，将全部溶剂分为若干份，先用第一份溶剂浸取新鲜药材并达到萃取平衡状态，过滤后药渣再用第二份溶剂浸取并达到第二次萃取平衡状态，过滤后药渣再用第三份溶剂浸取，如此重复直至药渣中有效成分残留量小于工艺规定要求为止，弃去药渣，合并各级所得浸取液并送浓缩工序处理。多级错流浸取的工艺特征为：①上一级药渣是下一级进料；②各级溶剂流量相等、进料状态相同；③各级能够重新建立浓度差，促进有效成分从药材向浸取溶剂中扩散传质，浸取较为彻底；④在整个浸取过程中，多次达到溶解扩散平衡状态，即多次达到平衡级状态。多级错流浸取工艺的优势是将药材中的有效成分浸取完全，不足是溶剂消耗量大、浸取合并液的浓缩能耗大。

（3）多级逆流浸取工艺　该工艺（又称为连续动态逆流浸取）中待提取药材和溶剂从设备两端进入，在装置中通过机械传输进行连续逆向流动，在药材与溶剂间始终建立足够的浓度梯度，使有效成分浓度在药材和溶剂逆向接触的任何一个截面上均处于非分配平衡状态，药材与溶剂之间始终能够保持足够大的浓度差，持续促进药材中有效成分以较快速率不断向溶剂中扩散，最终在装置两端分别采出高浓度浸取液和药渣。该工艺能采用最少的溶剂形成最大的浓度差，用最短的提取时间和最少的能耗获得最充分的浸取效果。

2. 浸取设备

（1）单级浸取设备　由提取罐、冷凝器、冷却器、分离器、过滤器、出渣门气动控制系统组成。单级浸取核心设备为多功能提取罐，设备为夹套式压力容器，主要结构包括罐体、加料口、夹套、出料口、加热设备等。根据设备外形可分为正锥形、斜锥形、无锥形和蘑菇形提取罐（图 5-12）；根据提取方法可分为动态提取罐（有搅拌装置）和静态提取罐（无搅拌装置）；根据提取过程中罐内承压状态可分为常压提取罐、真空提取罐和加压提取罐。

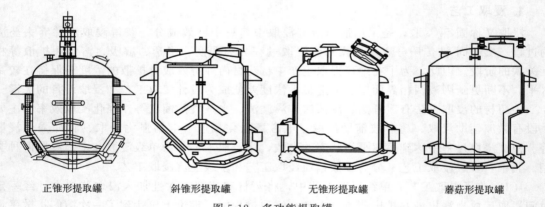

正锥形提取罐　　斜锥形提取罐　　无锥形提取罐　　蘑菇形提取罐

图 5-12　多功能提取罐

多功能提取罐由罐体、支耳、夹套层、保温层、搅拌装置、冷凝器、冷却器、油水分离器、捕沫器、过滤器、气动出渣门、气动操作台等组成，罐体上有 360°自动旋转喷洗球头、测温孔、防爆视灯、视镜、快开式投料口等，使浸取操作能够在全封闭可循环的系统中进行。与药材和浸取液直接接触的罐体和附件均采用 304 不锈钢制作。为便于排渣，底部出渣门内装有不锈钢过滤网。出渣门的开启和关闭由汽缸控制。

传统的正锥形和斜锥形提取罐的主要问题为：①仅采用夹套加热方式，造成罐体底部无热源形成加热死角，导致分布在罐体底部的药材浸取不完全；②底部锥形结构使出料面积小，药渣易堵塞出口导致出液不畅；③夹套加热面积较大，物料受热沸腾后易造成蒸汽流量过大，使蒸汽携带漂浮药材堵塞提取罐内管道，造成设备带压爆沸，引发生产事故。

通过改进，现代的无锥式、蘑菇式提取罐在结构设计上的优势为：①在罐体出渣门的底部设置加热装置，用于解决加热死角难题并维持浸取液处于微沸状态，由于夹套和底部加热装置分工不同，减小了二次蒸汽流量，降低了生产安全风险；②罐体底部的法兰与筒体直径相同，出渣门的出料面积增大，使出液出渣顺畅，降低了劳动强度，提高了生产效率。

（2）多级浸取设备　近年开发的多级浸取设备主要有罐组式动态逆流提取机组（图5-13）、管式连续逆流提取机组（图5-14）、平转式连续提取机组、螺旋式连续逆流提取机组等。这类设备改变了单罐、静止、间歇的生产模式，实现了动态、连续、自动化的现代化主流生产模式。

① 罐组式动态逆流提取机组　这是一种进阶逆流间歇提取设备机组。根据逆流传质原理，使新鲜溶剂首先进入固相药材有效成分含量最低的提取单元，顺次沿固相中有效成分浓度增大方向流向二级、三级等提取单元，利用固相药材与液相溶剂之间有效成分浓度差 Δc，逐级使药材中有效成分溶出扩散到起始浓度较低的提取溶剂中，最大限度转移药材中有效成分，同时缩短提取时间并减少溶剂用量。

图 5-13　罐组式动态逆流提取机组

图 5-14　管式连续逆流提取机组

罐组式动态逆流提取过程可分为"梯度形成阶段"和"逆流提取阶段"。提取过程由与提取罐组数（提取单元）相等的提取阶段组成。以三罐组逆流提取工艺为例（图5-15），该提取系统由三个提取罐组成，每个提取罐均进行三次浸取操作。第一罐的三次提取为梯度形成阶段，三次提取均采用新鲜溶剂；第二罐和第三罐的操作为逆流提取阶段，提取溶剂来自

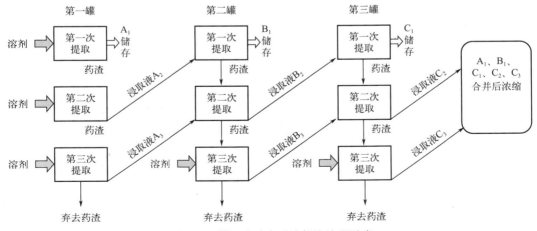

图 5-15　罐组式动态逆流提取流程示意

上一个罐的浸出液。在第一罐中，采用新鲜溶剂对新鲜药材完成第一次浸取后，将浸取液 A_1 采出储存，再分别采用新鲜溶剂对药渣进行第二次和第三次浸取并收获浸取液 A_2 和 A_3。A_2 作为第二罐新鲜药材的浸取溶剂，浸取完成后获得浸取液 B_1 并采出储存，再用 A_3 对药渣浸取并获得浸取液 B_2，第三次浸取时采用新鲜溶剂浸取药渣中残留有效成分并获得浸取液 B_3。在第三罐中，采用 B_2 浸取新鲜药材并采出储存浸取液 C_1，再用 B_3 浸取药渣并获得浸取液 C_2，第三次提取时采用新鲜溶剂浸取药渣并获得浸取液 C_3。三个提取罐的浸取操作全部完成后，合并浸取液 A_1、B_1、C_1、C_2、C_3 并送入浓缩工段处理，药渣送固体废料处理。

罐组式动态逆流提取机组的技术优势是：提高溶剂与药材之间的浓度差，将药材中的有效成分最大限度地提取出来；利用强制循环措施加快有效成分的扩散；溶剂用量少，后处理能耗小；可连续操作，生产效率高且易于实现自动化控制。

② 螺旋式连续逆流提取设备　设备结构主体为螺旋推进式逆流浸出提取器，具有支架、简体、螺旋推进器、筛板等，螺旋推进器上有刮板和排料板。固体物料从首端连续加入，由螺旋叶片将之推往尾端，再经排渣机卸出。溶剂由尾端加入并在重力作用下向下流动，过滤后排入提取液储罐。固体物料完全浸泡在溶液中并受到螺旋桨片的搅动，促进溶质向液相扩散，完成提取过程。设备的载热介质为蒸汽、热水、导热油等，浸出温度为 $60\sim100℃$，药材和溶剂在逆流接触中被加热且受热均匀，适用于热敏性药材的提取。整套装置属封闭系统，适合以挥发性有机溶剂为提取溶剂的体系，亦可用于以水为溶剂的提取体系。装置与自动化生产线相匹配，实现常温提取、高温提取、超声提取、微波提取、有机溶剂提取等多样化新技术的生产。

③ U形槽式逆流提取机组

装置采用微倾斜的水平提取段和两端呈弧形上延的进料段、出料段共同组成 U 形提取槽（图 5-16）。在链轮刮板推动下，药材由 U 形高端进入提取槽并与溶剂接触提取，药渣从 U 形另一高端采出。在提取槽内，溶剂依靠重力沿提取槽倾角向低处流动并被泵入药液储罐排出，槽中链轮刮板推动固相药材逆向运动并与溶剂充分接触，实现逆向连续提取。该装置采用链轮刮板推进药材，不易出现药材卡堵等现象，设备操作稳定性和生产能力均优于螺旋式逆流提取装置，适于大批量连续生产。

图 5-16　U形槽式逆流提取机组

二、煎煮工艺与设备

1. 煎煮工艺

煎煮法系指用水作溶剂，加热煮沸浸提药材成分的提取方法，有常压煎煮法和加压煎煮法。该法适用于有效成分水溶性好，且对湿、热较稳定的药材。

2. 煎煮设备

小批量煎煮生产常用敞口倾斜式夹层锅、搪玻璃罐或不锈钢罐等，大批量生产中常用多功能提取罐、球形煎煮罐等。作为主要的煎煮生产设备，多功能提取罐是一类压力与温度可调节的密闭间歇式提取设备，主要特点为：①可在全封闭条件下进行常压常温、加压高温或减压低温提取；②适用于水提和醇提，或挥发油提取、回收药渣中溶剂等生产需求；③采用气压自动排渣，安全可靠；④提取时间短、效率高；⑤设置集中控制台控制各项操作，有利于流水线生产。由于大部分多功能提取罐采用夹套式加热，存在传热速度慢、加热时间长等缺点。

图 5-17 为采用多功能提取罐组进行煎煮工艺流程示意。提取罐由加料口、罐体、夹套、提升汽缸、出渣门汽缸、出渣口等部分组成。出渣门上有直接热蒸汽进口，罐内有三叉式提升破拱装置，通过汽缸带动出渣，出渣门由两个汽缸分别带动开合轴完成门的开启与闭合，斜面摩擦自锁机构将门锁紧，大容量多功能提取罐的加料口采用气动锁紧装置，密封加料口采用四联杆死点锁紧机构。常用多功能提取罐罐体下部为正锥形或斜锥形设计，容积为 $0.5 \sim 6 \text{m}^3$。多功能提取罐属于压力容器，罐内及夹层均有一定的工作压力。为了防止误操作以及快开门引起的跑料和对操作工人的人身伤害，对快开门要设计安全保险装置。

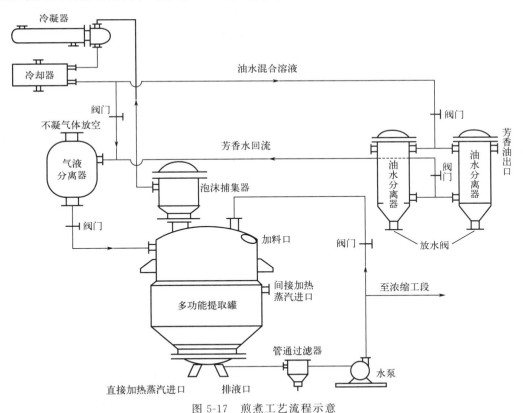

图 5-17　煎煮工艺流程示意

三、水蒸气蒸馏工艺与设备

水蒸气蒸馏法是将水蒸气通入待提取的药材物料中，使药材中的挥发油成分随水蒸气一起蒸出，经冷凝器冷却后变为液体进入油水分离器，获得挥发油。从油水分离器采出的水相部分进入蒸汽发生罐并被加热蒸发为纯蒸汽，该纯蒸汽又用于加热物料提取挥发油，如此循环操作直至挥发油被提取完全。

1. 水蒸气蒸馏工艺

水蒸气蒸馏法分为水中蒸馏、水上蒸馏、通水蒸气蒸馏三种方法。

（1）水中蒸馏 将药材饮片或粗粉用水润湿后，加适量水使药材完全浸没，采用直火加热或蒸汽夹层加热进行蒸馏，使挥发油伴随水蒸气馏出。采用该法提取挥发油时，设备结构应能提供较大的蒸发面积。蒸汽产生的速度越快，蒸馏速度就越快，快速蒸发可保障蒸汽与药材的有效接触面积，提高得油率。

（2）水上蒸馏 将润湿的药材置于有孔隔板上，隔板下方采用蒸汽夹层或蒸汽蛇管加热使水沸腾产生蒸汽，或直接通入蒸汽。药材中挥发性成分随水蒸气馏出后，经冷凝器由油水分离器接收。因药材与水不直接接触，挥发油被水解的可能性较小。该法适合中药全草、叶类药材的挥发油提取。水上蒸馏缺点是不易蒸出高沸点成分，且生产中蒸汽消耗量大、操作时间长，故该法应用受到限制。

（3）通水蒸气蒸馏 通水蒸气蒸馏亦称高压蒸汽蒸馏法，适于提取药材中的挥发油。该法从蒸馏罐底部喷入高压蒸汽，通过进气阀调节蒸汽流量来控制蒸馏速度。操作过程中需及时补充水分以防高温蒸汽吹干药材而降低挥发油的蒸出效率。另外，采用蒸汽蛇管加热油水分离后的水，同时达到增加高压蒸汽温度与回收水中挥发油的目的。为了防止过长时间高压蒸汽处理引起挥发性成分的分解，在蒸馏初期先采用低压蒸汽蒸馏，待大部分挥发油蒸出后再采用高压蒸汽将剩余高沸点挥发油蒸出。

2. 水蒸气蒸馏设备

水蒸气蒸馏多采用改进型多功能提取罐（图 5-18），设备罐组由提取罐、冷凝器、冷却器、油水分离器、蒸汽发生罐、溶剂罐组成。主要特征为：①二级油水分离器使油水两相有足够的静置分层时间，促使挥发油充分分离；②蒸汽发生罐能制得洁净的纯蒸汽并用于蒸馏物料，纯水可重复使用，符合 GMP 要求；③蒸馏罐底部设有蒸汽分布器，能使罐内蒸汽均匀分布，使所有物料都得到蒸馏。

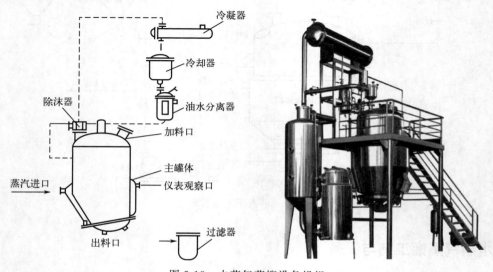

图 5-18 水蒸气蒸馏设备机组

四、渗漉工艺与设备

渗漉法是将药材粗粉均匀装填在渗漉装置中，连续添加溶剂使之自上而下通过药粉床层，并从装置下端出口连续流出浸出液的浸提方法。在渗漉过程中，溶剂渗入药材内部将可溶性有效成分溶解后，在浓度差的推动下促使有效成分自药材内部向溶剂中扩散。渗漉属于动态浸取方法，溶剂利用率高，有效成分浸取完全。根据操作方法可分为单渗漉法、重渗漉法、加压渗漉法和逆流渗漉法。

1. 渗漉工艺

（1）单渗漉法　该法为药材粉碎、润湿、装筒、排气、浸渍、渗漉 6 个步骤。①粉碎：药材粒度以药典规定的中等粉或粗粉规格为宜，过细的药粉对溶剂吸附性强且易于堵塞渗漉通道，而过粗的药粉不易压紧且与溶剂接触面积小，不利于浸出；②润湿：药粉在装入渗漉筒之前应先用浸取溶剂润湿，避免药粉在渗漉筒中吸湿膨胀造成堵塞，溶剂加入量一般为药粉质量的 1 倍，拌匀后密闭放置直至药粉充分润湿和膨胀；③装筒：药粉装入渗漉筒时，应松紧均匀一致；④排气：药粉填装完毕，加入溶剂时应充分排除药粉间隙中的空气，保持溶剂始终浸没药粉，避免药粉床层干涸开裂；⑤浸渍：排气完毕后，保持溶剂液面高于药粉床层，密闭浸渍 24～48h，使溶剂在药粉中充分渗透扩散；⑥渗漉：浸渍达到规定时间后，控制渗漉速度进行渗漉。渗漉时需始终保持溶剂浸没药粉床层 10cm 左右。

（2）重渗漉法　重渗漉法是将多个渗漉筒串联排列，将上一级装置流出的浸取液作为下一级装置中新药粉的溶剂，进行多次渗漉以提高渗漉液浓度。该法具有溶剂消耗量少、渗漉液中有效成分浓度高的特点，渗漉液不经浓缩便可直接得到浓溶液，避免了有效成分在加热浓缩过程中受热分解或挥发损失的问题。

（3）加压渗漉法　加压渗漉法是对溶剂加压，使溶剂与浸取液能够较快通过渗漉柱。该方法具有提取液浓度高、溶剂消耗量小的特点。

2. 渗漉设备

常用渗漉设备为渗漉罐（图 5-19），这是一种长径比较大的圆柱形或倒锥形筒形容器，筒长度为直径的 2～4 倍，由筒体、椭圆形封头（或平盖）、气动出渣门、气动操作台等组成，具有药材床层分布均匀、出渣方便等特点。渗漉罐上部设有视镜和作为投料口的大口径快开人孔，配备有密封盖以防止溶剂挥发。罐内上下均配置相应规格的筛网，上筛网可防止药材漂浮逸出，下筛网具有初滤作用。罐体下部为半锥角的长锥体，底部为配有密封装置的气动出渣门，出渣门上设有出液口。设备采用 304 不锈钢制造，内外表面抛光处理，光滑整洁，无死角，易清洗。

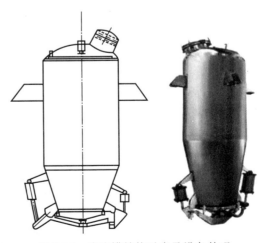

图 5-19　渗漉罐结构示意及设备外观

五、回流提取工艺与设备

1. 回流提取工艺

该法采用乙醇等易挥发性有机溶剂提取药材有效成分，将提取液加热蒸馏，其中挥发性溶剂馏出后又被冷凝，流回浸出器中对药材进行浸提，通过回流操作直至有效成分提取完全。该法适用于受热不会被破坏的药材有效成分的提取，具有提取时间短、提取效率高的优点。

回流提取工艺中，将药材和溶剂（水或乙醇）按比例加入提取罐内。若溶剂为乙醇，加料后需密封提取罐，再开始加热提取。提取过程中，罐内产生的大量二次蒸汽从蒸汽口排出，相继进入泡沫捕集器、冷凝器、冷却器和气液分离器，将气液分离器中的残余不冷气体放空，使液体回流至提取罐内，如此循环操作直至提取液浓度达到工艺规定要求，结束提取（图5-20）。

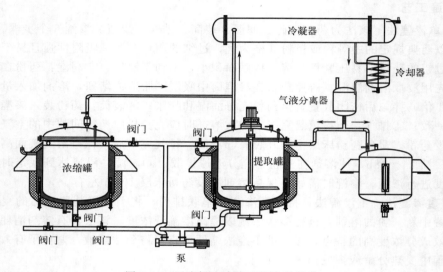

图 5-20　回流提取浓缩工艺流程示意

2. 回流提取设备

热回流提取浓缩机组（图5-21）是提取和浓缩的联合生产机组，多采用多功能提取罐进行热回流提取，配套设备有泡沫捕集器、冷凝器、冷却器、过滤器、油水分离器、气缸操作盘等。生产时，将药材投入提取罐内，根据工艺要求加入适量溶剂，加热蒸煮一定时间。将提取罐内的提取液抽入加热器内，开启第一加热器进行加热蒸发。利用第一加热器产生的二次蒸汽对提取罐进行加热，将二次蒸汽冷凝下来的液体经过提取罐顶部喷淋管向提取罐内喷淋，连续循环 3~4h。最后开启第二加热器蒸汽阀进行收膏。

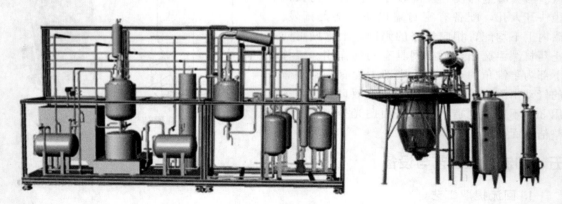

图 5-21　热回流提取浓缩机组示意与设备外观

六、索氏提取工艺与设备

1. 索氏提取工艺

索氏提取是在回流提取基础上改进的方法，亦称连续循环回流提取法。它是利用溶剂回流及虹吸原理，使固相药材连续不断地被纯溶剂浸取，溶剂既可循环使用，又能不断更新。与渗漉法相比，该法具有溶剂消耗量最少、萃取效率最高的特点，常用于药材中脂溶性成分的提取。由于提取液受热时间长，该法不适用于受热易分解的不稳定成分提取。

设备工作时，将装有药材粗粉的滤袋置于索氏提取罐中，滤袋中药粉的高度要低于提取罐侧面虹吸管的顶部高度。提取罐下部与溶剂装置相连，提取罐上部与回流冷凝管相连。对溶剂装置加热使溶剂沸腾，溶剂蒸汽通过提取罐侧面支管上升至冷凝装置，被冷凝后滴入提取罐中与药材接触浸取。当提取罐中浸取液的液面高度超过虹吸管顶部高度时，浸取液通过虹吸作用流入溶剂装置中。由于溶剂装置继续受热，溶剂重复发生蒸发、冷凝、浸取和虹吸回流过程，使提取罐中的药材粗粉不断被冷凝落下的纯溶剂浸取，反复浸取后在溶剂装置中收集得到浓缩的提取液。在这种工艺中，与药材接触的溶剂始终是纯溶剂，在溶剂和药材之间始终保持很大的浓度差，采用少量溶剂便能将药材中的有效成分提取完全。

2. 索氏提取设备

工业生产采用的索氏提取设备由索氏提取罐、溶剂装置、冷凝装置连接而成。提取过程中，溶剂的蒸发采用内循环式蒸发器，溶剂蒸发量大，可提高单位时间内回流提取次数。

七、压榨工艺与设备

1. 压榨工艺

压榨法是用加压方法分离液体和固体的中药提取生产重要方法之一。

（1）水溶性物质的压榨法　适用于刚采收的新鲜中药材或水分含量高的根茎类和瓜果类药材的加工，榨取对象为水溶性化合物。压榨法分为干压榨法和湿压榨法：①干压榨法是在压榨过程中不加水或不稀释压榨液，仅用压力压榨物料直至不再出汁为止。此法不能将物料中的所有有效成分都榨取出来，收率较低。②湿压榨法是在压榨过程中不断加水或稀汁，直至将有效成分全部压榨出来。由于压榨后的残渣中尚残留大量水溶性成分，需要少量多次加水反复压榨，直至残渣中水溶性成分被压榨干净为止。与干压榨法相比，湿压榨法收率较高，应用广泛。

（2）脂溶性物质的压榨法　针对不同压榨成分，可将压榨法分为油脂压榨法和挥发油压榨法。①油脂的压榨方法：药用油脂原料在压榨前需预处理，先除去泥沙、草根、茎叶、果壳果皮等，再通过蒸炒破坏细胞组织，提高压榨出油率。油脂的压榨法分为轻榨、中榨和重榨。轻榨是预榨，中榨主要用于高油分油料的预先取油，重榨是一次压榨取油的方法。②挥发油的压榨方法：适用于从果实类药材中榨取芳香性成分（如陈皮中芳香油的榨取），榨出的芳香油能保持原有香味，质量明显优于水蒸气蒸馏法。根据所用压榨工具，可将压榨法分为挫榨法和机械压榨法。挫榨法是采用刮磨、撞击、研磨等方法使果皮中的芳香油渗出。机械压榨法是将新鲜果实或果皮置于压榨机中压榨。

2. 压榨设备

常用的压榨设备有螺旋式连续压榨机、带式榨汁机等。

（1）螺旋式连续压榨机　该设备适用于果类药材的榨汁作业，由驱动系统、进料箱、螺旋绞龙、圆筒筛、气动阻料装置、集水槽、机架等组成（图 5-22）。螺旋绞龙终端为锥形，与调压头内锥形相对应。螺旋绞龙的直径沿废渣出口方向从始端到终端逐渐增大，使螺旋绞龙与圆筒筛之间的传输空间逐级减小，对传输物料形成逐级增大的压力，强制物料体积减小并压榨出水分，药汁通过圆筒筛的筛孔流出。在废渣出口方向，螺旋绞龙对物料施加轴向推力将其推入出料口，由气压装置加压的阻料装置对即将被推出的物料施加反向作用力，形成挤压力对物料进一步脱水。螺旋式压榨机具有结构简单、故障少、生产效率高的特点。

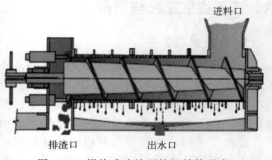

图 5-22 螺旋式连续压榨机结构示意

（2）**带式榨汁机** 由机架、料斗、无级变速传动机构、压榨机构、调节压榨比机构和电器控制机构组成（图 5-23）。电动机通过无级变速器带动链轮和上、下两条履带板做同向转动，将药材原料喂入料斗并均匀落到履带板上，经上、下履带板的输送同时进行压榨。药汁从下履带板的出汁孔流入汁槽，药渣从渣口排出。履带由不锈钢板制成，表面覆盖合成纤维滤布，履带中有不锈钢丝夹层，榨汁时一次压榨完成。该设备能连续自动完成上料、压榨、滤网洗涤、卸渣等操作，具有压榨效率高、生产能力大、洗涤效果好、操作灵活、维护简单等优点。

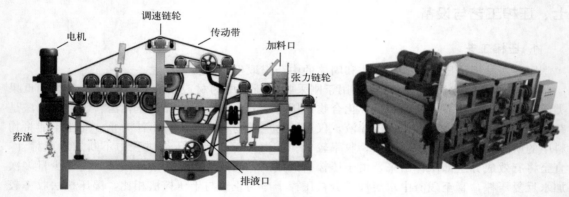

图 5-23 带式榨汁机结构示意图与设备外观

（3）**裹包式压榨机** 该设备主要用于制取瓜果类药材的药汁。将瓜果浆用合成纤维挤压布包裹起来，每层果浆的厚度为 3～15cm，层层堆码在支撑面上，层与层之间用隔板隔开。采用液压方式挤压果浆，挤压力可高达 2.5～3MPa。由于挤压层薄，汁液流出通道短，因而榨汁时间短，一般周期为 15～30min，生产能力可达 1～2t/h。设备造价低、操作方便、出汁率高。中药生产采用的全自动裹包式榨汁机具有铺层、榨汁、排渣连续作业的特点，应用广泛。

（4）**离心式压榨机** 利用离心力使果汁、果肉分离。主要工作部件是差动旋转的锥状旋转螺旋和带有筛网的外筒。在离心力的作用下，果汁从圆筒筛的孔中甩出，流至出汁口，果渣从出渣口排出。这种榨汁机自动化程度高，工作效率高，常用于预榨汁生产。

第三节　中药提取新工艺与设备

常规中药提取工艺存在的共性问题是：①过高的提取温度和过长的提取时间导致药材中有效成分损失或无效成分过度溶出，提取率较低，特别不适于含热敏性成分的中药材提取；②工业生产大多使用多功能提取罐的间歇式提取器，生产过程溶剂消耗量大、后续蒸发浓缩能量消耗大。因此，提高中药材有效成分提取率、降低能耗的关键是开发和选择适宜的先进中药提取技术和提取设备，如动态连续逆流提取、超临界流体萃取、超声场强化提取、微波场强化提取等新工艺与设备的大力推广运用，为中药提取生产注入了新鲜活力。

一、超临界流体萃取工艺与设备

1. 工艺原理

超临界流体是指温度与压力同时达到或超过临界值的气体。超临界流体具有与液体相近的密度，同时又具有与气体相近的黏度与扩散系数。由于溶质在溶剂中的溶解度总是与溶剂密度呈正相关关系，利用这种特性，可以实现被萃取组分在超临界流体中的高效溶解和快速扩散，特别适合中药材中有效成分的提取分离。超临界流体在接近临界点状态下蒸发焓急剧下降，达到临界点时气-液相界面消失，流体的蒸发焓为零和比热容无限大，使超临界萃取技术在临界点及以上区间进行分离操作比在气-液平衡区操作更有利于传热和节能。

超临界流体性质介于气体和液体之间，具有极大的可压缩性。在临界点附近，微小的压力变化或温度变化均会引起流体密度发生相当大的改变，引起溶质在超临界流体中的溶解度发生相当大的变化。因此，在超临界萃取工艺设计中，可在流体处于高密度状态下进行萃取，在低密度状态下实现萃取物与超临界流体的分离，这是超临界流体萃取工艺的设计基础。

采用 CO_2 作为超临界流体进行萃取时，操作温度 T 一般是临界温度 T_c（31.06℃）的 0.9～1.4 倍，操作温度范围为 28～42℃时对热敏性物质及风味物质不会产生影响。操作压力 P 一般是临界压力 P_c（7.39MPa）的 1～6 倍，在生产中比较容易达到。同时，CO_2 还具有化学性质稳定、不燃烧、不爆炸、无腐蚀性、无色、无臭、无毒的优点，在提取产物中没有任何残留，对环境无任何污染。由于萃取过程在 CO_2 中进行，具有防氧化和抑制微生物的作用。目前 90% 以上的超临界流体萃取生产都采用 CO_2 为萃取溶剂，广泛用于中药材有效成分的提取与纯化。

2. 工艺流程

超临界萃取工艺由萃取工序和分离工序组成。在萃取工序，超临界流体在高密度状态下将所需组分从原料中萃取出来；在分离工序，通过改变温度或压力使流体密度减小，促进被萃取组分与超临界流体分离，得到所需组分。工艺流程示意如图 5-24 所示。

超临界萃取工艺主要有三种：等温变压、等压变温和等温等压吸附。

（1）**等温变压工艺**　保持萃取器与分离器温度恒定，通过改变操作压力以调节超临界流体密度，进而改变超临界流体对溶质组分的溶解度来实现萃取与分离。CO_2 通过压缩机和换热器达到超临界状态后进入萃取器对药材进行超临界萃取。含有萃取溶质的超临界流体离开萃取器后流经减压阀，压力的微小降低引起流体密度极大减小和对溶质的溶解能力下降，从而使溶质与溶剂在分离器中得以分离。分离后的萃取剂再通过调压调温使其达到超临界状态并重复上述萃取-分离步骤，直至达到预定的萃取率。

（2）等压变温工艺　保持萃取器与分离器操作压力恒定，通过改变操作温度以调节超临界流体密度，进而改变超临界流体对溶质组分的溶解度来实现萃取与分离。萃取剂通过压缩机被压缩到超临界状态后进入萃取器，与原料混合进行超临界萃取，含有萃取溶质的超临界流体经换热器升温，流体密度减小导致对溶质的溶解能力下降，使溶质与溶剂在分离器中分离。分离后的萃取剂再通过调压调温达到超临界状态并循环使用，直至萃取率符合工艺要求。

（3）等温等压吸附工艺　保持萃取器和分离器的温度、压力恒定，在分离器内放置仅对溶质有吸附作用的吸附剂，使溶质在分离器内因被吸附而与作为萃取剂的超临界 CO_2 分离，萃取剂经调温调压达到超临界状态并循环使用，直至萃取率符合工艺要求。

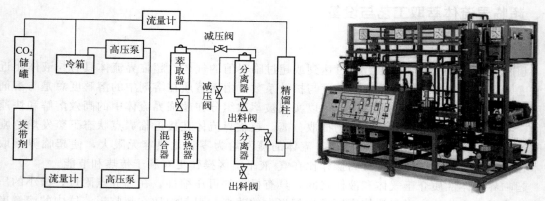

图 5-24　超临界萃取工艺流程及设备外观

3. 工艺设备

超临界流体萃取工艺装置主要由萃取器和分离器组成，同时配备气体压缩和热交换设备。

（1）萃取器　超临界流体萃取器可分为容器型和柱型两种。

① 容器型萃取釜　设备的高径比为 1∶（4～5），适用于固体物料的萃取。中药多为固体原料，装卸料为间歇操作，可将物料装入吊篮内再放置到萃取釜中。间歇式装卸料采用快开盖装置结构的釜盖。目前，国内常用的全膛快开装置有卡箍式、齿啮式和剖分环式。卡箍式快开盖装置又分为手动式（依靠手动逐个拧紧或松开螺栓螺母）、半自动式（依靠手柄移动丝杆驱动卡箍）、全自动式（依靠气压/液压装置驱动卡箍沿导轨定向滑动）。齿啮式快开盖装置又分为内齿啮式和外齿啮式。全自动卡箍式快开盖装置完成一次操作周期（即开盖、取出吊篮、装进放有物料的另一个吊篮、关闭釜盖）约需 5min，齿啮式快开盖装置完成一次操作周期约需 10min。工业化萃取釜宜选用卡箍结构釜盖，采用自紧式密封。

萃取釜能否正常连续运行在很大程度上取决于密封结构的完善性。由于 CO_2 对橡胶的穿透性强，采用橡胶做密封的萃取装置，通常使用 3～5 次就需要更新密封圈。因此，密封圈材料应选择硅橡胶和氟橡胶等合成橡胶或金属密封材料，而不能使用一般的油性橡胶圈。

② 柱型萃取器　萃取器高径比约为 1∶10，适用于萃取液体物料，装卸料可采用连续操作方式。柱型萃取器高度为 3～7m，由分离段、连接段、柱头、柱底组成，萃取器中常常装入不锈钢环形填料。在分离段，超临界流体与物料接触传质，分离段外部用夹套保温或沿柱高形成温度梯度，有利于选择性萃取组分；连接段长度约为 0.25m，用于连接两个分离段，

每个连接段具有多个开口，分别用于进料、测温与取样等。通过连接段和分离段的组合以及进料位置的变化，可以满足不同体系的萃取要求。柱头的设计要考虑萃取剂与溶质的分离，最好设有扩大段并用夹套保温。柱底用于收集萃余物，可采用夹套保温，设计上应方便黏性物料的放出和清洗。为了降低大型设备的加工难度和成本，建议尽可能选用柱型萃取器。

（2）分离器　携带有萃取溶质的超临界流体从萃取器采出，经减压阀（一般为针形阀）减压后，在阀门出口管中形成气-固或气-液共存的两相流状态。分离器的类型主要有 3 种：轴向进气分离器、旋流式分离器和内设换热器的分离器。

① 轴向进气分离器　这是最常用的一种分离器，结构简单，清洗方便，采用夹套式加热。但是，当进气流速较大时会将未及时放出的萃取物吹起，形成的液滴会被 CO_2 气流挟带出分离器，导致萃取率偏低，严重时会堵塞下游管道。

② 旋流式分离器　由旋流室和收集室两部分组成，可弥补轴向进气分离器的不足。当萃取物为液体时，在旋流室底部可用接收器收集低溶剂含量的萃取物；当萃取物比较黏稠或呈膏状不易流动时，可设计成活动的底部接收器将萃取物取出。这种分离器不仅能破坏雾点，而且能供给足够的热量使溶剂蒸发。即使不经减压，这种分离器也有很好的分离效果。

③ 内设换热器的分离器　这是一种高效分离器，主要特点是在分离器内部设有垂直式或倾斜式的壳管式换热器，利用自然对流和强制对流与超临界流体进行热交换。设计这种分离器时，须考虑萃取物是否沉积在换热器表面、对温度是否敏感等。

（3）设备要求与选型　超临界流体萃取装置的总体要求为：①萃取工况下安全可靠，萃取釜能经受频繁的开盖和关盖操作，抗疲劳性能好；②能够在 10min 内完成萃取釜全腔开启和关闭操作，密封性能好；③结构简单，能长期连续使用；④设置安全联锁装置。

高压泵有多种规格可供选择，特别是国产三联柱塞高压泵能较好地满足超临界 CO_2 萃取产业化的要求。为了提高流量，需要大于 40MPa 工作压力的新型高压泵，并实现系列化和标准化。同时，国产 CO_2 高压阀（包括手动和自动）也需进一步改进。还需要积极采用 PLC 实现程序控制，PC 机在线检测，提高装置的自动化和安全性。

目前，中型超临界 CO_2 萃取装置可以满足一般生产需求，每套装置配置 2～3 个萃取釜有利于提高生产效率。由于超临界萃取装置属于高压设备，规模越大，投资费用越高，故在装置规模选择上不仅要考虑技术可行性，更要考虑经济可行性。

二、亚临界萃取工艺与设备

亚临界萃取是以亚临界状态的特殊流体为溶剂，在低压与密闭容器内，使萃取物料中的非极性（或弱极性）目标组分快速转移到液态的萃取溶剂中，再通过减压蒸发的过程将萃取溶剂与目标产物分离，最终得到目标产物的一种新型萃取分离技术。该技术目前已成功应用到生物碱、挥发油、植物色素等非极性和弱极性成分的提取生产中。

1. 工艺原理

亚临界流体是指在高于沸点温度、低于临界温度的范围内，在一定压力条件下流体以液态形态存在，这种状态称为亚临界状态。亚临界流体具有与有机溶剂相似的特性，在一定压力条件下采用液态亚临界流体对物料进行萃取后，在减压蒸发工序中使萃取液中的亚临界流体汽化并与目标组分分离，得到产品。汽化的溶剂被加压液化后重新循环使用。

亚临界萃取一般在常温或更低的温度下进行，对于热敏性物料萃取具有显著优势。在萃取过程中，液态亚临界流体汽化时需要吸收热量（汽化潜热），而气态亚临界流体被压缩液化时会释放热量（液化潜热），通过对这两个过程中的热量充分集成和交换利用，可有效达到节能目的。亚临界萃取工艺优点为：①亚临界萃取温度与脱溶剂温度较低，适于热敏性物料提取；②萃取液蒸发时能耗较小，脱溶剂过程无需加热，能耗是常规提取浓缩工艺的1/11；③具有一定萃取选择性；④相对于超临界萃取，投资少，设备要求低，生产成本低，易规模化生产。

在常温下为气体、中低压下可液化的物质，适合用作亚临界萃取溶剂。在中低压区间，生产设备投资少，生产成本低，溶剂易于运输。常用的亚临界萃取溶剂有丙烷、丁烷、二甲醚、四氟乙烷、液氨，除四氟乙烷外，其他均有一定的爆炸危险性。同时，萃取过程为带压操作状态，更增加了生产过程的危险性。因此，亚临界萃取工艺与设备对车间生产安全性的要求更高，在车间设计过程中需进行防爆、泄爆的特殊设计。

2. 工艺流程

向密闭容器中加入待萃取物料和亚临界流体，在一定温度、压力下萃取。所得萃取液经固液分离后进入减压蒸发系统。在压缩机和真空泵作用下，减压蒸发将萃取液中亚临界流体由液态转变为气态，并获得目标提取物。气态萃取溶剂经冷凝重新转变为液态，循环使用（图 5-25）。

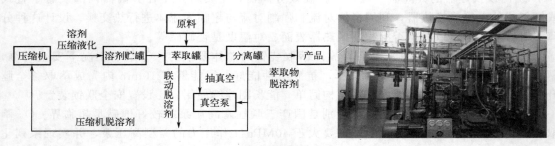

图 5-25　亚临界流体萃取工艺流程及成套设备

主要工艺过程如下：①装料。将待萃取物料用投料机加入萃取罐中，抽空萃取罐中的大部分空气，使压力达到 -0.08MPa。②萃取。向萃取罐中压入已压缩液化的萃取溶剂进行萃取。③脱除溶剂。达到最佳萃取转移率时，抽空萃取罐中液体溶剂，打开萃取罐减压排气，使物料中吸附的亚临界流体汽化并排出萃取罐，此为脱溶剂过程。此时物料温度会随亚临界流体的汽化而降低，所以需向萃取罐中继续提供热量以维持流体汽化。脱溶剂完成后，被萃取物料即可排出萃取罐。④萃取液蒸发。将萃取液移入蒸发系统，经过连续的减压蒸发，使亚临界流体与萃取产物分离，所得萃取物再经过提纯，可得到目标产品。⑤溶剂回收。从物料和萃取液中收集蒸发的亚临界溶剂气体，经压缩液化形成液态溶剂，送入溶剂罐循环使用。⑥热量利用。亚临界流体的汽化吸热与液化放热的热量是相等的，以热集成方式对这些热量进行热交换，可以最大限度地节能。

三、连续移动床分离工艺与设备

1. 工艺原理

移动床分离技术又称色谱分离技术。根据色谱分离原理，液体流动相在分离床内通过循环泵自下而上连续循环流动，固相吸附剂依靠重力与流动相逆流接触向下移动。在连续进料中，物料中的弱极性组分被流动相洗脱并从柱顶部流出，而强极性组分在固定相吸附作用下从柱底部流出，逐步完成吸附、解吸和精制过程。在实际应用中，吸附分离率的提高往往伴随固定相装填性能恶化、吸附剂颗粒磨损、固定相堵塞等问题。连续移动床是通过"模拟移动"工艺实现柱吸附、洗脱、分离、再生连续运行的色谱设备主体，同时进行着吸附与分离等所有工艺环节。

2. 工艺设备

连续移动床分离设备是基于传统的吸附剂（如树脂、活性炭、凝胶、硅胶、合成吸附剂等）对不同物质成分吸附性能的差异，由一个带有多个分离柱（6柱，8柱，16柱，20柱，30柱）的圆盘和一个旋转阀组成；通过圆盘的转动和阀口的转换，使分离柱在一个工艺循环中完成吸附、水洗、解吸、再生的全部工艺过程（图5-26）。连续移动床分离设备的优点：①吸附剂利用率高；②采用微分原理使分离柱尺寸减小，提高了分离柱再生与水洗效率；③减少了分离柱水洗和再生的试剂消耗量；④提高了分离产品收率、浓度及纯度，且稳定性高；⑤多分离柱密集排布，设备结构紧凑、管路少、占地面积少。

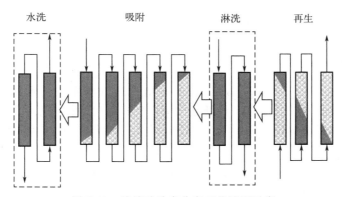

图 5-26　连续移动床分离工艺流程示意

四、高速离心薄膜分离工艺与设备

高速离心薄膜分离工艺设备由多层分别固定在旋转分离轴和分离柱内壁的漏斗状锥形物间隔分布而成的分离装置。

1. 工艺原理

高速离心薄膜分离是指液体或含有固形物原料从分离柱上部加入，沿各层锥形物下降形成薄膜状液面，水蒸气从分离柱的柱底涌入并与薄膜状的原料连续接触，使原料中的香气成分汽化后，和水蒸气一起从分离柱上部导入冷凝器，冷却后形成含有高浓度香气成分的提取香精（图5-27）。工艺特征是，原料连续供给且和水蒸气的接触面积大，在短时间内可实现高效蒸馏，整个过程采用逆流结合错流的方式，传质效率高。

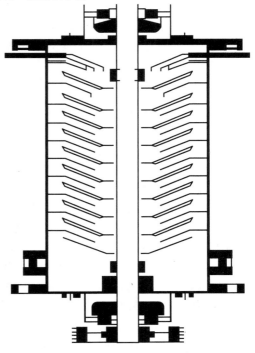

图 5-27　高速离心薄膜分离设备原理

2. 工艺流程

液态物料通过物料泵直接泵入高速离心薄膜分离设备，固体物料需先粉碎成10～60目，按照一定的固液比混匀成液态浆料，连续泵入高速离心薄膜分离设备中。液态物料经过热交换器预热，升温到萃取温度进入旋转锥蒸馏塔，在离心力的作用下，沿旋转锥向上做薄膜流动，然后在重力作用下沿固定锥向下流动到下一个旋转锥；洁净的水蒸气和物料直接接触，在多个固定锥和旋转锥内延长了流动距离，最大程度将挥发性化学物质提取蒸馏出来，经过二级冷凝，获得香精浓缩液。

3. 工艺设备

高速离心薄膜分离设备由混合罐、加热装置、旋转锥蒸馏装置、冷凝装置、洁净蒸汽发生装置、冷水机组、在线清洗（CIP）装置及泵阀管路组成。其中，旋转锥蒸馏装置的壳体中心部位设有竖向的转轴，转轴上设有随转轴高速旋转的圆盘，圆盘上设有若干与转轴同心的动环（不锈钢板孔填料），壳体向下也同样设有若干与转轴同心的静环（不锈钢板孔填料），动环与静环交错的空间形成折流通道，气液接触面积增大，传质效果更好。

五、 MVR 工艺与设备

MVR（mechanical vapor recompression）是机械蒸汽再压缩技术的简称，是利用蒸发系统自身产生的二次蒸汽及其能量，将低品位蒸汽经压缩机的机械做功提升为高品位蒸汽热源。如此循环向蒸发系统提供热能，从而减少对外界能源需求的一项节能技术。

1. 工艺原理

减压蒸发是中药提取物浓缩的重要技术。广泛使用的单效、双效等浓缩设备，将物料原液中蒸发的二次蒸汽直接冷凝或排放，造成能源浪费。而MVR是利用高效蒸汽压缩机压缩蒸发系统产生的二次蒸汽，提高二次蒸汽的热焓并使之进入蒸发系统作为热源循环使用，替代绝大部分新鲜蒸汽。新鲜蒸汽仅用于系统初启动用、补充热损失和补充进出料温差所需热焓。因此，MVR大幅度降低了蒸发器的新鲜蒸汽消耗，达到节能目的。同时，更加环保且自动化程度高。

2. 工艺设备

MVR 蒸发器有 3 种类型：MVR 膜式蒸发器、MVR 强制循环蒸发器、MVR 板式蒸发器。

（1）**MVR 膜式蒸发器** 这类蒸发器又分为 MVR 升膜蒸发器和 MVR 降膜蒸发器。料液经预热器从换热器管箱加入，沿着垂直排列的换热管内壁形成均匀流动的液膜。液膜在流动过程中被壳程的加热蒸汽加热，沿管壁边流动边蒸发，形成的浓缩液落入管箱，形成的二次蒸汽进入气液分离器。在气液分离器中，二次蒸汽挟带的液体飞沫被去除，纯净的二次蒸气被送入压缩机进行压缩后，作为加热蒸汽输送到换热器壳程，实现连续蒸发过程。

（2）**MVR 强制循环蒸发器** MVR 强制循环蒸发器由加热器、分离器和强制循环泵等组成。料液在换热器的管内被管外蒸汽加热，并在循环泵作用下上升到分离器中。蒸发产生二次蒸汽从物料中溢出，物料被浓缩达到过饱和状态而使结晶生长。解除过饱和的物料通过强制循环泵输送进入换热器，如此循环不断蒸发浓缩或浓缩结晶。分离器内的二次蒸汽经过蒸发分离器上部的除沫装置净化后输送到压缩机，被压缩后输送到换热器壳程用作蒸发器的加热蒸汽，实现热能循环连续蒸发。

（3）**MVR 板式蒸发器** MVR 板式蒸发器由板式换热器、分离器和物料泵等组成。物料在液体分布器的导引下均匀分布进入板式蒸发器的板片组，确保任何一片不存在干壁现象。蒸发器的形式可以做成升膜、降膜及强制循环的形式。进入蒸发分离器内的二次蒸汽经过蒸发分离器上方设置的除沫装置净化后输送到压缩机，被压缩后输送到换热器壳程用作蒸发器的加热蒸汽，实现热能循环连续蒸发。

六、膜分离工艺与设备

中药材成分复杂，既有小分子组分（如生物碱、黄酮类、苷类），又有大分子组分（蛋白质、纤维素、胶体、鞣质等）。根据被分离对象的分子量和理化性质，选择具有适宜截留分子量的膜组件对中药提取液分离浓缩，既能高效去除杂质，又能实现提取液的浓缩与纯化。

1. 工艺原理

膜分离技术是利用膜的选择透过特性，以膜两侧存在的能量差作为过程推动力，利用物料中各组分透过膜的迁移率不同而实现分离的一种技术。

膜分离主要技术特征为：①能实现精细分离。膜分离技术能实现纳米级的物质分离。②分离系数高。如浓度大于90%乙醇水溶液已接近恒沸点，普通蒸馏难以分离，而渗透汽化膜的分离系数能达到几百甚至上万。③能耗低。在膜分离过程中，跨膜传递的组分不产生相变，通常在常温条件操作使得被分离物料因加热或冷却的能耗较小。④操作简便。膜分离设备没有运动部件，工作温度为常温，很少需要维护，可靠度很高。膜分离设备操作从启动到得到产品的时间很短，可频繁启停工作。⑤放大能力高。膜分离的生产规模和处理能力可在很大范围内变化，而运行费用却变化不大。

根据膜两侧过程推动力性质的不同，将膜分离技术分为4种类型：①以静压力差为推动力过程（如微滤、超滤、纳滤、反渗透）；②以蒸气分压为推动力过程（气体膜分离、渗透汽化）；③以浓度差为推动力过程（渗析）；④以电位差为推动力过程（电渗析）。重要的膜分离过程见表5-1。在中药提取生产中，应用最广泛的膜分离技术是微滤、超滤、纳滤和反渗透。

表 5-1　膜分离过程的类型

膜分离过程	膜平均孔径	推动力	分离机制
微滤	$0.02\sim10\mu m$	压力差	筛分
超滤	$0.001\sim0.02\mu m$ 截留分子量 $10^3\sim10^6$	压力差	筛分
反渗透	无孔 截留分子量＜1000	压力差	扩散
气体膜分离	无孔	压力差	扩散
渗析	$1\sim3nm$	浓度差	筛分＋扩散
电渗析	截留分子量＜200	电位差	离子迁移
渗透蒸发	无孔	分压差	扩散

（1）微滤 微滤是最早实现产业化的膜分离技术。微滤是以膜两侧静压力差（$\Delta P=0.01\sim0.2MPa$）为外部推动力，利用膜孔的选择性筛分作用，从液体或气体混合物中将尺寸大于 $0.1\mu m$ 的颗粒性组分分离出来的过程，分离机理为机械筛分作用。中药制药中，微滤主要用于提取液浓缩与除杂。微滤的分离介质是微滤膜，主要特征为：①膜平均孔径为

$10\sim10^{-1}\mu m$，孔径分布均匀，过滤精度高；②膜孔隙率可高达80％左右，过滤通量大，所需时间短；③滤膜薄，大部分微孔滤膜厚度约$150\mu m$，滤程短且过滤阻力小，同时液体被滤膜吸附造成的损失较小；④膜孔具有对称结构，从膜表面至膜底面，膜孔径分布较均匀。

（2）超滤　超滤是以膜两侧静压力差（$\Delta P=0.1\sim0.6MPa$）为推动力，以超滤膜为分离介质，当液体混合物流经膜表面时，只允许水、无机盐、小分子溶质通过膜，而阻止溶液中分子量大于500的胶体、蛋白质等大分子物质通过，达到溶液分离、纯化与浓缩的目的。分离机理为基于膜孔径的机械筛分作用。超滤膜主要特征为：①膜孔平均孔径为$10^{-2}\sim10^{-3}\mu m$；②膜孔形态为非对称孔结构。膜表面5％～10％厚度区间因膜孔微小致密而被称为致密层，用于保证分离精度；致密层以下90％～95％膜厚区间因孔径骤然增大而被称为大孔层，由于这一区间的毛细管摩擦阻力显著减小，有效提高了单位操作时间的膜分离通量。

（3）反渗透　反渗透是在膜两侧压力差推动下，将含盐水溶液中的水分子与无机盐溶质分离的膜分离过程。分离机理为物理化学作用，即跨膜传递组分与膜材料之间的相互作用，是实现分离的主要机制。反渗透膜为典型的非对称孔结构，由于膜孔尺寸极小（$<10^{-4}\mu m$），在纯水制备过程中，主要依靠水分子与膜材料之间的相互作用实现水分子的跨膜传递。

2. 工艺设备

膜分离设备主要由膜组件、泵、储罐等部分组成，并配置换热器、阀门、仪表及管路系统。其中，膜组件为设备的关键装置。

根据膜组件的结构，可将其分为中空纤维膜组件和螺旋卷式膜组件两类；根据高压侧原料液在膜组件中的流动方向，可将其分为内压式膜组件和外压式膜组件（图5-28）。

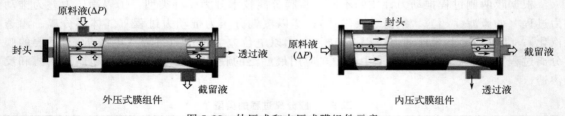

图5-28　外压式和内压式膜组件示意

① 中空纤维膜　中空纤维膜是具有自支撑作用的膜，是分离膜的重要形式之一。中空纤维膜的外形为中空的丝状纤维，外径通常为$500\sim600\mu m$、内径为$200\sim300\mu m$，纤维丝管壁上分布的微孔沿径向呈非对称结构，孔径致密层可位于纤维丝外表面，也可位于纤维丝内表面，其抗压强度靠自身的非对称结构支撑，可承受6MPa的静压力而不至被压实。

含数十根至近万根中空纤维组成纤维束，将纤维束两端浸没在环氧树脂或聚氨酯黏结剂中，对纤维束两端进行粘接密封。黏结剂固化后，切割纤维束一端的封头后，使纤维空腔裸露出来，形成管程通道。将纤维束封闭在塑料或不锈钢筒体内，以管板封头、O形环等形成有效密封，确保料液与透过液完全隔离，构成中空纤维式膜组件。组件具有耐压性能好、无需支撑体、在组件内装填密度大、有效膜面积大、分离通量高、结构简单、易清洗等特点。

根据原料液在中空纤维外侧或内腔加压流动方式，分别构成外压式或内压式膜组件。在水处理工艺中常用外压式膜组件，而在中药提取液的浓缩纯化工艺中常使用内压式膜组件。若采用外压式膜组件，膜分离过程中浓度不断增加的药液会使纤维丝逐渐相互粘连，结果降低有效膜面积和过滤通量。而内压式膜组件能避免这一问题，从每根纤维丝内腔渗透出来的透过液是低浓度液体，不会使纤维丝之间相互粘连，保障膜组件稳定运行。

② 螺旋卷式膜　螺旋卷式膜组件是用平板式膜旋卷制成的膜分离单元设备（图 5-29）。制作时，在两张膜片之间插入透过液隔网后，将两张膜片相互对齐并用环氧树脂或聚氨酯将膜片的三个边缘密封。这样，两张膜片和一张透过液隔网形成一边开口、三边密封的"膜袋"。"膜袋"的开口正对中心集水管壁上的孔，使透过膜的透过液被收集到中心管内。一个"膜袋"表面再衬上一张料液隔网，共同围绕中心集水管卷绕形成的膜卷，称为"单叶"。目前商品化膜大多采用"多叶"结构的膜卷，具有透过液的流道短、背压损失小、膜通量高、流道各处的流动更加均匀等优点。实际应用中，将膜卷安装在圆管状压力容器（膜壳）中，膜卷的中心管与膜壳端盖上的产水口串联密封，组成一个螺旋卷式膜组件。螺旋卷式膜中的膜片多采用有机材料制备，包括芳香聚酰胺、聚丙烯、聚乙烯、聚砜、聚醚砜、聚丙烯腈和聚偏氟乙烯等。

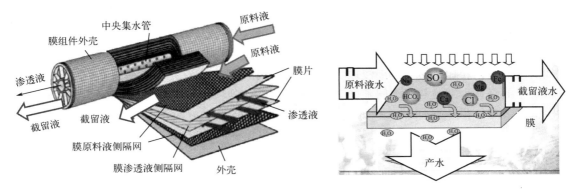

图 5-29　螺旋卷式膜结构示意

螺旋卷式膜生产机组由膜卷、不锈钢膜壳、供料泵、不锈钢循环桶、耐震压力表、压力调节阀、插管接头、卫生级硅胶管等组成（图 5-30）。组件运行时，加压的进料液从膜壳一端的进口进入后，沿中心管平行的方向穿过料液隔网形成的料液流道从膜表面流过，从膜壳的另一端出口流出，形成截留液（亦称为浓缩液）。透过膜的透过液，则沿着螺旋方向通过膜袋内的透过液隔网流道，流入中心管而被导出。

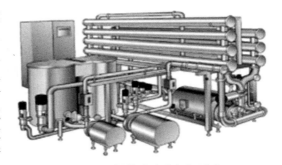

图 5-30　螺旋卷式膜机组示意

泵是膜分离设备机组中的重要辅助设备，最常用的是单级离心泵与多级离心泵。由于大部分膜分离系统需要每年 365 天、每天 24h 连续运转，要求泵的质量必须满足长期稳定运转要求。低速离心泵在膜分离系统中用途广泛，主要用于大流量工况环境（如大孔径微滤和超滤系统）。例如，当流量超过 100m³/h 时，可以考虑使用 1500/1800r/min 的泵。膜分离设备机组中，一般使用具有封闭式叶轮的泵（极少使用开放式叶轮的泵）。

七、微波强化提取工艺与设备

1. 工艺原理

微波是波长为 1mm～1m（相对频率 300～3×10^5 MHz）的电磁波。微波具有反射、折射、衍射等光学特性。大多数良导体能反射微波但不吸收；绝缘体可穿透并部分反射微波，但吸收很少；水、极性溶剂等介质具有吸收、穿透和反射微波的性质。微波主要特点是：①体热源瞬时加热。用微波加热时，液体中的极性分子在外电场高频作用下，都要克服与周围分子间的摩擦阻力，并随外电场方向的高速变化使其平均动能增大。同时，分子间的相互摩擦和碰撞以及微波透入介质时，由于介质损耗而引起介质升温，使介质材料内、外部几乎同时生热升温，形成体热源状态，大大缩短了常规加热中热传导时间，且内外加热均匀一致。②热惯性小。微波对介质材料的加热是瞬时加热升温，能耗低。微波输出功率随时可以调节，介质材料的升温可随之改变，不存在余热现象，有利于自动控制和连续化生产。③反射性和透射性。金属对微波几乎全反射，玻璃、陶瓷、塑料几乎对微波全吸收。

微波协助萃取中药材中的有效成分时，微波透过萃取剂到达物料内部。在微波辐射作用下，药材组织间隙及细胞中的强极性水分子瞬时极化，以 $2.45×10^9$ 次/s 的速率做高速极性变换旋转运动并摩擦生热，使药材组织间隙和细胞内温度迅速升高，液态水汽化产生的蒸汽压力将细胞膜、细胞壁和组织间隙冲破并形成大量孔洞，一方面有利于溶剂进入细胞内溶解有效成分，另一方面为药材颗粒内部有效成分向外部环境释放提供了扩散传质的通道。与常规的浸取工艺相比，微波协助浸取工艺的最大优势，是通过体热源瞬时加热效应作用于药材颗粒中的每一个细胞与组织间隙微观结构单元，使之形成释放通道促进药物成分向浸取溶剂中扩散传递，浸取时间短，浸取效率高，节省 50%～90% 操作工时。工艺流程示意如图 5-31 所示。

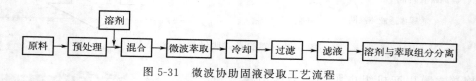
图 5-31　微波协助固液浸取工艺流程

2. 工艺设备

目前用于生产的微波协助提取系统有密闭式微波提取系统、开罐式聚焦微波提取系统和在线微波提取系统。设备工艺流程示意见图 5-32。微波协助萃取技术在中药材有效成分提取中，已应用于黄酮类、苷类、多糖、萜类等成分的提取生产。

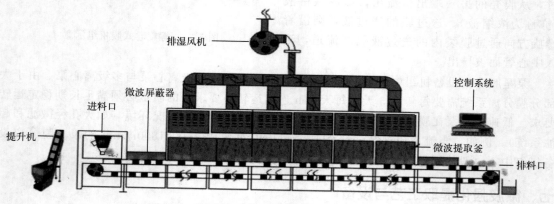
图 5-32　隧道式连续微波提取设备工艺流程示意

八、超声强化提取工艺与设备

1. 工艺原理

超声波是物质介质中频率高于 20kHz 的弹性机械波。超声协助浸取的理论依据是超声波热学机理、超声波机械作用和空化作用。①超声波热学机理。超声能可以转化为热能，生成多少热量取决于介质对超声波的吸收。吸收能量大部分或全部转化为热能，导致组织温度升高，这种吸收声能引起温度的升高是稳定的。②超声波机械作用。主要是由辐射压强和超声压强引起的。辐射压强可引起骚动效应，使药材颗粒中的蛋白质变性和组织细胞变形。超声压强给予溶剂和悬浮体以不同的加速度，使溶剂分子运动速度远大于药材颗粒运动速度，在两者之间产生强烈摩擦，这种力量足以使两个碳原子之间的共价键断裂，使生物大分子解聚。③超声波空化作用。高能量超声波作用在液体里，当液体处于稀疏状态时，液体会被撕裂成很多小的空穴，这些空穴闭合的瞬间会产生高达几千大气压的瞬间压力，即称为空化效应。空化效应产生极大的压力造成药材颗粒结构瞬间破碎，同时超声波的振动作用增加了溶剂的湍流强度及相对接触面积，加快了药材颗粒内物质的溶解、扩散与释放，提高了提取效率。

2. 工艺设备

连续逆流超声波提取机组为管道式连续化生产设备（图 5-33），以超声波提取管段为核心结构，采用可监、可调、可控、双频及多频等模式的集成电控系统进行连续化生产控制。生产从药材输送与进料、溶剂输送与进料、润药、超声提取、气动搅拌、浸取液排放与收集、药渣挤压烘干与排渣、萃取溶剂回收等工序完全实现自动化连续生产，显著缩短提取时间，提高了提取质量和提取率，节约能源，降低生产成本，有效降低劳动强度和保护生产环境。

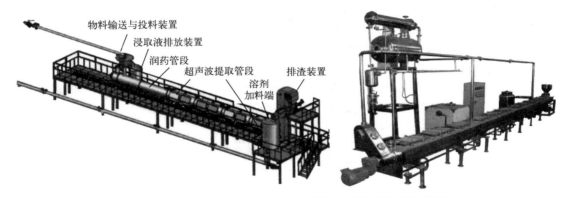

图 5-33　超声波强化连续逆流提取设备示意与成套设备外观

连续逆流超声波提取机组由进料器、润药管段、超声波提取管段、排渣器、药渣挤干与烘干器、提取液过滤系统、提取液储罐、溶剂储罐、各类泵机等组成。各部分功能为：①进料器为螺旋推进器，将待提取药材输送到提取管段；②润药管段使药材在进入提取管段前，在提取溶剂中充分浸润并加热到所需温度；③溶剂通过溶剂加料端被输送至超声波提取管段，在此区域超声波作用于药材使有效成分充分溶出，实现高效提取；④药材经超声波提取管段中的特殊结构装置推动下，推入排渣器内；⑤排渣器将药渣送入挤干烘干装置中，将药渣内残留的溶剂挤干和蒸发；⑥药渣输送机将药渣排放在指定位置，改善了生产区的环境卫生状况；⑦浸取液排放后经过滤后，送入储罐，待下道工序使用；⑧各类泵用于罐体与提取管段之间的液体输送。

3. 设备特点

①采用聚能式超声波发生器，利用超声波的空化作用、机械作用、局部高振动、高冲击、高声压剪切作用，促使药材细胞破壁和有效成分溶出。与常规提取工艺相比，提取时间缩短 4/5 以上，提取率提高 50％～500％，50L 机组的物料处理能力相当于 2000L 常规提取罐。②采用小功率超声波在室温下进行提取操作，无需大功率搅拌和耗费大量加热能源。与常规提取工艺相比，单位物料量能耗减少 50％以上。有效减少了热敏性成分损失，保持了有效成分的药理活性，提高了产品品质，为后续分离纯化过程奠定了良好基础。③提取不受分子极性与分子量的限制，适用于绝大多数中药材中各类成分的提取。④机组设备为全封闭内循环结构，配置油水分离器、冷凝器、冷却器，能够一步完成润药、超声萃取、出渣、过滤、排出浸取液等工序。设备结构紧凑，占地面积小，方便操作。

第四节　蒸发浓缩工艺与设备

中药制药中，提取液的浓缩是继提取工艺后的又一重要操作单元和关键技术之一。

一、工艺原理

蒸发浓缩是将稀溶液加热至沸腾，使溶剂汽化而将溶液浓缩的蒸发过程。蒸发浓缩过程必须具备两个基本条件：①在蒸发过程中应不断地向溶液供给热能，以保持溶液连续沸腾汽化；②应不断地排除蒸发过程中产生的溶剂蒸汽。

1. 蒸发浓缩操作方式

根据蒸发浓缩过程的压力状态，将蒸发浓缩过程分为常压蒸发浓缩和减压蒸发浓缩。相应设备为常压蒸发浓缩设备和真空蒸发浓缩设备。

当液体中有效成分在常压下受热不易分解时，可选用常压蒸发浓缩设备。如敞口可倾式夹层锅结构简单，对药液黏度适应范围广，浓缩液相对密度可达 1.35～1.45。但该设备传热面积有限，传热系数较低，药液受热时间长，药液直接与空气接触易被污染，产生的蒸汽直接向空中排放会影响生产环境。

当液体中有效成分受热易分解时，必须选用真空蒸发浓缩设备。将提取液置于密闭的真空浓缩罐内，将蒸发面以上空间的部分气体抽出，通过降低溶液沸点促进液体沸腾。设备运行时，由于系统温度较低且热能损失较小，可利用低压蒸气或废热蒸气作为加热蒸气。

2. 单效蒸发与多效蒸发

将蒸发浓缩过程中用作加热剂的蒸汽称为一次蒸汽，溶液蒸发产生的蒸汽称为二次蒸汽。将二次蒸汽直接冷凝而不再循环利用的蒸发过程称为单效蒸发。利用二次蒸汽作为另一蒸发器加热蒸汽的蒸发过程称为双效蒸发，类推多效。因此，单效蒸发设备是不再利用蒸发过程中产生的二次蒸汽的设备，双效蒸发设备是将前一组蒸发器产生的二次蒸汽作为下一组蒸发器的加热蒸汽的设备。

3. 单程式与循环式蒸发浓缩

根据料液流动状况，将蒸发浓缩过程分为单程式蒸发浓缩和循环式蒸发浓缩。在单程式蒸发浓缩中，提取液沿加热管的管壁呈膜状流动，在加热室中停留时间很短，经过加热室1次即可达到浓缩要求，适用于含有热敏性成分提取液的蒸发浓缩，相应设备有升膜式蒸发器、降膜式蒸发器、刮板式薄膜蒸发器、离心式薄膜蒸发器等。循环式蒸发浓缩中，提取液在蒸发器内做自然或强制循环流动，直至提取液浓度符合要求为止。

4. 薄膜式和非膜式蒸发浓缩

根据提取液在蒸发器中的分布状态，分为薄膜式蒸发浓缩和非膜式蒸发浓缩。薄膜式蒸发浓缩时，提取液分散成薄膜状而蒸发，蒸发面积大，蒸发速度快，能有效避免提取液的过热现象，相关设备包括升膜式、降膜式、升降膜式、片式、刮板式和离心式薄膜蒸发器。非膜式蒸发浓缩也有大的蒸发面，按照提取液在管路中的流动路径，这类设备分为盘管式浓缩器、中央循环管式浓缩器、外加热式浓缩器。

二、工艺设备

1. 外循环式真空蒸发器

该蒸发器由列管式加热器、循环管、蒸发罐、气液分离器、冷凝器、冷却器、受液罐、真空泵等组成，适用于批量小、品种多的热敏性物料的低温真空浓缩。加热室与蒸发室的上下两端通过循环管道连通，加热室下方设置有进料口和排污口。蒸发室上设有观察窗、温度表和压力表，蒸发室上端的蒸汽管道通过气液分离器与冷凝器相连。冷凝器的下方相继连接冷却器和受液罐，受液罐上方设有真空管，真空管与真空泵连接（图5-34）。

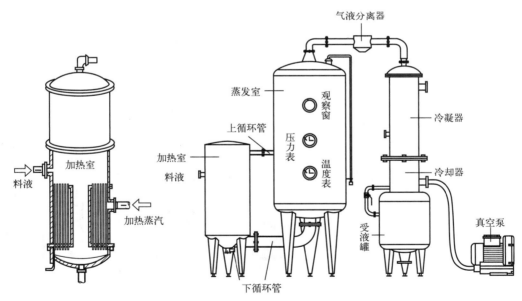

图 5-34　单效外循环式真空蒸发器示意

设备运行时，加热室内的料液通过上循环管流入蒸发室中雾化并进一步蒸发，未被蒸发的料液从下循环管流入加热室进行加热，反复循环。受热料液在蒸发室形成蒸汽，当带有雾沫的气体上升时，会将料液一起带出。因此，需在蒸发室内设置除沫装置以去除气体中的雾沫，降低料液流失，提高蒸发室的分离效率。真空泵通过真空管对受液罐内抽真空，使料液能迅速喷入蒸发室并形成蒸汽，提高浓缩效果。冷却器将冷凝后的液体进一步冷却，使料液回收彻底。

外循环式蒸发器结构简单，操作稳定，传热面积大，换热效率高，提取液在加热室内不易结垢，浓缩液相对密度可达到 1.25～1.35。同时，这种设备可组成多效蒸发机组以利用二次蒸汽，降低能量消耗。尽管这种设备具有提取液停留时间长的特点，但真空条件操作降低了蒸发温度，因此适用于热敏性药液的浓缩，在中药制药生产中应用广泛。

2. 升膜式蒸发器

升膜蒸发器的结构包括预热器、列管蒸发器、气液分离器、压缩机、控制系统。列管蒸发器底部设有进料口，底部侧面设有冷凝水出口，中部设有蒸汽进口，顶端一侧设有出气口。蒸发器内部设有一束很长的垂直排列的加热管束，加热管的管程与物料预热器相连。加热管长径比为 1∶（100～150），管径为 25～50mm（图 5-35）。

加热蒸汽进入加热管的壳程，料液经预热达到或接近沸点后从加热室底部进入加热管的管程。料液被蒸汽加热后立即沸腾汽化，形成的二次蒸汽沿加热管高速上升，气流带动溶液沿加热管的管壁呈膜状上升，并且边上升边蒸发，每一根加热管都可看作是一个蒸发室。从各加热管排出的气液混合物在加热室顶部汇集后进入分离室。达到浓缩要求的浓缩液由分离室底部排出，期间产生的二次蒸汽经过分离板去除气雾杂物后从分离器顶部排出并继续作为热源回用。二次蒸汽在加热管内上升的速度为 20～50m/s，减压条件下可高达 100～160m/s。

升膜蒸发器主要特点为：①料液在管内的停留时间只有数秒钟到数十秒，时间短暂，存液量小，适用于蒸发量大、含有热敏性组分、黏度不大于 50mPa·s、不易结垢药液的浓缩蒸发；②升膜蒸发器换热系数比普通降膜蒸发器更高，换热效果更好；③结构简单，维修方便，可在减压、常压和加压状态下操作；④浓缩比不能太高，若浓缩比过高，会由于料液少和管壁湿润差，在管壁上形成固体溶质黏附造成"干管"现象，不仅增加热阻，而且堵塞加热管；⑤升膜蒸发器对安装要求较高，加热管束一定要处于垂直位置。

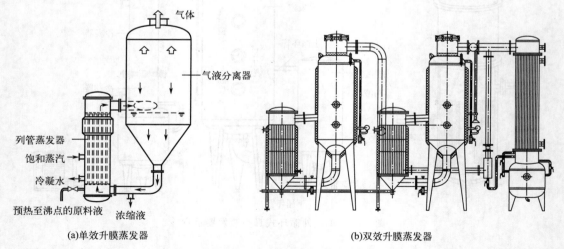

图 5-35　单效升膜蒸发器与双效升膜蒸发器示意

3. 降膜式蒸发器

降膜式蒸发是将料液自降膜式蒸发器加热室顶部的管箱加入，经液体分布及成膜装置，均匀分配到各换热管内，在重力、真空诱导和气流作用下，料液呈均匀膜状自上而下流动。

流动过程中，被壳程加热介质加热汽化，产生的蒸汽与液相共同进入蒸发器的分离室，气液两相充分分离，蒸汽进入冷凝器冷凝（单效操作）或进入下一效蒸发器作为加热介质，从而实现多效操作。为了使料液在每根加热管内壁都能均匀连续地布液，加热管束上部的管板设有液体分布器。料液在下降过程中被蒸发浓缩，气液混合物流至底部进入分离器，浓缩液由分离器底部排出。降膜式蒸发器的成膜原因是在重力作用和液体对管壁浸润作用下，液体成膜状沿管壁下流，适用于蒸发量较小的场合。在一些两效蒸发工艺设计中，第一效多采用升膜式，第二效采用降膜式。降膜式蒸发器是单流型蒸发器，若与泵联用也可成为循环式蒸发器（图5-36）。

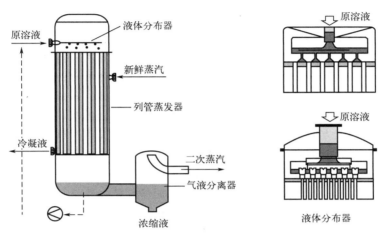

图5-36　降膜式蒸发器工作原理示意

降膜式蒸发器特点为：①料液从蒸发器顶部加入，在重力作用下沿管壁成膜状下降，并蒸发浓缩，在蒸发器底部得到浓缩液。其可以蒸发浓度较高、黏度较大的物料，浓缩比较大。②溶液在蒸发过程中呈膜状流动，传热系数较高，蒸汽和冷却水的消耗量较小。③物料在蒸发器中停留时间短，适于处理热敏性物料。④液体在装置中滞留量小，可根据能量供应、真空度、进料量、浓度等变化采取快速操作。⑤料液在重力作用下流动，而不是靠高温差来推动，可采用低温差方式进行蒸发操作。⑥降膜蒸发适用于发泡性物料的蒸发浓缩，由于料液在加热管内成膜状蒸发后形成气液两相，大部分料液在蒸发器底部被抽走，只有少部分料液与二次蒸汽进入分离器强化分离，蒸发过程对料液没有形成太大冲击，避免了泡沫的形成。⑦设备需要在每根加热管上安装液体分布器，且对加热列管束的垂直度安装要求高，否则下降药液分布不均匀。另外还必须有足够的料液，确保整个管内壁处于安全润湿状态。

降膜蒸发器系统由蒸发器、气液分离器、冷凝器、热压泵、真空与排水系统、料液输送泵、电器仪表控制柜、阀门与管路组成。与物料直接接触的设备均采用卫生级不锈钢制作。

4. 旋转刮板式薄膜蒸发器

旋转刮板式薄膜蒸发器是通过旋转刮板强制成膜、可在真空条件下降膜蒸发的新型高效蒸发器。该设备传热系数大、蒸发强度高、过流时间短、操作弹性大，尤其适用于热敏性物料、高黏度物料、易结晶含颗粒物料的蒸发浓缩。

（1）工作原理　设备由一个或多个带加热夹套的圆筒体及在筒内旋转的刮膜器组成。

料液从加热区上方径向进入蒸发器，经布料器分布到蒸发器的加热壁面。布料器不仅能将料液均匀分布到蒸发器内壁，还能防止刚刚进入的料液在此处闪蒸，使料液只能沿着加热壁面蒸发。刮膜器连续地将料液在加热壁面上刮成厚薄均匀的液膜，并以螺旋状将液膜向下推进并促进液膜高速湍流，同时防止液膜在加热壁面上结焦结垢。液膜蒸发过程中，形成的蒸汽上升并经过蒸发器上部气液分离器到达和蒸发器直接连接的外置冷凝器，浓缩液从蒸发器锥底排出。刮膜蒸发器上部配置的气液分离器可将上升蒸汽流中的液滴分离出来并返回布料器。

（2）设备结构与功能 设备主要由电动机、减速机、布料器、蒸发器、气液分离器、转子、刮板、蒸发筒等组成。①电动机与减速机。这是驱动刮板旋转的装置，旋转速度与刮板形式、物料黏度和蒸发筒身内径等因素相关。适宜的刮板旋转线速度是保证蒸发器稳定运行及蒸发效果良好的重要参数。②蒸发筒。是被旋转刮板强制成膜的物料与夹套内加热介质进行热交换的蒸发面。物料由入口切向进入蒸发器，并经过布料器连续均匀地分布于蒸发筒内壁，蒸发形成的二次蒸汽沿筒身上升至分离筒段。经过抛光处理的筒身内壁光滑洁亮，不易黏料结垢。若加热介质为蒸汽，加热筒身一般采用夹套形式。若加热介质为导热油或高压蒸汽，加热筒身一般采用半管形式。③布料器。安装在转子上的布料器在旋转作用下，使进入蒸发器的物料沿切线方向被连续均匀地呈液膜状分布在蒸发器壁面上。④气液分离器。旋片式气液分离器安装在分离筒段上方，它将上升的二次蒸汽中可能挟带的液滴或泡沫捕集并使之回落到蒸发筒壁面上，二次蒸汽从分离筒段上端出口离开蒸发器。⑤转子。安装在蒸发器筒体内的转子由转轴与转架组成。转子由电动机驱动、减速机变速，并带动刮板做圆周运动。⑥刮板。刮板通过旋转运动连续地将物料在蒸发面上刮成液膜，以达到薄膜蒸发的效果。刮板常有三种形式：滑动刮板、固定刮板和铰链刮板。其中滑动刮板最为常见，刮板被安装在转子的四条刮板导槽内并和转子一起做圆周运动，将物料沿径向甩向蒸发筒体内壁面，使物料在蒸发壁面上呈膜状湍流状态，极大提高了传热系数。这种连续不断地刮动，有效抑制了物料过热、干壁和结垢等现象。采用填充聚四氟乙烯材质制作的刮板适宜低于150℃的蒸发温度，采用碳纤维制作的刮板适用于蒸发温度高于150℃的场合。固定刮板采用金属材料制备，长度与蒸发筒身相等的刮板被刚性地连接在转子上，旋转刮板与蒸发筒身内壁的间隙仅为1～2mm，适宜特高黏度和易起泡沫物料的蒸发浓缩、脱溶或提纯。铰链刮板常用金属材料制备，采用活动铰链将刮板安装在转架上，刮板转动时被紧压在蒸发筒体内壁并与壁面呈一定角度在壁面上滑动，将物料刮成薄膜，特别适宜于易结垢物料的蒸发浓缩（图5-37）。

（3）设备特点 ①极小的二次蒸汽压降损失。物料流与二次蒸汽流各具独立"通道"，即物料流沿蒸发筒体内壁被强制成膜自上而下流动，而在蒸发面上形成的二次蒸汽则从筒体中央空间几乎无阻碍地离开蒸发器，蒸汽压力降极小。②可实现真空条件下的操作。由于二次蒸汽由蒸发面到冷凝器的阻力极小，可使整个蒸发筒体内壁的蒸发面维持较高的真空度（可达1300Pa以下），几乎等于真空系统出口的真空度。真空度的提高，有效降低了被处理物料的沸点。③高传热系数，高蒸发强度。物料沸点的降低以及液膜在湍流状态下流动，增大了物料与传热介质之间的温度差，提高了蒸发筒壁的传热系数，总传热系数可高达8000kJ/（h·m²·℃）。④低温蒸发。由于蒸发筒体内能维持较高的真空度，有效降低被处理物料的沸点，特别适合热敏性物料的蒸发浓缩。⑤滞留时间短。物料在刮板的刮动下呈螺旋下降离开蒸发段，在蒸发器内的过流时间很短（仅10s左右），有效防止产品在蒸发过程中的分解、聚合或变质。⑥可利用低品位蒸汽。在物料与加热介质之间的温度差相同的条件下，当物料沸点显著降低时，可相应降低加热介质的温度。因此，旋转刮板式薄膜蒸发器可

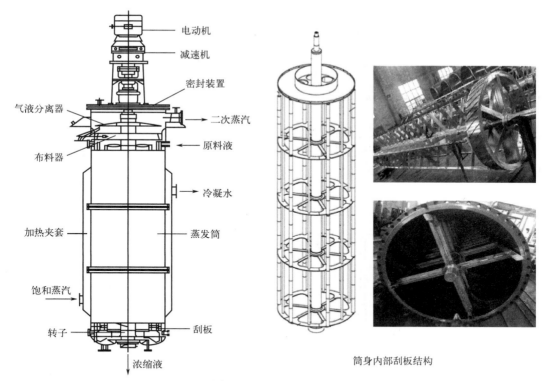

图 5-37　旋转刮板式薄膜蒸发器结构示意

利用低品位蒸汽对物料加热,有利于能量的综合利用,特别适宜作为多效蒸发的末效蒸发器。⑦适应性强、操作方便。独特的结构设计,使该设备可处理一些常规蒸发器不易处理的高黏度、含颗粒、热敏性及易结晶的物料。操作弹性大,运行稳定,维护工作量小,维修方便。

5. 多效蒸发器

为了节约加热蒸汽,可改单效为多效蒸发工艺,将几个蒸发器串联进行蒸发操作,可使蒸汽热能得到多次利用,从而提高热能的利用率。以三效蒸发为例,第一效蒸发器以饱和蒸汽作为加热蒸汽,其余第二效、第三效蒸发器均以其前一效的二次蒸汽作为加热蒸汽,可大幅度减少饱和蒸汽的用量。由于每一效的二次蒸汽温度总是低于其加热蒸汽,故多效蒸发工艺中各效的操作压力及溶液沸腾温度沿蒸汽流动方向依次降低。

根据二次蒸汽和溶液流动方向,多效蒸发工艺分为并流蒸发、逆流蒸发、错流蒸发工艺。

(1) 并流蒸发工艺　溶液与蒸汽的流动方向相同,这是工业生产中常见的加料模式。并流蒸发流程特点是:①溶液的输送可利用各效间的压力差进行,而不必另外用泵;②后一效溶液的沸点比前一效低,当溶液由前一效进入后一效时,往往会过热而自蒸发或闪蒸,使后一效产生稍多一些的二次蒸汽;③并流加料时,后一效溶液的浓度高于前一效且沸点较低和溶液黏度增大,使得后一效蒸发器的传热系数往往小于前一效,在末效则更为严重。因此,并流加料的第一效传热系数可能比末效大得多。

(2) 逆流蒸发工艺　该工艺中,溶液与二次蒸汽流动方向相反,且以二次蒸汽流动方向为正向流动方向,以溶液流动方向为逆向流动方向。溶液在各效之间由低压向高压、由低温向高温方向流动,溶液在各效之间的输送是通过泵实现的。沿溶液流动方向,由于溶液在前一效中的沸点总是高于后一效，当溶液由后一效逆流进入前一效时不仅没有自蒸发，还需要多消耗部分热量将溶液加热至沸点，能量消耗较大。沿溶液流动方向，溶液浓度不断增大且温度不断升高，浓度增大使溶液黏度增大的影响大致与温度升高使黏度降低的影响相抵，各效溶液黏度较接近，各效传热系数大致相同。当完成液由第1效排出时，其温度也高于其余各效。一般来说，逆流蒸发流程适合于黏度随温度和浓度变化较大的溶液蒸发，但不适合于热敏性物料的蒸发。

　　（3）错流蒸发工艺　二次蒸汽依次通过各效，但料液则每效单独进出。这种工艺主要应用于蒸发过程中容易析出结晶的场合。为了避免挟带大量结晶的溶液在各效之间输送，常采用错流加料，并用析晶器对结晶进行分离。目前，中药提取液的蒸发浓缩常用本工艺（图 5-38）。

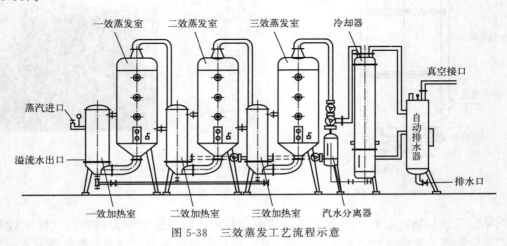

图 5-38　三效蒸发工艺流程示意

三、蒸发辅助设备

　　蒸发器的常见附属设备有气（汽）液分离器、蒸汽冷凝器、真空系统。

1. 气液分离器

　　气液分离器主要用于捕集二次蒸汽中挟带的雾沫与液滴，使之与二次蒸汽分离，不仅可减少料液损失，还能防止液相组分污染管道和设备加热面。分离器类型有碰撞型、离心型和过滤型：①碰撞型。在二次蒸汽经过的通道上设有若干挡板，使挟带液滴与挡板碰撞后沿挡板面流下，实现气液分离。②离心型。二次蒸汽沿分离器的壳壁成切线方向导入气液分离器时，气流产生回转运动，挟带液滴在离心力作用下被甩到分离器内壁上并沿壁流回到蒸发室，二次蒸汽由分离器顶部出口排出。③过滤型。二次蒸汽通过多层金属网或瓷网构成的捕液器，液滴黏附在捕液器表面而二次蒸汽通过。

2. 蒸汽冷凝器

　　蒸汽冷凝器对溶液浓缩过程产生的二次蒸汽进行冷凝，并排出不凝性气体，以减轻真空系统的容积负荷，确保所需的真空度。主要类型为：①大气式冷凝器（又称干式高位逆流冷凝器）。二次蒸汽由冷凝器下侧进入，向上通过隔板间隙，与从冷凝器上侧进入的冷水逆流接触冷凝。不凝性气体进入气液分离器去除雾沫液滴后，再经抽真空装置排入大气。②低水位冷凝器。通过降低大气式冷凝器的安装高度，依靠抽水泵排出冷凝水。③水力喷射器。借助离心水泵将水压入喷嘴，由于喷嘴处的截面积突然变小，水流以高速（15～30m/s）射入混合室和扩散室的同时，喷嘴出口处形成的负压将二次蒸汽不断吸入混合室和扩散室，并与冷水进行热交换，将二次蒸汽凝结为冷凝水。这样既达到冷凝效果，又有抽真空作用。

第五节　中药提取液常用精制工艺与设备

中药提取液精制是中成药生产过程中的重要环节，它直接影响到产品的质量和临床疗效。水提、醇沉、离心等经典中药精制工艺与设备沿用至今，絮凝沉淀、大孔树脂吸附、膜分离、分子蒸馏、双水相萃取等新型精制工艺技术在中药工业生产中逐步推广运用。

一、离心分离工艺与设备

1. 工艺原理

离心分离是利用离心机转鼓或转子高速旋转产生的强大离心力，加快液体中颗粒的沉降速度，将样品中不同沉降系数和浮力密度的物质进行分离，达到分离料液中的固体与液体或两种密度不同且不相混溶的液体的目的。

离心机工作原理有离心过滤和离心沉降两种。离心过滤是将悬浮液在离心力场中产生的离心力作用在过滤介质上，使液体通过过滤介质成为滤液，而固体颗粒被截留在过滤介质表面，实现液－固分离。离心沉降是利用悬浮液或乳浊液中各组分的密度差，使各组分在离心力场中迅速沉降分层，实现液-固分离或液-液分离。衡量离心机分离性能的重要指标是分离因数 F_r。它表示被分离物料在转鼓内所受的离心力与其重力的比值。分离因数与分离效果呈正相关关系。工业级离心机 F_r 为 $100\sim20000$，超速管式离心机 F_r 高达 62000，分析用超速离心机 F_r 达到 610000。在中药制剂生产中，当料液含水率较高、黏度较大、含有不溶性微粒或由两种密度不同且互不相溶的液体组成，采用沉降分离法和过滤法难以分离时，可用离心法分离。

2. 设备类型

① 根据分离因素 F_r 值，离心机可分为常速离心机（$F_r = 600\sim1200$）、高速离心机（$F_r = 3500\sim50000$）和超高速离心机（$F_r > 50000$）。

② 根据工艺用途，离心机可分为过滤式离心机、沉降式离心机、分离式离心机。过滤式离心机通过转鼓高速运转产生的离心力，将固液混合液中的液相加速甩出转鼓，使固相截留在转鼓内的过滤介质表面，实现液固分离，常见设备为平板式离心机。沉降式离心机通过转子高速旋转产生的强大离心力，加快混合液中不同密度成分的沉降速度，将样品中不同沉降系数和密度的物质分开。在沉降式离心设备中，以机身固定的旋液分离机和机身旋转的沉降离心机为主要类型，常见设备为卧式螺旋离心机。分离式离心机仅适用于低浓度悬浮液和乳浊液，借助机身内转鼓高速旋转产生的离心力，使固液分离后排出，常见设备为管式离心机和碟片式离心机。

③ 根据操作方式，离心机可分为间歇式离心机、连续式离心机。间隙式离心机的加料、分离、洗涤和卸渣等都是间隙操作，如三足式离心机和上悬式离心机均采用人工、重力或机械方法卸渣。连续式离心机的进料、分离、洗涤和卸渣等过程可实现自动操作。

④ 根据卸渣方式，离心机可分为螺旋卸料离心机、刮刀卸料离心机、活塞推料离心机、离心力卸料离心机、振动卸料离心机、颠动卸料离心机。刮刀卸料离心机为间歇式设备，活塞推料离心机为半连续操作设备，其余各类均为连续自动操作设备。

⑤ 根据安装方式，离心机分为立式、卧式、倾斜式、上悬式和三足式。

3. 典型设备

制药工业生产中应用最广的离心机是三足式离心机、卧式螺旋离心机和碟片式离心机。

（1）三足式离心机 这是一种间歇操作的离心过滤设备，结构简单、操作方便、物料不易破碎、通用性强（图 5-39）。物料由上部加入转鼓，在离心力作用下，液相穿过过滤介质排出机外，固相物截留在转鼓内，停机后由人工从上部卸料。设备按照 GMP 设计成洁净型离心机，凡是与物料接触的设备表面应光洁、平整、易清洗（或消毒）、耐腐蚀，离心机转鼓、底盘衬包与机壳内外表面均经抛光处理。全开大翻盖设计便于出料及维护盖上安装的进料管、洗涤管、防爆灯、广角视镜等，可现场监控进料、分离、洗涤过程。所有紧固件均为不锈钢。

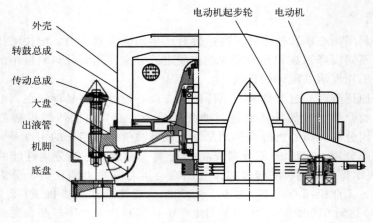

图 5-39 三足式离心机剖面结构示意

（2）卧式螺旋离心机 该设备中，物料由进料管连续进入螺旋推料器内，加速后进入转鼓。在离心力场作用下，固相物料沉积在转鼓壁上。螺旋推料器将沉积固相物料连续推至转鼓锥端，经排渣口排出机外。液相物料由转鼓大端溢流口连续溢出转鼓，经排液口排出机外。设备可连续进料、分离、卸料，具有结构紧凑、连续操作、运转平稳、适应性强、生产能力大、维修方便等特点，适合分离含固相粒度大于 0.005mm、浓度范围 2%～40% 的悬浮液。如图 5-40 所示。

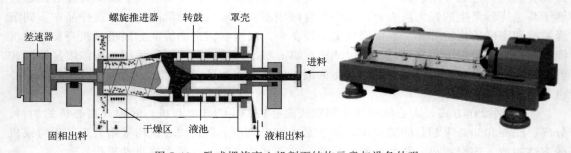

图 5-40 卧式螺旋离心机剖面结构示意与设备外观

卧式螺旋卸料过滤离心机（图 5-41）是一种能耗低、性能稳定、分离效果好的先进固液分离设备。分离过程的进料、脱水、洗涤、卸料等工序连续完成，生产效率和自动化程度高。设备运行时,悬浮液从进料管进入螺旋内腔,并通过螺旋小头接近锥端底部的喷料口进入转鼓,在离心力场作用下,料浆中的液相通过铺设在转壁上的筛网被过滤出去,固相颗粒则被截留在转鼓内。同时,转鼓内的固相颗粒在离心力和螺旋与转鼓之间的相对差速作用下,从转鼓小端向转鼓大端运动。在此运动过程中,由于回转直径加大,离心力得到快速递增,固相排出转鼓时其含湿量达到最低状态,实现固液分离。在离心过程中,离心机内置的洗涤管可在过滤同时对滤饼进行洗涤。由于滤饼薄,洗涤效果好,洗涤液消耗量少。

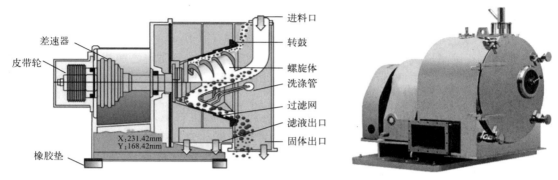

图 5-41　卧式螺旋卸料过滤离心机剖面结构示意与设备外观

(3)碟片式离心机　这是一种效率高、产量大、自动化程度高的先进立式离心设备,适合分离固含量较低的悬浮液和密度差较小的乳浊液,是中药制药等行业的必备生产设备。碟片离心机分人工排渣式和自动排渣式两种,可在密闭、高温、低温、加压和真空等条件下操作。

碟片式离心机由进出口装置、转鼓、机盖、立轴、横轴、机座、电动机、自动控制箱等组成。转鼓安装在立轴上端,通过传动装置由电动机驱动而高速旋转。转鼓内有一组互相叠套在一起的锥形碟片,碟片与碟片之间的间隙很小。碟片的作用是缩短固体颗粒(或液滴)的沉降距离,扩大转鼓的沉降面积。转鼓中因安装了碟片而显著提高了离心机的生产能力。

离心机运行时,悬浮液或乳浊液由位于转鼓中心的进料管加入转鼓。在离心力场的作用下,物料流过碟片束的间隔中,以碟片中心孔为界限,密度较大的重相向碟片壁外周滑动而脱离碟片,积聚在转鼓内直径最大的沉渣区,周期性地由重相向心泵自动排出机外。密度较小的轻相沿碟片外锥面向轴心流动至转鼓顶部,由轻相向心泵排出机外(图 5-42)。

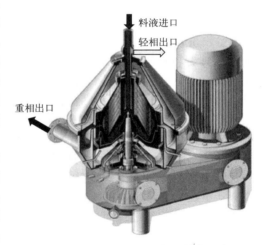

图 5-42　碟片式离心机剖面结构示意

二、水提醇沉和醇提水沉工艺与设备

1. 工艺原理

(1)水提醇沉法　该法采用水为提取溶剂,对处方中药材进行煎煮提取,在提取有效成分（如生物碱盐、苷类、有机酸类、氨基酸、多糖类等）的同时，也将药材中水溶性杂质提取出来（如淀粉、蛋白质、黏液质、鞣质、色素、无机盐等）。利用有效成分能溶于乙醇而杂质不溶于乙醇的特性，向水提取液中加入乙醇后，有效成分转溶于乙醇中而杂质被沉淀出来。因此，醇沉工艺及设备的适用性将密切关系着中药产品的安全性、稳定性和有效性。

将中药水提液浓缩至1：（1～2）（L：kg），待药液冷却后，边搅拌边缓慢加入乙醇使达到规定含醇量，密闭冷藏24～48h后过滤，收集滤液并回收乙醇，得到精制液。操作时应注意：①药液应适当浓缩，以减少乙醇用量。②浓缩药液需冷却后方可加入乙醇，以免乙醇受热挥发损失。③选择适宜的醇沉浓度。药液中含醇量达50%～60%可除去淀粉等杂质，含醇量达75%以上可沉淀除去大部分杂质。④慢加快搅。应快速搅动药液，缓慢加入乙醇，避免局部醇浓度过高造成有效成分被包裹损失。⑤密闭冷藏。可防止乙醇挥发，促进沉淀析出，便于过滤操作。⑥洗涤沉淀。采用与药液中相同乙醇浓度的乙醇溶液洗涤沉淀，可减少有效成分在沉淀中的包裹损失。

（2）醇提水沉法　该法采用一定浓度乙醇将药材中的生物碱及其盐、苷类、挥发油及有机酸类等提取出来。例如，40%～50%乙醇溶液可提取强心苷、鞣质、蒽醌及其苷、苦味质等，60%～70%乙醇溶液可提取苷类，更高浓度的乙醇溶液可提取生物碱、挥发油、树脂和叶绿素。在提取过程中，药材中的脂溶性成分杂质随有效成分一起溶出扩散至提取液中。采用适当工艺回收醇提取液中的乙醇后，再加水处理并冷藏一定时间，可使杂质沉淀而除去。

实践表明，以上两种工艺存在的主要问题是乙醇消耗量大、溶剂回收能耗大、经乙醇处理的提取物容易发黏和难以干燥。随着中药制药技术与设备的快速发展，膜分离、高速离心等新工艺与新设备都能在去除杂质的同时更好地保持提取液中的有效成分，因此，水提醇沉工艺和醇提水沉工艺正在逐渐被膜分离技术等新工艺所取代。

2. 工艺设备

乙醇沉淀罐是醇沉沉降式固液相分离的关键设备。常用的机械搅拌冷冻醇沉罐，由带有椭圆形上封头和夹套的筒体、锥形底下封头、热交换夹套、三叶式搅拌器、可旋转式出液管组成。醇沉后形成的上清液可通过罐侧的出液管出料，出液管在罐体内倾斜一定的角度，用以调节管口位置使上清液出净。罐底的沉淀物排出口有两种类型，一种是气动快开底盖，用于渣状沉淀物的外排；另一种是球阀，用于浆状或絮状沉淀物的排出。醇沉罐采用304不锈钢制造，设备表面经过镜面或亚光处理，符合GMP标准。设备配置高压水自动喷淋清洗系统，夹套中可通低温冷却水，传动部位采用机械密封的防爆电动机以确保安全生产（图5-43）。

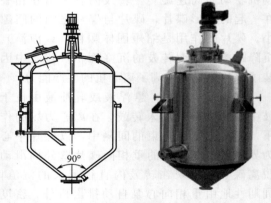

图5-43　醇沉罐剖面结构示意与设备外观

按照工艺要求，将中药浓缩液和乙醇按一定配比加入醇沉罐，将冷冻盐水或冷却水通入醇沉罐夹套，开启搅拌对料液均匀搅拌，达到料液所需温度后停止搅拌，使罐内溶液在低温状态下进行沉淀。待沉淀完成后开启上清液出料阀，用泵或抽真空将上清液采出。随着上清液液面下降，利用转动手轮微调罐内出液管的角度，将上清液排尽。若醇沉后需出渣，先向罐内加水并开启搅拌，将沉淀物搅拌成悬浮液后，将悬浮液放尽。用水将罐清洗干净，关闭罐底球阀。

三、大孔吸附树脂分离工艺与设备

1. 工艺原理

大孔吸附树脂是一种人工合成的多孔性高聚物吸附剂。该技术以大孔吸附树脂为吸附剂，利用树脂对溶液中不同组分的选择性吸附作用实现分离。由于树脂与被分离组分之间的吸附多为物理吸附，采用适宜条件可以使被吸附物从树脂上洗脱下来。因此，这是一种在适宜的吸附和解吸附条件下分离提纯提取液的技术。

大孔吸附树脂为白色颗粒状，理化性质稳定，不溶于酸、碱和有机溶剂。按性能分为极性、中极性和非极性三种类型。非极性吸附树脂以苯乙烯为单体、二乙烯苯为交联剂、甲苯和二甲苯为致孔剂聚合而成；中极性吸附树脂是以甲基丙烯酸酯为单体聚合而成；极性吸附树脂则在分子中引入硫氧、酰胺、氮氧等基团。由于树脂性质各异，使用时须加以选择。如分离极性较大的化合物应选用中极性树脂，而分离极性较小的化合物则选用非极性树脂。

大孔吸附树脂内部具有数量巨大的三维贯穿孔结构，具有理化性能稳定、比表面积大、吸附容量大、选择性好、吸附速度快、解吸条件温和、再生处理方便、使用周期长、宜于构成闭路循环、节省费用等优点。与中药制剂传统工艺相比，采用大孔吸附树脂技术所得提取物体积小、不吸潮，特别适用于颗粒剂、胶囊剂和片剂的制备。大孔树脂吸附分离工艺对中药提取工艺影响大、带动面广，是天然产物现代化生产的关键技术之一。

2. 工艺设备

工业化生产中，常采用固定床吸附装置进行大孔树脂吸附操作。大孔树脂吸附装置包括装有吸附树脂的树脂塔、加料罐和脱附液接收槽。由多个树脂塔组成的机组中，吸附操作和解吸附操作同时在不同的树脂塔中进行。大孔树脂柱可用不锈钢或搪瓷柱材料按一定规格设计制作，容量从几百升至几立方米。吸附塔基本结构和吸附设备机组外观如图 5-44 所示。大孔树脂吸附分离操作步骤如下所述。

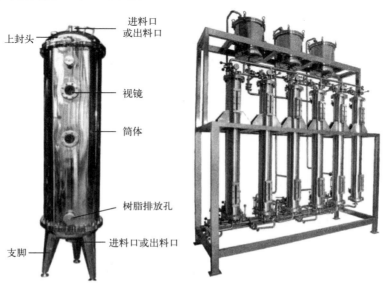

上封头　进料口或出料口　视镜　筒体　树脂排放孔　进料口或出料口　支脚

图 5-44　吸附塔基本结构和吸附设备机组外观

（1）树脂预处理　树脂使用前，需根据使用要求进行预处理，去除树脂内孔残存的惰性溶剂。方法是：①在交换柱内加入高于树脂层 10cm 的浓度 95％以上乙醇浸渍 4h，再用蒸馏水淋洗至流出液用水稀释不浑浊时为止。最后用水反复洗涤至小于 1％乙醇或无明显乙醇气味即可。树脂层面上保持 2～5mm 液体，以免干柱，备用。②新鲜树脂用 2～4 倍树脂体积（BV）95％以上乙醇或甲醇以 1～2BV/h 速度过柱，再用蒸馏水以 1～2BV/h 淋洗至流出液用水稀释不浑浊或无明显乙醇气味时为止，树脂层面上保持 2～5mm 液体以免干柱，备用。

（2）吸附　生产中树脂装填高度 2m 左右，待处理原液以流速 1～4BV/h 通过吸附柱。检测流出液中目的产物的泄漏量，泄漏量达到进口浓度 10％时为吸附终点。

（3）解吸　根据不同需要用适量蒸馏水洗涤树脂层，用 1～2BV 蒸馏水置换树脂层中的原液。随后用乙醇或甲醇等有机溶剂以 1～2BV/h 速度通过树脂层，以洗脱目的产物。收集的洗脱液即为浓缩目的产物。

（4）树脂再生　用蒸馏水淋洗树脂层至无醇味，再用 4％ NaOH 溶液以 1～2BV/h 淋洗树脂层 2～3h，用蒸馏水洗至中性，即可进行下轮使用。解吸剂可选用乙醇、甲醇、丙酮等。

（5）树脂强化再生　当树脂使用一定周期后，吸附能力降低或受污染严重时需强化再生。在容器内加入高于树脂层 10cm 的 3％～5％盐酸溶液浸泡 2～4h，然后淋洗过柱。再用 3～4BV 同浓度盐酸溶液过柱，然后用纯水洗至接近中性。再用 3％～5％氢氧化钠溶液浸泡 4h，用同浓度 3～4BV 氢氧化钠溶液过柱，最后用纯水清洗至 pH 为中性，备用。

 思考题

1. 简述中药材前处理的主要工艺流程、常用设备及其特点。
2. 简述多功能提取罐的主要类型、结构特征与应用特点。
3. 简述超声辅助强化浸取和微波辅助强化浸取的工艺原理及优势。
4. 超临界流体萃取工艺中，萃取工序与分离工序设备中发生的传质现象是什么？
5. 举例说明微滤、超滤和反渗透技术在中药提取中解决的生产问题。
6. 简述中药提取浓缩机组中的主要设备的结构与工作原理。

第六章

生物制药发酵设备

 学习目标:

通过本章的学习，熟悉生物制药反应器的动力学设计基础，了解常用发酵设备的分类、使用原则及其应用范围，掌握发酵罐设计和选型原则及方法。

第一节　生物制药反应器的动力学设计基础

生物反应器的设计是建立在生物反应动力学研究基础上的。通过研究生物反应动力学，能够为生物反应器设计、选型和选择操作条件提供理论依据，并为反应器的放大、优化和过程控制提供技术支撑。

一、酶催化反应动力学

酶催化反应动力学的主要研究内容是酶催化反应速率及相关影响因素，这是设计、优化和放大生物反应器的核心基础。酶促反应速率一般采用单位时间内产物浓度的变化来表示。单一底物参加的酶催化反应，反应方程如式（6-1）所示，反应速率如式（6-2）和式（6-3）所示。

$$S \xrightarrow{\text{E}} P \tag{6-1}$$

$$r_S = \frac{1}{V} \times \frac{\mathrm{d}n_S}{\mathrm{d}t} \tag{6-2}$$

$$r_P = \frac{1}{V} \times \frac{\mathrm{d}n_P}{\mathrm{d}t} \tag{6-3}$$

式中，r_S 为底物 S 消耗速率，mol/（L·s）；n_S 为底物 S 的摩尔质量，mol；r_P 为产物 P 生成速率，mol/（L·s）；n_P 为产物 P 的摩尔质量，mol；V 为反应体系的体积，L；t 为反应时间，s。

酶浓度一定时，底物浓度 c_S 或（[S]）对酶促反应速率的影响如图 6-1 所示。当 c_S 较低时，反应速率随底物浓度增大而呈线性增加（一级反应）；随着 c_S 不断增大，反应速率相应增大但增幅降低（混合级反应）；在反应后期，反应速率不再随 c_S 增大而变化（零级反应）。

酶促反应过程中，酶（E）首先与底物（S）结合形成酶-底物复合物（ES），然后复合物再分解为产物（P）和游离酶（E），如式（6-4）所示。

$$E + S \underset{K_2}{\overset{K_1}{\rightleftharpoons}} ES \overset{K_3}{\longrightarrow} E + P \qquad (6\text{-}4)$$

根据酶促反应式（6-4），建立酶催化动力学方程（即米氏方程），如式（6-5）所示。

$$V = \frac{V_{max} c_S}{K_m + c_S} \qquad (6\text{-}5)$$

式中，c_S 为底物浓度；V 为不同底物浓度 c_S 时的酶促反应速率；V_{max} 为最大反应速率；K_m 为米氏常数。V_{max} 和 K_m 是表征酶促反应的两个关键参数。

米氏常数 K_m 是当酶促反应速率达到最大反应速率一半时的底物浓度，单位 mol/L，与底物浓度单位一致。K_m 可用于判断酶促反应级数：当 $c_S < 0.01 K_m$ 时，反应为一级反应，反应速率与底物浓度成正比；当 $c_S > 100 K_m$ 时，$V = V_{max}$，反应为零级反应；当 $0.01 K_m < c_S < 100 K_m$ 时，反应处于零级反应和一级反应之间，为混合级反应。

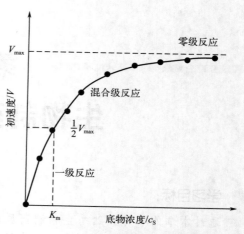

图 6-1　底物浓度对酶促反应速率的影响

V_{max} 是酶分子完全被底物分子结合时的酶促反应速率，与酶浓度呈正比。若已知酶的总浓度，可以利用 V_{max} 计算酶的转换数。酶的转换数含义为：当酶分子被底物分子充分饱和时，单位时间内每个酶分子催化底物转变为产物的分子数。

采用 Lineweaver-Burk（简称林-贝氏，L-B）双倒数法，对米氏方程［式（6-5）］两端作倒数，得到如式（6-6）所示的线性方程。以 $1/c_S$ 为横坐标，以 $1/V$ 为纵坐标，在直角坐标系中分别得到直线与纵轴相交的截距 $1/V_{max}$、与横轴相交的截距 $1/K_m$，最终求得 K_m 和 V_{max}［图 6-2（a）］。

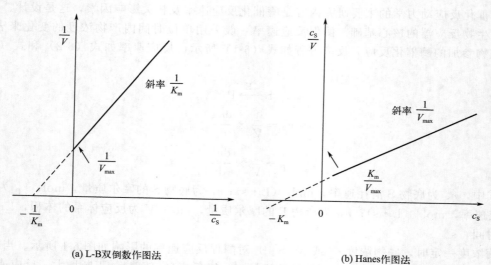

(a) L-B双倒数作图法　　　　　　(b) Hanes作图法

图 6-2　图解法求解酶促反应动力学参数 K_m 和 V_{max}

采用 Hanes 法使式（6-6）两端乘以 c_S，得到直线方程式（6-7）。在直角坐标系中，直线与横轴相交的截距为 $-K_m$，直线斜率为 $1/V_{max}$，采用作图法可求得 K_m 和 V_{max}［图 6-2（b）］。

$$\frac{1}{V} = \frac{K_{\mathrm{m}}}{V_{\max}} \times \frac{1}{c_{\mathrm{S}}} + \frac{1}{V_{\max}} \tag{6-6}$$

$$\frac{c_{\mathrm{S}}}{V} = \frac{K_{\mathrm{m}}}{V_{\max}} + \frac{1}{V_{\max}} c_{\mathrm{S}} \tag{6-7}$$

二、微生物发酵动力学

微生物发酵动力学是研究微生物生长、产物合成、底物消耗之间动态定量关系。通过建立发酵动力学过程的数学模型，研究发酵动力学关键参数之间的相互影响与制约关系，对设计生物反应器具有重要指导作用。根据操作方式不同，微生物发酵可分类为分批发酵、连续发酵和补料分批发酵。本节以分批发酵为例，分别从菌体生长动力学和基质消耗动力学两个方面进行动力学分析。

1. 菌体生长动力学

分批发酵是在一个密闭系统内接种少量微生物菌种并加入有限的营养物质后，使菌种细胞在设备中生长、繁殖和代谢。发酵过程中，除了向设备通入空气（或氧气）和加入酸碱溶液以调节发酵液 pH 值之外，设备与外界无其他物质交换。随着营养物质不断被消耗，设备中的菌体历经延滞期、对数生长期、衰减期、稳定期和衰亡期，完成一个生长周期（图6-3），对应的底物浓度对微生物细胞生长速率的影响如图6-4 所示。

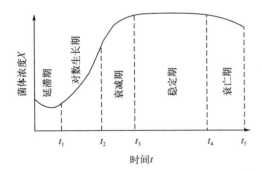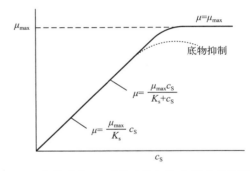

图 6-3　分批发酵时典型微生物生长动力学曲线　　图 6-4　底物浓度 c_{S} 对微生物细胞生长速率的影响

（1）延滞期　当微生物细胞接种到新培养基上后，受营养物质差异的影响，微生物细胞需要一定时间合成代谢相关的酶并重新调整分子组成以适应新环境。在这一阶段，细胞生长速率极慢。通常采用比生长速率 μ 表示细胞生长状态，即以单位时间内细胞浓度或细胞数量的增加量来表示［式（6-8）］：

$$\mu = \frac{1}{x} \times \frac{\mathrm{d}x}{\mathrm{d}t} \tag{6-8}$$

式中，x 为细胞质量浓度，g/L；$\mathrm{d}x/\mathrm{d}t$ 为生长速率，g/（L·h）。

延滞期时，$x = x_0$，$\mathrm{d}x/\mathrm{d}t = 0$，故 $\mu = 0$。

（2）对数生长期　当微生物细胞完全适应新的培养基环境、营养物质充足且有害代谢物积累量很少时，细胞浓度（生物量）随培养时间延长而呈指数增长，细胞数量或浓度快速增加，将这一阶段称为对数生长期。该阶段 μ 为常数。对式（6-8）积分得：

$$x = x_0 \mathrm{e}^{\mu t} \tag{6-9}$$

如果在细胞生长过程中，培养基基质浓度是细胞生长的唯一限制性因素，则该条件下底物质量浓度与比生长速率 μ 之间的经验关系式可推导为：

$$\mu = \frac{1}{x} \times \frac{\mathrm{d}x}{\mathrm{d}t} = \frac{\mu_{\max} c_S}{K_S + c_S} \tag{6-10}$$

式中，$\mu_{\max}$ 为最大比生长速率，1/h；K_S 为底物饱和常数，g/L；c_S 为底物浓度，mol/L。

饱和常数 K_S 等于比生长速率为 $1/2\mu_{\max}$ 时的底物浓度，该常数一般用于表征微生物细胞对底物的亲和力。当 K_S 较大时，μ 的变化小，说明微生物对生长基质不敏感；当 K_S 较小时，μ 的变化较大，表现为微生物细胞对生长基质敏感。不同的培养基质对同一微生物而言，其饱和常数 K_S 是有差异的。一般来说，最小 K_S 对应于同一微生物生长的最适底物。

根据式（6-10），当限制性底物质量浓度 c_S 很大时，即 $c_S \gg K_S$ 时，（$K_S + c_S \approx c_S$），则：

$$\mu = \frac{1}{x} \times \frac{\mathrm{d}x}{\mathrm{d}t} = \frac{\mu_{\max} c_S}{K_S + c_S} = \mu_{\max} \tag{6-11}$$

此时，细胞生长符合对数生长期特点，比生长速率达到最大，菌体生长速率与底物质量浓度无关，但与菌体浓度成正比。

（3）衰减期 随着培养基中营养物质快速消耗、有害代谢物质不断积累以及微生态条件（如 pH、氧化还原电位等）的改变，细胞生长状态将偏离对数规律而进入衰减期。在这一阶段，尽管细胞仍在生长繁殖，但生长速率却不断降低。

当限制性底物质量浓度非常小时，$c_S \ll K_S$，$K_S + c_S \approx K_S$，则：

$$\mu = \frac{1}{x} \times \frac{\mathrm{d}x}{\mathrm{d}t} = \frac{\mu_{\max} c_S}{K_S + c_S} = \frac{\mu_{\max} c_S}{K_S} \tag{6-12}$$

此时，细胞生长进入衰减期，比生长速率与限制性基质浓度成正比。由式（6-12）整理得衰减期的菌体浓度为：

$$x = x_0 e^{\mu_{\max}(t_2 - t_1)} e^{\mu t} \tag{6-13}$$

（4）稳定期 随着培养基中营养物质的进一步消耗以及有毒代谢物质不断积累，单位时间内的细胞生长量维持恒定，即 $\mathrm{d}x/\mathrm{d}t = 0$。则：

$$\mu = \frac{1}{x} \times \frac{\mathrm{d}x}{\mathrm{d}t} = 0，\ x = x_{\max} \tag{6-14}$$

（5）衰亡期 随着营养物质的枯竭以及毒物的大量积累，细胞开始死亡，而新生长的细胞数减少，整个微生物群体最终进入衰亡期。

2. 微生物发酵基质消耗动力学

基质包括细胞生长所需各种营养成分。在细胞培养过程中，基质消耗主要体现在 3 个方面：①细胞生长；②维持细胞正常生理活动；③合成代谢产物。因此：

$$r_S = r_{S,x} + r_{S,m} + r_{S,P} \tag{6-15}$$

式中，r_S 为基质总消耗速率；$r_{S,x}$ 为用于细胞生长的基质消耗速率；$r_{S,m}$ 为用于维持细胞代谢的基质消耗速率；$r_{S,P}$ 为用于产物生成的基质消耗速率。则基质的总消耗速率 r_S 和用于细胞生长的基质消耗速率 $r_{S,x}$ 分别表示为

$$-r_S = \frac{\mathrm{d}[S]}{\mathrm{d}t} = \frac{r_X}{Y_{X/S}} = \frac{\mu[X]}{Y_{X/S}} = \frac{[X]}{Y_{X/S}} \times \frac{\mu_{\max}[S]}{Y_{X/S} K_S + [S]} \tag{6-16}$$

$$-r_{S,x} = \frac{-\mathrm{d}[S_G]}{\mathrm{d}t} = \frac{r_X}{Y_G} = \frac{\mu[X]}{Y_G} \tag{6-17}$$

式中，$[X]$ 为细胞浓度，细胞对底物的生长得率（单位为 g/g）$Y_{X/S} = \dfrac{\Delta x}{\Delta S}$；$[S_G]$ 为

专一性用于生长的底物量（不含用于维持能耗及产物形成部分的用量），对应的专一性得率（单位为 g/g）为 $Y_G = \dfrac{\Delta x}{\Delta S_G}$。

当细胞生长符合 Monod 方程时，菌体细胞得率为：

$$Y_G = \frac{d[X]}{-d[S_G]} \tag{6-18}$$

细胞总基质消耗动力学方程为：

$$r_S = \frac{r_S}{[X]} = \frac{\mu}{Y_G} + m + \frac{\pi}{Y_{P/S}} \tag{6-19}$$

当基质仅用于细胞生长（如无机盐类和维生素等为基质），这些基质成分只能组成细胞的结构成分，与产物生成无关，此时基质消耗速率为：

$$-r_S = \frac{-d[S]}{dt} = \frac{r_X}{Y_G} + m[X] + \frac{r_P}{Y_P} = \frac{r_X}{Y_{X/S}} \tag{6-20}$$

当基质仅用于细胞生长且无胞外产物生成时，基质消耗速率为：

$$-r_S = \frac{-d[S]}{dt} = \frac{r_X}{Y_G} + m[X] + \frac{r_P}{Y_P} = \frac{r_X}{Y_G} + m[X] \tag{6-21}$$

需要指出的是，上述基质消耗动力学都是在单一限制性基质基础上进行讨论的。在实际发酵系统中，通常存在多种不同基质的细胞反应过程，使得基质消耗动力学模型十分复杂。因此，实际研究中通常只会针对某一特定的细胞反应过程或特定的代谢产物，研究其主要限制性基质的消耗与细胞生长及产物合成的动力学关系，进而掌握细胞生长代谢规律，优化反应过程，以提高相应反应的效率。

三、微生物发酵产物生成动力学

微生物的代谢产物种类很多，且微生物细胞内的生物合成途径与代谢调节机制各不相同。因此，不同的发酵生产具有不同的动力学模式。根据产物生成速率与细胞生成速率之间的关系，可将动力学模式分为 3 种类型：生长偶联型、非生长偶联型和生长半偶联型。

（1）生长偶联型动力学模式　当底物转变成单一产物 P 时，产物生成速率与细胞生长速率呈正比关系，即：

$$\frac{d[P]}{dt} = \alpha \frac{dx}{dt} \tag{6-22}$$

式中，[P] 为产物质量浓度，g/L；α 为细胞生长偶联的产物生成常数；x 为细胞质量浓度，g/L；dx/dt 为生长速率，g/（L·h）。

生长偶联型模式的代谢产物称为初级代谢产物，这类代谢产物的发酵称为初级代谢。产物的生成是微生物细胞能量代谢的直接结果，菌体生长速率的变化与产物生成速率的变化相平行（如乙醇发酵）。产物合成速率动力学方程为：

$$\frac{d[P]}{dt} = \frac{\mu_{Pmax}}{1 + [P]/K_P} \times \frac{[S]x}{K_S + [S]}$$

$$\mu_P = \frac{1}{x} \times \frac{d[P]}{dt} = \frac{\mu_{P_{max}}[S]}{(1 + P/K_P)(K_S + [S])} \tag{6-23}$$

式中，μ_{Pmax} 为产物生成的最大比生长速率，1/h；K_S 为底物饱和常数，g/L；[S] 为底物浓度，g/L；K_P 为产物抑制常数，g/L。对式（6-23）两边取倒数，得：

$$\frac{1}{\mu_P} = \left(1 + \frac{[P]}{K_P}\right)\left(\frac{K_S}{\mu_{Pmax}} \times \frac{1}{[S]} + \frac{1}{\mu_{Pmax}}\right) \tag{6-24}$$

式中，μ_P 为产物生成的比生长速率。

（2）非生长偶联型动力学模式　此类模式的代谢产物一般为次级代谢产物，其产物生成与能量代谢不直接相关。为了生产对应的次级代谢产物，细胞利用特定的生物合成途径进行生产，因此产物生成速率只和细胞质量浓度有关。即：

$$\frac{d[P]}{dt} = \beta x \tag{6-25}$$

式中，β 为非生长偶联型产物形成常数，与酶活力相似，它表示单位质量细胞所具有的产物生成能力。

（3）生长半偶联型动力学模式　产物间接由能量代谢生成，不是底物的直接氧化产物，而是细胞内生物氧化过程的主要产物（与初生代谢紧密关联）。动力学方程为：

$$\frac{d[P]}{dt} = \alpha \frac{dx}{dt} + \beta x \tag{6-26}$$

式（6-26）右边第一项表示生长联系，第二项表示非生长联系。当 $\alpha \gg \beta$ 时，即为生长联系型；当 $\alpha \ll \beta$ 时，即为非生长联系型。推导结果如下：

$$\mu_P = \alpha\mu + \beta \tag{6-27}$$

由于生长偶联型 $\mu_P = \alpha\mu$，比生长速率与比生产速率成正比。非生长偶联型 $\mu_P = \beta$，比生长速率与比生产速率无关。

第二节　发酵设备概述

生物反应器主要有 3 种生产目的：①生产细胞；②收集细胞的代谢产物；③直接用酶催化得到所需产物。生物反应器的主要类型包括好氧生物反应器、厌氧生物反应器、光照生物反应器和膜生物反应器。

1. 好氧生物反应器

反应器分为搅拌式、气升式、自吸式等。前两者需要在反应过程中通入氧气或空气，后者可自行吸入空气满足反应要求。

2. 厌氧生物反应器

发酵过程不需要通入氧气或空气，有时可能通入二氧化碳或氮气等惰性气体以保持罐内正压，防止染菌，提高厌氧控制水平。这类反应器有双歧杆菌厌氧反应器、酒精发酵罐、沼气发酵罐（池）等。

3. 光照生物反应器

反应器壳体部分或全部采用透明材料，以便光照射到反应物料，进行光合作用反应。一般配有照射光源，白天直接利用太阳光。

4. 膜生物反应器

反应器内安装适当的部件作为生物膜的附着体，或用超滤膜（如中空纤维等）将细胞控制在某一区域内进行反应。

另外，根据反应器的结构形式，又可分为罐式、管式、塔式、池式生物反应器等；根据物料混合方式可分为非循环式、内循环式和外循环式生物反应器等。

目前，以发酵罐为代表的生物反应器体现出以下主要特点：①罐体容积越来越大；②材料逐步以不锈钢代替碳钢；③传热以罐壁半圆形外盘管为主，辅之罐内蛇形冷却管；④减速机由皮带减速机改为齿轮减速机；⑤搅拌机现为轴向和径向组合型叶轮。

生物反应器的主要设计原则：①必须以生物体为中心；②培养系统中，已灭菌部分与未灭菌部分之间不能直接连通；③由于设备振动和热膨胀会引起法兰连接移位而导致污染，因此必须尽量减少法兰连接；④在可能的条件下，应采用全部焊接结构，所有焊接点必须磨光，消除蓄积耐灭菌的固体物质的场所；⑤防止死角、裂缝等情况；⑥某些部分应能单独灭菌；⑦易于维修；⑧反应器可保持小的正压。这就要求设计者既要有制药工程知识，又要有生物工程基础。在考虑反应器传热、传质等性能的同时，还需要深刻了解生物体的生长特性和要求，在设计中给予充分保证。另外，生物体作为活体，其生长过程可能受到剪切力影响而凝聚成为颗粒，或因自身产气或受通气影响而漂浮于液面。所以，大多数场合反应过程都要求无菌条件，所有这些无菌条件及其影响因素都是设计过程中需要给予考虑的。

第三节 发酵罐设计与计算

发酵罐是抗生素药物生产中最重要的反应设备。微生物在发酵罐中的适当环境生长、代谢并形成发酵产物。通气的发酵罐形式有通用式发酵罐（通气纯种深层液体为主）、自吸式发酵罐、气升式发酵罐、喷射式叶轮发酵罐、外循环发酵罐和多孔板塔式发酵罐等。

一、机械搅拌式发酵罐

机械搅拌通风发酵罐在生物制药中应用广泛，在各种发酵罐中占比为 70%～80%，故又称为通用式发酵罐。

通用式机械搅拌发酵罐的基本结构包括罐体、搅拌装置、传热装置、通气装置、挡板、轴封、空气分布器、传动装置、消泡器、人孔、视镜等，设备结构示意如图 6-5 所示。

（1）罐体 罐体通常采用耐腐蚀、能湿热灭菌的不锈钢制备成圆柱体，并与椭圆形或碟形封头焊接。小型发酵罐（直径小于 1m）的上封头可用法兰与筒身连接，并在顶部开设手孔以方便清洗和配料。大型和中型发酵罐（直径大于 1m）的上封头则直接焊在筒身上，并安装快开人孔以便进入罐内检修。先进的发酵罐具有在线清洗系统（CIP），这对于大型发酵罐十分必要。高压清洗设备通过专用接口实现对发酵罐的自动清洗，用电导率仪监测清洗效果。

通用式机械搅拌发酵罐的标准化尺寸比例为：$H/D=1.7\sim3$，$d/D=1/2\sim1/3$，$W/D=1/8\sim1/12$，$B/D=0.8\sim1.0$。另外，还有 $s/d=1.5\sim2.5$（2 个搅拌器时），$s/d=1\sim2$（2 个搅拌器时）的情况。其中，H 为罐直筒部分高度，D 为罐直径，d 为搅拌器直径，W 为挡板宽度，B 为搅拌浆离罐底距离，s 为多个搅拌浆的浆距。

高径比 H/D 是通用发酵罐最主要的特征几何尺寸。在抗生素生产中，种子罐 $H/D=1.7\sim2.0$，发酵罐 $H/D=2.0\sim2.5$。高径比的合理取值是在保证传质效果好、空气利用率高的前提下，做到经济合理、使用方便。工程实践证明，高径比 H/D 取值与发酵菌种类有关。例如，青霉素发酵罐 $H/D=1.8$，放线菌发酵罐 $H/D=1.8\sim2.2$。为了获得良好的搅拌混合和溶解氧的效果，细胞发酵罐 $H/D=2\sim3$。在细菌发酵生产中，为了防止发酵液沉淀、提高溶解氧量，发酵罐高径比一般为 $2.5\sim3$。可见，在发酵罐设计中，H/D 的取值十

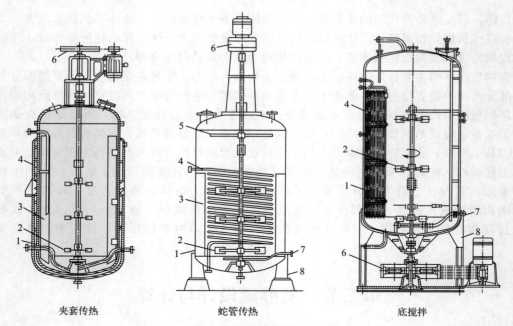

夹套传热　　　　　　　　蛇管传热　　　　　　　　底搅拌

图 6-5　机械搅拌式通用发酵罐结构示意

1—罐体；2—搅拌器；3—挡板；4—蛇管或夹套；5—消泡桨；6—传动机构；7—通气管（空气分布器）；8—支座

分重要。

发酵罐的公称容积 V_0 一般是指罐的圆筒部分容积 V_c 与底封头容积 V_b 之和，即：

$$V_0 = V_c + V_b = \frac{\pi}{4}D^2 H + V_b \tag{6-28}$$

椭圆形封头的容积可用下式计算：

$$V_b = \frac{\pi}{4}D^2 h_b + \frac{\pi}{4}D^2 h_a = \frac{\pi}{4}D^2 \left(h_b + \frac{1}{6}D\right) \tag{6-29}$$

式中，h_b 为封头直边高度；h_a 为封头凸出部分高度，标准椭圆形封头 $h_a = (1/6)$ D。则：

$$V_0 = \frac{\pi}{4}D^2 \left[(H + h_b) + \frac{1}{6}D\right] \tag{6-30}$$

当 $H/D = 2$ 时，$D = (V_0/1.70)^{1/3}$ 或 $V_b/V_0 = 8\%$。

在生产过程中，发酵罐中的培养液因通气搅拌引起液面上升和产生泡沫，因此罐中实际装料量 V 不能过大，一般装料系数 $\eta_0 = V/V_0 = 0.7 \sim 0.8$。

在设计过程中，发酵罐公称容积 V_0 可采用式（6-30）计算：

$$G = V_0 \eta_0 10^6 U_m \eta_m \eta_p \frac{1}{U_p 10^9} \times \frac{nm}{t} \tag{6-31}$$

式中，G 为设计年产量，t/a；m 为年工作日，天/年；n 为发酵罐台数，台；t 为发酵时间，天；U_m 为平均发酵水平，单位/mL；η_0 为装料系数，%；η_m 为发酵液收率，%；U_p 为成品效价，单位/mg；η_p 为提炼总收率，%。由式（6-31）得：

$$V_0 = \frac{1000 G U_p t}{mn\eta_p \eta_m \eta_0 U_m} \tag{6-32}$$

将所求 V_0 取整数（发酵罐容积一般为 15m³、20m³、30m³、40m³、50m³、60m³、

70m³、100m³），计算罐体直径 D，继而计算发酵罐的其他几何尺寸。

（2）搅拌混合装置　采用搅拌装置能够使通入发酵罐中的气体分散成气泡并与发酵液充分混合，提高溶氧速率，同时强化传热过程。搅拌装置的设计应使发酵液产生足够的径向流动和适度的轴向运动，通常使用结构简单、传递能量高、溶氧速率快的涡轮式搅拌器。工业发酵罐的搅拌轴上一般有 2～3 层搅拌器。当通用式发酵罐的公称容积 $V \leqslant 15m^3$ 时，采用 2 层搅拌装置；当 $V \geqslant 15m^3$ 时采用 3 层搅拌装置（个别有 4 层搅拌）。搅拌桨主要采用六叶片的圆盘平叶、弯叶或箭叶涡轮桨（图 6-6），配置数量应根据罐内液位高低、发酵液特性和搅拌器直径等因素来决定。其他常见形式的搅拌桨还有推进式螺旋桨和折叶桨等。

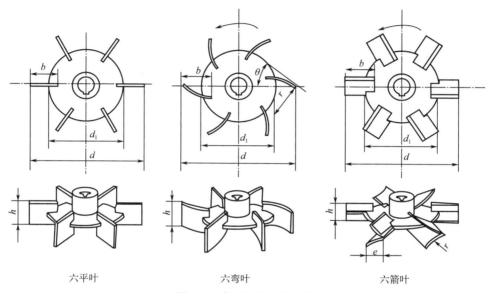

六平叶　　　　　　六弯叶　　　　　　六箭叶

图 6-6　常用涡轮式搅拌桨

为了克服涡轮式搅拌器轴向混合较差、搅拌强度随与搅拌轴距离增大而减弱的不足，可采用涡轮式和推进式叶轮共用的搅拌装置来强化轴向混合。为了拆装方便，通常将大型搅拌叶轮加工成两半，用螺栓连成整体装配在搅拌轴上。

搅拌器功率 P 等于搅拌器施加于液体的力 F 和由此引起的液体平均流速 v 之积。若搅拌桨叶面积为 A，则

$$P = Fv = \left(\frac{F}{A}\right)(vA) \tag{6-33}$$

式中，F/A 为施加在液体中的剪切应力，它相当于单位体积液体中的动能（$W^2\gamma/2g$）或动压头 H 与液体重度 γ 之积；vA 为搅拌器对液体的翻动量 Q。因此

$$P = H\gamma Q \propto HQ \tag{6-34}$$

设 n 为搅拌器转速，d 为搅拌器直径，因为 $H \propto w^2 \propto n^2 d^2$，$Q \propto wd^2 \propto nd^3$，则

$$P \propto n^3 d^5 \tag{6-35}$$

若 $P =$ 常数，将不同 n 及 d 值代入式（6-34），可得出相应的 Q、H、Q/H（表 6-1）。

表 6-1　不同 n、d 时 Q、H、Q/H 的计算结果（$P = 1$）

n	d	Q	H	Q/H
4	0.435	0.33	3.03	0.101

续表

n	d	Q	H	Q/H
2	0.66	0.575	1.74	0.33
1	1	1	1	1
0.5	1.52	1.74	0.57	3.03
0.25	2.8	3.03	0.33	9.18

表 6-1 可见，若搅拌器功率 P 不变，增大搅拌器直径 d 会降低搅拌转速 n，引起翻动量 Q 增加和动压头 H 下降。一般来说，增大 Q 值有利于气液两相混合，增大 H 值有利于气泡破碎。

P 为常数时，$n \propto d^{-5/3}$ 或 $d \propto n^{-3/5}$，$H \propto n^{4/5} \propto d^{-4/3}$，$Q \propto n^{-4/5} \propto d^{4/3}$。因此，可将 P、d、n、Q 及 H 之间的相互关系列于表 6-2 中。

表 6-2   P、d、n、Q、H 相互关系

项目	P_2/P_1	d_2/d_1	n_2/n_1	Q_2/Q_1	H_2/H_1
$P_2 = P_1$	1	$(n_1/n_2)^{3/5}$	$(d_1/d_2)^{5/3}$	$(n_1/n_2)^{4/5}$ $(d_2/d_1)^{4/3}$	$(n_2/n_1)^{4/5}$ $(d_1/d_2)^{4/3}$
$d_2 = P_1$	$(n_1/n_2)^3$	1	$(P_2/P_1)^{1/3}$	n_2/n_1	$(n_2/n_1)^2$
$n_2 = n_1$	$(d_2/d_1)^5$	$(P_2/P_1)^{1/5}$	1	$(d_2/d_1)^3$	$(d_2/d_1)^2$

表 6-2 所列关系不但适用于等功率场合，也可用于搅拌器直径不变时改变搅拌转速或搅拌转速不变而改变搅拌器直径的场合。若同时增加 Q 及 H，必须相应增大 P。

发酵罐适宜的 d/D 值，随菌种、培养液性质和通气程度等因素而改变。愈是黏稠的培养液和愈是好气的菌种，愈应配备较大直径的搅拌器，同时应保证将转速或功率维持在较高水平。

发酵罐高径比 H/D 一般约为 2。在多层搅拌器装在同一搅拌轴上的情况下，搅拌器间的相互距离 S 以及最下面的一个搅拌器离罐底的距离 B 如图 6-7 所示。

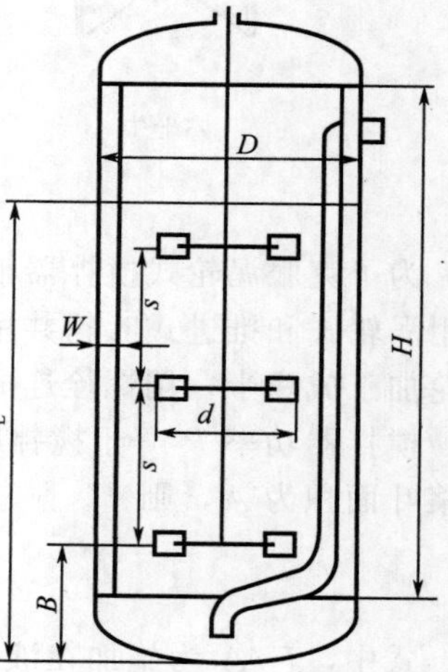

当搅拌功率达到最大值时，可采用式（6-36）计算搅拌器间距 S。

图 6-7　通用发酵罐的几何尺寸比例

$$S_m = \frac{H_L - \left\{0.9 + \left[\dfrac{(m-1)\lg m - \lg(m-1)!}{\lg m}\right]\right\} d}{2\left[\dfrac{(m-1)\lg m - \lg(m-1)!}{\lg m}\right]}$$

$$= \frac{H_L - (0.9+\alpha)d}{2\alpha} = \frac{H_L - (0.9+\alpha)d}{2\alpha} \tag{6-36}$$

式中，H_L 为液柱高度；d 为搅拌器直径；m 为同一搅拌轴上搅拌器个数；α 为 m 的函数。

若 $m=2$，$\alpha=1$：

$$S_2 = \frac{H_L - 1.9d}{2} \tag{6-36a}$$

若 $m=3$，$\alpha=1.37$：
$$S_3=\frac{H_{\mathrm{L}}-2.27d}{2.74} \tag{6-36b}$$

若 $m=4$，$\alpha=1.71$：
$$S_4=\frac{H_{\mathrm{L}}-2.61d}{3.42} \tag{6-36c}$$

若 $m=5$，$\alpha=2.03$：
$$S_5=\frac{H_{\mathrm{L}}-2.93d}{4.06} \tag{6-36d}$$

（3）挡板　发酵罐中的搅拌器运转时，若不在罐体内壁上安装挡板，很容易在液面中央部分产生下凹的漩涡。因此，挡板的作用是改变搅拌流体的流动方向，防止搅拌时液面中央产生涡流，同时增强湍动和溶氧传质。挡板宽度为 $0.1\sim0.12D$ 时可具有全挡板条件，一般取值 $0.1D$。全挡板条件是指能达到消除液面旋涡的最低条件，该条件与挡板数 n_{b}、挡板宽度 W 与罐体直径 D 之比相关。通常，可采用式（6-37）或式（6-38）计算（W/D）。

$$\left(\frac{W}{D}\right)^{1.2}n_{\mathrm{b}}=0.35 \tag{6-37}$$

$$\left(\frac{W}{D}\right)n_{\mathrm{b}}=0.4 \tag{6-38}$$

挡板高度一般为从罐底至设计液面高度。为了避免培养液中固体成分堆积在挡板背侧，在安装挡板时，应使其与罐壁间保留一定间隙，间隙宽度一般为 $(1/5\sim1/8)D$ 或 $0.1\sim0.3$ 挡板宽度。除了挡板之外，发酵罐中的冷却器、通气管、排料管等装置也具有一定的挡板作用。

（4）传热装置　一般容积在 $5\mathrm{m}^3$ 以下的小型发酵罐可以通过夹套冷却或加热达到控温目的。容积 $5\mathrm{m}^3$ 以上的大型发酵罐则需要在罐内设置多组立式盘管，罐内立式盘管占发酵罐容积的 1.5%。$100\mathrm{m}^3$ 以上的特大型发酵罐多采用外部换热器进行外循环热交换。近年来，也有将半圆形管子焊接在发酵罐外壁上，这种外盘管设计既有较好的传热效果，又可简化罐体内部结构，便于清洗，造价降低，放罐系数增加。

发酵过程的热平衡方程如式（6-39）所示：
$$Q_{发酵}=Q_{生物}+Q_{搅拌}-Q_{蒸发}-Q_{显}-Q_{辐} \tag{6-39}$$

式中，$Q_{发酵}$ 为发酵过程释放的净热量，$\mathrm{kJ/(m^3\cdot h)}$；$Q_{生物}$ 为培养基成分分解后产生的能量用于菌体生长和产物合成外，以热量形式释放的剩余热量，$\mathrm{kJ/(m^3\cdot h)}$；$Q_{搅拌}$ 为机械搅拌形成的热量，$\mathrm{kJ/(m^3\cdot h)}$；$Q_{蒸发}$ 为排出空气带走水分所需的潜热，$\mathrm{kJ/(m^3\cdot h)}$；$Q_{显}$ 为排出空气带走的显热，$\mathrm{kJ/(m^3\cdot h)}$；$Q_{辐}$ 为罐外壁和大气间的温度差使罐壁向大气辐射的热量，$\mathrm{kJ/(m^3\cdot h)}$。进一步地：

$$Q_{搅拌}=\left(\frac{P_{\mathrm{g}}}{V}\right)\times3600 \tag{6-40}$$

式中，P_{g}/V 为单位体积培养液所消耗的功率（通气情况下），$\mathrm{kW/m^3}$；3600 为热功当量，$\mathrm{kJ/(kW\cdot h)}$；V 为培养液体积，m^3。

$$Q_{蒸发}+Q_{显}=Q_{空气}=(L/V)(I_2-I_1) \tag{6-41}$$

式中，$Q_{空气}$ 为空气带走的热量；L/V 为单位体积培养液所导入的空气干重，$\mathrm{kg/(m^3\cdot h)}$；I_2、I_1 为空气进入和离开发酵罐时的热焓，$\mathrm{kJ/kg}$（干空气）。

$$Q_{辐}=0.08\mathrm{F}_{外壁}(T_{壁}-T_{空}) \tag{6-42}$$

由于 $Q_{生物}$ 不能简单地求得，故 $Q_{发酵}$ 不能直接由式（6-39）计算获得，而要靠实测求得。在实测过程中维持培养液的温度不变，定期测定冷却水进口温度 T_1 和出口温度 T_2，以及冷却水的流量 G（m^3/h）。故：

$$Q_{发酵} = G(T_2 - T_1) \times 4200/V \tag{6-43}$$

一般而言，$Q_{发酵}$ 随发酵时间而改变，发酵越旺盛，发酵热越大。在设计过程中，一般取 $Q_{发酵} = 52920 \sim 88200 \text{kJ}/(\text{m}^3 \cdot \text{h})$。

在测定发酵热的过程中，可同时测定发酵罐传热面的传热系数 K [kJ/（m^2·h·℃）]。

$$K = \frac{Q_{发酵} V}{A_h \Delta t_m} \tag{6-44}$$

式中，A_h 为传热面积，m^2；Δt_m 为发酵液与冷却水之间的平均温差，℃；V 为发酵液体积，m^3。

一般来说，1m^3 发酵液需要 1m^2 传热面积。正常发酵所需传热面积乘以 $1.3 \sim 1.6$ 倍系数，用于计算实消工艺发酵罐传热面积；1m^3 发酵液功率消耗为 $1 \sim 3.5$kW，修正系数 $0.6 \sim 1.3$。

二、自吸式发酵罐

自吸式发酵罐是一种不需要空气压缩机提供加压空气，而依靠罐内特设的机械搅拌吸气装置或液体喷射吸气装置，吸入无菌空气并同时实现混合搅拌与溶氧传质的发酵罐。由于其吸入压头和空气流量有一定限制，因而适用于对通气量要求不高的发酵品种。

与传统的机械搅拌通风发酵罐相比，自吸式发酵罐具有如下优点：①利用机械搅拌的抽吸作用达到既通气又搅拌的目的，可节约空气净化系统中的空气压缩机、冷却器、油水分离器、空气储罐、总过滤器等一整套设备投资，设备投资可减少 30% 左右，同时也能减少厂房占地面积。②为了保证发酵罐有足够的吸气量，搅拌转速高于通用式发酵罐，功率消耗维持在 3.5kW/m^3 左右，但节约了空压机动力消耗，总动力消耗约为通用式发酵罐的 2/3。③溶氧速率快，溶氧效率高，溶氧比能耗较低，尤其是溢流自吸式发酵罐的溶氧比能耗可降至 0.5kW·h/（kg O$_2$）以下，设备结构简单，操作方便。④设备便于自动化、连续化，劳动强度减小。⑤这类设备常用于酵母生产和醋酸发酵，生产效率高，经济效益好。

自吸式发酵罐的最大缺点是负压吸入空气，发酵系统不能保持一定的正压，较易产生杂菌污染。这种设备吸程不高（吸程即液面与吸气转子之间的距离）。当吸风量很小时，最高吸程仅为 8.8kPa 左右。当吸风量为总吸风量的 3/5 时，吸程降至 3.14kPa 左右。因此，要在进风口安装空气过滤器比较困难，必须配备阻力损失小、过滤面积大、压力降小的高效空气过滤系统。另外，由于罐内搅拌器转速太高，转子周围形成强烈的剪切区域，有可能使菌丝被搅拌器切断。为了克服上述缺点，通常采用自吸气与鼓风相合的鼓风自吸式发酵系统，即在过滤器前加装一台鼓风机，适当维持无菌空气的正压，这样不仅可以减少染菌机会，而且可以增大通风量，提高溶氧系数。自吸式发酵罐的罐体不宜太大，一般取 $H/D \approx 1.6$。

1. 机械搅拌自吸式发酵罐

（1）吸气原理 机械搅拌自吸式发酵罐（图 6-8）主要构件是吸气搅拌叶轮（转子）及导轮（定子）。当转子转动时，其框内液体被甩出，形成局部真空来吸入空气。转子有三叶轮、四叶轮和六叶轮等多种形式。

（2）结构特点

① 发酵罐的高径比 由于自吸式发酵罐是依靠转子转动形成负压而吸气通风的，吸气装置是沉浸于液相中的。为了保证较高的吸风量，发酵罐高径比 H/D_T 不宜太大。当罐容增大时，应适当减小 H/D_T，以保证搅拌吸气转子与液面的距离为 $2 \sim 3$m。对于黏度较高的发酵液，为了保证吸风量，应适当降低发酵罐高度。

② 转子　三棱叶转子的特点是转子直径较大，一般是发酵罐直径的 0.35 倍，在较低转速时可获得较大的吸气量。当罐压在一定范围内变化时，其吸气量比较稳定，吸程较大，但所需搅拌功率也较高。四弯叶转子的叶轮外径与发酵罐直径之比为 1/8～1/15，直径小而转速高，剪切作用较小，功率消耗较小，吸气量较大，溶氧系数高。

（3）吸气量计算　自吸式发酵罐的吸气量可用特征数法进行计算和比拟放大设计。当满足单位体积功率消耗相等的前提下，三棱叶自吸式搅拌器的吸气量可由式（6-45）计算：

$$f(N_a, F_r) = 0 \quad (6\text{-}45)$$

式中，N_a 为吸气特征数，$N_a = V_g/nD^3$；F_r 为弗鲁特数，$F_r = n^2 d/g$；D 为叶轮直径，m；n 为叶轮转速，1/s；V_g 为吸气量，m^3/s；g 为重力加速度常数，$9.81 m/s^2$。

利用三棱叶自吸气叶轮装置进行实验研究可得图 6-9。由图 6-9 可见，当弗鲁特数 F_r 增大至一定值时，吸气量 V_g 趋于恒定，吸气特征数 $N_a = \dfrac{V_g}{nD^3} = 0.0628 \sim 0.0634$。这是因为液体在搅拌器推动下克服重力影响而达到一定状态后，N_a 就不受 F_r 的影响。在空化点上，吸气量与搅拌器的泵送能力成正比。对于实际发酵系统，由于发酵液具有一定的气含率，使发酵液密度下降，且不同发酵液的黏度等理化性质也不同，因此自吸式发酵罐的实际吸气量通常小于上述计算值，修正系数为 0.5～0.8。

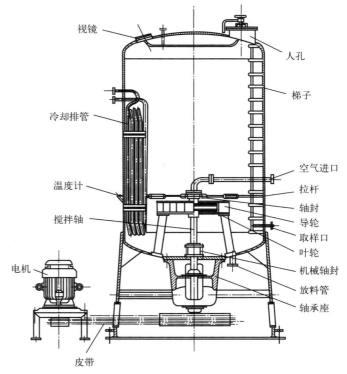

图 6-8　机械搅拌自吸式发酵罐的结构示意

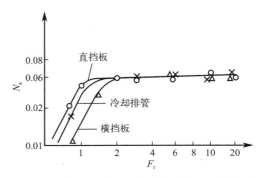

图 6-9　吸气特征数 N_a 与弗鲁特数 F_r 的关系

利用式（6-46）可以计算四弯叶转子自吸式发酵罐的吸气量 V_g（m^3/min）：

$$V_g = 12.56 nCLB(D-L)K \quad (6\text{-}46)$$

式中，n 为叶轮转速，r/min；D 为叶轮直径，m；L 为叶轮开口长度，m；B 为叶轮厚度，m；C 为流率比，$C = K/(1+K)$；K 为充气系数。

2. 喷射自吸式发酵罐

喷射自吸式发酵罐是采用文氏管喷射吸气装置或溢流喷射吸气装置进行混合通气的。这种发酵罐既不用空气压缩机，又不用机械搅拌吸气转子。

（1）文氏管吸气自吸式发酵罐　该设备结构如图 6-10 所示。经验表明，当收缩段液体

流动雷诺数 $Re > 6 \times 10^4$ 时，气体吸收率最高、溶氧速率较高。如果液体流速继续增大，虽然吸入气体量有所增加，但压力损失和动力消耗也增加，总吸收效率反而降低。

（2）液体喷射自吸式发酵罐　液体喷射吸气装置是这种发酵罐的关键装置，结构如图 6-11 所示。在应用范围内，喷射自吸式发酵罐的体积溶氧传质系数的数学表达式为：

$$k_L a = 1.0 \left(\frac{P_L}{V_L} \right)^{0.23} u_s^{0.91} \left(\frac{D_e}{D_T} \right)^{-0.46} \left(\frac{1}{h} \right)$$

$$(6\text{-}47)$$

式中，h 为发酵罐高度，m；D_T 为发酵罐内径，m；D_e 为导流尾管内径，m；P_L 为液体喷射功率，kW；V_L 为发酵罐中溶液体积，m^3；u_s 为空截面气速，m/s；h 为发酵罐高度。

（3）溢流喷射自吸式发酵罐　这种发酵罐依靠溢流喷射器进行通气。吸气原理是液体溢流时形成抛射流，由于液体表面层与其界面处的气体进行动量传递，使边界层的气体产生一定的速率，带动气体流动并形成自吸气作用。若要使液体处于抛射非淹没溢流状态，溢流尾管需略高于液面。当溢流尾管高于液面 $1 \sim 2m$ 时，吸气速率较大。发酵罐结构见图 6-12。

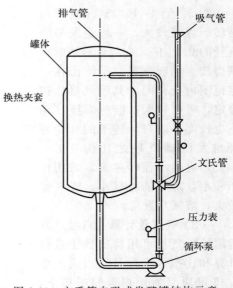

图 6-10　文氏管自吸式发酵罐结构示意

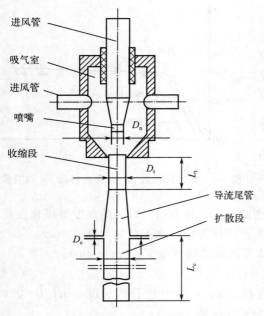

图 6-11　液体喷射吸气装置简图

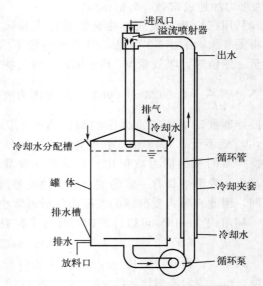

图 6-12　单层溢流喷射自吸式发酵罐

三、鼓泡塔式发酵罐

鼓泡塔式发酵罐是一种以气体为分散相、液体为连续相的发酵设备。设备结构简单，易于操作，传热和传质性能良好。由于没有机械搅拌装置，造价仅为通用式发酵罐的 1/3 左右，而且不会因轴封引起杂菌污染。这类发酵罐的高径比较大（通常大于 6），习惯将其称为"塔"。

鼓泡通气发酵罐（鼓泡塔式发酵罐的一种）内装有若干块筛板。压缩空气由罐底导入，经过筛板逐渐上升并带动发酵液向上流动。上升的发酵液又经过筛板上带有液封作用的降液管下降，形成液体循环，促进气液界面不断更新，达到气液混合效果。如培养液的浓度适宜且操作得当，在不增加空气流量的情况下，基本可以达到通用式发酵罐的发酵水平。

为了进一步强化气液传质效果，塔内还可以设置空气分布器。空气分布器有两种类型：静态式（仅有气相从喷嘴喷出）和动态式（气液两相均从喷嘴喷出）。

四、气升式发酵罐

气升式发酵罐（图 6-13）是在鼓泡塔式发酵罐基础上发展起来的、应用最广泛的生物发酵设备。在这种设备中，通过空气喷嘴喷出的高流速空气（250～300m/s）以气泡形式分散在液体中，使液体平均密度下降。而不通气的一侧，液体密度较大。在导流装置的引导下，在发酵罐中形成气液混合物的有序循环。气升式发酵罐分为内循环式和外循环式两类，环流管高度一般大于 4m，罐内液面不高于环流管出口 1.5m，且不低于环流管出口。

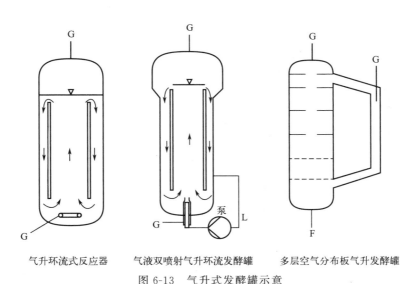

气升环流式反应器　　气液双喷射气升环流发酵罐　　多层空气分布板气升发酵罐

图 6-13　气升式发酵罐示意

五、其他类型发酵罐

除上述各种类型的发酵罐外，还有多种通风发酵罐在生产中得到应用（图 6-14）。例如，固定床生物反应器、卧式转盘发酵生物反应器、中空纤维发酵生物反应器、机械搅拌光照发酵罐、光照通气生物反应器、植物毛状根培养反应器、反应—分离耦联生物反应器、内部沉降动物细胞培养反应器、悬浮床生物反应器和浅层植物细胞培养反应器，等。

生物制药反应器开发的趋势：①开发活性高、选择性好及寿命长的生物催化剂；②改进生物反应器的传质、传热的方法；③生物反应器向大型化、自动化和智能化方向发展；④特殊要求的新型生物反应器的研制开发。随着制药装备的自动化、可视化和智能化的技术不断发展，必将促进生物制药发酵设备的水平不断提高。

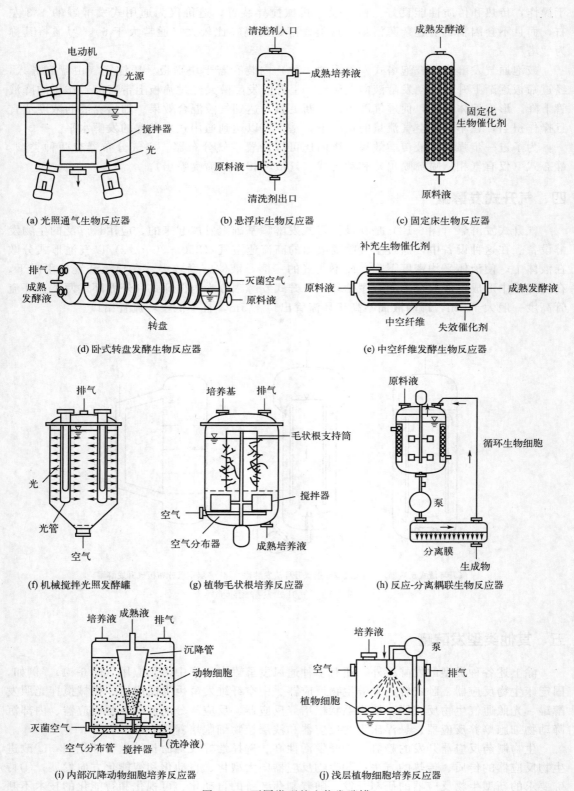

图 6-14 不同类型的生物发酵罐

思考题

1. 简述酶催化反应动力学、微生物发酵动力、微生物发酵产物生成动力学的各自含义。

2. 简述微生物发酵动力中菌体生长动力学的五个阶段及其动力学特征。

3. 简述机械搅拌通用式发酵罐设计思路与放大方法。

4. 简述机械搅拌通用式发酵罐（通气纯种深层液体为主）、自吸式发酵罐、气升式发酵罐、喷射式叶轮发酵罐、外循环发酵罐和多孔板塔式发酵罐等应用范围与优缺点。

第七章
制药工程项目设计的基本程序

 学习目标:

通过本章学习,掌握扩初设计阶段的设计工作内容;熟悉制药工程设计基本程序;了解项目建议书、可行性研究报告、设计委托书、工厂选址、总图布置等设计前期工作及设计工作常用标准和规范。

制药工程项目设计的基本工作程序如图 7-1 所示。此工作程序分为设计前期、设计中期和设计后期三个阶段。这三个阶段是互相联系、步步深入。

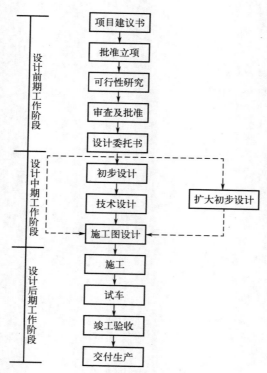

图 7-1 制药工程项目设计基本程序

第一节　设计前期工作阶段

一、设计前期工作的目的和内容

设计前期的工作目的是对项目建设进行全面分析，对项目的社会和经济效益、技术可靠性、工程的外部条件等进行研究。本阶段的主要工作是编制项目建议书、可行性研究和设计（任务）委托书。

二、项目建议书

项目建议书是法人单位向有关主管部门或投资方推荐项目时提出的报告书，主要说明项目建设的必要性，并初步分析项目建设的可行性。主要内容包括：项目建设的背景和依据、投资的必要性和经济意义、产品名称及质量标准、产品方案及拟建生产规模、工艺技术方案、主要原材料的规格和来源、建设条件和厂址初步方案、燃料和动力供应、市场预测、项目投资估算及资金来源、环境保护、工厂组织和劳动定员估算、项目进度计划、经济与社会效益的初步估算。项目建议书经过主管部门批准后，即可进行可行性研究。

三、可行性研究

项目建议书经主管部门批准后，由业主委托设计、咨询单位进行可行性研究。主要对拟建项目在技术、工程、经济和外部协作条件上是否合理和可行进行全面分析、论证和方案比较。根据《医药建设项目可行性研究报告》内容规定，可行性研究报告内容如下。

1. 总论

概述项目名称、主办单位及负责人、项目建设背景和意义；编制依据和原则；研究工作范围和分工；可行性研究的结论提要；存在的主要问题和建议。

2. 需求预测

产品在国内外的需求情况预测，产品的价格分析和竞争能力分析。

3. 产品方案及生产规模

产品方案及生产规模的比较选择及论证；提出产品方案和建设规模；主副产品的名称、规格、质量指标、标准和产量。

4. 工艺技术方案

概述国内外相关工艺；分析比较和选择工艺技术方案；绘制工艺流程图；通过物料衡算与能量衡算，制订原材料单耗及能耗，并与国内外同类产品的先进水平比较；主要设备的选择和比较；主要自控方案的确定。

5. 原材料、燃料及公用系统的供应

6. 建厂条件及厂址方案

介绍厂址概况（如厂区位置、地形地貌、工程地质、水文条件、气象、地震及社会经济等情况）；公用工程及协作条件（如水、电、汽的供给，交通运输等）；厂址方案的技术经济比较和选择意见。

7. 公用工程和辅助设施方案

确定全厂初步布置方案，全厂运输总量和厂内外交通运输方案，水、电、气供应方案，采暖

通风和空气净化方案，土建方案及土建工程量的估算，其他公用工程和辅助设施的建设规模。

8. 环境保护

9. 职业安全卫生

10. 消防

11. 节能

12. 工厂组织和劳动定员

工厂组织及生产制度；年工作日；生产班制和定员；人员培训计划和要求。

13. 药品生产质量管理规范（GMP）实施规划的建议

培训对象、目标和内容；培训地点、周期、时间及详细内容。

14. 项目实施规划

项目建设周期规划编制依据和原则；各阶段实施进度规划及正式投产时间的建议（包括建设前期、建设期）；编制项目实施规划进度或实施规划。

15. 投资估算

16. 社会及经济效果评价

17. 风险分析

18. 评价结论

从技术、经济等方面论述工程项目建设的可行性；列出项目建设存在的主要问题；得出可行性研究结论。

四、设计委托书

设计委托书是项目业主以委托书或合同的形式，委托工程公司或设计单位进行某项工程的设计工作，设计委托书内容包括项目建设主要内容、项目建设要求和用户需求（并提供工艺资料），是进行工程设计的依据。

五、厂址的选择

厂址选择指在拟建地区具体地点范围内明确建设项目的位置，是基本建设的一个重要环节。厂址选择是否得当，对工厂的建设进度、投资金额、产品质量、经济效益和环境保护等方面具有重大影响。目前，我国药品生产企业的选址工作大多采取由建设业主提出、设计部门参加、政府主管部门审批的组织形式进行。选址工作组一般由工艺、土建、供排水、供电、总图运输和技术经济等专业人员组成。根据 GMP 对厂房选址的规定，选择厂址时应考虑以下各项因素（以制剂车间为例）。

1. 环境

GMP 规定，药品生产企业必须有整洁的内外生产环境。从总体上来说，制药厂最好选址在大气条件良好、空气污染少的地区，尽量避开闹市、化工区、风沙区、铁路和公路等污染较多的地区，以使药品生产企业所处环境的空气、场地、水质等符合生产要求。

2. 供水

制药用水分为非工艺用水和工艺用水两大类。非工艺用水主要是自来水或水质较好的井水，用于产生蒸汽、冷却、洗涤（如洗浴、冲洗厕所、洗工衣、消防等）；工艺用水分为饮用水（自来水）、纯化水和注射用水。因此，厂址应靠近水源充沛和水质良好的地区。

3. 能源

药品生产需要大量的动力和蒸汽，应考虑在电力与燃料供应有充分保障的地区选址。

4. 交通运输

制药厂应建在交通运输发达的区域，厂区周围有已建成或即将建成的市政道路设施，能提供快捷方便的公路、铁路或水路等运输条件，消防车进入厂区的道路不宜少于两条。

5. 自然条件

自然条件包括气象、水文、地质、地形。

6. 环保

选址应注意当地的自然环境条件，应当对工厂投产后可能造成的环境影响作出预评价，并得到当地环保部门认可。

7. 城市规划

符合在建城市发展的近、远期发展规划，节约用地，但应留有发展的余地。

8. 协作条件

厂址应选择在储运、机修、公用工程（电力、蒸汽、给水、排水、交通、通信）和生活设施等方面具有良好协作条件的地区。

六、总图布置

厂址确定后，根据制药工程项目的生产品种、规模和有关技术要求，总体设计工厂内部所有建筑物和构筑物在平面和立面上布置的相对位置，以及运输网、工程网、行政管理、福利及绿化设施的布置等问题，即进行工厂的总图布置（又称总图运输、总图布局）。例如，某制药厂的总平面布置图如图 7-2 所示。

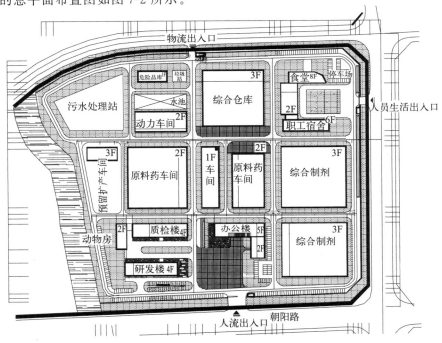

图 7-2　某制药厂总平面布置图

七、环境影响评价报告书

环境影响评价简称环评，是指对规划和建设项目实施后可能造成的环境影响进行分析、预测和评估，提出预防或者减轻不良环境影响的对策和措施，给出跟踪监测的方法与对策文件。除此之外，现在还有安全评价、用能与节能减排评价等报告书。

第二节　设计中期工作阶段

根据已批准的设计任务书（或可行性研究报告），可开展设计工作，通过技术手段将可行性研究报告的构思变成工程现实。一般来说，工程项目设计阶段包括基础设计（初步设计或方案设计，制药设计多将初步设计和技术设计综合成扩大的初步设计）和详细设计（施工图设计）。在我国制药工程设计领域，对各设计阶段有相应的设计深度规定，各工程设计单位或工程公司也有各自的设计深度要求。在基础设计阶段，设计单位除了完成基础设计文件之外，还要根据项目所在地的主管部门要求完成项目规划设计文件（用于规划方案审批）、GMP 审核文件（用于国内外 GMP 专家咨询）等；在详细设计阶段，施工图设计文件还需要经过施工图审查机构审查。设计单位还要根据项目类型和性质完成各项专篇，如消防专篇、项目安全设施设计专篇、项目职业病防护设施设计专篇、节能专篇等。

在国际通用制药工程设计的工作程序中，将制药工程设计分为工艺包设计（基础设计）和工程设计两个阶段。

（1）工艺包设计　由专利商或工程公司的工艺专业主导承担，提供工程公司作为工程设计的依据。基本工作内容为：①工艺流程图（PFD）；②工艺控制图（PCD）；③工艺说明书；④设备表；⑤工艺数据表；⑥概略布置图。

（2）工程设计　由工艺设计、基础工程设计、详细工程设计三部分组成。①工艺设计由工程公司的工艺专业将专利文件转化为工程公司设计文件，发给有关专业开展工程设计，并提供用户审查。主导专业是工艺，基本工作内容为：工艺流程图（PFD），工艺控制图（PCD），工艺说明书，物料平衡表，设备一览表，工艺数据表，安全备忘录，概略布置图，各专业设计条件。②基础工程设计为详细工程设计提供全部资料，为设备与材料采购提出请购文件。主导专业是工艺系统和管道专业，基本工作内容为：管道仪表流程图（PID），设备计算及分析草图，设计规格说明书，材料选择，请购文件，设备布置图（分区），管道平面布置图（分区），地下管网图，电气单线图，各有关专业设计条件。③详细工程设计提供施工所需的所有详细图纸和文件，作为施工及材料补充订货的依据。主导专业是工艺系统和管道专业等，基本工作内容为：管道仪表流程图（PID），设备安装平剖面图，详细配管图，管段图（空视图），基础图，结构图与建筑图，仪表设计图，电气设计图，设备制造图，其他专业全部施工所需图纸文件，各专业施工安装说明。

随着我国工程设计体制与国际工程公司模式的接轨，制药工艺专业在设计范围与设计阶段的划分也在发生变化。在专业范围划分方面，传统的制药工艺专业包括工艺系统和工艺管道两个部分，而在国际工程公司设计模式下，工艺系统专业和管道专业是分开设置的，而管道专业本身不仅仅包含工艺管道，可能包括车间或装置在内的其他专业的管道（在目前的设计模式中，空调通风专业的管道也不包括在管道专业之中）；在设计阶段划分上，按照我国目前的项目建设程序，设计仍然主要分为初步设计（或方案设计或扩大初步设计）和施工图设计两个阶段，这两个阶段基本对应国际工程公司设计模式下的基础工程设计和详细工程设计，但其程序、内容和工作方式等方面有一定的差别。

一、初步设计阶段

初步设计是根据下达的任务书（或可行性研究报告）及设计基础资料，确定全厂设计原则、设计标准、设计方案和重大技术问题。设计内容包括总图、运输、工艺、自控、设备及安装、材控、建筑、结构、电气、采暖、通风、空调、给排水、动力和工程经济（含设计概算和财务评价）等。初步设计成果是初步设计说明书和图纸。

1. 初步设计工作基本程序

初步设计阶段具体工作程序如图 7-3 所示。

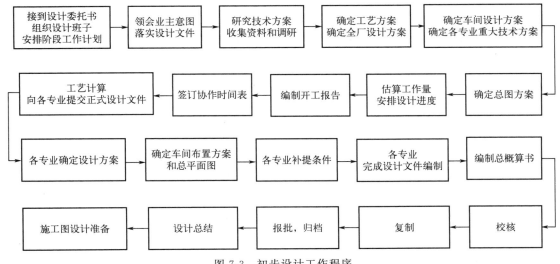

图 7-3　初步设计工作程序

2. 初步设计说明书的内容

（1）设计依据和范围　①文件：任务书、批文等；②设计资料：中试报告、调查报告等。

（2）设计指导思想和设计原则　①指导思想：工程设计的具体方针政策和指导思想；②设计原则：各专业设计原则，如设备选型和材质选用原则等。

（3）建设规模和产品方案　①产品名称和性质；②产品质量规格；③产品规模（t/a）；④副产物数量（t/a）；⑤产品包装、储藏方式。

（4）生产方法和工艺流程　①生产方法：扼要说明原料与工艺路线；②化学反应方程式：写明方程式、注明化学名称、标注主要操作条件；③工艺流程：包括工艺流程方框图，带控制点工艺流程图和流程叙述，物料按生产工艺工序经过工艺设备的顺序以及生成物去向的技术条件说明（如温度、流量、压力、配比等）。

（5）车间组成和生产制度　①车间组成情况；②生产制度：包括年工作日、操作班次、间歇或连续生产方式。

（6）原料和中间产品技术规格　①原料与辅料技术规格；②中间产品和产品技术规格。

（7）物料衡算　①基础数据；②物料衡算结果以物料平衡图表示（连续操作以小时计，间歇操作以批计）；③原料定额表、排出物料综合表（含"三废"）、原料消耗综合表。

（8）热量衡算　①热量衡算的基础数据；②热量衡算结果以热量平衡图表示；③热量

消耗综合表（还有水、电、蒸汽、冷用量表）。

（9）**主要工艺设备选型与计算** ①基础数据来源：物料衡算、热量衡算、主要化工数据等；②按流程编号顺序对主要设备进行工艺计算，主要内容包括：设备承担的工艺任务，工艺计算（包括操作条件、数据、公式、运算结果、必要的接管尺寸等），最终结论（技术结果的论述、设计结果），材料选择；③编制主要工艺设备一览表：工艺设备一览表按非定型工艺设备和定型工艺设备两类进行编制，以表格形式分类表示计算和选型结果；④对于间歇操作的设备，需列出工艺操作时间表和动力负荷曲线。

（10）**工艺过程主要原材料、动力消耗定额及公用系统消耗**

（11）**车间布置设计** ①车间布置说明：包括生产、辅助生产、行政生活等部分的区域划分、生产工序流向、防火、防爆、防腐、防毒考虑等；②设备布置平面图与立面图。

（12）**生产过程分析控制** ①中间产品、生产过程质量控制的常规分析和"三废"分析等；②主要生产控制分析表；③分析仪器设备表。

（13）**仪表及自动控制** ①控制方案说明（具体表示在工艺流程图中）；②控制测量仪器设备汇总表。

（14）**土建** ①设计说明；②车间（装置）建筑物、构筑物表；③建筑平面图、立面图、剖面图。

（15）**采暖通风及空调**

（16）**公用工程** ①供电：设计说明（电力、照明、避雷、弱电等），设备与材料汇总表；②供排水：供水，排水（包括清下水、生产污水、生活污水、蒸汽冷凝水），消防用水；③蒸汽：蒸汽用量与规格等；④冷冻与空压：冷冻，空压，设备与材料汇总表。

（17）**原、辅材料及产品贮运**

（18）**车间维修**

（19）**职业安全卫生**

（20）**环境保护** ①"三废"产生及排放情况表；②"三废"治理方法及综合利用途径。

（21）**消防**

（22）**节能**

（23）**车间定员** 如生产工人、分析工人、维修工人、辅助工人、管理人员等。

（24）**概算**

（25）**工程技术经济** ①投资；②产品成本。

（26）**存在问题与建议** 主要表述因投资额度限制造成的问题与建议，或因技术发展限制造成的问题与建议。

二、施工图设计阶段

施工图设计是根据批准的（扩大）初步设计（基础设计或方案设计）及总概算为依据，完成各类施工图纸和施工说明及施工图预算工作，满足项目施工及试车等需要。

1. 施工图设计的深度

施工图设计的深度应满足下列要求：①设备及材料的安排和订货；②非标设备的设计和安排；③施工图预算的编制；④土建、安装工程的要求。

2. 施工图设计的内容

施工图设计阶段的主要设计文件有设计说明书和图纸。

（1）**设计说明书** 施工图设计说明书的内容除（扩大）初步设计说明书内容外，还应包括以下内容：①对原（扩大）初步设计的内容进行修改的原因说明；②安装、试压、保温、油漆、吹扫、运转安全等要求；③设备和管道的安装依据、验收标准和注意事项。通常将此部分直接标注在图纸上，可以不写入设计说明书中。

（2）图纸　　这是工艺设计的最终成品，主要内容如下：①施工阶段管道与仪表流程图（带控制点的工艺流程图）；②施工阶段设备布置图与安装图；③施工阶段管道布置图与安装图；④非标设备制造图与安装图；⑤设备一览表；⑥非工艺工程设计项目施工图。

第三节　设计后期

设计后期工作主要是设计技术服务。项目建设单位在具备施工条件后，通常依据设计概算或施工图预算制订标底，通过招、投标的形式确定施工单位。施工单位根据施工图编制施工预算和施工组织计划。项目建设单位、设计单位、施工单位和监理单位对施工图进行会审，设计部门对设计中一些问题进行解释和处理。设计部门派人参加现场施工过程中各项工程验收，以便了解和掌握施工情况，确保施工符合设计要求，同时能及时发现和纠正施工图中的问题。施工完成后进行设备的调试和试车生产，设计人员应业主要求可参加试车前的准备以及试车工作，向生产单位说明设计意图并及时处理该过程中出现的设计问题。设备的调试通常是从单机到联机，先空车，然后从水代物料到实际物料，当试车正常后，建设单位组织施工、监理和设计等单位按工程承建合同、施工技术文件及工程验收规范先组织验收，然后向主管部门提出竣工验收报告，并绘制竣工图以及整理一些技术资料，在竣工验收合格后，作为技术档案交给生产单位保存，建设单位编写工程竣工决算书以报业主或上级主管部门审查。待工厂投入正常生产后，设计部门还要注意收集资料、进行总结，为以后的设计工作、该厂的扩建和改建提供经验。

第四节　制药工程设计常用规范和标准目录

工程设计必须执行一定的规范和标准，才能保证设计质量。标准主要指企业的产品，规范侧重于设计所要遵守的规程。按指令性可将标准和规范分为强制性与推荐性两类。按发行单位可以将规范和标准分为国家标准、行业标准、地方标准和企业标准。以下为制药设计中常用的有关规范和标准目录。

①《药品生产质量管理规范》（2010 年修订）
②《药品生产质量管理规范实施指南》（2010 年修订）
③《医药工业洁净厂房设计标准》（GB 50457—2019）
④《洁净厂房设计规范》（GB 50073—2013）
⑤《建筑设计防火规范》（GB 50016—2014）
⑥《爆炸危险环境电力装置设计规范》（GB 50058—2014）
⑦《工业企业设计卫生标准》（GBZ 1—2010）
⑧《污水综合排放标准》（GB 8978—1996）
⑨《工业企业厂界环境噪声排放标准》（GB 12348—2008）
⑩《工业建筑供暖通风与空气调节设计规范》（GB 50019—2015）
⑪《压力容器》（GB/T 150.1～150.4—2011）

⑫《建筑采光设计标准》（GB 50033—2013）

⑬《建筑照明设计规范》（GB 50034—2013）

⑭《工业建筑防腐蚀设计标准》（GB/T 50046—2018）

⑮《化工企业安全卫生设计规范》（HG 20571—2014）

⑯《化工装置设备布置设计规定》（HG/T 20546—2009）

⑰《化工装置管道布置设计规定》（HG/T 20549—1998）

⑱《医药建设项目初步设计内容及深度规定》（国家医药管理局文件，国药综经字［1995］第 397 号）

⑲《医药建设项目可行性研究报告内容及深度规定》（国家医药管理局文件，国药综经字［1995］第 397 号）

⑳《建设项目环境保护管理条例》（国务院令［1998］年第 253 号）

㉑《工业企业噪声控制设计规范》（GB/T 50087—2013）

㉒《环境空气质量标准》（GB 3095—2012）

㉓《锅炉大气污染物排放标准》（GB 13271—2014）

㉔《化工自控设计规定》（HG/T 20505—2014　HG/T 20507～20516—2014）

㉕《建筑灭火器配置设计规范》（GB 50140—2005）

㉖《建筑物防雷设计规范》（GB 50057—2010）

㉗《火灾自动报警系统设计规范》（GB 50116—2013）

㉘《自动喷水灭火系统设计规范》（GB 50084—2017）

㉙《建筑结构荷载规范》（GB 50009—2012）

㉚《民用建筑设计统一标准》（GB 50352—2019）

㉛《建筑结构可靠度设计统一标准》（GB 50068—2001）

㉜《建筑给水排水设计标准》（GB 50015—2019）

㉝《建筑结构制图标准》（GB/T 50105—2010）

㉞《建筑地面设计规范》（GB 50037—2013）

㉟《化工企业总图运输设计规范》（GB 50489—2009）

㊱《通风与空调工程施工质量验收规范》（GB 50243—2016）

 思考题

1. 医药项目设计通常有哪些设计阶段？它们的主要内容是什么？

2. 初步设计的工作程序是什么？

3. 施工图设计相对初步设计深度加大了，体现在哪些方面？

4. 初步设计的变更需要履行哪些程序才能进行下一步工作？

第八章

工艺流程设计

 学习目标:

通过本章的学习,了解工艺流程设计的任务成果和设计原则;熟悉工艺流程设计的基本程序;掌握工艺流程图的绘制方法;掌握工艺流程的技术处理方法和特定过程及管路的流程设计。

第一节 概述

一、工艺流程设计的重要性

工艺流程设计是工艺设计的核心。工艺流程设计包括实验工艺流程设计和生产工艺流程设计两部分。对于已经大规模生产、技术比较简单以及中试已完成的产品,其工艺流程设计一般属于生产工艺流程设计。本章主要讲述生产工艺流程设计。

二、工艺流程设计的任务和成果

1. 工艺流程设计的任务

（1）**确定流程的组成** 从原料到成品的流程由若干个单元反应、单元操作相互联系组成,相互联系为物料流向。确定每个过程或工序的组成,即设备名称、设备台套数、设备相互之间的连接方式和主要工艺参数是工艺流程设计的基本任务。

（2）**确定载能介质的技术规格和流向** 在制药生产工艺流程设计中,要确定常用的水蒸气、水、冷冻盐水、压缩空气和真空等载能介质的种类、规格和流向。

（3）**确定生产控制方法** 当单元反应和单元操作在一定条件下进行（如温度、压力、进料速度、pH 值等）时,必须达到技术参数的要求,才能按设计要求实现生产目标。因此,在工艺流程设计中对需要控制的工艺参数应确定其检测点、检测仪表安装位置及其功能。

（4）**确定"三废"的治理方法** 除了产品和副产品外,对全流程中排放的"三废"要尽量综合利用,对于一些暂时无法回收利用的,需要妥善处理。

（5）**制订安全技术措施** 对生产过程中可能存在的安全问题（特别是停水、停电、开车、停车、检修等过程）,应确定预防、预警和应急措施（如设置报警装置、事故贮槽、防爆片、安全阀、泄水装置、水封、放空管、溢流管等）。

（6）**绘制工艺流程图**

（7）**编写工艺操作方法**　在设计说明书中应阐述从原料到产品的每一个过程的具体生产方法，包括原辅料及中间体的名称、规格、用量，工艺操作条件（如温度、时间、压力等），控制方法，设备名称等。

2. 工艺流程设计的成果

初步设计阶段的工艺流程设计成果，是初步设计阶段带控制点的工艺流程图和工艺操作说明。施工图设计阶段的工艺流程设计成果，是施工图阶段的带控制点工艺流程图即管道仪表流程图（piping and instrument diagram，PID）。

三、工艺流程设计的原则

工艺流程设计通常要遵循以下原则：①保证产品质量符合规定标准；②尽量采用成熟、先进的技术和设备；③满足 GMP 要求；④能耗尽可能少；⑤尽量减少"三废"排放量；⑥具备开车、停车条件，易于控制；⑦具有柔韧性，具备在不同条件下（如进料组成和产品要求的改变）正常操作的能力；⑧具有良好的经济效益；⑨确保安全生产；⑩遵循"三协调"原则（人流物流协调、工艺流程协调、洁净级别协调），正确划分生产区域的洁净级别，按工艺流程合理布置，生产工艺流程上下衔接，人流、物流分开，避免交叉。

第二节　工艺流程设计的基本程序

一、对选定的生产方法进行工程分析

对小试、中试工艺报告或工厂实际生产工艺及操作控制数据进行工程分析，在确定产品方案（品种、规格、包装方式）、设计规模（年产量、年工作日、日工作班次、班生产量）和生产方法的情况下，将产品的生产工艺过程按制药类别和制剂品种分解成若干个单元反应、单元操作或工序，并确定每个基本步骤的基本操作参数（又称原始信息，如温度、压力、时间、进料流量、浓度、生产环境、洁净级别、人净物净措施要求、制剂加工、包装、单位生产能力、运行温度与压力、能耗等）和载能介质的技术规格。

二、进行方案比较

在保持原始信息不变的情况下，需要从成本、收率、能耗、环保、安全、关键设备使用等方面，对重点岗位的工艺方案进行比较和论证，以确定最优方案。在进行方案比较时，需要综合考虑产品特性、生产成本、劳动保护、"三废"处理等具体问题。这项工作在体现工艺先进性和节约生产成本方面具有重要意义。

三、绘制工艺流程框图

工艺流程框图是以方框和圆框、文字和带箭头线条的形式，定性地表示由原料变成产品的生产过程。

四、绘制初步设计阶段的带控制点工艺流程图

工艺流程图绘制后，就可进行车间布置和仪表自控设计。根据车间布置和仪表自控设计结果，绘制初步设计阶段的带控制点工艺流程图。

五、绘制施工阶段的带控制点工艺流程图

初步设计工艺流程图经过审查批准后，按照初步设计的审查意见进行修改完善，并在此基础上绘制施工图阶段的带控制点工艺流程图。

第三节　工艺流程图

工艺流程图是以图解的形式表示工艺流程，图纸类型包括工艺流程框图、设备工艺流程图、物料流程图、带控制点的工艺流程图等。在工艺流程设计的不同阶段，工艺流程图的深度是不一样的。

一、工艺流程框图

确定生产路线后，在物料衡算工作开始之前，需要先绘制工艺流程框图（process flow diagram，PFD）。这是一种定性图纸，便于方案比较和物料衡算，不编入设计文件中。工艺流程框图以圆框表示单元反应，以方框表示单元操作，以箭头表示物料的流向，用文字表示单元反应、单元操作和物料的名称。框图完成的形式应为：骨架正确，物尽其用。图 8-1 为对氨基苯乙醚生产的工艺流程框图。

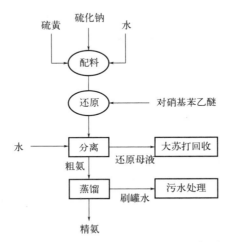

图 8-1　对氨基苯乙醚生产工艺流程框图

二、设备工艺流程图（工艺流程简图）

图 8-2 所示的设备工艺流程图以设备的几何图形（设备图例在带控制点工艺流程图章节中叙述）表示单元反应和单元操作，以箭头表示物料和载能介质的流向，用文字表示设备、

物料和载能介质的名称。

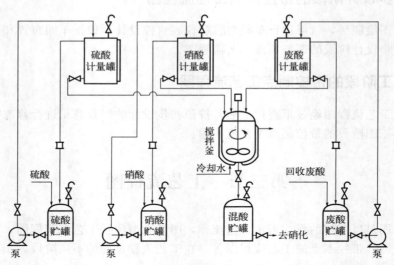

图 8-2　混合酸配制过程的设备工艺流程

三、物料流程图

物料衡算结束后，可在工艺流程框图或设备工艺流程图基础上绘制物料流程图。物料流程图是初步设计的成果，需要编入初步设计说明书中。如图 8-3 所示，物料流程图有三纵列，左边列表示原料、中间体；中间列表示单元反应和单元操作以及最后成品；右边列表示副产品和"三废"排放物。每一个框表示过程名称、流程号及物料组成和数量，物料流向及其数量分别用箭头和数字表示。为了突出单元过程，可把中间纵列的图框绘成双线。物料流程图既表示物料由原料、辅料转变为产品的来龙去脉（路线），又表征原料、辅料及中间体在各单元反应、单元操作中的物质类别和物料量的变化。在物料流程图中，整个物料量是平衡的，故又称物料平衡图。

四、带控制点的工艺流程图

带控制点的工艺流程图又称管道仪表流程图（piping and instrument diagram，PID），是采用图示方法表示工艺流程所需全部设备（装置）、管道、阀门、管件、仪表及其控制方法等，是工艺设计中必须完成的图样，它是施工、安装和生产过程中设备操作、运行和检修的依据。绘制 PID 图需遵循两个原则：①有相对比例，无绝对比例；②有上下关系，无左右关系。图 8-4 为冻干粉针车间配液过滤工段带控制点的工艺流程。

1. 基本要求

PID 图的绘制要求可以参考中华人民共和国行业标准管道仪表流程图设计规定 HG 20519—2009。虽然各行业与各部门的标准存在差异，但设计时应以 HG 20519—2009 为参照准则。PID 图应能够体现以下功能：①采用设备图形表示单元反应和单元操作；②能够反映物料及载能介质的流向及连接；③能够表示生产过程中的全部仪表和控制方案；④能够表示生产过程中的所有阀门和管件；⑤能够反映设备间的相对空间关系。

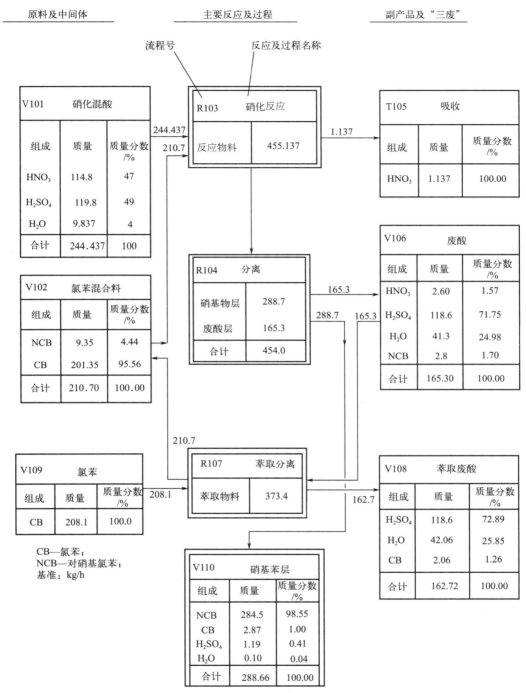

图 8-3　原料药车间物料流程图示例

2. 绘制步骤

①确定图幅；②画出地面基准线、操作台基准线、屋顶基准线；③根据设备的工艺连接关系，从左至右先绘制操作台上的主要单元设备，再绘制与主要设备相连的附属设备（如换

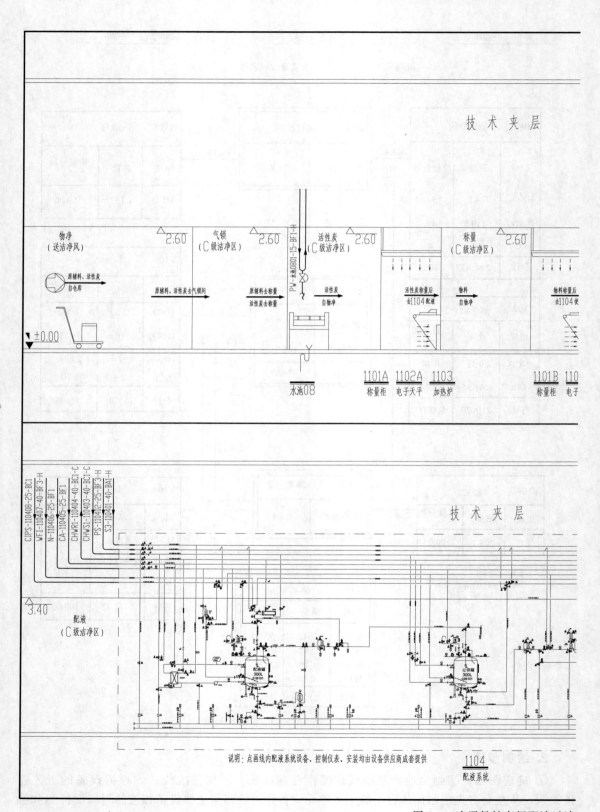

图 8-4 冻干粉针车间配液过滤

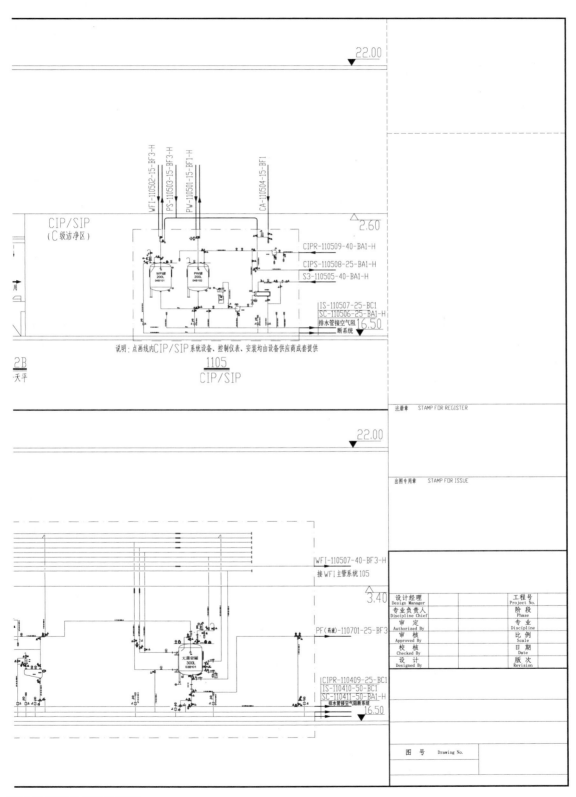

工段带控制点的工艺流程

热器、计量罐、过滤器等），绘制时需注意和地面、操作台、屋顶基准线的关系；④依次绘制工艺管线和辅助工艺管线，同时绘制控制阀等各种管件和仪表控制点；⑤标注设备、管道及楼层高度等；⑥填写标题栏；⑦写出图例和符号说明；⑧编制设备一览表。

3. PID 图绘制一般规定

（1）**图幅与图框**　PID 图多采用 A1 图幅，简单流程可用 A2 图幅，但同一套图纸的图幅应该相同。PID 图可按主项分别绘制，也可按生产过程分别绘制，原则上一个主项绘制一张图。若工艺流程非常复杂，可分成几部分进行绘制。图框是采用粗线条在图纸幅面内给整个图（包括文字说明和标题栏在内）的框界。常见图幅如表 8-1 所示。

表 8-1　PID 图基本幅面表与图框尺寸

幅面代号	A0	A1	A2	A3	A4
宽度 B(mm)×长度 L(mm)	841×1189	594×841	420×594	297×420	210×297

（2）**比例**　PID 图可以不按绝对比例绘制，但要按相对比例绘制。过大或过小设备（装置）的比例可适当缩小或放大，但设备间的相对大小不能改变。采用不同的标高基准线表示各设备位置的相对高低。整个图面需匀称、协调和美观。

（3）**图例**　图例的作用，是采用文字说明 PID 图中用于表示管线、阀门、设备附件、计量与控制仪表等图形符号的含义，以便了解 PID 图的内容。图例包括流体代号、设备名称和位号、管道标注、管道等级号及管道材料等级表、隔热及隔声代号、管件阀门及管道附件、检测和控制系统的符号代号等。图例应位于第一张 PID 图的右上方。当图例过多时，需给出首页图（图 8-5）。

（4）**相同系统的绘制方法**　当一个流程图中有两个或两个以上完全相同的局部系统时，只绘出一个系统的流程，其他系统用细双点划线的方框表示，框内注明系统名称及其编号。当整个流程比较复杂时，可以绘制一张单独的局部系统流程图，在总流程图中各系统均用细双点划线方框表示，框内注明系统名称、编号和局部系统流程图的图号。

（5）**图形线条**　根据线条宽度，可将图形实线线条分为粗实线（0.9～1.2mm）、中粗线（0.5～0.7mm）和细实线（0.15～0.3mm），粗实线、中粗线和细实线的宽度比为 4∶2∶1。因此，选定粗实线的宽度之后，中粗线和细实线的宽度也就随之确定了。根据图样的类型和尺寸，所有线型的图线宽度应在以下数系中选择：0.13mm，0.18mm，0.25mm，0.35mm，0.5mm，0.7mm，1.0mm，1.4mm，2.0mm，该数系的公比为 1∶1.4。在同一图样中，同类图线的宽度应该一致。主要物料管道为粗实线，其他物料管道为中粗线，设备外形、阀门、管件、仪表控制符号、引线等为细实线。

（6）**字体**　图纸和表格中的所有文字采用长仿宋体，字体高度（字号）参照表 8-2。

表 8-2　字体高度

书写内容	推荐字号/mm	书写内容	推荐字号/mm
图标中的图名及视图符号	7	图纸中数字及字母	3.5
工程名称	5	图名	7
文字说明	5	表格中文字	5

（7）图形绘制和标注

① 绘制设备一览表中列出的所有设备与装置

a. 设备图形　绘制设备外形时，对于规定的设备与装置的图形，按照管道及仪表流程图上的设备（装置）的图例绘出。对于未规定的设备与装置的图形，可根据实际外形和内部结构特征简化绘制。一般要画出设备与装置上所有接口（包括人孔、手孔、装卸料口等）。与配管有关以及与外界有关的管口（如直连阀门的排液口、排气口、放空口及仪表接口等）必须画出。一般采用单细实线表示管口，也可以与所连管道线的宽度相同，个别管口采用双细实线绘制。一般设备管口法兰可以不绘制。设备与装置的支承和底座可以不表示。设备与装置自身的附属部件与工艺流程有关者（如设备上的液位计和安全阀、列管换热器上的排气口、柱塞泵所带的缓冲缸等），尽管它们不一定需要外部接管，但它们对生产操作和检测都是必需的，有的还要调试，因此要在图上表示出来。

b. 设备与装置位置　在 PID 图中，设备与装置的位置一般按工艺流程顺序自左向右排列，其相对位置一般考虑便于管道的连接和标注。对于有流体从上自流而下并与其他设备位置有密切连接关系时，设备间的相对高度与设备布置的情况相似，对于有位差要求的设备，还应标注限位尺寸。设备布置在楼孔板上、操作台上、地坑里，均需作相关表示。布置在地下或半地下的设备，图中需表示出一段相关的地面。

c. 设备标注　PID 图中需要标注设备位号（上方）、位号线（中间）、设备名称（下方），标注方法主要有两种。第一种：标注在流程图下方或上方，要求排列整齐，并尽可能正对设备，如图 8-6 所示。当几个设备垂直排列时，设备位号和名称可以自上向下按顺序标注，也可以水平标注。第二种：在设备图形内部或近旁仅标注设备位号。图 8-6 可见，设备位号包括设备类别代号、主项号（常为设备所在车间、工段代号）、设备在流程图中的顺序号和相同设备的尾号。主项代号采用两位数字（01～99），如不满 10 项时，可采用一位数字。两位数字也可按车间（或装置）与工段（或工序）划分。设备顺序号可按同类设备各自编排序号，也可以综合编排总顺序号，用两位数字表示（01～99）。相同设备的尾号是同一位号的相同设备的顺序号，用 A、B、C……表示，也可用 1、2、3……表示。在流程图、设备布置图和管道布置图上标注设备位号时，要在设备位号下方画一条位号线，线条为宽度 0.9mm 或 1.0mm 的粗实线。从初步设计到施工图，设备位号在所有文件中需保持一致。设备位号主要出现在工艺叙述、PID 图、设备一览表、车间设备布置图等文件中。

② 绘制包括阀门、管件、管道附件在内的全部管道

a. 绘制要求　根据表 8-3 所示管道、管件、阀门及管道附件的图例，绘制全部工艺管道以及与工艺有关的辅助管道，绘出管道上的阀门、管件和管道附件（不包括管道间的连接件，如三通、弯头、法兰等）。为安装和检修等原因所加的法兰、螺纹连接件等，也需要绘制和标注。在 PID 图中不对各种管道的比例作统一规定。根据输送介质的不同，流体管道可用不同宽度的实线或虚线表示，各种管道的代号如图 8-7 所示。管道的伴热管需要全部绘出，夹套管可以仅绘制两端头的一小段，有隔热的管道需在适当部位画上隔热标志。进出设备的固体物料，采用粗的虚（或实）弧形线或折线表示。绘制管道线时，应横平竖直，转弯应画成直角，要避免穿过设备，尽量避免管道交叉。必须交叉时，一般采用竖断横不断的画法。管道线之间、管道线与设备之间的间距应匀称、美观。

图　例

1.管线表示法

Se3e⁻R10112-40-BA1-H　▽3.50
① ② ③ ④ ⑤ ⑥ ⑦ ⑧ ⑨ ───── 一般物料管线

×××× 物料去(自) ×××× ───── 固体物料流向

① 阀件符号，见3　　　　② 流体代号，见4
③ 管道编号　　　　　　④ 公称直径，单位mm
⑤ 管道等级代号，见6　⑥ 隔热符号：H — 保温；C — 保冷；
⑦ 管道底或管架顶标高　　　P — 防烫；D — 防结露
⑧ 物料流向　　　　　　⑨ 仪表符号，见2

装置内的接续标志　　　　进出装置的接续标志

物料来自……　　　　　　　　物料来自……
图号E.01-×××××-×-××/××

物料去至……　　　　　　　物料去至……
图号E.01-×××××-×-××/××

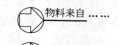

2.仪表和自控符号

按工业和信息化部 HG/T 20505—2014规定		按工业和信息化部 HG/T 20505—2014规定	
首位字母	后续字母	首位字母	后续字母
A 分析	报警	L 物位	灯
C 电导率	控制	M 水分或湿度	
D 密度		P 压力、真空	连接或测试点
F 流量		Q 数量	
G 毒性气体或可燃气体	视镜、观察	S 速度、频率	开关、连锁
H 手动		T 温度	传送(变送)
K 时间、时间程序	操作器	V 振动、机械监视	阀、风门、百叶窗
(VFD) (电机)变频控制			

安装位置

①就地安装仪表　　②集中仪表盘安装仪表　　③就地仪表盘安装仪表

3.阀门管件

名称	图例	名称	图例
截止阀		疏水阀	
闸阀		顶底阀	
柱塞阀		呼吸阀	
球阀		U形隔膜阀	
旋塞阀			
隔膜阀		阻火器	
角式截止阀		视镜	
角式节流阀		视盅	
减压阀		气体过滤器	
卫生级呼吸阀		软连接	

4.流体代号

介质名称	流体代号	主管编号
饱和蒸汽(0.3MPa)	S3	101
纯蒸汽	PS	102
自来水	CWS	103
纯化水	PW	104
注射用水	WFI	105
压缩空气(0.6MPa)	CA	106
冷冻水(供)	CHWS1	107a
冷冻水(回)	CHWR1	108a
冷冻水(供)	CHWS2	107b
冷冻水(回)	CHWR2	108b
真空	V	
蒸汽冷凝水	SC	
氮气	N	
排空	VT	
生产污水	IS	

6.管道材料等级索引

等级	典型介
BA1	饱和蒸汽(0.3 蒸汽冷凝水、
BB1	冷冻水(供、
BC1	饱和蒸汽(0.3 真空压缩空气、自来水、 生产污水、排空、冷凑 物料(无毒、非易燃、
BF1	纯化水、压缩 氮气、生产污
BF3	注射用水、纯蒸汽、 物料(无毒、非易燃 压缩空气、氮气、

图 8-5　工艺专业

5.管道材料等级编号说明

```
B C 2
    └─ 序号
  └──── 管道材质
└────── 管道的压力等级
```

a.管道材料等级号由两个英文字母和一个数字共三部分组成，第一部分代表压力等级，第二部分代表管道材料，第三部分用以区分相似的情况。

b.压力和材料代号如下表：

第一部分		第二部分		第三部分
符号	意义	符号	意义	顺序区别号
A	≤0.6MPa	A	碳钢（无缝管）	顺序区别号
B	1.0MPa	B	碳钢（焊接管，镀锌管）	顺序区别号
C	1.6MPa	C	304(0Cr18Ni9)	顺序区别号
D	2.5MPa	D	316(0Cr17Ni12Mo2)	顺序区别号
E	4.0MPa	E	316L(00Cr14Ni12Mo2)	顺序区别号
F	6.3MPa	F	不锈钢薄壁管	顺序区别号
G	10.0MPa	G	低合金管	顺序区别号
H	16.0MPa	H	塑料管	顺序区别号
K	25.0MPa	K	碳钢衬胶	顺序区别号
		L	钢塑复合管	顺序区别号
		M	铜	顺序区别号
				顺序区别号

质	温度范围/℃	腐蚀裕度/mm	法兰型式、压力等级、基本材料	压力管道设计类别、级别
MPa) 自来水	0~159	1.5	PN10平焊RF面HG/T 20592—2009 碳钢(20无缝管)	饱和蒸汽 GC3
回)	0~50	1.5	PN10平焊RF面HG/T 20592—2009 碳钢(Q235-A焊接钢管)	
MPa) 蒸汽冷凝水 水(供、回) 非易爆)	0~159	0	PN10平焊RF面HG/T 20592—2009 06Cr19Ni10(304)	
空气、 水	0~80	0	1.0MPa卡箍QB/T 2005—2010 06Cr19Ni10(304)	
消毒液 、非易爆) 排空	0~133	0	1.0MPa卡箍QB/T 2005—2010 022Cr17Ni12Mo2(316L)	

注册章 STAMP FOR REGISTER

出图专用章　STAMP FOR ISSUE

设计经理 Design Manager			工程号 Project No.	
专业负责人 Discipline Chief			阶段 Phase	
审定 Authorized By			专业 Discipline	
审核 Approved By			比例 Scale	
校核 Checked By			日期 Date	
设计 Designed By			版次 Revision	

图号　Drawing No.

图例首页图

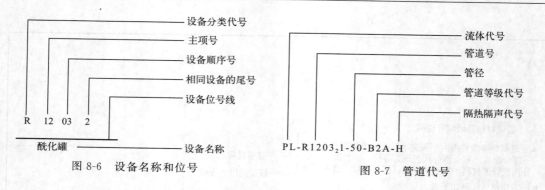

图 8-6　设备名称和位号　　　　　　　　图 8-7　管道代号

表 8-3　工艺流程图中常见管道、管件、阀门及管道附件的图例

序号	名称	图例	序号	名称	图例
1	主要物料管道		26	管端平板封头	
2	辅助物料管道		27	活接头	
3	固体物料管线或不可见主要物料管道		28	敞口排水器	
4	仪表管道		29	视镜	
5	软管		30	消声器	
6	翅片管		31	膨胀节	
7	喷淋管		32	疏水器	
8	多孔管		33	阻火器	
9	套管		34	爆破片	
10	热保温管道		35	锥形过滤器	
11	冷保温管道		36	Y 形过滤器	
12	蒸汽伴热管		37	截止阀	
13	电伴热管		38	止回阀	
14	同心异径管		39	闸阀	
15	偏心异径管		40	球阀	
16	毕托管		41	蝶阀	
17	文氏管		42	针型阀	
18	混合管		43	节流阀	
19	放空管		44	隔膜阀	
20	取样口		45	浮球阀	
21	水表		46	减压阀	
22	转子流量计		47	三通球阀	
23	盲板		48	四通球阀	
24	盲通两用盲板		49	弹簧式安全阀	
25	管道法兰		50	重锤式安全阀	

按系统分别绘制流程图时，在工艺管道仪表流程图的辅助系统管道与公用系统管道只画与设备（或工艺管道）相连接的一小段（包括阀门、仪表等控制点）。

b. 管道标注 在工艺管道仪表流程图中，管道标注包括流体代号、管道号、管径和管道等级代号 4 个部分，各部分之间用短横线隔开，标注方法如图 8-7 所示。对于有隔热、隔声要求的管道，需在管道等级代号后注明隔热隔声代号。各种类型流体代号见表 8-4。

表 8-4 流体代号

流体代号	流体名称	流体代号	流体名称
1. 工艺流体		IA	仪表空气
P	工艺流体	IG	惰性气体
PA	工艺空气	(4)油	
PG	工艺气体	$\overline{DO}$	污油
PGL	气液两相流工艺流体	$\overline{FO}$	燃料油
PGS	气固两相流工艺流体	$\overline{GO}$	填料油
PL	工艺液体	$\overline{LO}$	润滑油
PLS	液固两相流工艺流体	$\overline{HO}$	加热油
PS	工艺固体	$\overline{RO}$	原油
PW	工艺水	$\overline{SO}$	密封油
2. 辅助、公用工程流体代号		(5)其他	
(1)蒸汽、冷凝水		DR	排液、导淋
HS	高压蒸汽	FV	火炬排放气
HUS	高压过热蒸汽	H	氢
LS	低压蒸汽	N	氮
LUS	低压过热蒸汽	O	氧
MS	中压蒸汽	SL	淤浆
MUS	中压过热蒸汽	VE	真空排放气
SC	蒸汽冷凝水	VT	放空
TS	伴热蒸汽	(6)其他传热介质	
(2)水		AG	气氨
BW	锅炉给水	AL	液氨
CSW	化学污水	BR	冷冻盐水(回)
CWR	冷却水(回)	BS	冷冻盐水(供)
CWS	冷却水(供)	ERG	气体乙烯或乙烷
DNW	脱盐水	ERL	液体乙烯或乙烷
DW	饮用水、生活用水	FRG	氟利昂气体
FW	消防水	FRL	氟利昂液体
HWR	热水(回)	FSL	熔盐
HWS	热水(供)	HM	载热体
RW	原水、新鲜水	PRG	气体丙烯或丙烷
SW	软水	PRL	液体丙烯或丙烷
TW	自来水	(7)燃料	
WW	生活废水	FG	燃料气
(3)空气		FL	液体燃料
AR	空气	FS	固体燃料
CA	压缩空气	NG	天然气

注：1. 在工程设计中遇到本表以外的流体时，可补充代号，但不得与本表所列代号相同，增补的代号一般用 2～3 个

大写英文字母表示。

2. 流体字母中如遇英文字母"O"应写成"$\bar{\text{O}}$"。

3. 对于某一公用工程同时有两个或两个以上水平技术要求时，可在流体代号后加注参数下标以示区别。温度参数2℃，只注数字，不注单位；温度为零下的，数字前要加负号，如 BS_{-10} 表示 $-10℃$ 的冷冻盐水。压力参数 0.6MPa，只注数字，不注单位，如 $IA_{0.6}$ 表示 0.6MPa 的空气仪表。蒸汽代号除用 HS、MS、LS 分别表示高、中、低不同压力的蒸汽外，也可以用下标表示，如 $S_{0.6}$ 表示 0.6MPa 的蒸汽。

管道号由设备位号及其后续的管道顺序号组成。管道顺序号是与某一设备连接的管道编号，可用个位数（1～9）表示。若超出 9 根管道时，可按该管道另一方所连接设备上的管道来标注。若需要也可采用两位数字（01～99）表示。公用系统的管道号由三位数组成，前一位表示总管（主管）或区域（楼层），后两位表示支管，如有需要也可用四位数字表示。管径一般为公称直

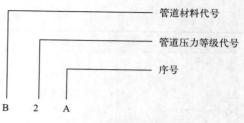

图 8-8　管道等级代号示例

径。公制管以毫米为单位，只注数字，不注单位；英制管以英寸为单位，数字和英寸符号要标注，如 3″。管道等级代号由管道材料代号、管道压力等级代号和序号组成，如图 8-8所示。

③ 绘出全部检测仪表、调节控制系统及分析取样系统

a. 检测仪表的功能与安装位置　在管道与仪表流程图中，需要将检测仪表、调节控制系统、分析取样点和取样阀等全部绘出并作相应标注。检测仪表用于测量、显示和记录工艺进行过程中的温度、压力、流量、液位、浓度等各种参数的数值及变化情况。具有不同检测功能的检测仪表需要不同的安装位置。例如，玻璃水银温度计的检测元件水银泡只能安装在被检测部位，且只能就地读数。若换成热电偶检测元件（热电偶传感器），则检测出的电信号可以通过传递、放大等变换过程使其在控制室以温度数值显示出来。因此，在流程图中不仅要表示仪表检测的参数，还要表示检测仪表（或传感器）和显示仪表（或称二次仪表）的安装位置（就地安装还是集中安装在控制室或仪表盘上），以及该项检测具有的功能（显示、记录或调节等）。

b. 检测仪表的图形表示方法　仪表控制点的图形符号是一个细实线圆圈，如图 8-9 所示。图中一般用细实线将检测点和圆圈连接起来。圆圈中间是否有线段以及线段形式，表示仪表的安装和读取状态。在圆圈中分上下两部分注写：上部分第一个字母为参数代号，后续字母为功能代号（表 8-5）；下部分第一个数字代表主项号，后续数字代表仪表序号。仪表序号是按工段或工序编制的，可用两位数（01～99）表示。

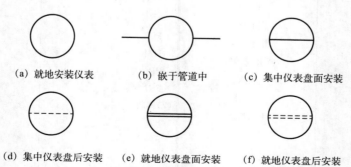

(a) 就地安装仪表　　(b) 嵌于管道中　　(c) 集中仪表盘面安装

(d) 集中仪表盘后安装　(e) 就地仪表盘面安装　(f) 就地仪表盘后安装

图 8-9　仪表的常见图例和安装位置

表 8-5　常见被测变量和功能的代号

字母	第一字母		后续字母	字母	第一字母		后续字母
	被测变量	修饰词	功能		被测变量	修饰词	功能
A	分析		报警	N	供选用		供选用
B	喷嘴火焰		供选用	O	供选用		节流孔
C	电导率		控制或调节	P	压力或真空		连接点或测试点
D	密度或相对密度	差		Q	数量或件数	累计、计算	累计、计算
E	电压		检出元件	R	放射性		记录或打印
F	流量	比(分数)		S	速度或频率	安全	开关或联锁
G	尺度		玻璃	T	温度		传达或变送
H	手动			U	多变量		多功能
I	电流		指示	V	黏度		阀、挡板
J	功率	扫描		W	重量或力		套管
K	时间或时间程序		自动或手动操作器	X	未分类		未分类
L	物位或液位		信号	Y	供选用		计算器
M	水分或湿度			Z	位置		驱动、执行

图 8-10 表示反应罐内温度检测及控制系统。图中表示系统采用气动薄膜调节阀，被测变量参数为罐内温度，功能 RC 为调节记录，主项号为 2，仪表序号为 03，温度检测仪表要引到控制室仪表盘上集中安装。通过对反应罐内温度的设定，检测仪表检测到罐内温度变化的情况，将温度的变化转换成电信号传输到控制室仪表盘显示并记录，经信号处理后，由温度检测仪表的执行机构通过改变气动薄膜阀的开度，调节管路内冷却水的流量，使反应罐内温度保持在工艺要求的范围内。

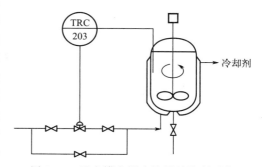

图 8-10　反应罐内温度检测及控制系统

第四节　工艺流程设计的技术处理

考虑工艺流程设计技术问题时，应以工业化实施的可行性、可靠性和先进性为基点，使流程满足生产、经济和安全等多方面要求，实现优质、高产、低耗、安全等综合目标。

一、确定生产线数目

根据生产规模、产品品种、换产次数、设备能力等因素，决定采用一条还是几条生产线进行生产。

二、操作方式

根据物料性质、反应特点、生产规模、工业化条件是否成熟等因素，决定采用连续、间歇还是联合的操作方式。

1. 连续操作

按照一般规律，采用连续操作方式比较经济合理。连续操作具有以下优点：①工艺参数在设备中的任何一点不随时间改变，产品质量稳定；②参数稳定使操作易于控制，便于实现机械化和自动化，降低劳动强度，提高生产能力；③设备大生产能力大，设备小费用省，减少了基建、固定资产投资及维修费用。对于产量大的产品，只要技术可行，应尽可能采用连续化生产。例如，苯的硝化和安乃近生产中的苯胺重氮化。

2. 间歇操作

间歇过程是分批输出产品，生产过程中温度、质量、热量、浓度及其他性质是随时间变化的。间歇操作具有以下特点：①小批量产品生产更经济；②可灵活调整产品生产方案；③可灵活改变生产速率；④适于在同一工厂中，使用标准的多用途设备生产不同的产品；⑤最适于设备需要在线清洗和在线消毒的要求；⑥适于从实验室直接放大的过程；⑦为保证产品的一致性，每批产品可按原料和操作条件加以区分。

对于品种更新速度快的医药产品、高价值低产量的产品、受市场波动影响大的产品，以及生产工艺复杂、反应时间长、转化率低、后处理复杂的产品，要实现连续化生产在技术条件上难以达到要求。因此，间歇操作是制药工业生产中最常用的操作方式。

3. 联合操作

联合操作是连续操作和间歇操作的联合应用。在制药工业生产中，很多产品的全流程是间歇的，而个别步骤是连续的。在间歇和连续过程之间常采用中间储槽缓冲和衔接。大部分间歇过程由一系列的间歇步骤和半连续步骤组成。

如图 8-11 所示，原料从储罐用泵输出后，经换热器预热后进入间歇反应器，反应器内的物料加热、反应和冷却是间歇过程。反应完成后产物由泵送出，经换热器冷却后进入储槽是半连续操作过程，该过程可用图 8-12 所示的 Gantt 图（即时间－事件图）表示。Gantt图的横道起点表示任务开始的时间，横道终点表示任务结束的时间，横道长度表示该任务持续的时间。任务之间还可用带箭头的线相连，描述各项任务的先后关系。

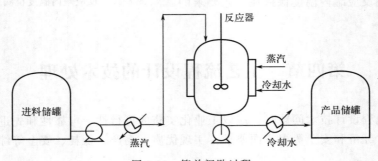

图 8-11　简单间歇过程

三、保持主要设备的生产能力平衡，提高设备利用率

设备的有效使用是间歇操作过程设计的目标之一。生产过程的间歇性质，使得设备无法完全利用，时间最长的操作步骤控制着生产周期。通过交叠进行多批生产来提高设备利用率。交叠的含义是，在任一时刻同时进行多批生产的不同操作步骤，使不同批次生产之间的

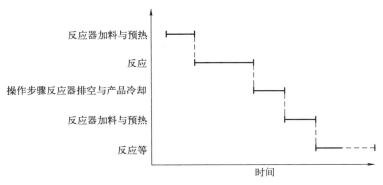

图 8-12　间歇过程的 Gantt 图

时间周期缩短。

【**例 8-1**】由丁二烯和二氧化硫生产丁二烯砜，要经过反应、蒸发、汽提 3 个步骤，且蒸发和汽提的一部分物料回到反应器循环利用。加工步骤和操作时间如表 8-6 所示。

表 8-6　各加工步骤与操作时间

加工步骤	操作时间/h
反应	2.1
蒸发	0.45
汽提	0.65
装料	0.25
卸料	0.25

【**方案一**】间歇过程循环的 Gantt 图如图 8-13 所示。由图 8-13 可见，各步骤之间的重叠很小，前一步骤的结束与后一步骤的开始同时进行，批循环时间为 4.2h。这表明该方案中各单项设备利用率低，仅在整批操作时间周期内的小部分时间范围内运行。

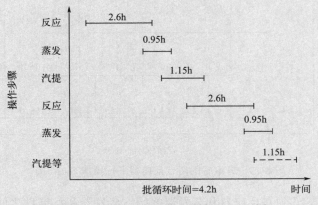

图 8-13　方案一的间歇过程循环 Gantt 图

【方案二】图 8-14 为间歇步骤重叠循环的 Gantt 图，反应器在批与批之间不间断地生产，批循环时间缩短为 2.6h，多批生产的不同步骤同时进行，设备利用率显著提高。该方案中反应步骤所需时间最长，是批循环时间的限制步骤。尽管反应器没有"死"时间（即不进行生产的时间），但蒸发器和汽提器还有大量"死"时间。

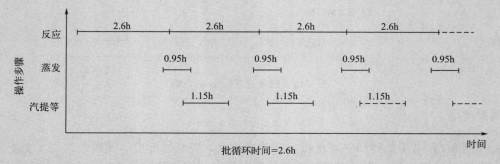

图 8-14　方案二的间歇步骤重叠循环 Gantt 图

【方案三】图 8-15 为两台反应器平行操作时的 Gantt 图。采用这种平行操作方式，能够覆盖化学反应，从而允许蒸发和汽提操作频繁进行，提高了设备利用率，批循环时间为 1.3h，且反应器没有"死"时间，但蒸发器和汽提器仍有少量间断点状"死"时间。若两台反应器维持原有体积，意味着在相同时间内能够加工更多批次的物料，使生产过程产量增加。如果不需要增加产量，那么反应器、蒸发器和汽提塔的尺寸就可以减小。若增加一台与原体积相同的反应器，生产过程的产量将大幅度增加，投资费用和操作费用也会增加。

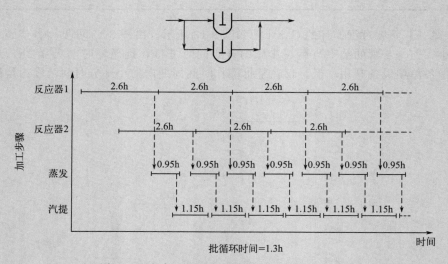

图 8-15　方案三的两台反应器平行操作 Gantt 图

【方案四】图 8-16 为在反应器和蒸发器之间、蒸发器和汽提塔之间有中间储槽的操作过程 Gantt 图。这样，蒸发器操作步骤不再受反应步骤完成以后才能开始的限制，同样汽提操作步骤也不再受蒸发操作步骤完成以后才能开始的限制。这些独立的操作步骤被中间贮槽解耦。批循环时间虽仍为 2.6h，但消除了蒸发器和汽提塔的"死"时间，能够完成更多的蒸发和汽提操作，从而可以降低蒸发器和汽提塔的尺寸。这时，需要在增加中间储槽引起投资费用增加与减小蒸发器和汽提塔尺寸引起投资费减少之间进行比较和权衡。反应器和蒸发器之间的中间储槽对设备利用率影响很大，而在蒸发器和汽提塔之间的中间储槽对设备利用率的影响不太显著，并且在经济上也很难判断。

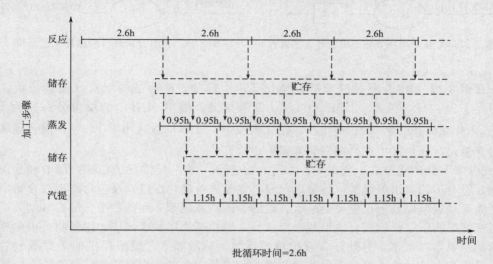

图 8-16　方案四的具有中间储槽时 Gantt 图

　　总之，可以使用下列方法提高设备利用率：①将一个以上的操作合并在一台设备中（如在同一个容器中进行原料预热和反应），但是这些操作不能限制循环时间；②覆盖操作，即在任何给定时间，工厂在不同的加工阶段有一批以上的物料；③在限定批循环时间的加工步骤使用平行操作；④在限定批循环时间的加工步骤使用串联操作；⑤在限定批循环时间的加工步骤增加设备尺寸，以降低具有非限制批循环时间的操作步骤"死"时间；⑥在具有非限定批循环时间的操作步骤中降低设备尺寸，以增加设备的加工时间，从而降低这些操作步骤的"死"时间；⑦在间歇操作步骤之间加入中间储槽。

四、考虑全流程的弹性

　　由于有些原料有季节性，有些产品市场需求有波动，因此需要通过调查研究和生产实践来确定生产流程的弹性。

五、基于化学单元反应为中心的生产过程

1. 物料回收与循环套用

　　未反应物料一般经过分离后通过泵或压缩机再作为进料回到反应器，成为循环流程，这样既降低了原料的消耗定额，也减少了"三废"处理量。由于循环系统必须设置循环压缩机或循环泵，会增大设备投入和动力消耗，是否采用循环套用方式要综合考虑而定。

　　图 8-17 为常用循环流程，循环物料通常是反应原料、溶剂、催化剂，如果生成副产物的副反应是可逆反应，可通过经分离循环副产物来抑制副产物的生成。

图 8-18 为没有分离环节的循环流程。从反应系统引出的物料未经分离，一部分直接返回反应器，另一部分作为混合物采出。在实际生产中，当反应转化率很低且分离产品和原料又很困难时，常采用这种完全不分离的循环流程。

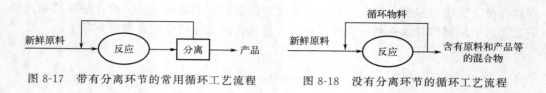

图 8-17　带有分离环节的常用循环工艺流程　　图 8-18　没有分离环节的循环工艺流程

【例 8-2】用混合酸对氯苯进行硝化反应。已知，混合酸的组成（质量分数）为 HNO_3 47%，H_2SO_4 49%，H_2O 4%；氯苯与混合酸中 HNO_3 的质量分数比为 1：1.1；硝化温度 80℃，硝化时间 3h；硝化废酸中，HNO_3 含量小于 1.6%，混合硝基氯苯的含量是所获产品中混合硝基氯苯量的 1%。

【方案一】硝化分层工艺方案。如图 8-19 所示，将一定浓度的硫酸、硝酸和水混合配制成符合工艺要求的混酸，再将之与原料氯苯进行硝化反应，反应后所得混合物中含有产物硝基氯苯以及未反应完全的水、硫酸、硝酸和氯苯。在这些组分的溶解度关系和相对密度影响下，反应混合物形成两个液层，即硝基物层和废酸层。硝基物层中主要成分为硝基氯苯和氯苯，另外还含有少量的硫酸、硝酸和水。废酸层中的主要成分为硫酸、硝酸和水，另外还含有少量的硝基氯苯和氯苯。将硝基物层送往精制工段，废酸层直接出售。该方案硫酸单耗很大，而废酸层中的硝基氯苯和氯苯又限制了废酸的利用。

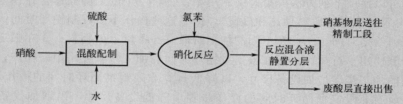

图 8-19　硝化分层工艺方案

【方案二】硝化、分层、萃取工艺方案。如图 8-20 所示，将原料氯苯与废酸层进行混合萃取，并与废酸层中剩余的硝酸进行硝化反应，使剩余硝酸得到进一步利用。同时，原料氯苯的加入使废酸层中所含少量硝基氯苯被萃取进入酸性氯苯层。富含氯苯和硝基氯苯的酸性氯苯层进行正常硝化反应。经过硝化、分层、萃取之后，形成

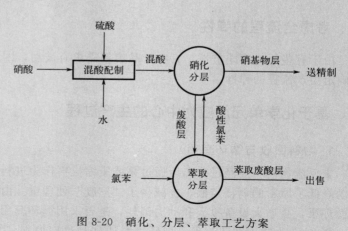

图 8-20　硝化、分层、萃取工艺方案

的废酸层主要含有硫酸和水。与方案一相比，该方案的优势是硝酸与氯苯单耗减小，产物硝基氯苯的收率提高。但是，该方案的硫酸单耗仍然很大，废酸中极少量的氯苯和硝基氯苯仍限制了废酸的综合利用。由于该方案设置了一台萃取设备，使设备以及使用费用有所增加。

　　【方案三】硝化、分层、萃取、浓缩工艺方案。如图 8-21 所示，将萃取后的废酸层进行浓缩。由于氯苯与水形成共沸物，使氯苯随水一起蒸出。蒸汽冷却后可回收蒸出的氯苯，然后蒸除大部分水，浓缩后的废酸层进入混酸配制工序循环使用。与方案二相比，该方案浓缩后产生的废酸循环套用，使硫酸单耗大大降低，氯苯损耗进一步降低，但需增加浓缩装置以及浓缩所需的能耗。

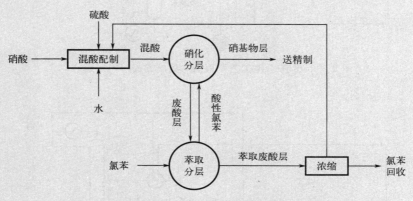

图 8-21　硝化、分层、萃取、浓缩工艺方案

2. 充分利用余热和余能

　　研究换热流程与换热方案，改进传热方式，提高设备的传热效率，在需要冷却的流股和需要加热的流股之间进行热交换，对系统进行热集成，尽可能经济地回收所有过程物流的有效能量，以减少公用工程的耗能量。还应选用保温性良好的材料，减少热量损失。

　　图 8-22 表示了一种在反应器和分离系统之间不存在热集成且热利用率低的工艺流程。图 8-23 和图 8-24 设计了带有热集成的两个工艺流程。图 8-23 中进料位置不能向左移一个节点进料，这样是不适宜的，主要是温度推动力变小了。

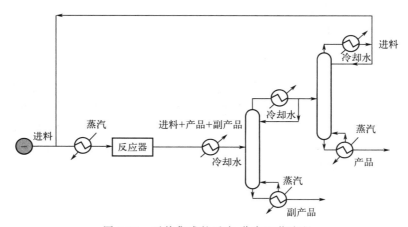

图 8-22　无热集成的反应-分离工艺流程

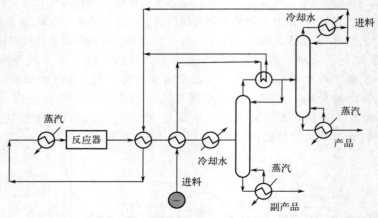

图 8-23 反应-分离工艺流程的热集成方式——方案 A

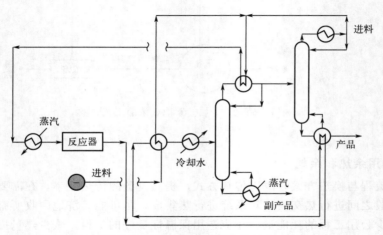

图 8-24 反应-分离工艺流程的热集成方式——方案 B

【例 8-3】 在加压连续釜式反应器中，采用含硫酸、硝酸和水的混酸对苯进行硝化，制备硝基苯。苯与混酸中 HNO_3 的摩尔分数比为 1∶1.1，反应压力 0.46MPa，反应温度 130℃；反应后的硝化液进入连续分离器，分离得到的酸性硝基苯和废酸的温度约为 120℃。酸性硝基苯经冷却、碱洗、水洗等处理工序后送精制工段。

【方案一】 间接水冷-常压浓缩方案。如图 8-25 所示，由于分离环节为连续操作，而中和与浓缩环节为间歇操作，因而中间都设置了中间储槽。从连续分离器采出的酸性苯以 120℃进入中间储槽自然冷却，其热量未被利用。从中间储槽采出的酸性苯以一定温度进入中和器时，采用稀碱水和水洗的操作是一种强放热的酸碱中和反应，使冷却水的用量加大。从连续分离器采出的废酸以 120℃进入废酸槽后自然放置，其热量同样未被利用。当废酸从废酸罐以常温送入浓缩罐进行常压浓缩时，需供给更多的水蒸气。

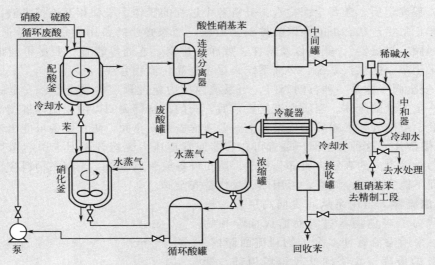

图 8-25 间接水冷-常压浓缩方案

　　【方案二】原料预热-闪蒸浓缩方案。如图 8-26 所示，本方案在分离器和酸性硝基苯中间储槽之间设置了一台列管式换热器，将原料苯的进料口改在热交换器处，使苯先与 120℃酸性硝基苯进行热交换使进料温度升高，然后再进入硝化釜进行硝化反应，减少了硝化釜所需加热蒸汽的用量。同时，通过热交换降低酸性硝基苯的温度，也减少了中和时所需的冷却水用量。采用闪蒸方式进行浓缩，可以充分利用来自废酸本身的余热，减少了浓缩所需水蒸气的用量。方案二充分利用酸性硝基苯和废酸的余热，在需要冷却的流股和需要加热的流股之间进行热集成，降低能耗，但多了一台换热器，需综合考虑选定方案。

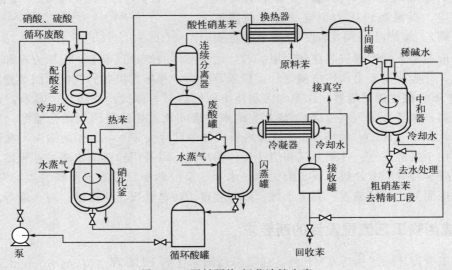

图 8-26 原料预热-闪蒸浓缩方案

3. 工艺流程的完善与简化

整个流程确定后，还要全面检查、分析各个过程的操作手段和相互连接方法。要考虑开停车以及非正常生产状态下的预警防护安全措施，增添必要的备用设备，增补遗漏的管线、管件（止回阀、过滤器）、阀门以及采样、放净、排空、连通等装置。要尽可能地减少物料循环量，采用单一的供汽系统、冷冻系统，尽可能简化流程管线。

（1）**安全阀**　这是一种自动阀门，当系统内压力超过预定的安全值，安全阀会自动打开并排放一定数量的流体。当压力恢复正常后，阀门再自行关闭以阻止流体继续流出。在蒸汽加热夹套、压缩气体贮罐等带压设备上，要考虑安装安全阀，防止设备可能出现的超压。

（2）**爆破片**　这种安全泄压装置可在容器或管道压力突然升高但未引起爆炸前先行破裂，使设备或管道内的高压介质部分排放，防止设备或管道破裂。当存在物料容易堵塞、腐蚀等原因而不能安装安全阀时，可用爆破片代替安全阀。

（3）**溢流管**　当用泵从底层向高层设备输送物料时，为了避免物料过满而造成危险和物料损失，可采用溢流管使多余的物料流回储槽。溢流管接口的最高位置必须低于容器顶部，管径应大于输液管，以防物料冲出。通常需要在溢流管的管道上设置视镜，便于底层操作人员判断物料是否已满，如图 8-27 所示。

（4）**罐呼吸阀**　这是一种既能保证储罐空间在一定压力范围内与大气隔绝，又能在超过此压力范围时与大气相通（呼吸）的一种阀门。由于温度和大气压力变化引起蒸气膨胀和收缩而产生蒸气排出，排气出现在罐内液面无任何变化的情况。它类似于单向止逆阀，只向外呼，不向内吸，当系统压力升高时，气体经过呼吸阀向外放空，保证系统压力恒定（有毒储罐不能装呼吸阀）。储罐呼吸阀是保护罐安全的重要

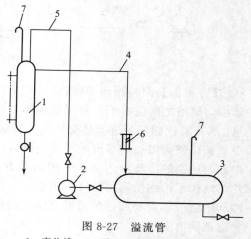

图 8-27　溢流管

1—高位槽；2—泵；3—贮槽；4—溢流管；
5—输液管；6—视镜；7—排气管

附件，一般与阻火器配套安装在储存甲、乙、丙类液体的储罐顶板上，由压力阀和真空阀两部分组成。呼吸阀主要由阀座、阀罩、保护罩及由真空和压力控制的两组启闭装置组成。

（5）**不锈钢过滤呼吸器**　这是专为制药工业储罐有气体交换而设计的具有过滤除菌功能的呼吸器（包括灭菌蒸汽过滤）。滤芯为疏水性聚四氟乙烯或聚丙烯微孔滤膜，滤器为优质不锈钢（304、316L），能够 100% 滤除进料气体中尺寸大于 $0.02\mu m$ 的细菌、噬菌体和粉尘，广泛用于发酵空气、针剂空气和惰性气体的净化，以及用作蒸馏水罐的呼吸器。

其他安全装置应有：放空阀与阻火器、水斗、事故储槽、排放与泄水装置、安全门斗、可燃气体探测器、报警装置、安全水封、接地装置、防雷装置、防爆墙、防火墙等。

六、合成药物工艺流程设计的新要求

制药工业设计除了执行 GMP 外，还要遵循国际化的 EHS 理念（environment，health，safety，EHS），在生产过程中进行健康、安全与环境一体化管理。根据世界卫生组织定义，挥发性有机物（volatile organic compounds，VOCs）是熔点低于室温而沸点为 50～260℃ 的挥发性有机化合物的总称。目前，制药工业过程 VOCs 近零排放技术已成为工艺设计的关

键控制条件之一。制药合成工艺与工程设计必须实现密闭化、管道化、自动化。

（1）工艺流程设计中单元操作的集约化　例如，在洁净区中（或不在）采用三合一（过滤、洗涤、干燥）装置操作时，能够使物料在密闭设备中运行，避免或减少了物料在环境中的暴露，降低了污染风险，同时还能减少占地面积和简化操作工序。又如，全自动离心机通过下出料方式与具有无缝对接卡扣的移动料仓对接，确保防控污染，降低劳动强度。

（2）固体的加料与出料　操作方式为采用加料站、真空上料（可以实现场地分离）、气体输送（稀相，密相）、锥形阀料斗（配微负压）、吨袋密闭投料等方法。例如，向反应器中加入活性炭时，以往工艺多采用干法进料和手孔进入，造成活性炭粉尘飞扬和罐内溶剂挥发。目前多采用湿法进料，异地配制，确保卫生与健康。吨袋密闭投料方法对于职业接触限值较低，对职业健康危害较大的固体物料（如致敏性、含激素、高活性物料等），应尽量采用小袋包装，采用真空固体加料机或手套箱进行操作，并佩戴好个人防护服及用具。

（3）液体的加料与出料　操作方式为压力/真空、重力、泵（隔膜，离心，计量）。计量方式采用重量、体积、流量计方法。加料前宜将整个设备及管路系统进行氮气置换，由于设备容积一般较大，置换时可采用先将系统抽真空然后再充氮的方式进行，并在放空处设置采样设施，检测内部氧含量，排除爆炸危险。液体原料按盛装容器分为罐区储罐储存和桶料储存。来自罐区的物料在罐区储罐上部设置氮封，来自料桶的液体原料有人工开盖过程，会造成物料暴露，本着密闭化的目的，应设置独立的房间或区域进行集中加料，并设置局部排风进行保护。料桶加料采用真空进料是一种较为安全可靠的方式，但由于真空度的限制，桶料与反应釜进料口之间的高度差不宜过大，特别是对于密度较大的液体物料。在反应釜进料同层平面中设置加料小间（BOOTH）是一种国内外较流行的做法，在物料运输较为方便处，采用轻质隔断进行局部维护，单侧对外敞开作为操作面，并在另一侧设置排风口，在保证断面风速的情况下，保护人员操作时不暴露在危险环境中；管道均采用硬管连接至反应釜（或高位槽），当加料时采用磅秤连锁反应，促使反应釜进口切断阀进行准确的自动计量，加料完毕后，末端氮气吹扫，将管道中的残夜排净。

（4）物料干燥等分离过程的改进。

（5）储运的排放控制。

（6）连接件的泄漏控制　泄漏检测与修复（LDAR）采用固定或移动监测设备，监测制药企业各类反应釜、原料输送管道、泵、压缩机、阀门、法兰等易产生挥发性有机物泄漏处，并修复超过一定浓度的泄漏检测处，控制原料泄漏对环境造成污染，是较先进的制药废气检测技术。

（7）避免产生"三废"的方法　①采用精确计量泵替代溶液计量罐，能够避免上料常压排空问题。若需用溶液计量罐，可以使用一根平衡管与反应器连接，既能保证工艺液体正常流出，又无需打开反应器的排气管以免造成污染，实现了液体从计量罐向反应器和气体从反应器向计量罐的双向平衡流动（图8-28）。②尽量少用液固分离离心机，避免分离过程溢出大量气体和液体。③对固体物料尽量避免采用直接投料方式，实行固体的流体输送能够避免产生粉尘。

（8）所有容器设备应避免敞口，呼吸器或排气管应统一连接废气总管，送往治理设施。

（9）真空泵排气收集溶剂回收和治理设施。

（10）干燥设备排气收集连接溶剂回收和治理设施。

（11）局部空间收集连接治理设施。

（12）车间全部负压操作。

（13）废气收集连接治理设施　严格实行三级处理，即岗位中和与吸收处理、车间吸附与喷淋塔处理、总厂喷淋与焚烧处理。

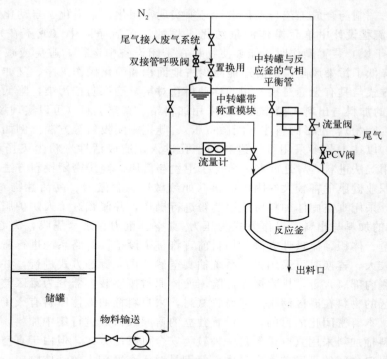

图 8-28　具有平衡管的计量与反应系统

在药品生产中，具有动力传感器系统的中间体散装容器（IBC）、具有无缝对接卡扣的移动密闭料仓和自动导引运输车（又称 AGV 小车）正在大量使用。其中，AGV 小车是装备有电磁或光学等自动导引装置，能够沿规定导引路径行驶，具有安全保护及各种移载功能的运输车。AGV 小车无需驾驶员，采用可充电的蓄电池作为动力来源。

第五节　特定过程及管路的流程

由若干单元设备组成的特定过程，以及由若干单元设备组成的特定管路系统，具有一定的共性和要求。

一、夹套设备综合管路流程

图 8-29 是夹套设备的载能介质综合管路布置，这是制药生产中常用的多功能加热、冷却装置，它遵循配管"四进四回"原则（包括蒸汽、循环水、冰盐水、真空和空压）。

1. 热水加热

打开管路 3、2 和 8_2 的阀门，关闭其余阀门，就可实现热水加热物料。蒸汽由管路 2 进，水由管路 3 进，两者在混合器 11（又称分配站）内直接混合成热水进入夹套，通过管 8_2 排放下水。热水加热的特点是放热量小，热水与被加热物料之间的温差小，加热缓慢，温度变化速度慢，适于制药生产中要求温和加热的情况。

2. 蒸汽加热

管路 2、9 及其旁路，12、13、14 构成蒸汽夹套加热系统管路。蒸汽经管 2 进入夹套，冷凝水经管 9 排出。用水蒸气作载热介质时，其载送的热量主要是相变热。为了有效利用蒸汽热量，必须及时排放冷凝水，但不能将未冷凝的蒸汽排放，因此须安装汽水分离器（又称疏水器）。疏水器应水平安装，并配旁路管，安装位置要低于设备 0.5m 以下，便于冷凝水排放。正常生产时将打开疏水器的前、后阀门，关闭旁路上的阀门。旁路管道主要用于在检修和加热设备开始运行时排放大量的冷凝水，在正常运行时使用旁通管是不合适的。14 为夹套的排空气阀，用于启动时排除夹套内的空气和不凝性气体。压力表 12 用于指示蒸汽的压力。

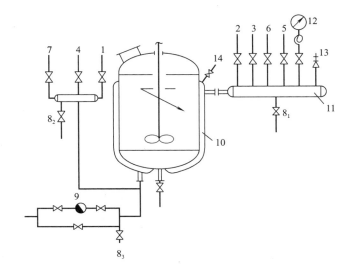

图 8-29 夹套设备综合管路布置方案

1,3—水管；2—蒸汽；4—盐水进；5—盐水回；
6—压缩空气；7—压回盐水管；8—排水管；9—疏水器；
10—夹套；11—混合器；12—压力表；13—安全阀；14—排空气阀

3. 冷却水冷却

打开管路 1 和 8_1 的阀门，关闭其余阀门，就可进行冷水冷却。冷水由管 1 进夹套，从管 8_1 排出。为了转换冷冻盐水操作，釜底还应安装排水管 8_3 以排除夹套内剩余的冷却水。

4. 冷冻盐水冷却

管路 4、5、6、7 是进行冷冻盐水冷冻操作的管路。冷冻盐水由管 4 进入夹套，经管 5 排出。由于盐水成本较高，使用后必须送回盐水池。冷却操作结束后，关闭管路 4、5 的阀门，打开管路 6、7 的阀门，用压缩空气将夹套中残余的盐水压回盐水池中。

同一批物料在一台设备中先后进行几种单元反应或单元操作时，前后操作温差有时较大。为了避免冷冻盐水、蒸汽的浪费以及设备的损坏，通常应该缓慢地降低或上升温度，因而不能由冷冻盐水冷却直接改换成蒸汽加热，反之也不行。例如，生产工艺要求在 −10℃进行反应，反应结束后在 120℃进行蒸馏。若采用冷冻盐水将物料冷冻至 −10℃，随后直接用蒸汽加热到 120℃，不仅会消耗大量蒸汽，还会由于温差过大使搪玻璃罐开裂。解决办法是采用压缩空气将盐水压回盐水池后，改用常温水进行升温和排水，最后用蒸汽加热。如果使用完盐水后间隔时间较长，则可以直接用蒸汽升温。

为了避免冷冻盐水和蒸汽的浪费，在通入这两种介质之前一定要排空夹套，夹套中不能有别的残留物（如冷凝水）。

二、多功能提取罐的管路流程

多功能提取罐适用于中药制药的常压、微压、水煎、温浸、热回流、芳香油提取、有机溶剂回收等多种工艺操作。为了在同一设备上实现上述操作，流程设计有很多技巧，如图 8-30 采用的四层垂直式重力设计方案。

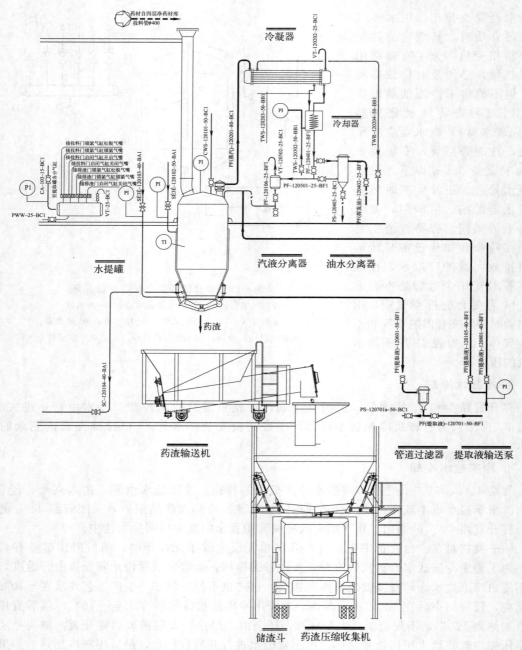

图 8-30 多功能提取罐的四层垂直式管路流程

 思考题

1. 工艺流程设计的任务是什么？

2. 简述单元设备流体在输送时有哪些技术手段可作为动力。

3. 设备位号是 PID 图中重要的标注之一，根据编号原则，解释 R1203$_2$ 的内涵。

4. 简述疏水器、溢流管、不锈钢过滤呼吸器在工艺流程设计中的原理和作用。

第九章

物料与能量衡算及热力学数据估算

 学习目标:

通过本章的学习,了解物料衡算的作用、任务和类型;熟悉物料衡算基本理论;掌握全流程物理过程和化学过程物料衡算的方法和步骤;了解能量衡算的目的、意义及依据;熟悉能量守恒的平衡方程式;掌握能量衡算式中各部分热量的计算;掌握单元设备能量衡算的步骤及常用热力学数据的计算方法;熟悉常用加热剂、冷却剂用量的计算。

第一节　物料衡算

一、物料衡算概述

在医药设计中常会遇到两类问题:①新产品工艺流程或生产设备的设计和改造;②对实际操作过程的分析和控制。解决这两类问题,需要掌握和灵活运用综合性医药设计的原理和方法,其中最基本的就是物料衡算。物料衡算是制药工艺设计中最先进行的一个计算项目,其结果是后续的能量衡算、设备工艺设计与选型、车间与管道布置设计等设计项目的依据。

1. 物料衡算的作用和任务

物料衡算是制药工艺设计的定量基础。根据需要设计项目的年产量,通过对全过程或者单元操作的物料衡算,可以得到单耗(生产1kg产品所需要消耗原料的量)、副产品量、输出过程中物料损耗量以及"三废"生成量等,使设计由定性转向定量。物料衡算的结果将直接关系到工艺设计的可靠程度。

2. 物料衡算的步骤

① 确定物系和该物系物料衡算的界限;②解释开放与封闭物系之间的差异;③写出一般物料衡算所用的反应方程式、进出物料量等相关内容;④引入的单元操作不发生累积,不生成或消耗,不发生质量的进入或流出的情况;⑤列出"输入=输出"等式,利用物料衡算确定各物质的量;⑥解释某一化合物进入物系的质量和该化合物离开物系的质量情况。

3. 物料衡算的类型

根据物质的变化过程可将物料衡算分为两类:①物理过程的物料衡算。在这类过程中,物料在生产系统中无化学反应,它所发生的只是相态和浓度的变化。这类物理过程主要是分离操作过程,如流体输送、吸附、结晶、过滤、干燥、粉碎、蒸馏、萃取等单元操作过程。

②化学过程的物料衡算。物料在生产系统中有化学反应，计算时常用到组分平衡和化学元素平衡。当化学反应计量系数未知或很复杂，以及只有参加反应的各物质化学分析数据时，采用元素平衡进行物料衡算是最方便的。

根据操作方式可将物料衡算分为两类：①连续操作物料衡算，在过程中一边进料一边出料。②间歇操作物料衡算，过程开始时原料一次性进入体系，经过一段时间后一次性移出产物，过程中不再有物质进出体系，间歇操作的特点是操作过程的状态随时间变化而改变。

4. 物料衡算的基本理论

物料衡算以质量守恒定律和化学计量关系为理论基础。物料衡算的含义是，在一个特定物系中，进入物系的全部物料质量与所有生成量之和，必定等于离开该系统的全部产物质量、消耗掉的质量和累积起来的物料质量之和（图 9-1）。物料衡算一般式为：

$$\sum G_{进料} + \sum G_{生成} = \sum G_{出料} + \sum G_{消耗} + \sum G_{累积} \tag{9-1}$$

式中，$\sum G_{进料}$ 为所有进入物系的物料质量之和；$\sum G_{生成}$ 为物系中所有生成物的质量之和；$\sum G_{出料}$ 为所有离开物系的物料质量之和；$\sum G_{消耗}$ 为物系中消耗质量之和（包括损失）；$\sum G_{累积}$ 为物系中所有累积质量之和。

"物系"是人为规定的物料衡算研究对象，也称为体系或系统。它可以是一个单元操作的设备，也可以是一个过程的部分或整体（一个工段或一个车间）。

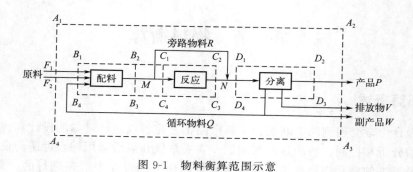

图 9-1　物料衡算范围示意

若物系中物质无生成或消耗，即该物系为孤立封闭系统，可将式（9-1）简化为式（9-2）。

$$\sum G_{累积} = \sum G_{进料} - \sum G_{出料} \tag{9-2}$$

若物系中无积累量，过程是稳态过程，任何简单或复杂的生产过程都可简化为式（9-3）。

$$\sum G_{进料} = \sum G_{出料} \tag{9-3}$$

进行有化学反应的计算时，物料衡算可根据反应的平衡方程式和化学计量关系进行衡算。

5. 物料衡算的基本方法和步骤

（1）收集计算所需基本数据　物料衡算前要尽可能收集符合实际情况的准确数据，通常称为原始数据。作为整个计算的基本数据，应根据不同计算性质来确定原始数据的收集方法。进行设计计算时，可依据设定值（如年产量 100t，年工作日 330d 等）收集原始数据；当进行生产过程测定性计算时，需严格依据现场实际数据（投料量、配料比、转化率、选择性、总收率、回收套用量等）收集原始数据。例如，在盐酸林可霉素的真空薄膜浓缩蒸发工段，要求浓缩液效价达到（8～12）$\times 10^4$U/mL，发酵液碱化收率为 97%～98%。当某些数据不能精确测定或欠缺时，可在工艺设计计算允许范围内借用、推算或假定。又如，在非那西丁生产中，要求经烃化催化后进行水洗、静置分层得到的有机相产品中，非那西丁含量≥99%，有机氯（即对硝基氯苯）含量≤1.8mL/g，设产品含量为99.20%，则该数值为假定值。

另外，还需要收集相关的物性数据。如流体的密度、原料的规格（主要指原料的有效成分和杂质含量、气体或者液体混合物的组成等）、临界参数、状态方程参数、萃取或水洗过程的分配系数、精馏过程的回流比、结晶过程的饱和度等。若无法获取相关物性参数的准确实验数据，可通过合适的估算方法获得计算所需的相对数据。

（2）列出包括主、副反应的化学反应方程式　进行物料衡算时，一定要对化学反应的类型和产物做到全面了解。若过程中有化学反应发生，需要列出物系内所有化学反应方程式，并建立已知量、未知量和常数之间的数学关系。

（3）根据给定条件绘制物料平衡流程简图　根据物料衡算的物系，画出示意流程图。在图中表示出所有的物料线（主物料线、辅助物料线、次物料线），将原始数据（包括数量和组成）标注在物料线上，未知量也同时标注。绘制物料流程图时，着重考虑物料的种类和走向，输入和输出要明确，通常主物料线为左右方向，辅助物料线和次物料线为上下方向，整个系统可用一个方框和若干进、出线表示。

（4）选择物料计算基准　在物料衡算中，恰当地选择计算基准可以简化计算，并缩小计算误差。基准的选择主要有 4 种方法：①时间基准，是指以一段时间（如 1h、1d）的投料量或产量作为计算基准。这种基准可直接与生产规模和设备计算相联系。例如，年产1000t 青霉素，年操作时间为 330d，则每天平均产量为 3.03t。②质量基准，是指以 1kg、1000kg 等作基准。但是，当原料或产品是单一化合物，或者由组成质量分数已知和组分分子量已知的多组分组成，那么采用物质的（摩尔）量作基准更为方便。③体积基准，是指对气体物料进行物料衡算时的计算基准，即把实际体积换算为标准体积，用 m^3（STP）表示。这样既排除了温度、压力变化带来的影响，而且可直接同摩尔基准换算。气体混合物组分的体积分数同其摩尔分数在数值上是相同的。④干湿基准，是指在物料衡算时是否将物料所含水分计算在内的基准问题。若将物料所含水分包括在计算基准中，称为干基，否则为湿基。

选择计算基准时需遵循的最重要原则是，应选择已知量最多的流股作为计算基准。例如，若已知条件为某体系进料中主要成分的组成，以及产物的全部组分组成，就可以选用产物的单位质量或单位体积作基准。反之亦然。

（5）列出物料平衡表　物料平衡表主要有 3 种：输入和输出的物料平衡表（表 9-1），原辅材料消耗定额表（表 9-2），"三废"排量表（表 9-3）。

表 9-1　输入和输出的物料平衡表

进　料　量			出　料　量		
输入物料名称	输入物料质量/kg	输入物料含量/%	输出物料名称	输出物料质量/kg	输出物料含量/%

表 9-2　原辅材料消耗定额表

序号	原辅料名称	单位	规格	成品消耗定额（单耗）	小时消耗量	年消耗量	备注

表 9-3　"三废"排量表

序号	名称	特性和组成	单位	每吨产品排出量/kg	小时排量/kg	年排量/t	备注

（6）绘制物料流程框图 物料流程框图是物料衡算计算结果的一种表示方式，突出优点是简单清楚和查阅方便，并能表示出各物料在流程中的位置和相互关系。在制药设计中，特别需要注意成品的质量标准、原辅料的质量和规格、各工序中间体的检验方法和监控、回收套用处理等，这些都是影响物料衡算的因素。

6. 计算数据说明

（1）转化率 某一组分的转化率一般用百分数（%）表示，通常用 x 表示，即：

$$x = （反应组分消耗的量/投入反应组分的量）\times 100\%$$

（2）收率（产率） 收率一般用百分数（%）表示，通常用 y 表示，即：

$$y = （主要产物实际所得量/按投入原料计算所得该产物的理论量）\times 100\%$$

总收率为各个工序收率的乘积，即：$y = y_1 y_2 y_3 y_4 \cdots\cdots$

必须指出，实际得量与理论得量具有差异的主要原因，是未反应原料、原料的副反应、产物的进一步反应或分解以及包括一切物理效应和机械漏损在内的消耗等引起的。

（3）选择性 是指由主产物与副产物组成的产品中，主产物所占的百分数，一般用 Φ 表示。

$$\Phi = （主产物生成量折算成的原料消耗量/反应消耗的原料量）\times 100\%$$

（4）单耗 是指生产 1kg 产品所消耗原材料的质量（kg），用 Z 表示。

$$Z = 原材料的消耗量/生产 1kg 产品$$

另外，回流比、分配系数、流量、流速、摩尔分数、质量分数、含水量、湿度等数据在计算中也需要关注。

7. 物料衡算的自由度分析方法

对一个设备众多、过程复杂的制药生产车间甚至工厂，各种因素之间互相影响、互相约束，物料衡算比较复杂。在这种情况下，对过程进行自由度分析可以用于指导物料衡算。

由代数方程求解方法可知，为了求解方程中出现的 N 个未知数，必须建立 N 个线性独立方程并联立求解，即独立方程的数目与未知数的数目必须一致。若建立的独立方程的数目小于 N，那么方程不可能得到完全解；若建立的独立方程的数目大于 N，必须选择其中的 N 个方程用于求解未知数，但这种方法获得的解仅取决于所选用的 N 个方程，并不一定同时满足未被利用的方程。因此，最可靠的方法是在求解之前先使未知变量数与独立方程数目相等。自由度就是度量两者之间是否相等的最简单指标。对系统的自由度定义如下：

$$自由度 = 物流独立变量数 - 独立平衡方程数 - 附加关系方程数$$

若自由度为正值，表明计算条件不足，不能解出全部未知变量。若自由度为负值，则表明条件过多，为获得唯一可靠的解必须删去多余的条件（可能是不合理的）。若自由度为零，表明未知变量的数目恰好等于能建立的独立方程数，未知变量能够全部求出。计算过程中需要解决的两个重要问题是：平衡方程组的选择，计算基数的设置。

（1）平衡方程组的选择 对于一个含有 S 个组分的系统，可以列出 $(S+1)$ 个平衡方程，其中只有 S 个方程是独立方程。如何从 $(S+1)$ 个方程中选择 S 个方程？选择原则是选择未知变量数少的方程。因此，需要从 $(S+1)$ 个方程中删去 1 个未知变量数最多的方程，即得到 S 个独立方程。一般而言，总物料平衡方程总是被采用的，因为该方程只含有流量变量，不出现浓度变量，与组分的平衡方程相比，方程中未知变量的数目较少。

（2）计算基数的设置 由于方程组对流量变量是相容的，当已知条件中没有给定所有物流的流量数值时，可以指定任一股物流的流量数值作为计算基数，在此基础上进行求解，再将计算结果按照给定的流量赋值进行放大或缩小，得到最终答案。

往往会出现系统的自由度为零的情况，但每一个单元的自由度均不等于零，即没有一个单元能首先求出完全解。当然，系统的自由度为零，说明该系统能解出全部的未知变量。但是，如果不采用整个系统所有方程同时联解的方法，仍用比较方便的顺序求解，那么，可以采用以下两种方法进行求解。

【方法1】计算基数重置　当系统的自由度为零，而系统内所有单元的自由度不等于零，但出现某些单元的自由度为1时，可以考虑采用计算基数重置的方法。若某单元的自由度为1，又没有任何流量赋值，为了求出该单元的未知变量，可以不顾系统内其他流量的赋值情况，先假设一个流量数值作为该单元的计算基数，使该单元的自由度变成零，首先求出结果。再以此为基础，计算其他各个单元，直至全部解完。最后，再按实际赋值将所有物流的流量按比例放大或缩小，就能得到符合给定条件的完全解。

【方法2】采用总物料平衡　在讨论多元系统的平衡方程时曾提到，若将整个系统作为一个单元，也可以进行自由度分析，并进行物料衡算，这就是总物料平衡。由于总物料平衡仅是系统各单元物料平衡的加和而并非独立，在求解过程中一旦使用了总物料平衡，就要特别小心，防止组分的平衡方程及附加关系方程的重复使用，以免出错。

因此，运用自由度分析方法，选定合适模块进行物料衡算，方法思路清晰，计算简洁明了。

二、物理过程的物料衡算

在医药工业中，物质在单元操作过程中不发生化学反应，只有相态和浓度变化，这类过程主要有混合过程和分离过程。例如，在吸收过程中，尾气与吸收剂首先混合，经传质后再分离。混合计算常用于复杂制药过程的简化计算。

分离过程的分类为机械分离过程和传质分离过程。其中，传质分离过程又分类为基于相平衡的传质分离过程和基于速率差异的传质分离过程。基于相平衡的传质分离过程中，借助分离剂使均相混合物变成两相系统，再利用混合物中各组分在处于相平衡状态两相中的不等同分配而实现分离。分离剂包括能量分离剂（如精馏分离过程中需加入热量）和物质分离剂（如液液萃取过程中需加入萃取剂）。基于速率差异的传质过程，是在某种推动力（浓度差、压力差、温度差、电位差等）作用下，利用各组分扩散速率的差异实现分离。

物料衡算分为不带过程限制条件和带过程限制条件两类。不带过程限制条件的物料衡算，只需通过物料平衡关系式和浓度限制关系式列出关联方程，且关联方程式均为线性或均可线性化，进而求解物料衡算结果。带过程限制条件的物料衡算，不仅要建立物料平衡关系式和浓度限制关系式，往往还需建立难以线性化的过程限制关系式，进而求解物料衡算结果。

【例9-1】以无菌冻干粉针生产为例，介绍制剂过程的物料衡算。静脉滴注用奥美拉唑钠无菌冻干粉针，每支含奥美拉唑钠42.6mg，二水合乙二胺四乙酸二钠（EDTA）1.5mg，用于调节pH＝10.5～11.0的氢氧化钠适量。另附10mL等渗灭菌生理盐水，用于调节pH＝10.5～11.0的氢氧化钠适量。物料衡算条件：年生产能力2000万支/年，内包装规格为42.6mg/5mL西林瓶，外包装规格为10瓶/小盒、10小盒/大盒、10大盒/箱。工作班制为250天/年，其中，冻干工序3班/天、其他岗位1班/天。冻干时间1批/天。各生产工序收率见表9-4。

表 9-4　各生产工序的收率

工序	奥美拉唑钠收率/ ％	西林瓶收率/ ％	胶塞收率/ ％	铝盖收率/ ％
配料	99	—	—	—
洗瓶、烘干	—	99	—	—
灌装、加塞	99.5	99.5	99.5	—
冻干、压塞	100	100	100	—
轧盖	99.5	99.5	99.5	99.5
灯检	99.8	99.8	99.8	99.8
贴签、包装	99.8	99.8	99.8	99.8
胶塞洗涤	—	—	99.5	—
铝盖洗涤	—	—	—	98
总收率	97.6	97.62	98.11	97.12

注：各工序西林瓶收率＝（各工序使用西林瓶个数－各工序损耗西林瓶个数）/各工序使用西林瓶个数；各工序奥美拉唑钠、胶塞、铝盖的收率定义相同。

1. 浓配、稀配岗位原辅料的物料衡算

（1）每天所需奥美拉唑钠用量

奥美拉唑钠日用量＝年产量×规格÷年工作日÷总收率

$$= 2000 \times 10^4 \times 42.6 \times 10^{-6} \div 250 \div 0.976 = 3.492 \text{（kg）}$$

（2）每天所需 EDTA 用量

每天 EDTA 用量 ＝ 年产量×每瓶 EDTA 含量÷年工作日÷总收率

$$= 2000 \times 10^4 \times 1.5 \times 10^{-6} \div 250 \div 0.976 = 0.123 \text{（kg）}$$

（3）每天所需 NaOH 量　调节 pH＝10.5～11.0 的氢氧化钠适量。

（4）每天所需注射用水量　浓配注射用水用量为溶液总体积量的 80％，本设计中每支西林瓶灌装 2mL 溶液。故：

西林瓶总收率＝洗瓶烘干收率×灌装加塞收率×轧盖收率×灯检收率×贴签包装收率

$$= 0.99 \times 0.995 \times 0.995 \times 0.998 \times 0.998 = 0.9762$$

每天总灌装西林瓶数 ＝ 年产量÷年工作日÷西林瓶总收率×洗瓶烘干收率

$$= 2000 \times 10000 \div 250 \div 0.9762 \times 0.99 = 81130 \text{（支）}$$

每天总溶液体积 ＝ 每天灌装西林瓶数×每支灌装量

$$= 81130 \times 2 \times 10^{-3} = 162.3 \text{（L）}$$

每天注射用水量 ＝ 每天总溶液体积×80％

$$= 162.3 \times 80\% = 129.8 \text{（L）}$$

每天所需稀配注射用水量：加适量注射用水将溶液稀释至每天罐装所需溶液总体积 162.3L。

（5）每天所需活性炭用量　本设计中，活性炭用量是浓配液质量的 0.1％。

每天活性炭用量 ＝（每天奥美拉唑钠用量＋每天 EDTA 用量＋每天浓配注射用水量）×0.1％

$$= （3.492 + 0.123 + 129.8 \times 10^{-3} \times 1000）\times 0.1\% = 0.133 \text{（kg）}$$

2. 西林瓶的物料衡算

西林瓶的总收率＝洗瓶烘干收率×灌装加塞收率×轧盖收率×灯检收率×贴签包装收率

＝0.99×0.995×0.995×0.998×0.998＝0.9762

每天西林瓶的总用量＝年产量÷年工作日÷西林瓶的总收率

＝$2000×10^4$÷250÷0.9762＝81950（支）

每天洗瓶烘干的西林瓶损耗为：

每天洗瓶烘干损耗的西林瓶数量＝每天西林瓶总用量×洗瓶烘干损耗率

＝81950×1%＝820（支）

每天灌装西林瓶数量＝每天西林瓶总用量－每天洗瓶烘干损耗的西林瓶数量

＝81950－820＝81130（支）

（1）每天灌装加塞的西林瓶损耗为

每天损耗量＝每天灌装的西林瓶数×灌装损耗率

＝81130×0.5%＝406（支）

（2）冻干、压塞工序收率为100%，因此没有损耗。每天轧盖的西林瓶数为

每天轧盖西林瓶数＝每天灌装的西林瓶数－每天灌装损耗量

＝81130－406＝80724（支）

（3）每天轧盖的西林瓶损耗量

每天损耗量＝每天轧盖西林瓶数×轧盖损耗率

＝80724×0.5%＝404（支）

（4）每天灯检的西林瓶数为

每天灯检西林瓶数＝每天轧盖西林瓶数－每天轧盖损耗量

＝80724－404＝80320（支）

（5）每天灯检西林瓶损耗量为

每天损耗量＝每天灯检西林瓶数×灯检损耗率

＝80320×0.2%＝160（支）

（6）每天贴签包装的西林瓶数为

每天贴签包装的西林瓶数＝每天灯检西林瓶数－每天灯检损耗量

＝80320－160＝80160（支）

（7）每天贴签包装的损耗量为

每天损耗量＝每天贴签包装西林瓶数×贴签包装损耗率

＝80160×0.2%＝160（支）

（8）每天最终成品西林瓶数为

每天成品西林瓶数＝每天贴签包装西林瓶数－每天贴签包装损耗量

＝80160－160＝80000（支）

（9）每天最终成品西林瓶数的校核

每天最终成品西林瓶数＝年产量÷年工作日

＝$2000×10^4$÷250＝80000（支）

根据物料衡算基础数据，还可完成胶塞、铝盖等岗位的物料衡算。全流程物料平衡框图如图 9-2 所示。

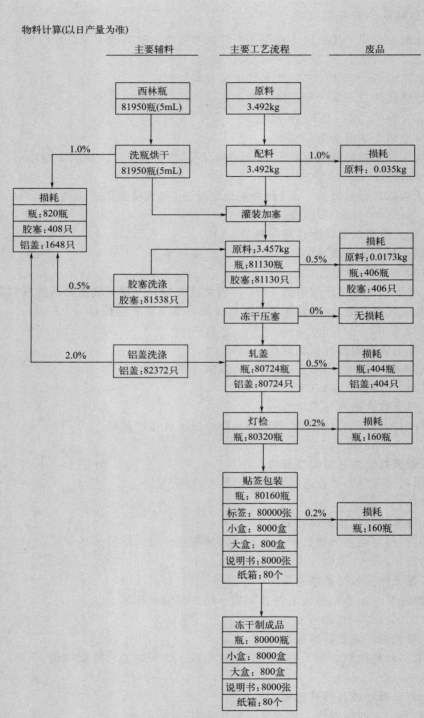

图 9-2　奥美拉唑钠无菌冻干粉针全流程物料流程框图

三、化学反应过程的物料衡算

在反应器中进行的化学反应多种多样。无论反应器中进行的是何种类型化学反应，都可通过化学平衡常数或转化率，用组分平衡和元素平衡列出物料平衡关联式进行物料衡算。

1. 简单化学反应过程的物料衡算

简单化学反应过程的物料衡算，可直接通过化学计量系数进行衡算。

【例 9-2】对年产 700t 非那西丁烃化工段进行物料衡算。设计基本条件为：年工作日为 300 天/年；总收率 83.93%，其中烃化工段收率 93%，还原工段收率 95%，酰化工段精制收率 95%；产品纯度为 99.5%。已知生产原始投料量见表 9-5。

表 9-5 生产原始投料量

投料物	对硝基氯苯	乙醇	碱液
投料量/kg	2000	514.46	4653
含量	95%	95%	46%

| 摩尔质量 /(kg/kmol) | 157.56 | 40.00 | 46.07 | 167.17 | 18.02 | 58.44 |

解：日产纯品量 = （700×1000÷300）×99.5% = 2321.67（kg）

非那西丁摩尔质量为 179.22kg/kmol。

每天所需纯对硝基氯苯投料量 = （2321.67×157.56）÷（179.22×93%×95%×95%）= 2431.81（kg）

（1）进料量

① 95% 对硝基氯苯的量为：2431.81 ÷ 95% = 2559.80（kg）

其中，杂质含量为：2559.80 − 2431.81 = 127.99（kg）

② 95% 乙醇量为：2559.80 ÷ 2000 × 514.56 = 658.59（kg）

其中，纯品量为：658.59 × 95% = 625.66（kg）；杂质量为：658.59 − 625.66 = 32.93（kg）

③ 46% 碱液量为：2559.80×4653/2000=5955.37（kg）

其中，纯品量为：5955.37×46%=2739.47（kg）；水量为：5955.37 − 2739.47 = 3215.90（kg）

④ 39.5% 催化剂量为：2559.80 × 344.68 ÷ 2000 = 441.16（kg）

其中，纯催化剂量为：441.16 × 39.5% = 174.26（kg）；纯乙醇量：441.16 × 56.95% = 251.24（kg）；杂质量：441.16 − 174.26 − 251.24 = 15.66（kg）

（2）出料量（设转化率为 99.3%）

① 反应所需对硝基氯苯量为：2431.81 × 99.3% = 2414.79（kg）

剩余量为：2431.81 － 2414.79 ＝ 17.02（kg）

② NaOH 消耗量为：（2431.81 × 99.3％ ÷ 157.56）× 40.00 ＝ 613.05（kg）

剩余 NaOH 量为：2739.47 － 613.05 ＝ 2126.42（kg）

③ 乙醇消耗量为：（2431.81 × 99.3％ ÷ 157.56）× 46.07 ＝ 706.08（kg）

进料中乙醇量为：625.66 ＋ 251.24 ＝ 876.90（kg）

剩余乙醇量为：876.90 － 706.08 ＝ 170.82（kg）

④ 生成的水量为：（2431.81 × 99.3％ ÷ 157.56）× 18.02 ＝ 276.18（kg）

总水量：276.18 ＋ 3215.90 ＝ 3492.08（kg）

⑤ 生成的 NaCl 量为：（2431.81 × 99.3％ ÷ 157.56）× 58.44 ＝ 895.66（kg）

⑥ 生成的对硝基苯乙醚量为：（2431.81 × 99.3％ ÷ 157.56）× 167.17 ＝ 2562.07（kg）

⑦ 杂质总量为：15.66 ＋ 32.93 ＋ 127.99 ＝ 176.58（kg）

进出物料衡算数据汇总见表 9-6。

表 9-6　进出物料平衡表

进料物名称	进料物质量/ kg	进料物含量/ ％	出料物名称	出料物质量/ kg	出料物含量/ ％
对硝基氯苯	2431.81	25.29	对硝基氯苯	17.02	0.18
乙醇	876.90	9.12	乙醇	170.82	1.78
氢氧化钠	2739.47	28.49	氢氧化钠	2126.42	22.12
催化剂	174.26	1.81	催化剂	174.26	1.81
水	3215.90	33.45	水	3492.08	36.31
杂质	176.58	1.84	氯化钠	895.66	9.32
			对硝基苯乙醚	2562.07	26.64
			杂质	176.58	1.84
总计	9614.92	100	总计	9614.91	100

注：计算过程涉及小数点保留问题，因此进料总计与出料总计略有不同。

2. 复杂化学反应过程的物料衡算

反应器中进行的复杂化学反应包括可逆反应、平行反应、串联反应等。对于复杂反应的物料衡算，除了建立元素平衡方程式，还需利用反应平衡关系确定各组分的平衡组成。

四、物料流程图

工艺流程图绘制完成后，随即开始物料衡算，将物料衡算结果标注在工艺流程框图中（还可标注在设备工艺流程图上），就形成了能够定量的物料流程图。物料流程图是初步设计的成果，编入初步设计说明书中。图 9-3 为盐酸林可霉素提取工段的物料流程图。

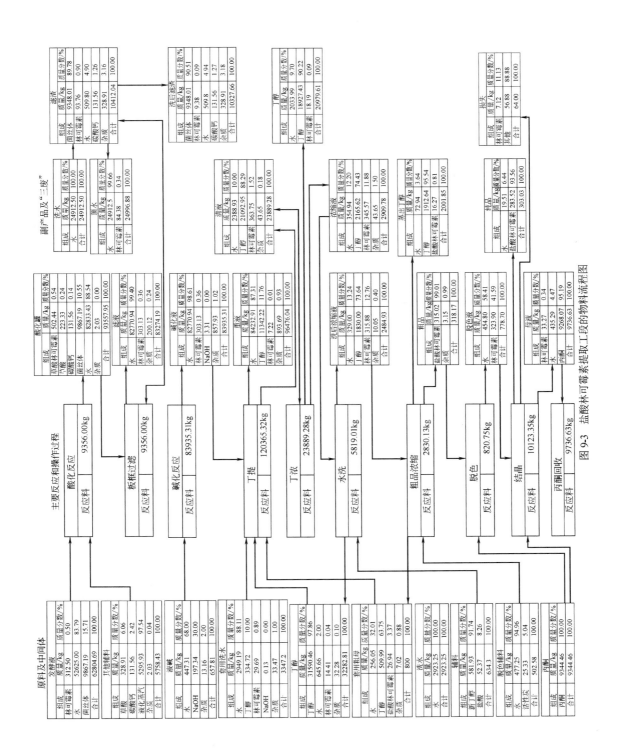

图 9-3 盐酸林可霉素提取工段的物料流程图

第二节　能量衡算及热力学数据的估算

制药生产所经过的单元反应和单元操作都必须满足一定的工艺要求，如严格地控制温度、压力等条件。如何有效利用能量的传递和转化规律，以保证适宜的工艺条件，是制药生产中重要的问题。

一、能量衡算及热力学数据的估算概述

1. 能量衡算的目的和意义

在过程设计中进行能量衡算，可以决定过程所需要的能量，计算出生产过程能耗指标，以便对工艺设计的多种方案进行比较，选定先进的生产工艺。能量衡算的数据是设备选型与设计计算的依据。能量衡算是要确定设备的传热面积和换热介质的规格与数量，使设备同时满足物料衡算和能量衡算的要求。当生产设备与传热关系不大时，能量衡算可与设备选型与计算同时进行（如计量罐和储罐等）。

2. 能量衡算的依据及必要条件

能量衡算的主要理论依据是能量守恒定律。进行能量衡算时，必须具有物料衡算的数据以及涉及物料的热力学物性数据（如反应热、溶解热、比热容、相变热等）。

3. 能量守恒的基本方程

能量守恒定律的一般方程式为：

$$\text{输出能量} = \text{输入能量} + \text{生成能量} - \text{消耗能量} - \text{积累能量} \tag{9-4}$$

能量有多种形式，如势能、动能、电能、热能、机械能、化学能等。各种形式的能量在一定条件下可相互转化，但总能量是守恒的。系统与环境之间通过物质传递、做功和传热三种方式进行能量传递。制药生产中，热能是最常用的能量表现形式，所以主要介绍热量衡算。

4. 能量衡算的分类

能量衡算分为单元设备的能量衡算和系统能量衡算。

二、能量衡算

1. 设备的热量平衡方程式

当内能、动能、势能的变化量可忽略且无轴功时，据能量守恒定理得出热量平衡方程式：

$$Q_1 + Q_2 + Q_3 = Q_4 + Q_5 + Q_6 \tag{9-5}$$

式中，Q_1 为物料带入设备中的热量，kJ；Q_2 为加热剂或冷却剂传给设备或所处理物料的热量，kJ；Q_3 为过程热效应，放热为正，吸热为负，kJ；Q_4 为物料离开设备所带走的热量，kJ；Q_5 为加热或冷却设备所消耗的热量，kJ；Q_6 为设备向环境散失的热量，kJ。

热量衡算的主要目的是计算出 Q_2，关键是计算 Q_3，从而确定加热剂或冷却剂的量。为了计算 Q_2 必须知道式（9-5）中其他各项。

2. 各项热量的计算

（1）Q_1 与 Q_4 的计算

$$Q_1(Q_4) = \sum m \int_{T_0}^{T_2} C_p \, \mathrm{d}T \tag{9-6}$$

$$C_p = f(t) = a + bT + cT^2 + \cdots\cdots \tag{9-7}$$

式中，m 为输入（或输出）设备的各种物料的质量，kg；C_p 为物料的定压比热容，kJ/（kg·℃）。当 C_p-T 是直线关系时，式（9-6）可简化为：

$$Q_1(Q_4) = \sum m C_p (T_2 - T_0) \tag{9-8}$$

式中，T_0 为基准温度，℃；T_2 为物料的实际温度，℃；C_p 为 $T_0 \sim T_2$ 之间的平均定压比热容，可以是 T_0 和 T_2 下定压比热容的平均值，也可以是 T_0 和 T_2 平均温度下的定压比热容。

可采用图、表和经验公式求取比热容 C，计算时要注意温度对比热容数据精确性的影响。例如，95％乙醇的比热容数据为 C（293K）＝ 0.63kJ/（kg·℃），C（343K）＝ 0.81kJ/（kg·℃），是 293K 的 1.3 倍，如按 293K 的 C 算 343K 的 C，热量要少算 30％。

（2） Q_5 的计算 Q_5 的计算与过程无关。如稳态操作过程，$Q_5 = 0$；对于非稳态过程，如开车、停车以及间歇操作过程，Q_5 可按式（9-9）计算：

$$Q_5 = \sum M C_p (T_2 - T_1) \tag{9-9}$$

式中，M 为设备各部件的质量，kg；C_p 为设备各部件材料的定压比热容，kJ/（kg·℃）；T_1 为设备各部件的初始温度（一般取室温），℃；T_2 为设备各部件的最终平均温度（根据具体情况确定），℃。

设换热器壁两侧流体的给热系数分别为 H（高温侧）和 L（低温侧），传热结束时两侧流体的温度分别为 T_H（高温侧）和 T_L（低温侧），则：①当 $H \approx L$ 时，$T_2 = (T_H + T_L)/2$；②当 $H \gg L$ 时，$T_2 = T_H$；③当 $H \ll L$ 时，$T_2 = T_L$。

（3） Q_6 的计算

$$Q_6 = \sum A \alpha_T (T_w - T_0) \tau \tag{9-10}$$

式中，Q_6 为设备向环境散失的热量，J；A 为设备散热表面积，m^2；α_T 为设备散热表面与周围介质之间的联合给热系数，W/（m^2·℃）；T_w 为散热表面的温度（有隔热层时为绝热层外表的温度），℃；T_0 为周围介质的温度，℃；τ 为散热持续的时间，s。

设备散热表面与周围介质之间的联合给热系数可用以下经验公式计算：

① 当隔热层外空气作自然对流，且 $T_w = 50 \sim 3500$℃ 时：

$$\alpha_T = 8 + 0.05 T_w \quad \text{W/（}m^2\text{·℃）} \tag{9-11}$$

② 当空气作强制对流，空气速度 $u \leqslant 5$m/s 时：

$$\alpha_T = 5.3 + 3.6u \quad \text{W/（}m^2\text{·℃）} \tag{9-12}$$

③ 当空气作强制对流，空气速度 $u \geqslant 5$m/s 时：

$$\alpha_T = 6.7 u^{0.78} \quad \text{W/（}m^2\text{·℃）} \tag{9-13}$$

对于室内操作的锅式反应器，α_T 的数值可近似取值 10W/（m^2·℃）。

通常，Q_5 与 Q_6 一起估算，热损失为 $Q_5 + Q_6 = 5\% \sim 10\% Q_{总}$。需要注意的是，当操作过程是连续过程时，（$Q_5 + Q_6$）可由式（9-5）直接推导估算；当操作过程是间歇过程时，计算过程将分段进行热量衡算，每段衡算结束后（无论是冷量还是热量），均附加 $Q_{总}$ 的 5％～10％即为（$Q_5 + Q_6$）的量。

3. 过程热效应 Q_3 的计算

过程热效应包括化学反应热与物理状态变化热。

（1）化学反应热的计算 化学反应过程放出或吸收的热量称为化学反应热。化学反应热作为状态函数服从赫斯定律，它只与化学反应的起始和终末状态有关，而与过程途径无关。化学反应热的计算方法如下所述。

① 标准反应热计算　当反应温度为298K、压力为标准大气压时，反应热的数值为标准反应热，用 $\Delta H^{\ominus}$ 表示。$\Delta H^{\ominus}$ 可在有关手册中查到，且规定负值表示放热，正值表示吸热，这与能量衡算平衡方程式中规定的符号相反。下述用 $q_r^{\ominus}$(kJ/mol) 表示标准反应热，且规定正值表示放热，负值表示吸热，因而 $q_r^{\ominus}=-\Delta H^{\ominus}$。

② 用标准生成热求 $q_r^{\ominus}$　标准生成热的定义是，反应物和生成物均处于标准状态下（0.1MPa，25℃ 或某一定温度下），由若干稳定相态单质生成1mol某物质时，过程放出的热量（元素单质的生成热假定为零）（单位 kJ/mol）。

$$q_r^{\ominus}=-\sum \sigma_i \Delta H_{f_i}^{\ominus} = \sum (q_f)_{产物} - \sum (q_f)_{反应物} \tag{9-14}$$

式中，σ_i 为反应方程式中各物质的化学计量系数，反应物为负，生成物为正；$\Delta H_{f_i}^{\ominus}$ 为各物质的标准生成热，kJ/mol。

③ 用标准燃烧热求 $q_r^{\ominus}$　标准燃烧热的定义是，1mol处于稳定聚集状态的物质在标准状态下（25℃，0.1MPa）完全燃烧时所放出的热量。

$$q_r^{\ominus}=\sum \sigma_i \Delta H_{c_i}^{\ominus} = \sum (q_c)_{反应物} - \sum (q_c)_{产物} \quad \text{kJ/mol} \tag{9-15}$$

式中，σ_i 为反应方程式中各物质的化学计量系数，反应物为负，生成物为正；$\Delta H_{c_i}^{\ominus}$ 为各物质的标准燃烧热，kJ/mol。

④ 标准生成热与标准燃烧热的换算

$$H_f^{\ominus}+ H_c^{\ominus}=\sum n H_{ce}^{\ominus} \tag{9-16}$$
$$Q_f + Q_c = \sum (Q_c)_{元素} \tag{9-17}$$

式中，$H_{ce}^{\ominus}$ 为元素的标准燃烧热，kJ/mol，常见元素标准燃烧热的数值见表9-7；n 为化合物中同种元素的原子数；$H_f^{\ominus}$、$H_c^{\ominus}$ 分别为同一化合物的标准生成热和燃烧热。

$\sum (q_c)_{元素}$ 易于计算得到。一旦知道 q_c 可求得 q_f，或知 q_f 可求 q_c。q_c、q_f 可以从手册、实验、经验计算得到。故：$q_f= \sum (q_c)_{元素} - q_c$

表 9-7　元素的燃烧热

元素燃烧过程	元素燃烧热/(kJ/mol)	元素燃烧过程	元素燃烧热/(kJ/mol)
C→CO$_2$(气)	395.15	Br→HBr(溶液)	119.32
H→$\frac{1}{2}$H$_2$O(液)	143.15	I→I'(固)	0
F→HF(溶液)	316.52	N→$\frac{1}{2}$N$_2$(气)	0
Cl→$\frac{1}{2}$Cl$_2$(气)	0	N→HNO$_3$(溶液)	205.57
Cl→HCl(溶液)	165.80	S→SO$_2$(气)	290.15
Br→$\frac{1}{2}$Br$_2$(液)	0	S→H$_2$SO$_4$(溶液)	886.8
Br→$\frac{1}{2}$Br$_2$(气)	−15.37	P→P$_2$O$_5$(固)	765.8

⑤ 不同温度下化学反应热 q_r^T 的计算　当化学反应恒定在 T℃进行，且反应物和生成物在（25～T）℃范围内无相变时，有：

$$q_r^T = q_r^{\ominus} - (T-25)(\sum n_i C_{p_i}) \quad \text{kJ/mol} \tag{9-18}$$

式中，n_i 为反应方程式中化学计量系数，反应物为负，生成物为正；T 为反应温度，℃；C_{p_i} 为反应物或生成物在（25～T）℃温度范围内的平均比热容，kJ/(mol·℃)。

如果反应物或生成物在（25～T）℃范围内有相变化，那么需对式（9-17）进行修正。

（2）物理状态变化热　常见的物理状态变化热有相变热和溶解热与混合热。

① 相变热　在恒定温度和压力下，单位质量（或物质的量）的物质发生相变时产生的焓变称为相变热，如汽化热、冷凝热、熔化热、升华热等。许多化合物的相变热数据可从有关手册和参考文献中查得，在使用中要注意单位和符号与式（9-5）中的规定保持一致。若查到的数据其条件不符合要求时，可设计一定的计算途径求出。例如，已知 T_1、p_1 条件下某 1mol 物质的汽化潜热为 ΔH_1，根据盖斯定律可用图中所设途径求出 T_2、p_2 条件下的汽化潜热 ΔH_2（图 9-4）。

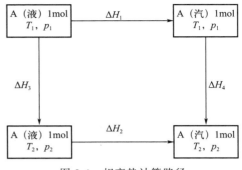

图 9-4　相变热计算路径

$$\Delta H_2 = \Delta H_1 + \Delta H_4 - \Delta H_3 \qquad (9-19)$$

ΔH_3 是液体的焓变，忽略压力对焓的影响，则：

$$\Delta H_3 = \int_{T_1}^{T_2} C_{p(液)} \mathrm{d}T \qquad (9-20)$$

ΔH_4 是温度、压力变化时的气体焓变，若将蒸汽看作理想气体，可忽略压力对焓的影响，则：

$$\Delta H_4 = \int_{T_1}^{T_2} C_{p(汽)} \mathrm{d}T \qquad (9-21)$$

故：

$$\Delta H_2 = \Delta H_1 + \int_{T_1}^{T_2} [C_{p(汽)} - C_{p(液)}] \mathrm{d}T \qquad (9-22)$$

② 溶解热与混合热　当固体、气体溶于液体或两种液体混合时，由于分子间的相互作用与它们在纯态时不同，伴随这些过程就会有热量的释放或吸收，这两种过程的过程热分别称为溶解热或混合热。对气体混合物或结构相似的液体混合物（如直链烃混合物），可忽略溶解热或混合热。但另外一些混合或溶解过程（如硫酸、硝酸、氨水溶液的配制、稀释等）则有显著的热量变化。某些物质的溶解热和混合热可直接从有关手册或资料中查到，也可根据积分溶解热或稀释热求得。

积分溶解热是在恒温恒压下，将 1mol 溶质溶解于 n mol 溶剂中产生的热效应［式（9-23）］。积分溶解热是温度和浓度的函数，不仅可计算将溶质溶解于溶剂中形成某一浓度溶液时产生的热效应，还可计算将溶液从某浓度稀释或浓缩到另一浓度时产生的热效应。有些物质的积分溶解热可在相关设计手册等资料中查得。

1mol 溶质 ＋ n mol 溶剂——→溶液 ＋ Q（热效应，放热为正，吸热为负）　（9-23）

积分稀释热是在恒温恒压下，将一定量的溶剂加入含 1mol 溶质的溶液中，形成较稀溶液时产生的热效应。即：溶液 I（c_1，q_1）＋ 溶剂——→溶液 II（c_2，q_2）＋Q。根据赫斯定律：

$$Q_{稀释热} = Q_2 - Q_1$$

无限稀释积分溶解热的含义是，当加入溶剂量（一般是水）无限大时，直到无热效应时的值，一般为定值。规定无限稀释是一种基态（$H=0$），其他任一浓度溶液的焓值为 H_1，那么无限稀释热 ＝ $H_1 - H = \Delta H$。

【例 9-3】 25℃ 和 1.013×10^5 Pa 时，用水稀释 78% 硫酸水溶液以配制 25% 硫酸水溶液 1000kg，试计算配制过程中的浓度变化热。

解：设 G_1 为 78% 硫酸溶液的用量，G_2 为水的用量，则：

$$G_1 \times 78\% = 1000 \times 25\%$$
$$G_1 + G_2 = 1000 \ （kg）$$
$$G_1 = 320.5kg, \ G_2 = 679.5 \ （kg）$$

配制前后 H_2SO_4 的物质的量为：$n(H_2SO_4) = 320.5 \times 10^3 \times 0.78 \div 98 = 2550.9 \ （mol）$

配制前 H_2O 的物质的量为：$n(H_2O) = 320.5 \times 10^3 \times 0.22 \div 18 = 3917.2 \ （mol）$

则：$n_1 = 3917.2 \div 2550.9 = 1.54$

由表 9-8 用内插法查得：$\Delta H_{S1} = 35.57 \ （kJ/mol）$

表 9-8　H_2SO_4 水溶液的积分溶解热（25℃ 时）

$n(H_2O)$/mol	积分溶解热 ΔH_S/(kJ/mol)	$n(H_2O)$/mol	积分溶解热 ΔH_S/(kJ·mol)
0.5	15.74	50	73.39
1.0	28.09	100	74.02
2	41.95	200	74.99
3	49.03	500	76.79
4	54.09	1000	78.63
5	58.07	5000	84.49
6	60.79	10000	87.13
8	64.64	100000	93.70
10	67.07	500000	95.38
25	72.53	∞	96.25

注：表中积分溶解热的符号规定为放热为正、吸热为负。

配制后水的物质的量为：$n(H_2O) = （320.5 \times 0.22 + 679.5）\times 10^3 \div 18 = 41667.2 \ （mol）$

则：$n_2 = 41667.2 \div 2550.9 = 16.3$

由表 9-8 用内插法查得：$\Delta H_{S2} = 69.30 \ （kJ/mol）$

根据盖斯定律，得：$n_{(H_2SO_4)} \times \Delta H_{S1} + Q_p = n_{(H_2O)} \times \Delta H_{S2}$

$$Q_p = 41667.2 \times 69.30 - 2550.9 \times 35.57 = 2.8 \times 10^6 \ （kJ）$$

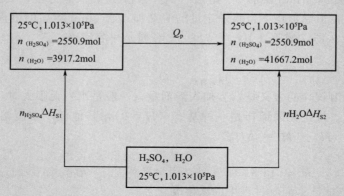

4. 单元设备热量衡算的步骤

进行热量衡算时，首先要对单元设备进行热量衡算，通过热量衡算得出设备的有效热负荷，由热负荷确定加热剂或冷却剂用量、设备传热面积等。单元设备的热量衡算步骤为：

① 明确衡算对象，划定衡算范围，绘制设备的热平衡图。为了分析和减少衡算错误，先绘制设备的热平衡图，在图上标注进出衡算范围的各种形式热量，并列出热平衡方程。

② 搜集有关数据。能量衡算涉及物料量、物料状态和物质的热力学参数，如比热容、相变热、反应热、溶解热、稀释热等。热力学数据可从有关物性参数手册、书刊等资料上查得，也可从工厂实际生产中实测数据取得。如上述途径无法得到有关数据，可通过热力学数据估算方法求得。获取这些数据时，一定要保证数据的可靠性，从而保证计算结果的可靠性。

③ 选择计算基准。进行热量衡算时，要采用同一计算基准，并使计算简单方便。若基准选择不当，会给计算带来许多不便。计算基准分为数量基准和相态基准（也称基准态）。数量基准是指从哪个物理量出发来计算热量，一般可以采用单位时间的量或每批的量作为基准。一般选择 0℃、液态为计算基准态较简单，对反应过程一般取 25℃ 为计算基准态。

④ 计算各种形式热量的值。按热量衡算平衡方程式求出各种热量。

⑤ 列热量平衡表。热量衡算完毕后，将所得结果汇总成表，并检查热量是否平衡。

⑥ 求出加热剂或冷却剂等载能介质的用量。

⑦ 求出每吨产品的动力消耗定额、每小时最大用量以及每天用量和年消耗量。

要结合设备计算和设备操作时间周期的安排进行热量衡算（在间歇操作中显得特别重要）。在汇总每个设备的动力消耗量得出车间总耗量时，须考虑一定的损耗系数（如蒸汽 1.25，水 1.2，压缩空气 1.30，真空 1.30，冷冻盐水 1.20），最后得出热量消耗综合表（表 9-9）。

表 9-9 热量消耗综合表

序号	名称	规格	每吨产品消耗定额	每小时最大用量	每昼夜(或每小时)消耗量	年消耗量	备注

热量衡算应特别注意的问题是，热量平衡方程式是一般普遍式。由于间歇操作的各时间段操作情况不一样，应分段进行热量平衡计算，求出不同阶段的 Q_2。

三、常用热力学数据的计算

常见元素和化合物的热力学数据可通过有关物化手册查得，但化合物的品种繁多，不可能都能从手册和软件数据库中查到：①新化合物，特别是有机化合物，其物化数据不能用简单的方法测出；②手册中的物化数据，其测定条件与生产或工程应用条件有时不符；③手册中收载的多为元素或单组分的物化数据，而工程实践中常遇到的为多组分混合物，使确定工程应用条件下多组分混合物的热力学数据成为难点和关键问题。

为了解决上述问题，人们试图通过计算方法得出物化数据的近似数值。这些方法是：①物化数据相互关联法，由较易计算的物化常数（如分子量）或较易查得的物化性质（如沸点、熔点、临界常数等）推算其他物化数据；②用组成化合物的原子的物化数据或官能团结构因数加和，推测化合物的物化数据；③将已测过的物化数据制成线图，采用内插法或外推法得出某些化合物的未知物化数据；④经验公式。

热力学数据的估算方法，在许多手册和相关资料中都有报道。本节主要介绍常用热力学数据的计算方法。

1. 比热容

（1）气体的比热容

① 压强低于 $5 \times 10^5 \text{Pa}$ 的气体或蒸气，均可视作理想气体处理。

定容比热容：$C_v = 4.187(2n+1)/M$

定压比热容：$C_p = 4.187(2n+3)/M$

式中，n 为化合物分子中原子个数；M 为化合物的摩尔质量，kg/kmol。

② 压强高于 $5 \times 10^5 \text{Pa}$ 的气体　根据对比压强 p_r 和对比温度 T_r，查图 9-5 得实际气体与理想气体的定压比热容之差 ΔC_p，ΔC_p 与理想气体的定压比热容之和即为实际气体的 C_p。

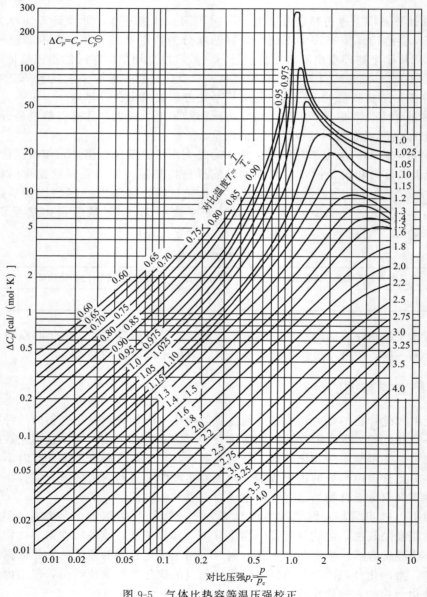

图 9-5　气体比热容等温压强校正

1cal＝4.1868J

（2）固体在常温下的比热容

① 元素的比热容为 $C = C_i/A$。其中，A 为原子摩尔质量；C_i 为原子的摩尔热容，kJ/（kmol·℃）（可由表 9-10 查得）。

② 化合物的比热容为 $C_p = \sum n_i \times C_i / M$。式中，$M$ 为化合物的摩尔质量，kg/mol；n_i 为分子中 i 元素的原子数；C_i 为 i 元素的摩尔热容（可由表 9-10 查得），J/（kmol·℃）。

表 9-10 元素原子的比热容 　　　　　　　　　　单位：kcal/（kmol·℃）

原 子	固态的 C_i	液态的 C_i	原子	固态的 C_i	液态的 C_i
C	1.8	2.8	F	5.0	7.0
H	2.3	4.3	P	5.4	7.4
B	2.7	4.7	S	5.5	7.4
Si	3.8	5.8	Cl	6.2	0～24℃之间为 8.0
O	4.0	6.0	N	2.6	
			其他[①]	6.2	8.0

① 指原子量在 40 以上的固体元素，液体金属及熔盐见相关手册。

注：1. 柯普（KOPP）规则：1mol 化合物总比热容（C_p）近似等于化合物中以原子形式存在的元素比热容的总和（20℃左右近似估算固体或者液体比热容）。

2. 1kcal/（kmol·℃）= 4186.8J/（kmol·℃）。

（3）液体的比热容　大部分液体比热容介于 $1.7\sim2.5$ kJ/（kg·℃）之间，少数液体例外。例如，液氨与水的比热容较大，约为 4kJ/（kg·℃）；而汞和液体金属的比热容很小。液体比热容随温度升高而稍有增大，但压强的影响不大。

① 有机化合物液体的比热容，计算表达式为 $C_p = \sum n_i C_i / M$。式中，M 为化合物摩尔质量，kg/kmol；n_i 为分子中 i 种基团的个数；C_i 为 i 种基团的摩尔热容（可由表 9-11 查得），kJ/（kmol·℃）。另外一种估算表达式为 $C_{pL} = kM^{\alpha}$。式中，M 为化合物摩尔质量，kg/kmol；k 为常数（醇 3.56，酸 3.81，酮 2.46，酯 2.51，脂肪烃 3.66）；α 为常数（醇 -0.1，酸 -0.152，酮 -0.0135，酯 -0.0573，脂肪烃 -0.113）。

表 9-11 基团结构摩尔热容 　　　　　　　　　　单位：kJ/（kmol·℃）

基团	温度/℃						基团	温度/℃					
	−25	0	25	50	75	100		−25	0	25	50	75	100
—H	12.6	13.4	14.7	15.5	16.7	18.8	—NH—	51.1	51.1	51.1			
—CH₃	38.52	40.0	41.7	43.5	45.9	48.4	—N—	8.4	8.4	8.4			
—CH₂—	7.2	27.6	28.3	29.1	29.8	31.0	—CN	56.1	56.5	56.9			
—CH	20.9	23.9	24.9	25.8	26.6	28.1	—NO₂	64.5	64.9	65.7	67.0	68.2	
—C—	8.4	8.4	8.4	8.4	8.4		—NH—NH—	79.6	79.6	79.6			
—C≡C—	46.1	46.1	46.1	46.1			C₆H₅—（苯基）	108.9	113.0	117.2	123.5	129.8	136.1
—O—	28.9	29.3	29.7	30.1	30.6	31.0	C₁₀H₇—（萘）	180.0	184.2	188.4	196.8	205.2	213.5
—CO—（酮）	41.9	42.7	43.5	44.4	45.2	46.1	—F	24.3	24.3	25.1	26.0	27.0	28.3
—OH—	27.2	33.5	44.0	52.3	61.8	71.2	—Cl	28.9	29.3	29.7	30.1	30.8	31.4
—COO—（酯）	56.5	57.8	59.0	61.1	63.2	64.9	—Br	35.2	35.6	36.0	36.4	37.3	38.1
—COOH	71.2	74.1	78.7	83.7	90.0	94.2	—I	39.4	39.8	40.4	41.0		
—NH₂	58.6	58.6	62.8	67.0			—S—	37.3	37.7	38.5	39.4		

② 水溶液比热容，计算表达式为 $C = C_{\mathrm{S}}n + (1 - n)$。式中，$C$ 为水溶液的比热容，kJ/（kg·℃）；C_{S} 为固体的比热容，kJ/（kg·℃）；n 为水溶液中固体的质量分数。

（4）混合物的比热容 在实际生产过程中遇到的大多是混合物，只有极少数混合物有实验测定的比热容数据，一般都是根据混合物中各种物质的比热容和组成进行估算。

① 理想气体混合物的比热容 理想气体分子之间没有作用力，因而理想气体混合物由比热容按分子组成加和规律计算，即：

$$C_p = \sum x_i C_{pi}^{\ominus} \tag{9-24}$$

式中，C_p 为理想气体混合物定压摩尔热容；x_i 为 i 组分的摩尔分数；$C_{pi}^{\ominus}$ 为混合气体中 i 组分的理想气体定压摩尔热容。

② 真实气体混合物的比热容 计算真实气体混合物的比热容时，先计算该混合气体在同样温度下为理想气体时的比热容 $C_p^{\ominus}$，然后根据混合气体的假临界压力 P_{c}' 和假临界温度 T_{c}'，求得混合气体的对比压力和对比温度，在图 9-5 上查出 $C_p - C_p^{\ominus}$，最后求得 C_p。

③ 液体混合物的比热容 液体混合物的比热容尚无理想的计算方法。工程计算多采用与理想气体混合物比热容相同的加和公式进行估算。此法对分子结构相似的物质混合液体（如对二甲苯和间二甲苯、苯和甲苯的混合液体）较为准确，但对其他液体混合物则有较大误差。

2. 汽化热

（1）盖斯定律法 根据盖斯定律，由已知 T_1、p_1 条件下的汽化数据计算 T_2、p_2 条件下的汽化数据。盖斯定律法计算汽化热见图 9-4 和式（9-22）。

（2）液体在沸点下的汽化热

$$\Delta H_{\mathrm{vb}} = \frac{T_{\mathrm{b}}}{M}(39.8\lg T_{\mathrm{b}} - 0.029T_{\mathrm{b}}) \tag{9-25}$$

式中，ΔH_{vb} 为汽化热，kJ/kg；T_{b} 为液体的沸点，K；M 为液体的分子量。

（3）特劳顿（Trouton）规则

$$\Delta H_{汽化} = bT_{\mathrm{b}}$$

式中，$\Delta H_{汽化}$ 为汽化热，J/mol；T_{b} 为液体的沸点，K；b 为常数（非极性液体 $b = 0.088$，水、低级醇类 $b = 0.109$，误差＜30%）。

（4）混合物的汽化热 混合物汽化热用各组分汽化热按组成加权平均得到。若汽化热以 kJ/kg 为单位，混合物汽化热按质量分数加权平均；若以 kJ/kmol 为单位，则按摩尔分数加权平均得到。

3. 熔融热

固体的熔融热可用式（9-26）估算：

$$\Delta H_{\mathrm{m}} = 4.187\frac{T_{\mathrm{m}}}{M}K_1 \tag{9-26}$$

式中，ΔH_{m} 为熔融热，kJ/kg；T_{m} 为熔点，K；M 为摩尔质量，kg/kmol；K_1 为常数 [元素 2～3（2.2 为宜），无机物 5～7，有机物 10～16]。

若缺乏熔点数据，可按式（9-27）估算熔点：

$$T_{\mathrm{m}} = T_{\mathrm{b}}K_2 \tag{9-27}$$

式中，T_{m} 为熔点，K；T_{b} 为沸点，K；K_2 为常数（元素 0.56，无机物 0.72，有机物 0.58）。

另外，还可采用经验数据：$\Delta H_{融} = 9.2T_{融化}$（金属类元素）；$\Delta H_{融} = 25T_{融化}$（无机化

合物）；$\Delta H_{融} = 50 T_{融化}$（有机化合物）。

4. 升华热

根据蒸发热 ΔH_v 和熔融热 ΔH_m，利用式（9-28）可估算升华热 ΔH_{sub}：

$$\Delta H_{sub} = \Delta H_v + \Delta H_m \tag{9-28}$$

$$q_c = 1.33 q_v$$

式中，q_v 为蒸发潜热，kcal/kg。

5. 溶解热

（1）溶解热估算　若溶质溶解时不发生解离，溶剂与溶质之间无化学反应（包括络合物的形成等），那么物质溶解热可按下述原则和公式进行估算：①溶质是气态，则溶解热为其冷凝热；②溶质是固态，则溶解热为其熔融热；③当溶质是液态时，若形成理想溶液则溶解热为 0，若形成非理想溶液则按式（9-29）计算：

$$\Delta H_s = -\frac{4.57 T^2}{M} \times \frac{\mathrm{dlg}\gamma_i}{\mathrm{d}T} \tag{9-29}$$

式中，ΔH_s 为溶解热，kJ/kg；γ_i 为在该浓度时溶质的活度系数；M 为溶质的摩尔质量，kg/kmol；T 为温度，K。

（2）硫酸的积分溶解热　这是 SO_3 溶于 1kg 水并生成一定浓度 H_2SO_4 时所放出的热量。利用 SO_3 在水中的积分溶解热，得：

$$\Delta H_s = \frac{2111}{\dfrac{1-m}{m} + 0.2013} + \frac{2.989(T-15)}{\dfrac{1-m}{m} + 0.062} \tag{9-30}$$

式中，ΔH_s 为 SO_3 溶于水形成 H_2SO_4 的积分溶解热，kJ/kg（H_2O）；m 为以 SO_3 计量的硫酸质量分数；T 为操作温度，℃。

（3）混酸的无限稀释热

$$Q = \frac{Q_1 - Q_2}{Q_1 - (Q_1 - Q_2)x} \tag{9-31}$$

式中，Q 为 1kg 一定浓度的硝化混酸被水无限稀释时放出的热量，kJ/kg（混酸）；Q_1 为含水量与混酸相同的硫酸的无限稀释热，kJ/kg（H_2SO_4）；Q_2 为含水量与混酸相同的硝酸的无限稀释热，kJ/kg（HNO_3）；x 为硫酸在混酸中的质量分数。图 9-6 为混酸稀释热的列线图。

6. 燃烧热

有机物质的燃烧热可用卡拉奇法估算，主要适用于液体有机物。假设碳原子与氢原子之间的化学键由一对电子形成，那么，可以将有机化合物燃烧时释放的热看作是这些电子从碳原子和氢原子转移到氧原子上去的结果。大多数化合物的分析结果表明，每个电子的转移可释放 109.07kJ 的热量。

（1）最简单有机化合物的燃烧热

$$Q_c = 109.07n = 109.07(4C + H - P) \tag{9-32}$$

式中，Q_c 为化合物的燃烧热，kJ/mol；n 为燃烧时化合物中 C、H 向 O 转移的电子数；C 为化合物中 C 的原子数；H 为化合物中 H 的原子数；P 为燃烧前化合物中 C、H 与 O 结合的电子数。

（2）具有复杂化学键和取代基衍生物的燃烧热

$$Q_c = 109.07n + \sum k\Delta \tag{9-33}$$

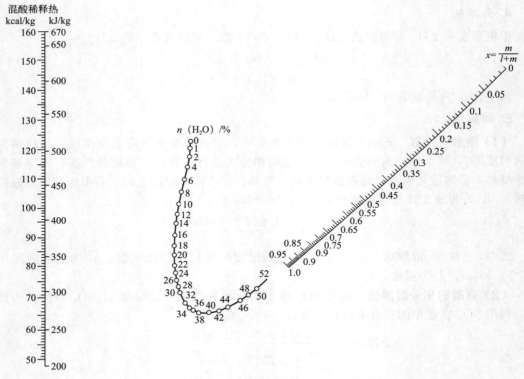

图 9-6　混酸稀释热的列线图

m—混酸中 H_2SO_4 的质量分数；l—混酸中 HNO_3 的质量分数

式中，k 为分子中相同取代基的数目；Δ 为取代基和化学键的热量校正值（表 9-12）；n 为化合物在燃烧时的电子转移数。

表 9-12　卡拉奇公式中的热量校正值

取代基和键的性质	结　构　式	热量校正值 $\Delta/(kJ/mol)$	说　明
脂基与芳基之间的键	R—Ar	−14.6	对稠环化合物等于环的结合点的数目
两个芳基之间的键	Ar—Ar	−27.2	
乙烯键	C＝C（顺式）	69.1	
	C＝C（反式）	54.4	
芳基与乙烯基或乙炔基之间的键	Ar—CH＝CH₂ Ar—C≡CH	−27.2	
伯型脂基与羟基之间的键	R—OH	54.4	与羟基相连的碳原子在燃烧时，构成 C—O 键的电子不转移。羟基中氧原子上的电子在燃烧时不转移
仲型脂基与羟基之间的键	$R_2CH—OH$	27.2	
叔型脂基与羟基之间的键	$R_3C—OH$	14.6	
芳基与羟基之间的键	Ar—OH	14.6	同上
脂族或芳族的醚	(Ar)R—O—R(Ar)	81.6	与氧相连的碳原子在燃烧时只转移 3 个电子

续表

取代基和键的性质	结构式	热量校正值 $\Delta/(kJ/mol)$	说　明
脂族或芳族的醛基	(Ar)R—CHO	54.4	醛基和酮基中的碳原子在燃烧时只转移 2 个电子
脂族或芳族的酮基	(Ar)R—CO—R(Ar)	27.2	
α-酮酸	R—CO—COOH	54.4	如果 R—CO—基与—COOH 基相连,则引入此校正值后,无需再对—COOH 中的碳原子在燃烧时进行校正
醇酸	$R_2C(OH)$—COOH	27.2	同上
脂肪酮	R—CO—	27.2	如果 R—CO—与另一个—CO—R 相连,除了引入这个校正值外,应再引入 2 个—CO—的校正值
羧酸	—COOH	41.2	
脂族的酯	R—COOR	69.036	
芳族伯胺	Ar—NH_2	27.2	与氨基相连的碳原子在燃烧时转移 4 个电子,氨基上氢原子的电子在燃烧时也都转移
脂族伯胺	R—NH_2	54.4	
芳族仲胺	Ar—NH—Ar	54.4	
脂族仲胺	R—NH—R	81.6	
芳族叔胺	Ar_3N	81.6	
脂族叔胺	R_3N	108.8	
氨基中氮与芳基之间的键	Ar—N(氨型)	−14.6	对于胺类,除引入相应的氨基校正值外,还应对每个芳基与氮之间的键引入此校正值
取代酰胺	R—NH—COR	27.2	
芳族或脂族的氰基	Ar—CN R—CN	69.1	与氰基相连的碳原子在燃烧时转移 4 个电子
芳族的异氰基	Ar—NC	−27.2	对于芳腈应引入两个校正值:一是 C 与 CN 之间的校正值;二是 CH 的校正值
脂族的异氰基	R—NC	138.6	
芳族或脂族的硝基	R—NO_2 Ar—NO_2	54.4	与—NO_2 相连的碳原子在燃烧时转移 3 个电子
芳族磺酸	Ar—SO_3H	−97.906	与—SO_3H 相连的碳原子在燃烧时转移 3 个电子

续表

取代基和键的性质	结 构 式	热量校正值 $\Delta/(kJ/mol)$	说 明
脂族化合物中的氯	R—Cl	−32.2	与—Cl相连的碳原子在燃烧时转移3个电子
芳族化合物中的氯	Ar—Cl	−27.2	与—Cl相连的碳原子在燃烧时转移3个电子
脂族化合物中的溴	R—Br	69.1	
芳族化合物中的溴	Ar—Br	−14.6	
脂族与某些芳族化合物中的碘	Ar—I R—I	175.8	

【**例 9-4**】试估算苯酚 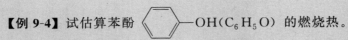 —OH(C_6H_5O) 的燃烧热。

解： $n = 4 \times 6 + 6 - 2 = 28$

由表 9-12 得：$\Delta_{\text{Ar-OH}} = +14.6$，k = 1

Q_c（计算值）$= 109.07 \times 28 + 1 \times (+14.6) = 3068.56 (kJ/mol)$

（3）彻底氧化法 由于复杂有机化合物的 n 值不易判定，可用本法。

【**例 9-5**】计算硝基苯磺酸 $C_6H_5NO_2 \cdot SO_3H$ 的生成热。燃烧热修正值为 $\Delta_{\text{Ar-NO}_2} = -62.8 kJ/mol$，$\Delta_{\text{Ar-SO}_3\text{H}} = -98.0$。

已知：C 元素的燃烧热 395.15kJ/mol；H 元素的燃烧热 143.15kJ/mol；S 元素的燃烧热 290.15kJ/mol。

解： 有机化合物燃烧反应通式为

$$aA + XO \longrightarrow bB + cC + dD$$

因为 1 个 O 原子参加反应有 2 个电子转移

所以 $n = 2X$

燃烧热与生成热的关系为：

$$q_f + q_c = \sum(q_c)_{\text{元素}}$$

$$C_6H_5NSO_5 + 13.9O \longrightarrow 6CO_2 + \frac{5}{2}H_2O + NO_2 + SO_2$$

$$n = 2 \times 13.5 = 27 \text{（mol）}$$

$$\Delta_{\text{Ar-NO}_2} = -62.8 \text{（kJ/mol）}$$

$$\Delta_{\text{Ar-SO}_3\text{H}} = -98 \text{（kJ/mol）}$$

$$q_{c\,C_6H_4NO_2 \cdot SO_3H} = 109.07 \times 27 - 62.8 - 98 = 2784.1 \text{（kJ/mol）}$$

$$q_{f\,C_6H_4SO_3H} = 6 \times 395.15 + 5 \times 143.15 + 290.15 \times 1 - 2784.1 = 592.7 \text{（kJ/mol）}$$

【**例 9-6**】试计算 2,4,6-三硝基苯酚完全燃烧时的电子转移数 n。

解： 2,4,6-三硝基苯酚完全燃烧的化学反应方程为：

$$C_6H_3N_3O_7 + 12.5O \longrightarrow 6CO_2 + (3/2)H_2O + 3NO_2$$
$$n = 2 \times 12.5 = 25$$

2,4,6-三硝基苯酚完全燃烧时的电子转移数 n 为：

$$n = 2 \times \left(2 \times 6 + \frac{1}{2} \times 3 + 2 \times 3 - 7\right) = 2 \times 12.5 = 25$$

【例 9-7】 萘的磺化过程由 5 个阶段组成。①加萘过程：操作时间 15min，物料温度 110℃；②升温过程：加萘操作 15min 时开始升温至 140℃；③加硫酸过程：加入温度为 50℃ 的 98%（质量分数）硫酸，60min 加完，物料温度由 140℃ 上升至 160℃；④保温过程：将物料于 160℃ 保温 105min；⑤出料过程：在 15min 内将 160℃ 的物料压出。图 9-7 显示了萘的磺化过程中温度与时间的关系。磺化过程排出蒸汽的温度为 160℃。已知液萘与硫酸进行磺化反应时的反应热为 21kJ/mol。假定，磺化釜体积为 3000L，夹套传热面积为 8.3m²，萘的磺化设备的热负荷 Q_2 为 2.13×10^5 kJ。熔融萘升温时，总传热系数 1255.2kJ/（m²·h·℃）；加热、磺化物料时，总传热系数 836.8kJ/（m²·h·℃）；加热用 0.8MPa（表压）水蒸气（175℃）。试分析校核夹套的传热面积是否满足要求。

题意分析： 在间歇操作中，整个操作过程常分成几个操作阶段，物料在各阶段的温度以及各阶段的传热量都不相同。为了计算传热面积和载能介质的用量，应作出整个操作过程的温度曲线，对各阶段分别进行能量衡算，求出各阶段需要的传热面积，并以计算的最大传热面积作为设计反应器的依据。

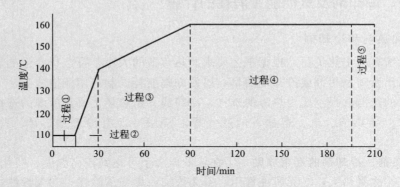

图 9-7　萘磺化过程温度与时间关系

解： 由图 9-7 可知，过程 ①、⑤ 不需要热交换；过程 ③ 具有反应热效应并使物料升温，不需要加热。

（1）计算过程　②所需传热面积 A_2 的计算如下。

查阅手册，液萘的平均比热容为 2.041kJ/（kg·℃），水的平均比热容为 4.26kJ/（kg·℃）。

在过程②中，物料温度自 110℃ 升高至 140℃，升温所需热量 $Q_{2(\text{过程②})}$ 为：

$$Q_{2(\text{过程②})} = (1515 \times 2.041 + 25 \times 4.26) \times (140 - 110) = 9.6 \times 10^4 \ (\text{kJ})$$

加热水蒸气的温度为 175℃，则：

$$\Delta T_{\mathrm{m}} = \frac{(175-110)-(175-140)}{\ln\frac{(175-110)}{(175-140)}} = 48.5$$

过程 ② 的操作时间 θ_2 为：$\theta_2 = 15/60 = 0.25$（h）

过程 ② 需要传热面积 A_2 为：

$$A_2 = \frac{9.6\times10^4}{1255.2\times48.5\times0.25} = 6.31(\mathrm{m}^2)$$

（2）计算过程 ④ 所需传热面积 A_4：

已知：$Q_2 = 2.13\times10^5\,\mathrm{kJ}$

过程 ④ 所需热量 $Q_{2(过程④)}$ 为：

$$Q_{2(过程④)} = Q_2 - Q_{2(过程②)} = 2.13\times10^5 - 9.6\times10^4 = 1.17\times10^5\ (\mathrm{kJ})$$

$$\Delta T_{\mathrm{m}} = 175 - 160 = 15\ (\text{℃})$$

过程 ④ 的操作时间 θ_4 为：$\theta_4 = 105/60 = 1.75$（h）

过程 ④ 所需传热面积 A_4 为：

$$A_4 = \frac{1.17\times10^5}{836.8\times15\times1.75} = 5.33(\mathrm{m}^2)$$

由于 $8.3 > 6.31 > 5.33$，故磺化釜的夹套面积（8.3m²）能满足要求。

四、加热剂、冷却剂及其他能量消耗的计算

1. 常用加热剂和冷却剂

通过热量衡算求出热负荷，根据工艺要求及热负荷的大小，可选择合适的加热剂或冷却剂，进一步求出所需加热剂或冷却剂的量，以便知晓能耗，制订用能措施。

加热过程的能源选择主要为热源的选择，冷却或移走热量主要是冷源的选择。常用热源有蒸汽、热水、导热油、电、熔盐、烟道气等，常用冷源有冷却水、冰、冷冻盐水、液氨等。

（1）加热剂、冷却剂的选用原则 ①在较低压力下可达到较高温度；②化学稳定性高；③热容量大；④冷凝热大；⑤无腐蚀作用；⑥无火灾或爆炸危险性；⑦无毒性；⑧温度易于调节；⑨价格低廉。一种加热剂或冷却剂同时满足这些要求是不可能的，应根据具体情况进行分析，选择合适的加热剂或冷却剂。

（2）加热剂和冷却剂的用量计算

① 直接蒸汽加热时的蒸汽用量　采用蒸汽加热时，主要利用蒸汽相变热。为了简化计算，可以只考虑蒸汽放出的冷凝热。

$$D = \frac{Q_2}{[H-C(T_{\mathrm{K}}-273)]\eta} \tag{9-34}$$

式中，D 为加热蒸汽消耗量，kg；Q_2 为由加热蒸汽传给所处理物料及设备的热量，kJ；H 为水蒸气的热焓，kJ/kg；C 为冷凝水的比热容，可取 4.18kJ/（kg·K）；T_{K} 为被加热液体的最终温度，K；η 为热利用率，保温设备为 0.97～0.98，不保温设备为 0.93～0.95。

② 间接蒸汽加热时的蒸汽用量

$$D = \frac{Q_2}{[H - C(T - 273)]\,\eta}$$

(9-35)

式中，T 为冷凝水的最终温度，K；其余符号含义同式（9-34）。

③ 冷却剂的用量　当冷却剂在换热设备中不发生相变时，冷却剂用量为：

$$W = \frac{Q_2}{C(T_K - T_H)}$$

(9-36)

式中，W 为冷却剂用量，kg；Q_2 为由冷却剂从所处理物料及设备中移走的热量，kJ；C 为冷凝剂的平均比热容，kJ/（kg·K）；T_K 为冷却剂最终温度，K；T_H 为冷却剂最初温度，K。

当液态冷却剂在换热设备中汽化时，冷却剂用量为：

$$W = \frac{Q_2}{\Delta H_v + C(T_2 - T_1)}$$

(9-37)

式中，W 为冷却剂的用量，kg；Q_2 为由冷却剂从所处理物料及设备中移走的热量，kJ；C 为冷凝剂在 T_1 和 T_2 之间的平均定压比热容，kJ/（kg·K）；T_2 为冷却剂蒸气出口温度，K；T_1 为液态冷却剂进口温度，K；ΔH_v 为冷却剂在温度 T_2 下的汽化热，kJ/kg。

2. 电能的用量

$$E = \frac{Q_2}{3600\eta}$$

(9-38)

式中，E 为电能消耗量，kW·h（1kW·h = 3600kJ）；Q_2 为热负荷，kJ；η 为电热装置的热效率，一般为 0.85~0.95。

 思考题

1. 物料衡算与能量衡算的基本原理是什么？
2. 卡拉奇法的基准相态是什么？
3. 能量衡算的通式在连续和间歇操作过程中，使用上有什么不同？
4. 在能量衡算中为什么盖斯定律得到广泛的应用？

第十章
工艺设备选型和设计

学习目标:

通过本章的学习，了解工艺设备选型与设计的任务、原则与阶段；掌握定型设备选型步骤与非定型设备设计内容，掌握制剂设备的设计与选型；了解工艺设备标准化、定型化和非定型化理念，能根据设备设计结果选择设备；熟悉制剂设备 GMP 达标中的隔离与清洗灭菌问题。

第一节　工艺设备选型与设计

一、工艺设备选型与设计的目的和意义

工艺流程设计是核心，而工艺设备选型与设计是工艺设计的主体之一。因为先进工艺流程能否实现，往往取决于所设计的设备是否与工艺相适应。

二、工艺设备的分类和来源

用于制药工艺生产过程的设备称为制药设备，包括制药专用设备和非制药专用设备。按照标准化分类，可将设备分为标准设备（即定型设备）和非标准设备（即非定型设备）。标准设备是由设备厂家成批成系列生产的设备，可以现成买到，而非标准设备则是需要专门设计的特殊设备，是根据工艺要求，通过工艺及机械设计计算，然后提供给有关工厂制造。选择设备时，应尽量选择标准设备。只有在特殊要求下，才按工艺提出的条件去设计制造设备，而且在设计非标准设备时，对于已有标准图纸的设备，设计人员只需根据工艺需要确定标准图图号和型号，不必自行设计，以节省非标准设备施工图设计的工作量。

标准设备可从产品目录、样本手册、相关手册、期刊、杂志和网上查到其型号和规格。

三、工艺设备选型与设计的任务

工艺设备选型与设计的任务主要包括：①确定单元操作所用设备的类型，这项工作要根据工艺要求来进行，如制药生产中遇到的固液分离，需确定是采用过滤机还是离心机；②根据工艺要求决定工艺设备的材料；③确定标准设备型号或牌号以及台数；④对于已有标准图纸的设备，确定标准图图号和型号；⑤对于非定型设备，通过设计与计算，确定设备主要

结构和工艺尺寸，提出设备设计条件单；⑥编制工艺设备一览表。

当设备选择与设计工作完成后，将结果按定型设备和非定型设备编制设备一览表（表 10-1），作为设计说明书的组成部分，并为下步施工图设计以及其他非工艺设计提供必要的条件。

施工图设计阶段的设备一览表是施工图设计阶段的主要设计成果之一，在施工图设计阶段非标准设备的施工图纸已完成，设备一览表可以填写得更准确和详尽。

表 10-1 综合工艺设备一览表

设计单位	工程名称		综合设备一览表	编制 年 月 日				工程号			
	设计项目			校核 年 月 日				序号			
	设计阶段			审核 年 月 日				第 页		共 页	
序号	设备分类	设备位号	设备名称	主要规格型号材料	面积/m²（或容积/m³）	附件	数量	单重/kg	单价/元	图纸图号或标准图号	设计或定购	保温 材料	保温 厚度	安装图号	制备厂家	备注

四、设备选型与设计的原则

从基本原料制得原料药，再进一步加工得到各种剂型，所有操作都是在设备中进行的。设备对工程项目的生产能力、操作可靠性、产品成本和质量等都有重大影响。因此，选择设备时要贯彻先进可靠、节能高效、经济合理、系统最优等基本原则。具体要求如下所述。

（1）满足 GMP 要求 设备的设计、选型、安装、改造和维护必须符合 GMP 中有关设备选型、选材的要求，应当尽可能降低产生污染、交叉污染、混淆和差错的风险，满足便于操作维护、方便清洁、消毒或灭菌。

（2）满足工艺要求 ①设备能力与生产相适应，并获最大的单位产量；②适应品种变化，保证产品质量；③设备成熟可靠，操作方便可靠，达到产品的产量；④有合理的温度、压强、流量、液位的检测、控制系统；⑤能改善环境保护。

（3）满足设备结构要求 ①具有合理的强度；②具有足够的刚度；③良好的耐腐蚀性；④可靠的密封性；⑤良好的操作维修性；⑥大型设备易于运输。

（4）满足技术经济指标要求 ①生产强度指设备的单位体积或单位面积在单位时间内所能完成的任务。生产强度越大，设备体积越小。②消耗系数指生产单位质量或单位体积的产品所消耗的原料和能量。消耗系数愈小愈好。③设备价格合理。④管理费用最低。⑤系统上要最优。

五、无菌原料药生产设备的特殊要求

无菌原料药生产设备为满足 GMP 要求需作特殊要求。

① 无菌原料药的生产工艺要求尽量减少设备的内部暴露和物料产品的暴露。当设备与外界环境相通时，相通处应由呼吸器或 A 级层流装置进行保护，更高的要求使用隔离器。

② 用于产品的生产、清洁、消毒或灭菌设备，尽可能采用密闭系统。

③ 设备应具有可灭菌性和可验证性。设备表面应能及时清洗灭菌，并防止灭菌后的再污染。

④ 设备的材质和制造要求。直接接触物料的设备材质主体采用 SUS316（L）不锈钢，密封件采用 FEP/PTFE，不与物料接触部分可采用 SUS304（L）制造。直接接触物料设备

表面抛光度 $Ra \leqslant 0.4\mu m$，外表面和其他部位表面抛光度 $Ra \leqslant 0.8\mu m$。

⑤ 设备管理、维护保养、校验。无菌原料药生产需要完好的设备状态，关注对洁净区环境的影响以及对设备本身的污染。

⑥ SIP 系统、连接管路的灭菌、布点、气体的排放和冷凝水的排放、设备及管路灭菌。无菌生产使用的所有制药设备均应易清洗和灭菌，最好是在线清洗（CIP）和在线灭菌（SIP），如结晶罐、反应釜、干燥器等，并需验证，确保系统具有可控的无菌保证水平，这需要较高的设备自动化程度。

六、工艺设备设计与选型的阶段

设备设计与选型工作一般分两个阶段进行。

第一阶段的设备设计，可在生产工艺流程草图设计前进行。内容包括：①计量和储存设备的容积计算和选定；②某些容积型标准设备的选定；③某些容积型非标准设备的形式、台数和主要尺寸的计算和确定。

第二阶段的设备设计可在流程草图设计中交错进行。着重解决生产过程的技术问题。如过滤面积、传热面积、干燥面积、蒸馏塔板数以及各种设备的主要尺寸等。至此，所有工艺设备的形式、主要尺寸和台数均已确定。

目前工艺设备设计呈现模块化设计的形势，主要特点如下。①独立性：可以对模块单独进行设计、制造、调试、修改和储存，这样便于由不同的专业化企业进行生产；②互换性：模块接口部位的结构、尺寸和参数标准化，容易实现模块间的互换，从而使模块满足更大数量的不同产品的需要；③通用性：有利于实现横系列、纵系列产品间的模块的通用，实现跨系列产品间的模块的通用。下面以化学原料药为例。

1. 普通生产区单元模块

（1）液体分配单元 ①大宗液体物料：来自储罐区，车间设置中间罐，由泵输送至高位罐或反应釜。设计要点：易燃易爆溶剂最多储存一昼夜使用量。②小宗液体物料：来自危险品库，由泵输送至高位罐或反应釜。设计要点：采用气动隔膜泵，局部排风。

（2）称量单元 ①普通固体物料：来自原辅料综合仓库，车间设置暂存间。②危险固体物料：来自危险品库，车间设置暂存间。③称量方式：局部除尘罩，称量模块，手套箱。

（3）反应单元 ①反应类型：常规反应（$-20 \sim 150℃$），高温反应（$160 \sim 270℃$），深冷反应（$-100 \sim -40℃$），高压反应（类似氢化反应），特殊反应（异味、毒性、高腐蚀性），重点监管危化反应。②投料方式：人工投料，提升投料，真空上料，错层投料，手套箱投料。③设计要点：上述反应单独隔间设置。

（4）分离单元 ①分离形式：烛式过滤器，微滤机，上出料离心机，下出料离心机，三合一，卧式离心机等。②出料方式：自动出料，人工出料。③设计要点：涉及有毒有害介质采用密闭设备，采用下出料离心机时注意钢平台高度。

（5）浓缩单元 ①常用设备：反应釜、螺旋板式冷凝器、螺旋管束冷凝器、列管式冷凝器、搪玻璃冷凝器、碳化硅冷凝器。②设计要点：有腐蚀性介质选用搪玻璃冷凝器、碳化硅冷凝器、石墨冷凝器。

（6）结晶、粉碎、干燥、混合单元 ①常用设备：万能粉碎机、双锥干燥、单锥干燥、沸腾制粒、真空干燥箱、热风循环风箱、三维混合机。②上料方式：人工上料、真空上料、提升上料。

2. 洁净区单元模块

结晶单元、粉碎与干燥单元、混合单元、内包单元、外包单元。

3. 辅助系统单元模块

真空系统常用设备：卧式水喷射机组、水环真空泵、机械真空泵、罗茨真空泵组；尾气吸收系统等。

4. 其他功能设置

原辅料、中间体、包材、成品暂存；器具清洗烘干暂存、中间控制、人净系统、物净系统。

5. 其他专业单元设置

配电系统、火灾报警系统、控制系统、净化空调系统、防爆送排风系统、污水收集提升系统。

七、定型设备的设计内容

对于定型工艺设备的选择，一般可分 4 步进行。

① 通过工艺选择设备类型和设备材料（这一步往往在工艺流程设计时已详细论证并确定）。
② 通过物料和热量衡算确定设备大小、台数。
③ 所选设备的检验计算，如过滤面积、传热面积、干燥面积等校核。
④ 考虑特殊事项。

八、非定型设备设计内容

工艺设备应尽量选用定型设备，若选不到合适的标准设备，再进行设计。非定型设备的工艺设计由工艺专业人员负责，提出具体工艺要求的设备设计条件单，然后提交给机械设计人员进行施工图设计。设计图纸完成后，返回给工艺人员核实条件并会签。

表 10-2 所示是一非标准设备的设计条件单示例。

表 10-2　设备设计条件单

工程项目		设备名称	储　槽	设备用途	高位槽
提出专业	工　艺	设备型号		制　单	

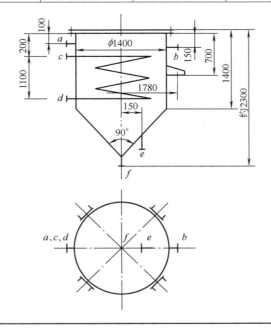

续表

技术特性指标		管　口　表		
		编　号	用　途	管　径
操作压力	常　压	a	进口	DN50
操作温度	22～25℃	b	回流口	DN70
介质　体内	溶剂油	c	冷却水入口	DN25
蛇管内	冷却水	d	冷却水出口	DN25
腐蚀情况	无	e	出口	DN50
冷却面积	约 $0.18m^2$	f	放净口	DN70
操作容积	$2.3m^3$			
计算容积	$2.5m^3$			
建议采用材料	Q235-A			

九、储存容器的选型和设计

1. 储罐的选择

按使用目的不同，储存容器可分为计量、回流、中间周转、缓冲、混合等工艺容器。

2. 设计储罐的一般程序

（1）**汇集工艺设计数据**　包括物料衡算和热量衡算，温度、压力、最大使用压力、最高使用温度、最低使用温度，腐蚀性、毒性、蒸气压、进出量、储罐的工艺方案等。

（2）**选择容器材料**　对有腐蚀性的物料可选用不锈钢等金属材料，在温度、压力允许时可考虑非金属材料、搪瓷或钢制衬胶、衬塑等。

（3）**容器类型的选用**　储罐类型选用时应尽量选择已经标准化、系列化的产品。

（4）**容积计算**　容积＝物料流量×停留时间（储存周期）/装料系数。①单纯用于储存原料和成品的储罐：全厂性的原料储罐一般至少有一个月的耗用量储存；车间的原料储罐一般考虑至少半个月的用量储存。液体产品储罐一般设计至少有一周的产品产量。如厂内使用的产品可视下工段或车间1～2月的消耗量来考虑储存量；如是出厂终端产品，作为待包装产品，其储存量不宜超过半个月产量。不挥发性液体储罐的装料系数通常可达80％～85％，易挥发性液体储罐的装料系数通常为70％～75％。气柜一般可以设计得稍大些，可以达两天或略多实际的产量。②中间储罐：考虑一昼夜的产量或发生量的储存罐。③计量罐、回流罐：计量罐的容积一般考虑最少一次加入量的储存量，其装料系数通常为60％～70％。回流罐容积一般考虑最少5～10min液体保有量，作为冷凝器液封之用。④缓冲罐：其目的是使气体有一定数量的积累，保持压力稳定，从而保证生产过程中流量稳定。最常见的气体是压缩空气，其储气罐大小至少按停留时间为6～15s计算。⑤受槽、汽液分离罐、液液分离罐：受槽、汽液分离罐、液液分离罐是常用的附属设备。通常受槽的停留时间可取20min，汽液分离罐停留时间为2～3min，液液分离罐则视密度差来决定，易分离时可考虑20min。

（5）**选择标准型号**　各类容器有通用设计图系列，在有关手册中查出与之符合或基本相符的标准型号。若不使用标准型号，就要确定储罐基本尺寸：根据计算结果和圆整后的容积选择合适的长径比，一般长径比为（2～4）：1，并根据物料密度、卧式或立式的基本要求和安装场地的大小，计算非标设备的公称容积和储罐基本尺寸。非标设备的公称容积一般

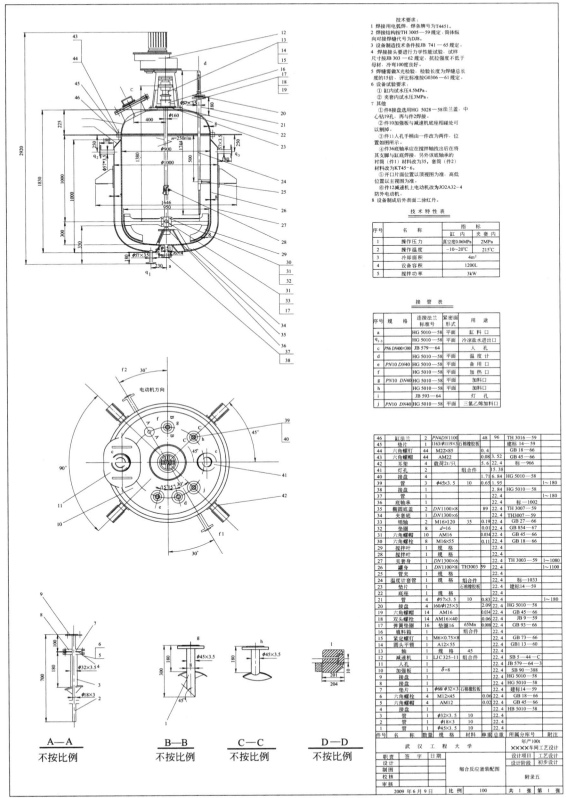

图 10-1　搪玻璃反应釜装配图

是指圆筒部分容积加底封头的容积。

（6）开口和支座　在选择标准图纸之后，要设计并核对设备的管口。在设备上考虑进料、出料、温度、压力（真空）、放空、液面计、排液、放净以及人孔、手孔、吊装等装置，并留有一定数目的备用孔。如标准图纸的开孔及管口方位不符合工艺要求而又必须重新设计时，可以利用标准系列型号在订货时加以说明并附有管口方位图。

（7）绘制设备草图（条件图）、标注尺寸，提出设计条件和订货要求。

十、设备装配图的绘制

对于非定型设备，完成设计计算后需要绘制设备的装配图，设备装配图示例见图 10-1。制药设备装配图的绘制要依据制药工艺人员提供的"设备设计条件单"进行设计并绘制。

第二节　制剂设备设计、选型与安装

一、制剂设备的设计与选型

药物制剂生产以机械设备为主（大部分为专用设备），化工设备为辅。每生产一种剂型都需要一套专用生产设备。制剂专用设备又有两种形式：一种是单机生产，由操作者衔接和运送物料，并完成生产（如片剂等生产形式），其生产规模可大可小，比较灵活，但人为影响因素较大，效率较低。另一种是自动化联动生产线，是从原料到包装材料加入，通过机械加工、传送和控制，完成生产，如输液、粉针等，其生产规模较大，效率高，但操作、维修技术要求较高，对原材料、包装材料质量要求高。后一种是生产现状与发展趋势。

1. 制剂设备设计与选型的步骤

应按下述步骤进行制剂设备选型。①首先了解所需设备的大致情况，国产还是进口，生产厂家的使用情况和技术水平等，进而确定设备的类型。②要核实和使用要求是否一致。③到设备制造厂家了解其生产条件、技术水平及售后服务等。在选择设备时，必须充分考虑设计的要求和各种定型设备和标准设备的规格、性能、技术特征、技术参数、使用条件，设备特点、动力消耗、配套辅助设施、防噪声和减震等有关数据以及设备的价格，此外还要考虑工厂的经济能力和技术素质。④然后根据调研情况和物料衡算结果，确定所需设备的名称、型号、规格、生产能力、生产厂家等，并造表登记。

2. 制剂专用设备设计与选型的主要依据和设计原则

（1）**工艺设备设计选型的主要依据**　①工艺设备符合国家有关政策法规，可满足药品生产的要求，保证药品生产的质量，安全可靠，易操作、维修及清洁。②工艺设备的性能参数符合国家、行业或企业标准，与国际先进制药设备相比具有可比性，与国内同类产品相比具有明显的技术优势。③具有完整的、符合标准的技术文件。

（2）**制药设备满足 GMP 设计的具体内容**　制药设备在产品设计、制造的技术性能等方面应以 GMP 设计通则为纲，以推进制药设备 GMP 的建立和完善。

①设备设计应符合药品生产工艺要求，安全可靠，易于清洗、消毒、灭菌，便于生产操作和维修保养，并能防止差错和交叉污染。②应严格控制设备的材质选择。与药品直接接触的零部件均应选用无毒、耐腐蚀，不与药品发生化学变化，不释出微粒或吸附药品的材质。

③与药品直接接触的设备内表面及工作零件表面，尽可能不设计有台、沟及外露的螺栓连接。表面应平整、光滑、无死角，易清洗与消毒。④设备应不对装置之外环境构成污染，应采取防尘、防漏、隔热、防噪声等措施。⑤在易燃易爆环境中的设备，应采用防爆电器并设有消除静电及安全保险装置。⑥对注射制剂的灌装设备除应处于相应的洁净室内运行外，要按 GMP 要求，局部采用 A 级层流洁净空气和正压保护下完成各个工序。⑦药液、注射用水及净化压缩空气管道的设计应避免死角、盲管。材料应无毒、耐腐蚀。内表面应经电化抛光，易清洗。管道应标明管内物料流向。其制备、储存和分配设备结构上应防止微生物的滋生和传染。管路的连接应采用快卸式连接，终端设过滤器。⑧当驱动摩擦而产生的微量异物及润滑剂无法避免时，应对其机件部位实施封闭并与工作室隔离，所用的润滑剂不得对药品、包装容器等造成污染。对于必须进入工作室的机件也应采取隔离保护措施。⑨无菌设备的清洗，尤其是直接接触药品的部位和部件必须灭菌，并标明灭菌日期，必要时要进行微生物学的验证。经灭菌的设备应在三天内使用，同一设备连续加工同一无菌产品时，每批之间要清洗灭菌；同一设备加工同一非灭菌产品时，至少每周或每生产三批后进行全面清洗。设备清洗除采用一般方法外，最好配备在线清洗（CIP）、就地灭菌（SIP）的洁净、灭菌系统。⑩设备设计应标准化、通用化、系列化和机电一体化。实现生产过程的连续密闭，自动检测，是全面实施设备 GMP 的要求的保证。⑪ 涉及压力容器，除符合上述要求外，还应符合 GB 150—2011《钢制压力容器》有关规定。

3. 制剂设备设计的趋势

（1）模块化设计 是指将原有的连续工艺根据工序性质的不同，分成许多个不同的模块组，比如将片剂分成粉体前处理模块（包括粉碎、筛粉等）、制粒干燥模块（湿法、干法、沸腾干燥等）、整粒及总混模块（包括整粒及总混合等）、压片模块、包衣模块、包装模块等。所有这些模块既需要单独进行系统配置的考虑，同时又要将所有模块用相应的手段诸如定量称量、批号打印、密闭转序、中央集中控制等进行合理的连接，最后组成一个完整的系统。

（2）隔离技术的应用 这是一条用于抗癌药生产的带隔离器的液体灌装线的例子，使我们了解隔离技术与暴露工序的集成（图 10-2）。该套设备的主要特点如下：①自动汽化过氧化氢灭菌器灭菌，省时省力，气体分布均匀，效果较好，同时较易进行 GMP 验证；②与外界完全隔离，仅通过 HEPA 进行空气交换，并可恒定隔离舱内的压力以阻绝外界污染；③采用双门或 RTP 快速传递系统，保证了在无菌环境中的传递；④能够明显降低操作和维护的成本，洁净室要求 C 级或 D 级，相比较 B 级背景下的局部 A 级（B＋A 方式）投资成本大大降低。

图 10-2 带隔离器的液体灌装线

这套设备可在 C 级或 D 级洁净区使用，整套设备包含：转盘式西林瓶清洗机、去热原灭菌隧道烘箱、西林瓶灌装/加塞机、轧盖机、隔离器及 RABS（图 10-3）、玻瓶外壁清洗机。

图 10-3　隔离器 Isolator 及 RABS

二、工艺设备的安装

制剂车间工艺设备要达到 GMP 要求，制剂设备的安装是一个重要内容。首先设备布局要合理，安装不得影响产品的质量；安装间距要便于生产操作、拆装、清洁和维修保养，并避免发生差错和交叉污染。同时，设备穿越不同洁净室（区）时，除考虑固定外，还应采用可靠的密封隔断装置，以防止污染。不同洁净等级房间之间，如采用传送带传递物料时，为防止交叉污染，传送带不宜穿越隔墙，而是在隔墙两边分段传送，对送至无菌区的传动装置必须分段传送。应设计或选用轻便、灵巧的传送工具，如传送带、小车、流槽、软接管、封闭料斗等，以辅助设备之间的连接。对洁净室（区）内的设备，除特殊要求外，一般不宜设地脚螺栓。对产生噪声、振动的设备，应采用消声、隔振装置，改善操作环境。动态操作时，洁净室内噪声不得超过 70dB。设备保温层表面必须平整、光洁，不得有颗粒性物质脱落，表面不得用石棉水泥抹面，宜采用金属外壳保护。设备布局上要考虑设备的控制部分与安置的设备有一定的距离，以免机械噪声对人员的污染损伤，所以控制部分（工作台）的设计应符合人类工程学原理。

三、制剂设备 GMP 达标中的隔离与清洗灭菌问题

要重视制剂设备的达标，因为它是直接生产药品的装置，在 GMP 实施中具有举足轻重的决定因素。为此，仅对制剂设备 GMP 达标中的隔离与清洗灭菌进行探讨。

1. 无菌产品生产的隔离技术

按照 GMP 要求，制剂生产过程应尽量避免微生物、微粒和热原污染。由于无菌产品生产应在高洁净环境下进行配料、灌装和密封，而其工艺过程存在许多可变影响因素（如操作人员的无菌操作习惯等），因此，对无菌药品生产提出了特殊要求，其中质量保证体系占有特别重要的地位。它在制剂设备设计中的一个重要体现是其生产过程的密闭化，实行隔离技术。

医药工业的隔离技术涉及无菌药品如水针、粉针、输液以及医疗注射器的生产等方面。在无菌产品生产中，为避免污染，重要措施是在灌装线的制剂设备周围设计并建立隔离区，将操作人员隔离在灌装区以外，采用彻底的隔离技术和自动控制系统，以保证无菌产品生产无污染。因此，隔离技术成为无菌产品生产车间设计、生产和改造的重要内容。

传统的制剂设备不能满足隔离技术的要求，开发适合隔离技术的现代制剂设备（如灌装设备）原则是：保证设备设计合理、制造优良，保持设备的可靠性；使隔离系统符合人机工程学要求和理念；具备精确的操作控制；设备与隔离装置之间严密的密封；装备适合于洁净室；选用耐消毒灭菌和清洗的材料；便于在线清洗和在线灭菌；设备的自动化功能等。

符合人机工程学要求的隔离系统设计，除在无菌区中接口的连接操作必须适合于手动外，还应考虑各种接口的快速操作，当需要进行某项操作（如高压蒸汽灭菌）时，最好不用工具或用简单工具即能迅速完成操作程序。自动化制剂生产线上设备的隔离区内，操作人员应能使用隔离手套，进行方便的手动操作，这就要求制剂设备结构设计具有充分的合理性。

在无菌冻干粉针的生产中，为了保证产品的质量，应采用自动进出料装置和隔离装置，既控制了产品风险，又保护了操作人员。冻干灌装联动线上西林瓶的人工转运一直是导致污染的主要原因，现在一些制剂设备厂家开发出了自动进出料系统转运西林瓶。配备自动进出料的冻干机必须满足以下条件：冻干机必须带有进出料的小门，并实现自动开闭。冻干机板层可以实现等高位置的进出料，即所有板层的进出料全部在统一高度。板层定位精度要求高，可以实现与自动进出料装置的无缝对接。板层两侧带有导向轨道。

自动进出料装置主要有两种形式：一种是移动式自动进出料系统；另外一种是固定式自动进出料系统。

移动式自动进出料系统如图 10-4 所示，其进料系统由进料缓冲平台（infeed system，简称 IS）、自动转移小车（automated guided vehicles，简称 AGV）和出料平台（outfeed system，简称 OS）组成。可以支持多台冻干机的进料和执行多个任务计划。IS 平台可以收集、移动小瓶，使小瓶排列成符合冻干箱板层的形状和大小。而 AGV 小车将排列好的小瓶转移到冻干箱的板层上。冻干工艺完成后，AGV 小车再将排列好的小瓶从冻干箱的板层转移到 OS 平台，进入轧盖机进行轧盖。

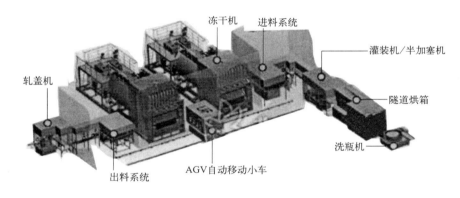

图 10-4 移动式自动进出料系统示意

移动式自动进出料的特点：系统由 IS、AGV、OS 组成；一层板层一次完成进出料；适合于 2 台或以上设备；单边进出料或一边进料一边出料；隔离适合做 RABS；冻干机之间的距离更加紧凑，冻干机大门通常位于无菌室。

整个操作过程的环境要达到进料线 A 级，或者产品线在 B 级环境开式 RABS 的条件下。在冻干箱门前要有 A 级层流保护。所有移动式自动进出料系统单元（IS、OS 和 AGV）由 RABS 保护。在轧盖之前，小瓶必须在 A 级洁净度下保护。

对于只有 1 台或 2 台冻干机的生产线，或无需同时进料和出料的生产线，固定式自动进出料系统（row by row）比较适合。固定式自动进出料系统包括一个同灌装线集成的传送机构，通过该传送机构将小瓶运送到冻干箱前，在冻干机小门门口，一排排整齐排列的西林瓶被进料装置有序地推到冻干机的板层上，出料靠冻干机后面的推杆推出到出料链板上面。

固定式自动进出料的特点：逐排实现进出料；适合于 1 台或最多 2 台冻干机；单边进出料；隔离适合做 LAF、RABS、cRABS、Isolator；冻干机大门通常位于机械室，冻干机在无菌室内只有进出料小门。

2. 在线清洗与在线灭菌

（1）在线清洗 在药品生产中，设备的清洗与灭菌占有特殊的地位。在线清洗是包括设备、管道、操作规程、清洗剂配方、自动控制和监控要求的一整套技术系统。全自动 CIP 清洗站，将清洗液罐、循环泵、循环管路、控制阀门等部件集成在一起，实现了 CIP 的模块化设计；采用可编程逻辑控制器（PLC）对清洗步骤进行全自动控制，真正达到生产与清洗过程"无缝对接"。对清洗液浓度、液位、温度、流量、pH 值、电导率进行自动控制与检测；对生产系统自动进液、清洗、回液、排放、调节、清洗时间、顺序与检测控制，其操作简单，计算机实时运行与监控，清洗效果好，符合 GMP 要求。能在不拆卸、不挪动设备和管道的情况下，根据流体力学的分析，利用受控的清洗液的循环流动，清洗污垢。GMP 明确规定制剂设备要易于清洗，尤其是更换产品时，对所有设备、管道及容器等按规定必须彻底清洗和灭菌，以消除活性成分及其衍生物、辅料、清洁剂、润滑剂、环境污染物质的交叉污染，消除冲洗水残留异物及设备运行过程中释放出的异物和不溶性微粒，降低或消除微生物及热原对药品的污染。应该说在线清洗（CIP）和在线灭菌（SIP）系统的建立是制剂设备 GMP 达标的重要保证。

CIP 系统具有的优点：①清除残留，防止微生物污染，避免批次之间的影响；②利于按 GMP 要求，实现清洗工序的验证；③能使生产计划合理化及提高生产能力；④与手洗作业相比较，能防止操作失误，提高清洗效率，降低劳动强度，安全可靠；⑤可节省清洗剂、水及生产成本；⑥能增加机器部件的使用年限。

一个稳定的在线清洗系统在于优良的设计，而设计的首要任务是根据待清洗系统的实际来确定合适的清洗程序。首先要确定清洗范围，凡是直接接触药品的设备都要清洗。其次是确定药品品种，因为不同品种的理化性质不同，清洗程序也要作相应变化才能符合规定。还有清洗条件的确定、清洗剂的选择、清洗工具的选型或设计。根据在线清洗过程中待监测的关键参数和条件（如时间、温度、电导、pH 和流量）来确定采用什么样的控制、监控及记录仪表等措施，特别应重视对制剂系统的中间设备、中间环节的在线清洗及监测。在线清洗技术主要包括超声波清洗技术、干冰清洗技术、高压水射流清洗技术、化学清洗技术等。

（2）在线灭菌　在线灭菌是制剂设备 GMP 达标的另一个重要方面。采用的在线灭菌系统是由无菌药品生产过程的管道输送线、配制釜、过滤系统、灌装系统、冻干机和水处理系统等构成。在线灭菌所需的拆装操作很少，容易实现自动化，减少人员的疏忽所致的污染及其他不利影响。在大容量注射器生产系统设计时应当充分考虑系统在线灭菌的要求。如在氨基酸药液配制过程中所用的回滤泵、乳剂生产系统的乳化机和注射用水系统中保持注射用水循环的循环泵是不宜进行在线灭菌的，在在线灭菌时应当将它们暂时"短路"，排除在在线灭菌系统外。又如灌装系统中灌装机的灌装头部分的部件结构比较复杂，同品种生产每天或同一天不同品种生产后均需拆洗，它们在清洗后应进行在线灭菌。另一方面，整个系统中应有合适的空气和冷凝水排放口，应有完善的控制与监测措施，以免造成在线灭菌系统不能正常运转。

 思考题

1. 非定型设备设计时，工艺专业人员提出的设备设计条件单包括哪些内容？
2. 工艺设备设计与选型分几个阶段进行？
3. 无菌产品生产的隔离技术是如何实现的？
4. 在线清洗和在线灭菌的系统构成与使用要求是什么？

第十一章

车间布置设计

 学习目标：

通过本章的学习，了解车间布置设计的重要性和目的；熟悉车间布置设计的内容和步骤；掌握合成药物车间与制剂车间布置设计的原则、方法和车间布置图。

第一节　概述

一、车间布置设计的重要性和目的

车间布置设计的目的是对厂房的配置和设备的排列作出合理的安排。车间布置设计是车间工艺设计的重要环节，它还是工艺专业向非工艺专业提供开展车间设计的基础资料之一。有效的车间布置会使车间内的人、设备和物料在空间上实现最合理的组合，以降低劳动成本，减少事故发生，增加地面可用空间，提高材料利用率，改善工作条件，促进生产发展。

二、制药车间布置设计的特点

制药工业包括原料药〔active pharmaceutical ingrediant（API）或 drug substance〕工业和制剂（pharmaceutical formulation 或 drug product）工业。

原料药工业包括化学合成药、抗生素、中草药和生物药的生产。原料合成药作为精细化学品，属于化学工业的范畴，且车间布置设计上与一般化工车间具有一定共同技术与特点。但制药产品（包括原料药）是防治人类疾病、增强人体体质的特殊商品，必须保证药品的质量。所以，不仅制剂车间，原料药（无菌原料药和非无菌原料药）生产车间的新建、改造也必须符合《药品生产质量管理规范》（good manufacturing practice，GMP）2010 版的要求，这是药品生产特殊性的方面。同时，还要严格遵循国家或行业在 EHS〔环境（environment）、健康（health）、安全（safety）〕等方面的一系列法律法规和技术标准。

三、车间组成

车间一般由生产部分（一般生产区与洁净区）、辅助生产部分和行政-生活部分组成。

辅助生产部分包括物料净化用室、原辅料外包装清洁室、包装材料清洁室、灭菌室；称量室、配料室、设备容器具清洁室、清洁工具洗涤存放室、洁净工作服洗涤干燥室；动力室

（真空泵和压缩机室）、配电室、分析化验室、维修保养室、通风空调室、冷冻机室、原料、辅料和成品仓库等。行政-生活部分由办公室、会议室、厕所、淋浴室与休息室等组成。

四、车间布置设计的内容和步骤

车间布置设计的内容是：①确定车间的火灾危险类别、爆炸与火灾危险性场所的耐火等级及卫生标准；②确定车间建筑（构筑）物和露天场所的主要尺寸，并对车间的生产、辅助生产和行政生活区域位置作出安排；③确定全部工艺设备的空间位置。

车间布置设计是在工艺流程设计、物料衡算、热量衡算和工艺设备设计之后进行的。

1. 布置设计需要的条件和资料

（1）直接资料　包括车间外部资料和车间内部资料。

车间外部资料：①设计任务书或用户需求（URS）；②设计基础资料，如气象、水文和地质资料；③本车间与其他生产车间和辅助车间等之间的关系；④工厂总平面图和厂内交通运输等。

车间内部资料：①生产工艺流程图；②物料计算资料，包括原料、半成品、成品的数量和性质，废水、废物的数量和性质等资料；③设备设计资料，包括设备简图（形状和尺寸）及其操作条件，设备一览表（包括设备编号、名称、规格形式、材料、数量、设备空重和装料总重，配用电动机大小、支撑要求等），物料流程图和动力（水、电、汽等）消耗等资料；④工艺设计说明书和工艺操作规程；⑤土建资料，主要是厂房技术设计图（平面图和剖面图）、地耐力和地下水等资料；⑥劳动保护、安全技术和防火防爆等资料；⑦车间人员表（包括行管、技术人员、车间分析人员、岗位操作工人和辅助工人的人数，最大班人数和男女的比例）；⑧其他资料。

（2）设计规范和规定　车间布置设计的主要设计依据为《药品生产质量管理规范》（2010 版）、《医药工业洁净厂房设计标准》（GB 50457—2019）、《洁净厂房设计规范》（GB 50073—2013）、《建筑设计防火规范》（GB 50016—2014）等。

2. 设计内容

① 根据生产过程中使用、产生和储存物质的火灾危险性，按《建筑设计防火规范》和《石油化工企业设计防火规范》确定车间的火灾危险性类别（甲、乙、丙、丁、戊），按照生产类别、层数和防火分区内的占地面积确定厂房耐火等级（一级～四级）。

② 按 GMP 要求确定车间各工序的洁净等级。

③ 在满足生产工艺、厂房建筑、设备安装和检修、安全和卫生等项要求的原则下，确定生产、辅助生产、生活和行政部分的布局；决定车间场地与建筑（构筑）物的平面尺寸和高度；确定工艺设备的平、立面布置；决定人流和管理通道，物流和设备运输通道；安排各种管道、电力照明线路、自控电缆廊道等。

3. 设计成果

车间布置设计的最终成果是车间布置图和布置说明。车间布置图作为初步设计说明书的附图，包括下列各项：①各层平面布置图；②各部分剖面图；③附加的文字说明；④图框；⑤图签。布置说明作为初步设计说明书正文的内容。车间布置图和设备一览表还要提供给建筑、结构、设备安装、采暖通风、给排水、电气、自控和工艺管道等设计专业作为设计条件使用。

第二节　车间的总体布置

车间布置设计既要考虑车间内部的生产、辅助生产、管理和生活的协调，又要考虑车间与厂区供水、供电、供热和管理部分的呼应，使之成为一个有机整体。

一、厂房形式

1. 厂房组成形式

根据生产规模特点、厂区面积、地形和地质条件等考虑厂房整体布置。厂房组成形式有集中式和单体式。集中式是指组成车间的生产、辅助生产、生活、行政部分集中安排在一栋厂房中；单体式是指组成车间的一部分或几部分相互分离并分散布置在几栋厂房中。

2. 厂房的层数

工业厂房有单层、双层或单层和多层结合的形式。这些形式主要根据工艺流程的需要综合考虑占地和工程造价来进行选用。厂房的高度主要取决于工艺设备布置、安装和检修、规范及规划要求，同时考虑通风、采光和安全要求。

3. 厂房平面和建筑模数制

厂房的平面形状和长宽尺寸，既要满足工艺的要求，力求简单，又要考虑土建施工的可能性和合理性。因此，车间的体型常常会使工艺设备的布置具有很多的可变性和灵活性，通常采用长方形、L形、T形、M形和Ⅱ形，尤以长方形为多。因为长方形从工艺要求上看，有利于设备布置，能缩短管线，便于安装，有较多可供自然采光和通风的墙面；从土建上看，较节省用地，有利于设计规范化、构件定型化和施工机械化。厂房的宽度、长度和柱距，除非特殊要求，单层厂房应尽可能符合建筑模数制的要求，这样可利用建筑上的标准预制构件，节约建筑设计和施工力量，加速设计和施工的进度。

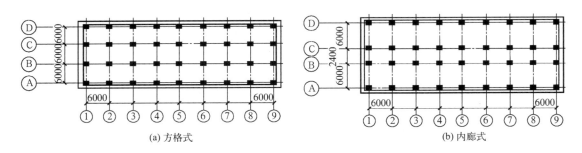

图 11-1　多层厂房柱网布置示意（单位：mm）

制药厂建筑常用建筑模数制如下：①门、窗的尺寸为 300mm 的倍数，单门宽一般900mm，双门宽 1200mm，窗常为 3000mm。②一般多层厂房采用 6m、7.5m、9m 柱距，若柱距因生产及设备要求必须加大时，一般不应超过 12m。③常用原料药车间厂房跨度有6m、9m、12m、15m、18m、24m、30m 等。最常见跨度为 12m、15m、18m，柱网常按6-6、6-2.4-6、6-3-6、6-6-6 布置。例如 6-3-6、6-2.4-6 表示宽度为三跨，分别为 6m、3m 或

2.4m、6m，中间3m或2.4m是内廊宽度（图11-1）。由于受到自然采光和通风的限制及考虑厂房疏散和泄爆要求，多层厂房总宽度一般不超过24m。单层厂房总宽度一般不超过30m。④厂房的层高为300mm的倍数，常为5.10m、6.00m，①Ⓐ柱是基准柱。

二、厂房总平面布置

进行总平面布置时，必须依据国家的各项方针政策，结合厂区具体条件和药品生产特点及工艺要求，做到工艺流程合理，总体布置紧凑，厂区环境整洁，满足制药生产要求。因此，总平面布置的原则是：①生产性质相近的车间或生产联系较密切的车间，要相互靠近布置或集中布置；②主要生产区应布置在厂区中心，辅助车间布置在其附近；③动力设施应接近负荷中心或负荷量大的车间，锅炉房以及对环境有污染的车间宜布置在下风侧；④布置生产厂房时，原料药生产区应布置在下风侧；⑤运输量大的车间、库房等，宜布置在主干道和货运出入口附近，尽量避免人流与物流交叉；⑥行政-生活区应处于主导风向的上风侧并与生产区保持一段距离；⑦危险品应布置在厂区的安全地带，动物房应布置在僻静处，并有专用的排污及空调设备；⑧质量标准中有热原或细菌内毒素等检验项目，厂房设计应特别注意防止微生物污染，根据预定用途、工艺要求等采取相应控制措施；⑨质控实验室区域通常应与生产区分开，当生产操作对检验结果的准确性没有不利影响，且检验操作对生产也无不利影响时，中间控制实验室可设在生产区内；⑩在原料药车间布置中，除精烘包工序要严格按照GMP布置外，前面的合成分离工序也要考虑GMP要求，即合成反应区也应该设置相对独立的原辅料存放区、反应中间体的干燥存放区等，以避免物料交叉污染。

三、厂房平面布置设计

生产厂房内部平面布置首先根据生产车间的生产性质、生产工艺流程顺序、各功能间洁净、防爆等因素进行区域划分，再根据各个区域功能间大小、数量、工艺流程、人物流路线确定各主要功能间组合方式，然后根据各区域工艺逻辑关系、人物流关系、管理要求等组合各区，再考虑建筑造型和厂区总平面布置要求后确定厂房内部平面布局。实际设计过程中，生产厂房面积、形状、柱网、层数等大致方案往往可以参照以往设计经验或根据厂区总平面布置要求进行确定，内部分区和详细布局根据车间和生产线实际需要由浅入深逐步调整布局，经过设计方各专业内部讨论后提交业主或第三方讨论确认。典型的原料药车间的平面布置有如下三种形式："一"字形布置，"L"形布置，"U"形布置，详见图11-2～图11-4。

图11-2　"一"字形布置的原料药车间

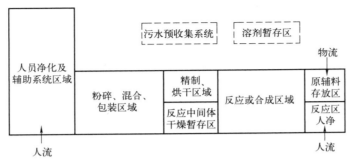

图 11-3　"L"形布置的原料药车间

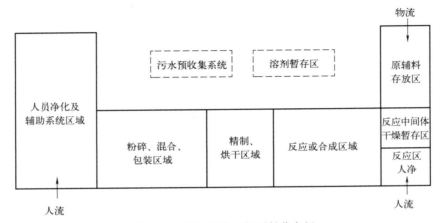

图 11-4　"U"形布置的原料药车间

"一"字形的平面布置，车间外观齐整，但车间外有突出的溶剂暂存区及污水预收集系统，对厂区的总体规划有一定的影响，而且化学合成反应区域的宽度通常不宜太宽，太宽不利于区域的防爆泄爆处理及人员的安全疏散。根据需要一般设置宽度为 15～22m，长度为 30～82m 的长方形车间，以利于泄爆和疏散。"L"形布置和"U"形布置可解决上述不利影响，但车间的外观有一定的局限，而且"L"形和"U"形在平面设计中车间的公用系统及辅助部分会设置在"L"字及"U"字的突出端，距离使用点较远，增加了系统的管路长度。

四、厂房立面布置设计

在高温及有毒害性气体的厂房中，要适当加高建筑物的层高或设置避风式气楼，以利于自然通风、散热。气楼中可布置多段蒸气喷射泵、高位槽、冷凝器等，以充分利用厂房空间。

有爆炸危险车间宜采用单层，其内设置多层操作台以满足工艺设备位差要求。若必须设在多层厂房内，则应布置在厂房顶层。单层或多层厂房内有多个局部防爆区时，每个防爆区泄爆面积、疏散距离等均应满足规范要求。若整个厂房均有爆炸危险，则在每层楼板上设置一定面积的泄爆孔。这类厂房还应设置必要的轻质屋面和外墙及门窗的泄压面积。泄压面积与厂房体积的比值一般采用 0.03～0.25m^2/m^3。防爆区内泄压面应布置合理，不应面对人员集中的场所和主要交通道路。车间内防爆区与非防爆区（生活、辅助及控制室等）间应设防爆墙分隔。若两个区域需要互通时，中间应设防爆门斗。上下层防爆墙应尽可能设在同一轴线处，若布置困难时，防爆区上层不布置非防爆区。有爆炸危险车间应采用封闭式楼梯间。

五、车间公用及辅助设施的布置设计

1. 车间公用设施

车间除了生产工段外，必须对真空泵房、空压制氮站、冷冻水、热水制备间、配电间、控制间、纯化水和注射用水制备间等公用设施作出合理的安排。对于防爆车间，变配电间和自控间的布置有特殊要求。公用设施布置既要考虑靠近使用点满足工艺要求，又要考虑适当集中，有利于采取防爆措施，同时方便管理。

2. 车间辅助设施

车间辅助设施包括与生产配套的更衣系统、生产管理系统、生产维修、车间清洁等。车间辅助设施根据工艺生产特点和车间总体布置采用单独式、毗连式或插入式，毗连式最为普遍。图 11-5 是辅助车间和办公、生活用室的方案之一。在甲、乙、丙类生产厂房内布置辅助房间及生活设施时必须遵循《建筑设计防火规范》等的规定。

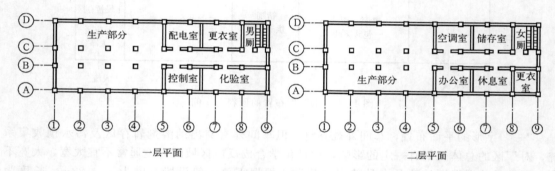

图 11-5　辅助车间和办公、生活用室的方案

第三节　设备布置基本要求

一、满足 GMP 要求

（1）设备的设计、选型、布局、安装、改造和维护必须符合预定用途，应当尽可能降低产生污染、交叉污染、混淆和差错的风险，便于生产操作、清洁、维护，以及必要的消毒或灭菌。

（2）生产设备不得对药品质量产生任何不利影响。与药品直接接触的生产设备表面应平整、光洁、易清洗或消毒、耐腐蚀，不得与药品发生化学反应、吸附药品或向药品中释放物质。

（3）洁净车间设备布置及操作台设置应考虑有利于洁净环境的保持和空调系统有效运行。

（4）纯化水、注射用水制备、储存和分配应防止微生物滋生和污染，储罐和输送管道所用材料应当无毒、耐腐蚀，并定期清洗、灭菌。设备布置时需考虑设备安装和维修路线、载荷及对洁净区的影响。

（5）设备维护和维修不得影响产品质量。应制定设备的预防性维护计划和操作规程，设备维护和维修应当有相应记录。经改造或重大维修的设备应当再确认，符合要求后方可用于生产。

（6）生产、检验设备均应有使用、维修、保养记录，并由专人管理。生产车间或装置应有设备维修、仪器仪表检定等功能间。

二、满足工艺要求

（1）必须满足生产工艺要求是设备布置的基本原则，即车间内部的设备布置尽量与工艺流程一致，并尽可能利用工艺过程使物料自动流送，避免中间体和产品有交叉往返的现象。为此，经典的三层式布置，又称为水平流布置设计，即以反应釜为主的设备同一层布置，反应釜上是冷凝器、高位槽等设备的布置，反应釜下是离心机、母液罐、萃取收集罐、溶剂接收罐等设备的布置，物料管道在同层设备之间水平连接，大多采取氮气压料和输送泵打料的方式。为了节能环保，采用现代的"垂直（重力）流布置设计"日臻完善。产品多、产能大且工艺复杂的设备，按照垂直流的布局方式是：以顶层为投料层，反应釜为主的设备上下层布置，反应釜的下层是离心机、母液罐层，离心湿品垂直向下对接干燥设备，干燥后物料通过电梯转运至顶层进行下一步投料反应。物料在多层设备之间主要靠重力流下，高位槽、冷凝器、萃取收集罐、溶剂接收罐、母液罐等设备的物料也是重力流向。

（2）在操作中相互有联系的设备应布置得彼此靠近，并保持必要的间距。这里除了要照顾到合理的操作通道和活动空间、行人的方便、物料的输送外，还应考虑在设备周围留出堆存一定数量原料、半成品、成品的空地，必要时可作一般的检修场地。如附近有经常需要更换的设备，更需考虑设备搬运通道应该具备的最小宽度，同时还应留有车间扩建的位置。

（3）设备的布置应尽可能对称，在布置相同或相似设备时应集中布置，并考虑相互调换使用的可能性和方便性，以充分发挥设备的潜力。

（4）设备布置时必须保证管理方便和安全。关于设备与墙壁之间的距离，设备之间的距离以及运送设备的通道和人行道的标准都有一定规范，设计时应予遵守。

三、满足建筑要求

（1）在可能的情况下，将那些在操作上可以露天化的设备，尽量布置在厂房外面，这样就有可能大大节约建筑物的面积和体积，减少设计和施工的工作量，这对节约基建投资是有很大意义的。但是，设备的露天化必须考虑该地区自然条件和生产操作的可能性。

（2）在不影响工艺流程的原则下，将较高的设备集中布置，可简化厂房的立体布置，避免由于设备高低悬殊造成建筑体积的浪费。

（3）十分笨重的设备，或在生产中能产生很大震动的设备，如压缩机、离心机等尽可能布置在厂房的地面层。大震动的设备在个别场合必须布置在二、三楼时，应将设备安置在梁上（尽量避免这种方案），并采取有效的减震措施。

（4）设备穿孔必须避开主梁。

（5）操作台必须统一考虑，避免平台支柱零乱重复，以节约厂房类构筑物所占用的面积。

（6）厂房出入口，交通道路，楼梯位置都要精心安排，一般厂房大门宽度要比所通过的设备宽度大 0.2m 左右，要比满载的运输设备宽度大 0.6～1.0m。

四、满足安装和检修要求

（1）设备布置时，必须考虑设备的安装、检修和拆卸的可能性及方法。

（2）必须考虑设备运入或运出车间的方法及经过的通道。

（3）设备通过楼层或安装在二层楼以上时，可在楼板上设置安装孔。对体积庞大而又不需经常更换的设备，可在厂房外墙先设置一个安装洞，待设备进入厂房后，再行封砌。也可按设备尺寸设置安装门。

（4）厂房中要有一定的供设备检修及拆卸用的面积和空间，设备的起吊运输高度，应大于在运输线上的最高设备高度。

（5）必须考虑设备的检修、拆卸以及运送物料的起重运输装置，若无永久性起重运输装置，应考虑安装临时起重运输装置的位置。

五、满足安全和卫生要求

（1）要创造良好的采光条件，设备布置时尽可能做到工人背光操作。高大设备避免靠窗设置，以免影响采光。

（2）对于高温及有毒气体的厂房，要适当加高建筑物的层高，以利通风散热。

（3）必须根据生产过程中有毒物质、易燃易爆气体的逸出量及其在空气中允许浓度和爆炸极限，确定厂房每小时通风次数，采取加强自然对流及机械通风的措施。对产生大量热量的车间，也需作同样考虑。

（4）对有一定量有毒气体逸出的设备，即使设有排风装置，亦应将此设备布置在下风的地位；对特别有毒的岗位，应设置隔离的小间（单独排风）。处理大量可燃性物料的岗位，特别是在二楼、三楼，应设置消防设备及紧急疏散等安全设施。

（5）对防爆车间，工艺上必须尽可能采用单层厂房，避免车间内有死角，防止爆炸性气体及粉尘的积累，建筑物的泄压面积根据生产物质类别按规范设计，一般为 $0.05～0.1m^2/m^3$。若用多层厂房，楼板上必须留出泄压孔，以利屋顶泄爆，也可采用各层侧泄爆。

（6）对于接触腐蚀性介质的设备，除设备本身的基础须加防护外，对于设备附近的墙、柱等建筑物，也必须采取防护措施，必要时可加大设备与墙、柱间的距离。

六、设备的露天布置

设备露天或半露天（如无墙有屋顶的框架构筑物）布置是大型制药企业发展的方向，它的优点是节约建筑面积和土建工程量。缺点是受气候影响大，操作条件差，设备护养要求高，自控要求高。对于制药车间，应结合生产工艺的可能和地区的气候条件具体考虑。

（1）下列情况的设备，可以考虑露天布置：①生产中不需要经常看管的设备，其储存或处理的物料不会因气温的变化而发生冻结和沸腾，如吸收塔、低位水流泵、储槽、气柜、真空缓冲罐、压缩空气储罐等。②直径较大，高度很大的塔类设备。③需要大气来调节温度、湿度的设备，如凉水塔、空气冷却器、直接冷却器和喷淋冷却器等。

（2）下列情况的设备，一般不能露天布置：①不能受大气影响、不允许有显著温度变化的设备（如反应器），特别是间歇操作的反应器和液相过程的反应器；②使用冷冻剂的设备；③各种有机械传动的设备和机器，如空压机、冷冻机、往复泵等；④生产控制和操作台。

七、化学制药车间布置设计要点

1. 密闭化操作

化学合成原料药的生产经常采用具有爆炸危险性的有机溶剂或腐蚀性较强的液体为溶剂，工艺全过程（投料、滴加、加热回流、保温静置、降温析晶、离心排空、干燥排空、真空泵排空等操作）均密闭操作，设置低压氮封防止空气吸入废气系统。根据排放废气性质分类设置废气管路，大部分没有腐蚀性的有机溶剂废气管道材质选用不锈钢，并做好静电跨接。设计时尤其需要注意减少暴露环节，全程生产密闭化操作，在符合 GMP 规范要求的前提下，以防止交叉污染为首要目标。在反应釜进料同层平面中设置加料小间（BOOTH）是一种国内外较流行的做法（图 11-6），在物料运输较为方便处，采用轻质隔断进行局部维

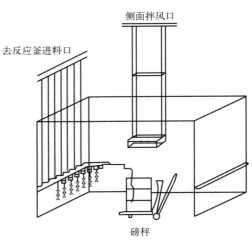

图 11-6　加料小间（BOOTH）

护，单侧对外敞开作为操作面，并在另一侧设置排风口，在保证断面风速的情况下，保护人员操作时不暴露在危险环境中；管道均采用硬管连接至反应釜（或高位槽），当加料时采用磅秤联锁反应釜进口切断阀可进行准确的自动计量，加料完毕后，末端氮气吹扫，将管道中的残液排净。对于固体加料，考虑加料流程时需根据物料的职业接触限值设计加料方案。通常设计时采用吨袋密闭投料，此方法目前已经十分成熟。

2. 自控方案

化学原料药生产需满足各种工艺的生产要求，必须具备较高的自动化控制水平。如氧化工艺、氯化工艺等均为化学合成药常用的工艺，其中加氢工艺涉及氢气，其布局设置及厂房建筑要求与其他工艺相差较大，设计时应专门考虑独立设置区域或车间，不适合与多功能原料药生产放在一起。对于危险工艺的自控方案，主要体现在控制反应釜反应过程及紧急安全联锁方面。重点监控的控制参数：反应釜内温度和压力、反应釜内搅拌速率、催化剂流量、反应物料的配比、气相氧含量等。反应釜内温度和压力的控制目前比较多的是采用 TCU（温度控制单元）以满足间歇反应釜温度控制或持续不断的工艺过程的加热冷却、恒温、蒸馏、结晶等过程控制，经过特殊定制的装置适用温度范围可以达到 $-120 \sim 300 \, \text{℃}$。TCU 可以与反应釜上的温度计及压力表形成联锁控制，当反应异常升温或升压时及时切换夹套热媒；反应釜的进料口及滴加催化剂的进口需设置紧急切断阀，并与温度压力联锁；反应釜进料采用流量计计量；催化剂滴加应采用流量计加调节阀的形式自动化控制，以免反应釜升温过快。反应釜作为重点保护设备，其搅拌器的供电需两路供电；反应釜在反应前需经过氮气置换，可采用人工取样检测放空管线上的氧含量或设置自动氧含量监测仪；反应釜需设置泄压设施，通常在放空管上设置爆破片，爆破片前后管道应尽量减少弯头，爆破片可选用带压力传感器的型号，以便检测是否有动作（图 11-7）。

3. 合成药分配设备及切换方案

在多功能原料药合成车间的设计中，如何实现设备与设备间的重新组合分配，能方便地

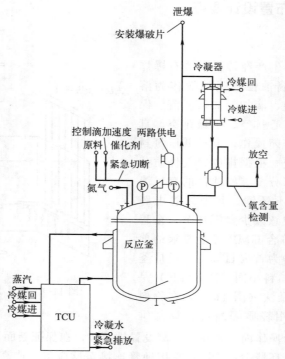

图 11-7　自控方案示意

搭建起不同体系的组合，实现反应、结晶、蒸馏、分层、脱色等不同功能是车间设计的重点。在这里需要引入两个概念：溶剂分配站及工艺分配站。溶剂分配站主要目的是保证车间内每台需要加入液体原料或清洗溶剂的设备能够方便接收来自罐区或桶料输送区的溶剂。溶剂分配站一般考虑设置在车间的较高处，物料的进料管（带压）放置在上层，来自车间各处的设备进料管排放在下方以便物料能够流淌干净。管道之间通过金属软管连接，并增加自控切断阀与压力表，软管连接完毕后充氮试压，检测连接的正确性及是否有泄漏。

工艺分配站主要目的是在生产准备期间，将各设备的进料或出料口通过分配站互相重新连接，以形成不同排列组合的生产方式和生产规模为目的。工艺分配站的概念类似于将车间变成一个多面的"魔方"，拥有多种的可能性以应对不同产品的需求。工艺分配站进料管道均需通过车间内的输送泵送入分配站，出料管道同溶剂分配站一般来自车间各设备进料管，但由于涉及批间的清洗，因此不与溶剂分配站管道合用。同样连接的正确性亦由最后氮气试压来确保。管道站接管模式：将各种用途的管道集中起来，通过软管连接，可以组成任意的组合，实现任意设备间的物料转移。

第四节　原料药"精烘包"与洁净车间布置设计

制药洁净车间主要是原料药的精烘包车间和制剂车间。洁净车间设计除需遵循一般车间常用设计规范和规定外，还需遵照《药品生产质量管理规范》（GMP）、《洁净厂房设计规范》等。

一、药品生产质量管理规范的一般要求

GMP 是药品生产质量管理的基本准则，适用于药品制剂生产的全过程和原料药生产中影响成品质量的关键工序。根据原料药种类以及车间生产药品剂型的不同，有不同洁净级别的要求，主要是控制洁净生产环境温度、湿度、压差，监控洁净生产环境中的微生物数量和尘埃粒子数，确保生产环境满足产品生产洁净度。洁净车间设计重点是防止药品生产中产生混淆、交叉污染和差错事故。

GMP 的空气洁净度环境分区概念与空气的洁净含义系指洁净空气和空气净化。空气净化的洁净程度称"洁净度"，通常用一定面积或一定体积空气中所含污染物质（主要指悬浮粒子和微生物）的大小和数量来表示。按生产岗位不同的洁净要求，产生了按洁净度划分环境区域。2010 版 GMP 把生产车间划分为一般生产区和洁净区（A、B、C、D 级洁净区）。

1. 对悬浮粒子的要求

GMP 对洁净室（区）空气洁净度级别所允许的悬浮粒子有明确要求（表 11-1）。

表 11-1　洁净室（区）空气洁净度级别对悬浮粒子的要求

洁净度级别	悬浮粒子最大允许数/m^3			
	静态		动态[3]	
	≥0.5μm	≥5.0μm[2]	≥0.5μm	≥5.0μm
A 级[1]	3520	20	3520	20
B 级	3520	29	352000	2900
C 级	352000	2900	3520000	29000
D 级	3520000	29000	不作规定	不作规定

① 为确认 A 级洁净区的级别，每个采样点的采样量不得少于 $1m^3$。A 级洁净区空气悬浮粒子的级别为 ISO 4.8，以 ≥5.0μm 的悬浮粒子为限度标准。B 级洁净区（静态）的空气悬浮粒子的级别为 ISO 5，同时包括表中两种粒径的悬浮粒子。对于 C 级洁净区（静态和动态），空气悬浮粒子的级别分别为 ISO 7 和 ISO 8。对于 D 级洁净区（静态），空气悬浮粒子的级别为 ISO 8。测试方法可参照 ISO 14644-1。

② 在确认级别时，应当使用采样管较短的便携式尘埃粒子计数器，避免 ≥5.0μm 悬浮粒子在远程采样系统的长采样管中沉降。在单向流系统中，应当采用等动力学的取样头。

③ 动态测试可在常规操作、培养基模拟灌装过程中进行，证明达到动态的洁净度级别，但培养基模拟灌装试验要求在"最差状况"下进行动态测试。静态是指在全部安装完成并已运行但没有操作人员在场的状态。动态是指生产设施按预定的工艺模式运行并有规定数量的操作人员进行现场操作的状态。

2. 对微生物的要求

应当对微生物进行动态监测，评估无菌生产的微生物状况。监测方法有沉降菌法、定量空气浮游菌采样法和表面取样法（如棉签擦拭法和接触碟法）等。动态取样应当避免对洁净区造成不良影响。应当制定适当的微生物监测警戒限度和纠偏限度。操作规程中应当详细说明结果超标时需采取的纠偏措施。

对表面和操作人员的监测，应当在关键操作完成后进行。在正常的生产操作监测外，可在系统验证、清洁或消毒等操作完成后增加微生物监测（表 11-2）。

表 11-2　洁净区微生物监测的动态标准[1]

洁净度级别	浮游菌 /(cfu/m^3)	沉降菌(ϕ90mm) /(cfu/4h)[2]	表面微生物	
			接触(ϕ55mm) /(cfu/碟)	五指手套 /(cfu/手套)
A 级	<1	<1	<1	<1
B 级	10	5	5	5

续表

洁净度级别	浮游菌 /(cfu/m³)	沉降菌(φ90mm) /(cfu/4h)②	表面微生物	
			接触(φ55mm) /(cfu/碟)	五指手套 /(cfu/手套)
C级	100	50	25	—
D级	200	100	50	—

① 表中各数值均为平均值。

② 单个沉降碟的暴露时间可以少于4h，同一位置可使用多个沉降碟连续进行监测并累积计数。

为达到洁净要求，洁净车间平面布置设计时应注意：①洁净区中人员和物料的出入口必须分设，原辅料和成品的出入口分开；人员和物料进入洁净室要有各自的净化用室和设施，如人员更衣、洗手、手消毒等；物料脱外包、清洁、灭菌等过程。②生产区要减少生产流程的迂回往返，尽量减少人员流动和操作。③洁净区只允许存放与操作有关的物料，设置必要的工艺设备，用于制造、储存的区域不得作为非该区域人员的通道。④人、物电梯应分开，不要设在洁净室（区）内，否则要给予保护。⑤空气洁净度高的房间宜设在人员最少到达的地方，宜在洁净室的最里面；空气洁净度相同的房间宜相对集中，不同空气洁净度房间之间相联系要有防止污染的措施，如气闸室、空气吹淋室、传递窗等。洁净区与非洁净区之间压差应不低于15Pa，不同级别洁净区之间的压差应不低于10Pa。必要时，相同洁净度级别的不同功能区域（操作间）之间也应当保持适当的压差梯度。⑥维修保养室不宜设在洁净室内。厂房设计和安装应当能够有效防止昆虫或其他动物进入。采取必要措施，避免使用灭鼠药、杀虫剂、烟熏剂等对设备、物料、产品造成污染。

二、原料药"精烘包"工序布置设计

1. 总体设计

原料药"精制、干燥、包装"工序简称"精烘包"工序。"精烘包"工序应与原料药生产区分隔并自成独立区域。"精烘包"工序生产区应布置在主导风向的上风侧，原料药生产区应布置在下风侧。"精烘包"工序与上一工序的联系、交接应方便。避免原料药、中间体及半成品等与成品的交叉污染和混染。成品送中间储存或仓储区的路线要合理，应避免通过严重污染区。

2. 原料药"精烘包"生产环境洁净级别

原料药分为无菌原料药和非无菌原料药。

非无菌原料药的"精烘包"工序主要包括粗品溶解、脱色过滤、重结晶、过滤、干燥、粉碎、筛分、总混、包装等工序。按照GMP规定：非无菌原料药精制、干燥、粉碎、包装等生产操作的暴露环境应按D级洁净区要求设置，而粗品溶解和脱色过滤在一般生产区。

无菌药品按生产工艺分为两类：①采用最终灭菌的工艺为最终灭菌产品；②部分或全部工序采用无菌生产工艺的为非最终灭菌产品。无菌药品的生产必须严格按照精心设计并经验证的方法及规程进行，产品的无菌或其他质量特性绝不能只依赖于任何形式的最终处理或成品检验（包括无菌检查）。因此无菌原料药的粉碎、过筛、混合、分装的车间布置设计须在B级背景下的A级进行。

非最终灭菌无菌原料药的"精烘包"工艺，通常将精制过程和无菌过程（从除菌过滤至包装）结合在一起，将无菌过程作为生产工艺的一个单元操作来完成（图11-8）。目前生产上最常用的是无菌过滤法，即将非无菌中间体或原材料配制成溶液，采用0.22μm孔径的除菌过滤器去除细菌，在精制的一系列单元操作中一直保持无菌，最后生产出符合无菌要求的原料药。在灭菌生产工艺中，除了除菌过滤外，还包括设备灭菌、包装材料灭菌、无菌衣物灭菌等。这些灭菌过程经过验证能保证从非无菌状态转化成无菌状态。

3. 工艺布局及土建一般要求

无菌原料药的工艺布局常采用模块化设计。模块化设计是将各种不同的设备有目的地组合在一起以满足一种或多种功能的需要，优点是功能明确，配置完善，布置紧凑。将各种单元模块按需要进行组合，即可实现不同产品的生产。可将生产工艺分为下列模块着重设计：①反应及纯化区；②重结晶、过滤、干燥区（细分有液-液分离模块、固-液分离模块、精制模块、成品干燥包装模块）；③分装区；④其他区（如"三废"处理模块及公用工程模块等）。同时，由于反应及重结晶工段多使用有机溶剂，因此，无菌原料药精制车间布置通常分为防爆生产区和非防爆生产区，各区域之间按规范进行严格分隔。

（1）反应及纯化区　该区既实现最后一步反应（常为成盐），同时，又实现产品精制过程。因为后续重结晶通常设为 B 级区，所以该区按无菌原料药精制要求应设为 D 级。

（2）重结晶、过滤、干燥区　重结晶主要注意：①设计时应注意该区域的净空高度，需满足高位槽、

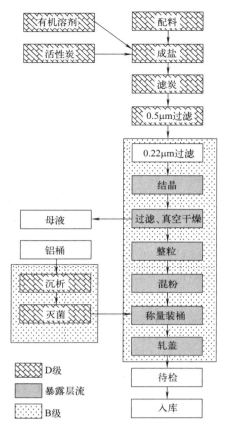

图 11-8　非最终灭菌无菌原料
药工艺流程框图

结晶罐、离心机多层布置，同时，考虑操作平台的高度。②安装结晶罐的操作平台的设计应满足洁净区要求。在与结晶间相邻房间设置辅助区，将大量辅助管道、阀门布置其中，最大限度减少结晶罐周围的管道和阀门。③注意结晶罐所用溶剂的无菌过滤管路设计。过滤需注意：选用"三合一"设备做过滤用，或选用侧出料离心机，这样结晶罐出料至过滤设备可通过密闭管道输送以减少暴露操作。

（3）分装区　高污染风险的操作宜在隔离操作器中完成。隔离操作器及其所处环境的设计，应当能够保证相应区域空气的质量达到设定标准。传输装置可设计成单门或双门，也可是同灭菌设备相连的全密封系统。物料进出隔离操作器应当特别注意防止污染。无菌生产的隔离操作器所处的环境至少应为 D 级洁净区。

4. 人员、物料净化和安全一般要求

（1）人员净化出入口与物料净化出入口应分别独立设置，物料传送路线应短捷，并避免与人流路线交叉。输送人员和物料的电梯宜分开设置，电梯不应设置在洁净区内，需设置在洁净区的电梯，应采取确保制药洁净区空气洁净度等级的措施。

（2）从一般区进入无菌 B 级区的人流物流通道要有 D、C、B 的洁净级别梯度。

（3）进入洁净区的人员必须按规定程序进行净化。

（4）物料（包括原辅料、包装材料、容器工具等）在进入洁净区前均需在物净间内进行物净处理（清除外表面上的灰尘污染及脱除外包），再用消毒水擦洗消毒，然后在设有紫外

灯的传递窗内消毒，传入洁净区。

（5）"精烘包"属于洁净厂房，其耐火等级不低于二级，洁净区的安全出口不少于两个（甲乙类生产厂房当生产区建筑面积小于 100m²，且人数少于 5 人时，可设一个安全出口；丙、丁、戊类生产厂房洁净区的安全出口为一个。

5. 设备和管道一般要求

（1）洁净区内只布置必要的设备，易污染或散热大的设备要设法布置在洁净区外，如必须放在洁净区内，应布置在靠近回、排风口。

（2）设备应选择耐腐蚀、耐磨、不生锈的材料（如不锈钢）制造，结构尽量简单，内部避免死角，外表面保持光滑，尽可能密闭操作，实现自动化。

（3）合理考虑设备的起吊、进场的运输路线，门窗、留孔要能容纳进场设备通过，必要时可将间隔墙设计成可拆卸的轻质墙。

（4）当设备安装在跨越不同洁净等级的房间或墙面时，应采取可靠的密封隔断方法。

（5）洁净区的管道尽可能暗设。必须明敷的管道外表面应易于清洗消毒。与"精烘包"无关的管道不要穿过本工序。

6. 空调系统一般要求

送入洁净区的空气除要求洁净外，还要控制一定的温度和湿度。因此空气需要加热、冷却或加湿、去湿处理。

第五节　制剂车间布置设计

制剂车间的布置设计需遵循《药品生产质量管理规范》和《洁净厂房设计规范》。

一、制剂车间的总体布置和厂房形式

1. 制剂车间的总体布置

制剂车间的总体布置设计应充分考虑与原料药生产区、公用工程区的衔接和隔离。同时也应充分考虑综合制剂车间不同剂型之间的衔接和隔离。尽最大可能简化衔接、降低相互干扰。具体考虑要素包括地形、风向、运输、安全、空调负荷、土建难度等。

2. 制剂车间的厂房形式

制剂车间有两种厂房形式，一是以建造单层大框架大面积的厂房最为合算，并可设计成以大块玻璃为固定窗的无开启窗的厂房。二是多层厂房并以条形厂房为生产厂房的主要形式。这种多层厂房具有占地少，采用自然通风和采光容易，生产线布置比较容易，对剂型较多的车间可减少相互干扰，物料利用位差较易输送，车间运行费用低等优点。多层厂房的主要不足是：平面布置上需增加水平联系走廊及垂直运输电梯、楼梯等。层间运输不便，运输通道位置制约各层合理布置。在疏散、消防及工艺调整等方面受到约束。

3. 制剂车间的建筑模数制

制剂车间在确定跨距、柱距时，主要考虑主要生产线或设备的布局要求。单层大跨度厂房是采用组合式布局方式，布局灵活，跨度已突破18m或24m界限，甚至宽度达50m以上，长度超过80m。多层厂房跨距、柱距大多是6m，也有7.5m或9m，厂房形式应以生产工艺的具体要求而确定。

二、车间组成

从功能上分，车间组成为：①仓储区；②称量与备料室；③辅助区（清洗间、清洁工具间、维修间、休息室、更衣室、盥洗室等）；④生产区；⑤中储区；⑥质检区；⑦包装区；⑧公用工程及空调区；⑨人物流净化通道。

三、制剂车间布置设计的原则

1. 总体要求

①车间按生产区、洁净区的二区要求设计；②为保证空气洁净度要求，平面布置时应考虑人流、物流要严格分开，无关人员和物料不得通过生产区；③车间的厂房、设备、管线布置和设备安放，要从防止产品污染方面考虑，设备间应留有适当的便于清扫的间距；④车间厂房必须具有防尘、防昆虫、防鼠类等的有效措施；⑤不允许在同一房间内同时进行不同品种或同一品种、不同规格的操作；⑥车间内应配置更换品种及日常清洗设备、管道、容器等的在线清洗、在线灭菌设施，这些设施不能影响车间内洁净度的要求。

2. 洁净车间的一般原则

①车间应按工艺流程合理布局，有利于设施安装、生产操作及设备维修，并能保证有效管理生产过程，生产出合格产品。②车间布置要防止人流、物流之间混杂和交叉污染，要防止原材料、中间体、半成品的混杂和交叉污染，做到人流物流协调、工艺流程协调、洁净级别协调。③要有合适的洁净分区，其洁净要求应与所实施的操作相一致。洁净度高的工序应布置在室内的上风侧，易造成污染的设备应靠近回风口。洁净级别相同的房间尽可能地结合在一起。相互联系的洁净级别不同的房间之间要有防污染措施，如设置必要的气闸室、风淋室、缓冲间及传递窗等。在布置上要有与洁净级别相适应的净化设施与房间，如换鞋、更衣、缓冲等人身净化设施；生产和储存场所应设置能确保与其洁净级别相适应的温度、湿度和洁净度控制的设施。④在不同洁净等级区域设置缓冲间、更衣间。清洗室或灭菌室与洁净室之间应设置气闸室或传递窗（柜），用于传递原辅料、包装材料和其他物品。⑤人员净化用室应根据产品生产工艺和空气洁净等级要求设置，不同空气洁净等级的洁净室、空气洁净等级相同的无菌洁净室（区）和非无菌洁净室（区）的人员净化用室均应分别设置。

3. 特殊制剂车间布置的要求

①生产特殊性质的药品，如高致敏性药品（如青霉素类）或生物制品（如卡介苗等）必须采用专用和独立的厂房、生产设施和设备。青霉素类药品产尘量大的操作区域应保持相对负压，排至室外的废气应经过净化处理并符合要求，排风口应当远离其他空气净化系统的进风口。②生产 β-内酰胺结构类药品、性激素类避孕药品必须使用专用设施（如独立的空气净化系统）和设备，并与其他药品生产区严格分开。③生产某些激素类、细胞毒性类、高活性化学药品应使用专用设施（如独立的空气净化系统）和设备；特殊情况下，可采取特别防护措施并经过必要的验证。上述 3 项的空气净化系统，其排风应经过净化处理，达标排放。④中药材的前处理、提取、浓缩必须与其制剂生产严格分开。中药材的蒸、炒、炙、煅等炮制操作应有良好的通风、除烟、除尘、降温设施。⑤动物脏器、组织的洗涤等处理必须与其制剂生产严格分开。⑥含不同核素的放射性药品，生产区必须严格分开。⑦生产用菌毒种与非生产用菌毒种、生产用细胞与非生产用细胞、强毒与弱毒、死毒与活毒、脱毒前与脱毒后的制品和活疫菌与灭活疫苗、人血液制品、预防制品等的加工或灌装不得同时在同一生产厂

房内进行，其储存要严格分开。不同种类的活疫苗的处理及灌装应彼此分开。强毒微生物及芽孢菌制品的区域与相邻区域保持相对负压，并有独立的空气净化系统。

4. 生产区的隔断

为满足产品的工艺要求，车间要进行隔断，原则是防止产品、原材料、半成品和包装材料的混杂和污染，又留有足够的面积进行操作。

（1）必须进行隔断的地点　①一般生产区和洁净区之间；②通道与各生产区域之间；③原料库、包装材料库、成品库、标签库等；④原材料称量室；⑤各工序及包装间等；⑥易燃物存放场所；⑦设备清洗场所；⑧其他。

（2）进行分隔的地点应留有足够的面积　以注射剂生产为例：①包装生产线如进行非同一品种或非同一批号产品的包装，应用板进行必要的分隔。②包装线附近的地板上划线作为限制进入区。③半成品、成品的不同批号间的存放地点应进行分隔或标以不同的颜色以示区别，并应堆放整齐、留有间隙，以防混料。④合格品、不合格品及待检品之间应进行分隔，不合格品应及时从成品库移到其他场所。⑤已灭菌产品和未灭菌产品间的分隔。

5. 关键生产区域现代隔离技术

关键生产区域（如无菌操作区）采取嵌入式的设计，在外部设置保护区域（图 11-9），使外界对无菌环境的影响降到最低。

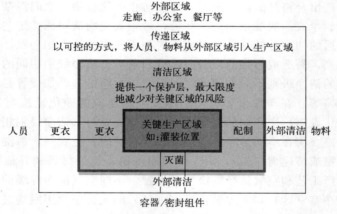

图 11-9　无菌关键生产区域嵌入式设计示意

现在隔离技术在核心区域中广泛应用，原因是：①非最终灭菌的无菌操作工艺存在很大的变数；②每个无菌操作过程中产生的错误都可能导致产品的污染；③一些手动或机械操作在每个无菌操作过程中存在很大的污染风险；④保护产品和操作人员已经成为法律法规的需要。因此，RABS 与隔离器技术应运而生，特点是：①单向流；②屏障区；③可干预，即在生产时只能通过在灌装机关键部位设的手套箱进行人为干预。该定义有 7 项标准：①硬性隔壁，以在生产和操作人员之间形成物理的隔离。②单向流通，A 级标准。③采用手套和自动装置，以避免灌装时人员进入。④设备的传输系统应能避免使产品暴露在不洁净的环境当中。⑤表面高度消毒处理。⑥环境达到 B 级要求。⑦干预极少，且需要在干预后进行清除污染的处理；门要上锁，并带有开锁登记系统；带有正压；环境符合 C 级要求。

常见的隔离系统有：①RABS（限制通道的屏障系统），其分为主动式和被动式。ORABS（开放式限制通道的屏障系统）使用在核心生产区域为 A 级，整体为 B+A，正压层流系统保护产品。操作者在 B 级通过手套来进行 A 级区域的操作，手动灭菌。直接房间取排风。②CRABS（密闭式限制通道的屏障系统）使用在核心生产区域为 A 级，整体为 B＋A，控制压力层流保护产品和操作者。操作人员通过无菌传递接口传送物品，自动 VIP 灭菌。自循环取排风。③Isolator（隔离器系统）使用时外部洁净室的环境为 C 级或 D 级，严格控制压力保护产品和操作者。与工艺操作人员完全隔离，自动 VIP 灭菌。自循环取排风。

四、制剂车间洁净分区概念

1. 生产区域的划分

根据药品工艺流程和质量要求，可将制剂车间分为 2 个区：①一般生产区；②洁净区（A 级、B 级、C 级和 D 级）。

表 11-3　最终灭菌产品生产操作环境

洁净度级别	最终灭菌产品生产操作示例
C 级背景下的局部 A 级	高污染风险[①]的产品灌装（或灌封）
C 级	1. 产品灌装（或灌封） 2. 高污染风险[②]产品的配制和过滤 3. 眼用制剂、无菌软膏剂、无菌混悬剂等的配制、灌装（或灌封） 4. 直接接触药品的包装材料和器具最终清洗后的处理
D 级	1. 轧盖 2. 灌装前物料的准备 3. 产品配制（指浓配或采用密闭系统的配制）和过滤直接接触药品的包装材料和器具的最终清洗

① 此处的高污染风险是指产品容易长菌、灌装速度慢、灌装用容器为广口瓶、容器须暴露数秒后方可密封等状况。
② 此处的高污染风险是指产品容易长菌、配制后需等待较长时间方可灭菌或不在密闭系统中配制等状况。

2. 车间洁净度的细分

（1）一般生产区　无洁净级别要求房间所组成的生产区域。

（2）洁净区　有洁净级别要求房间所组成的生产区域。无菌药品生产设计必须符合相应的洁净度 4 个级别要求，并达到洁净区"静态"和"动态"要求的标准。①A 级：高风险操作区，如灌装区、放置胶塞桶和与无菌制剂直接接触的敞口包装容器的区域及无菌装配或连接操作的区域，应当用单向流操作台（罩）维持该区的环境状态。单向流系统在其工作区域必须均匀送风，风速为 0.36～0.54m/s。在密闭的隔离操作器或手套箱内，可使用较低的风速。②B 级：无菌配制和灌装等高风险操作 A 级洁净区所处的背景区域。③C 级和 D 级：无菌药品生产过程中重要程度较低操作步骤的洁净区。

无菌药品的生产操作环境可参照表 11-3 和表 11-4 进行选择，各种药品生产环境的空气洁净度级别见表 11-5。口服液体和固体制剂、腔道用药（含直肠用药）、表皮外用药品等非无菌制剂生产的暴露工序区域及其直接接触药品的包装材料最终处理的暴露工序区域，应按 D 级洁净区的要求设置，根据产品标准和特性对各洁净区域采取适当的微生物监控措施。

为达到洁净目的，采取的空气净化措施主要有三项，第一是空气过滤，第二是组织气流排污，第三是提高室内空气静压。

表 11-4　非最终灭菌产品生产操作环境

洁净度级别	非最终灭菌产品的无菌生产操作示例
B 级背景下的 A 级	1. 处于未完全密封①状态下产品的操作和转运，如产品灌装（或灌封）、分装、压塞、轧盖②等 2. 灌装前无法除菌过滤的药液或产品的配制 3. 直接接触药品的包装材料、器具灭菌后的装配以及处于未完全密封状态下的转运和存放 4. 无菌原料药的粉碎、过筛、混合、分装
B 级	1. 处于未完全密封①状态下的产品置于完全密封容器内的转运 2. 直接接触药品的包装材料、器具灭菌后处于密闭容器内的转运和存放
C 级	1. 灌装前可除菌过滤的药液或产品的配制 2. 产品的过滤
D 级	直接接触药品的包装材料、器具的最终清洗、装配或包装、灭菌

① 轧盖前产品视为处于未完全密封状态。

② 根据已压塞产品的密封性、轧盖设备的设计、铝盖的特性等因素，轧盖操作可选择在 C 级或 D 级背景下的 A 级送风环境中进行。A 级送风环境应当至少符合 A 级区的静态要求。

表 11-5　各种药品生产环境的空气洁净度级别

药品种类	洁净级别		药品种类		洁净级别
可灭菌小容量注射剂（<50mL）	浓配、粗滤：D 级		口服液体药品	非最终灭菌	暴露工序：D 级
	稀配、精滤：C 级			最终灭菌	暴露工序：D 级
	灌封：A/C 级		外用药品	深部组织创伤和大面积体表创伤用药	暴露工序：A/B 级
可灭菌大容量注射剂（≥50mL）	浓配：D 级				
	稀配、滤过	非密闭系统：C 级		表皮用药	暴露工序：D 级
		密闭系统：D 级	眼用药品	供角膜创伤或手术用滴眼剂	暴露工序：A/B 级
	灌封：A/C 级			一般眼用药品	暴露工序：A/B 级
非最终灭菌的无菌药品	配液	无法除菌滤过：A/B 级			
		可除菌滤过：C 级	口服固体药品		暴露工序：D 级
	灌封分装、冻干、压塞：A/B 级		原料药	药品标准有无菌检查要求	暴露工序：A/B 级
	轧盖：A/B 级（或 A/C 级）				
栓剂	除直肠用药外的腔道用药	暴露工序：D 级		其他原料药	暴露工序：D 级
	直肠用药	暴露工序：D 级			

五、车间布置中的若干技术要求

1. 工艺布置的基本要求

对极易造成污染的物料和废弃物，必要时设置专用出入口，洁净厂房内的物料传递路线要尽量短捷。相邻房间的物料传递尽量利用室内传递窗，减少在走廊内输送。人员和物料进入洁净厂房要有各自的净化用室和设施。净化用室的设置要求应与生产区洁净级别相适应。生产区的布置要顺应工艺流程，减少生产流程迂回、往返。操作区内只允许放置与操作有关的物料。人用和货用（非洁净与洁净分开）电梯宜分开设置。电梯必须设置在洁净区时，电梯前应设置气闸室。全车间人流、物流入口理想状态是各设一个，以便控制车间洁净度。

工艺对洁净室的洁净度级别应提出要求，对高级别洁净度（如 A 级）面积要严加控制。工艺布置时洁净度要求高的工序应置于上风侧，对于水平层流洁净室则应布置在第一工作区；对于产生污染多的工艺应布置在下风侧或靠近排风口。洁净室仅布置必要的工艺设备，以求紧凑和减少面积的同时也要有一定间隙，以利于空气流通，减少涡流。易产生粉尘和烟气的设备应尽量布置在洁净室的外部，如必须设在室内时，应设排气装置，并减少排风量。

2. 洁净度的基本要求

在满足工艺条件的前提下，为提高净化效果，洁净度房间宜按下列要求布置：

（1）空气洁净度的房间或区域 空气洁净度高的房间或区域宜布置在人最少到达的地方，并靠近空调机房，布置在上风侧。空气洁净度相同的房间或区域宜相对集中，以利通风布置合理化。不同洁净级别的房间或区域宜按空气洁净度的高低由里及外布置。同时，相互联系通道之间要有气闸室、缓冲间、空气吹淋室、传递窗等防止污染措施。

（2）原材料、半成品和成品 洁净区内应设置与生产规模相适应的原材料、半成品、成品存放区，并应分别设置待验区、合格品区和不合格区。这样就能有条不紊地工作。

（3）合理安排生产辅助用室 称量室宜靠近原料库，其洁净级别同配料室。D、C级区的设备及容器具清洗室可放在本区域内，B级区的设备及容器具清洗室宜设在本区域外的C级洁净生产区。同时，清洁工具洗涤、存放室也要一并考虑。洁净工作服的洗涤、干燥可在D级或C级区，无菌服的整理须有层流保护，并通过传递窗送入B级区。

（4）人员净化通道 进入车间控制区的人员需进行总更。总更通常包括换鞋、存外衣、洗手、穿工作服。需进入洁净区的人员再经二次更衣（即更洁净服）进洁净区。车间卫生间宜设在总更换鞋前，更洁净服程序需满足各洁净区相关要求。

（5）物流路线 由车间外来的原辅料等的外包装不能直接进入洁净区，需经过脱外包、物净、消毒处理后方能进入。物料进入洁净区方式需通过微生物污染验证。

（6）空调间的安排 空调间的安排应紧靠洁净区，使通风管路线最短。

3. 人员净化用室、生活用室布置的基本要求

人员净化用室包括雨具存放室、换鞋室、存外衣室、盥洗室、消毒、换洁净工作服和气闸室或空气吹淋室等。人员净化用室和生活用室的布置应避免往复交叉。非无菌洁净区更衣流程示例见图 11-10，无菌洁净区更衣流程示例见图 11-11。

气闸室、缓冲室和净化风淋室是人员进入洁净生产区的三项净化措施。

气闸室是为保持洁净区的空气洁净度和正压控制而设置的缓冲室，是人、物进出洁净室时控制污染空气进入洁净室的隔离室。气闸室通常设置在洁净度不同的两个相同的洁净区，或洁净区与非洁净区之间。气闸室必须有两个以上不能同时开启的出入门，其门的联锁采用

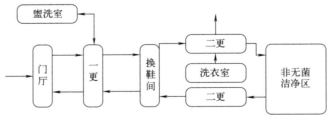

○ 一更:脱去外衣,挂入更衣柜 → 脱掉鞋子换上拖鞋 → 穿上内工衣 → 在一更洗手台洗手 → 进入一更、二更之间的换鞋间

○ 换鞋间:更换洁净工鞋 → 在洗手台洗手 → 进入二更

○ 二更:穿洁净服 → 手消毒 → 进入非无菌洁净区

图 11-10 非无菌洁净区更衣流程示例

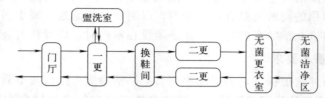

○ 无菌更衣室：穿无菌工衣，戴口罩→手消毒→缓冲间→进入无菌洁净区

图 11-11　无菌洁净区更衣流程示例

自控式、机械式或信号显示等方法。目的是隔断两个不同洁净环境的空气产生交叉污染，防止污染空气进入洁净区。一般可采用无空气幕的气闸室，当洁净度要求高时，亦可采用有洁净空气幕的气闸室。空气幕是在洁净室入口处顶板设置有中、高效过滤器，并通过条缝向下喷射气流，形成遮挡污染的气幕。气闸室相对于相连接的各功能间（或环境）的空气压力为负压，并且全排。

　　缓冲室是人员或物料自非洁净区进入洁净区的必然通道，其气压是自外（非洁净区）向内（洁净区）梯度递增。即对洁净室保持负压，对外保持正压。其设置就是为了防止非洁净区气流污染物直接进入洁净室，有了缓冲室就大大降低了这种可能。同时还具有人员或物料自非洁净区进入洁净区时，在缓冲室有一个"搁置"进行自净（主要是物料）和补偿压差的作用。缓冲室位于两间洁净室之间，要求比较严格的净化室，常常设置两道或更多道缓冲室。与气闸室不同的是它不设置送风口而只设置回风口，而气闸室具有送回风。

4. 物料净化用室的基本要求

　　物料净化用室应包括物料外包装清洁处理室、气闸室或传递窗、柜。气闸室或传递窗的出入门应有防止同时打开的联锁措施。①原辅料外包装清洁室设在洁净区外，经处理后由气锁或传递窗（柜）送入储藏室、称量室。②包装材料清洁室设在洁净室外，处理后送入储藏室。凡进入无菌区的物料及内包装材料除设置清洁室外，还应设置灭菌室。③灭菌室设于 D 级区域内，并通过气闸室或传递窗（柜）送入 C/B 级区域。生产过程中产生的废弃物出口不宜与物料进口合用一个气锁或传递窗（柜），宜单独设置专用传递设施。

六、制剂车间布置设计举例

1. 片剂车间布置

　　（1）片剂的生产工序及区域划分　片剂为固体口服制剂的主要剂型，产品属非无菌制剂。片剂的生产工序包括原辅料预处理、配料、制粒、烘干、压片、包衣、洗瓶、包装。片剂生产工艺流程示意及环境区域划分见图 11-12，片剂生产及配套区域的设置要求见

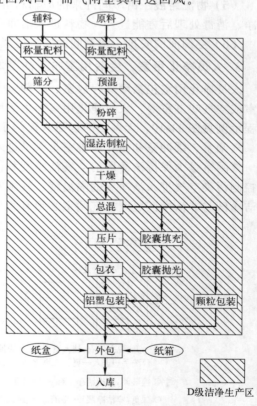

图 11-12　片剂生产工艺流程
及环境区域划分示意

表11-6。片剂车间常用布置形式有水平布置和垂直布置。片剂车间的空调系统除要满足厂房的净化要求和温湿度要求外，重要的一条就是要对生产区的粉尘进行有效控制，防止粉尘通过空气系统发生混药或交叉污染。

表 11-6 片剂生产及配套区域设置要求

区域	要求	配套区域	区域	要求	配套区域
仓储区	按待验、合格、不合格品划区，温度、湿度、照度要控制	原材料、包装材料、成品库，取样室，特殊要求物品区	包装区	如用玻璃瓶需设洗瓶、干燥室，内包装环境要求同生产区，同品种包装线间距1.5m，不同品种间要设屏障	内包装、中包装、外包装室，各包装材料存放区
称量区	宜靠近生产区、仓储区，环境要求同生产区	粉碎区，过筛区，称量工具清洗、存放区	中间站	环境要求同生产区	各生产区之间的储存、待验室
制粒区	温度、湿度、洁净度、压差控制，干燥器的空气要净化，流化床要防爆	制粒室，溶液配制室，干燥室，总混室，制粒工具清洗区	废片处理区		废片室
压片区	温度、湿度、洁净度、压差控制，压片机局部除尘，就地清洗设施	压片室，冲模室，压片室前室	辅助区	位于洁净区之外	设备、工器具清洗室，清洁工具洗涤、存放室，工作服洗涤、干燥室，维修保养室
包衣区	温度、湿度、洁净度、压差控制，噪声控制，包衣机局部除尘，就地清洗设施，如用有机溶剂需防爆	包衣室，溶液配制室，干燥室	质量控制区		分析化验室

（2）片剂车间的布置形式 片剂车间属口服固体制剂车间，口服固体制剂理想的厂房布置可采用"同心圆"原则进行设计（图11-13）。

水平布置是将各工序布置在同一平面上，一般为单层大面积厂房。水平布置有两种方式：①工艺过程水平布置，将空调机、除尘器等布置于其上的技术夹层内，也可布置在厂房一角；②将空调机等布置在底层，而将工艺过程布置在二层。

垂直布置是将各工序分散布置于各楼层，利用重力进行加料，有两种布置方式：①二层布置，将原辅料处理、称量、压片、糖衣、包装及生活间设于底层，将制粒、干燥、混合、空调机等设于二层。

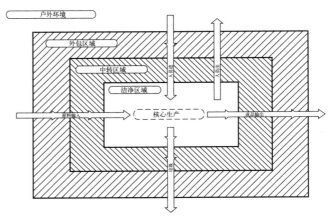

图 11-13 厂房布置模式参考

②三层布置，将制粒、干燥、混合设于三层，将压片、糖衣、包装设于二层，将原辅料处理、称量、生活间及公用工程设于底层。

（3）片剂车间布置方案的提出与比较

【方案一】如图 11-14（a）所示，箭头表示物料在各工序间流动的方向及次序。合格的片剂原辅料一般均放于生产车间内，以便直接用于生产。此方案将原料、中间品、包装材料仓库设于车间中心部位，生产操作沿四周设置。原辅料由物料接收区、物料质检区进入原辅料仓库，经配料区进入生产区。压制后片子经中间品质检区（包括留验室、待包装室）进入包装区。这样的结构布局优点是空间利用率大，各生产工序之间可采用机械化装置运送材料和设备，原辅料及包装材料的储存紧靠生产区。缺点是流程条理不清（图中箭头有相互交叉），物料交叉往返；容易产生混药或相互污染与差错。

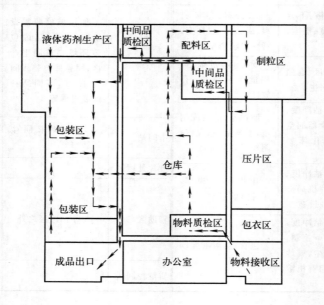

(a) 方案一

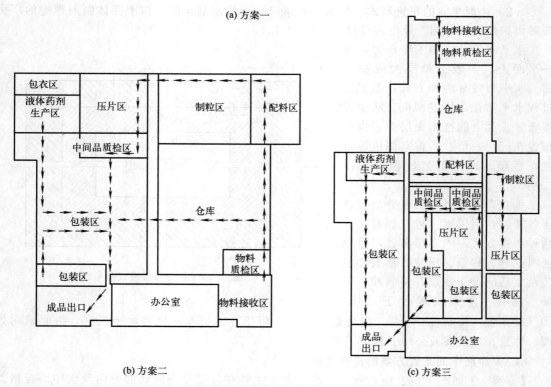

(b) 方案二　　　　　　　　　　(c) 方案三

图 11-14　片剂车间平面布置

【方案二】如图 11-14（b）所示，本方案与方案一面积相同。为克服发生混杂或相互污染的可能性，可作物料运输不交叉的车间布置设计。将仓库、接收、放置等储存区置于车间一侧，而将生产、留验、包装基本构成环形布置，中间以走廊隔开。在相同厂房面积下基本消除了人物流混杂。

【方案三】如见图 11-14（c）所示。物料由车间一端进入，成品由另一端送出，物料流向呈直线，不存在任何相互交叉，避免了混药或污染的可能。缺点是该布局所需车间面积较大。

2. 冻干粉针车间布置

（1）冻干工艺关键工序对环境的要求 ①B 级背景下的 A 级：在灌装、半加塞、冻干过程中，制品处于未完全密封状态下的转运；直接接触药品的包装材料、器具灭菌后的装配与存放，处于未完全密封状态下的转运。②B 级：冻干过程中制品处于未完全密封状态下的产品置于完全密封容器内的转运。

直接接触药品的包装材料、器具灭菌后处于密闭容器内的转运和存放。③C 级背景下的 A 级：对于非最终灭菌产品，轧盖应在 B 级背景下的 A 级进行；也可在 C 级背景下的 A 级送风环境中操作，A 级送风环境应至少符合 A 级区的静态要求。冻干粉针的生产工艺流程框图和环境区域划分见图 11-15。

（2）车间平面布置示例 从冻干粉针车间平面布置图（图 11-16）可见，灌装间、冻干间、轧盖间、灯检间、包装间在一条连贯的输送线上，通过 AGV 小车（自动移动小车）、输瓶转盘、输瓶网带传输；浓配间、稀配间、灌装间在一条线上，通过管路输送料液；胶塞暂存、存放、处理与灌装机集中于一处，便于胶塞处理完后直接送去灌装机半加塞；铝盖的暂存、存放、清洗灭菌与轧盖机集中于一处，便于铝盖处理完后直接送去轧盖；将配液、灌装、冻干相邻安排，能缩短管路长度以及 AGV 小车的轨道长，尽量减少成本。

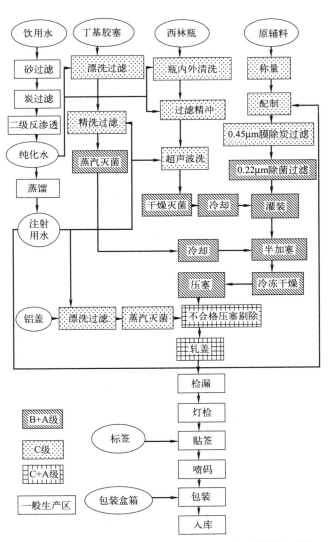

图 11-15 冻干粉针的生产工艺流程和环境区域划分示例

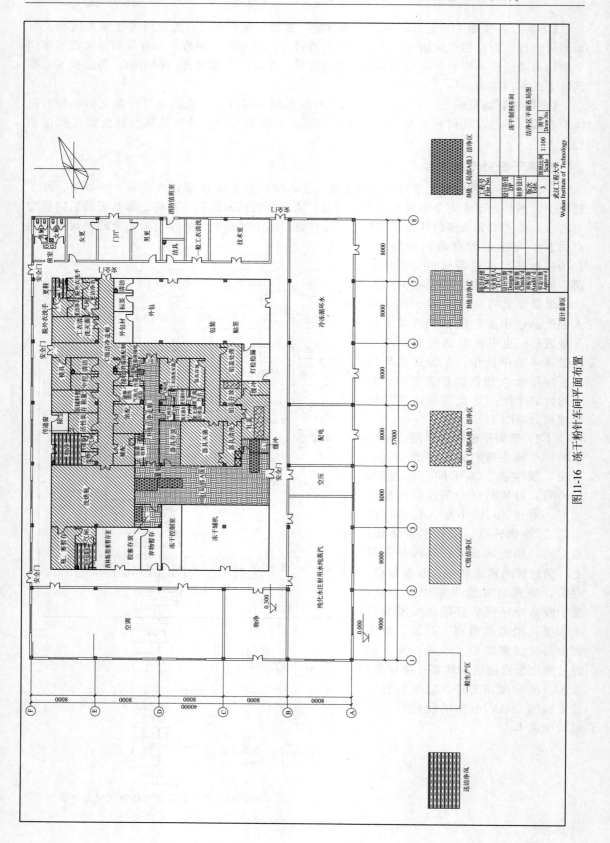

图11-16 冻干粉针车间平面布置

第六节　车间布置设计方法和车间布置图

一、车间布置设计方法

车间布置一般是根据已经确定的工艺流程、生产任务和设备等，确定车间建筑结构类型、在总平面图中的位置、车间功能间分布、设备布置、洁净等级、人物流通道、车间防火防爆等级和非工艺专业的设计要求等，再将上述结果绘制成车间布置图（草图），提交土建专业，再根据土建专业提出的土建图绘制正式的车间布置图。

车间布置图的绘制一般应提供车间布局图、设备安装详图、管口方位图等，其中车间布置图是设备布置设计的主要图样，本节主要介绍车间设备布置图。

用以表示一个车间（装置）或一个工段（分区或工序）的生产和辅助设备在厂房建筑内外安装布置的图样称为车间布置图（包括车间平面布置图和车间立面布置图），见图 11-17。车间布置图的具体设计步骤如下所述。

（1）车间布局设计。在明确厂房的火灾危险性分类、耐火等级和洁净等级前提下，初步确定厂房形式、层数、宽度、长度和柱网尺寸，划分生产、辅助生产和行政-生活区，考虑通道、门窗、楼梯、操作平台等建筑构件，并以 1∶100 的比例绘出（特殊情况可用 1∶200 或 1∶50），标注各功能间的名称，这就形成了车间平面布局图。有洁净度要求的车间还要在车间平面布局图的基础上形成洁净区平面布局图（标出各个功能间的洁净等级）、洁净区人流物流平面走向图、洁净区平面压差分布图。

（2）设备布置设计。在生产区将设备按布置设计原则精心进行尺寸定位，同时考虑安装和非工艺专业的要求，将设备按其最大的平面投影尺寸，以 1∶100 的比例绘出（特殊情况可用 1∶200 或 1∶50），标注设备位号和名称、定位尺寸，这就形成了车间设备平面布置图（一般简称车间平面布置图）。一般至少需考虑两个方案。

（3）将完成的布置方案提交有关专业征求意见，从各方面进行比较，选择一个最优的方案，再经修正、调整和完善后，绘成布置图，提交土建专业设计建筑图。

（4）工艺设计人员从土建专业取得建筑图后，再绘制成正式的车间布置图（包括车间平面布置图和车间立面布置图）；有洁净度要求的车间还需绘制正式的洁净区平面布局图、洁净区人流物流平面走向图、洁净区平面压差分布图。

初步设计和施工图设计都要绘制车间布置图，但它们的作用不同，设计深度和表达要求也不完全相同。

二、初步设计车间布置图

（1）初步设计车间平面布置图一般每层厂房绘制一张。它表示厂房建筑占地大小，内部分隔情况以及与设备定位有关的建筑物、构筑物的结构形状和相对位置。具体内容有：①厂房建筑平面图注有厂房边墙及隔墙轮廓线，门及开向，窗和楼梯的位置，柱网间距、编号和尺寸，以及各层相对高度；②安装孔洞、地坑、地沟、管沟的位置和尺寸，地坑、地沟的相对标高；③操作台平面示意图，操作台主要尺寸与台面相对标高；④设备外形平面图，设备编号、设备定位尺寸和管口方位；⑤辅助室和生活行政用室的位置、尺寸及室内设备器具等的示意图和尺寸。

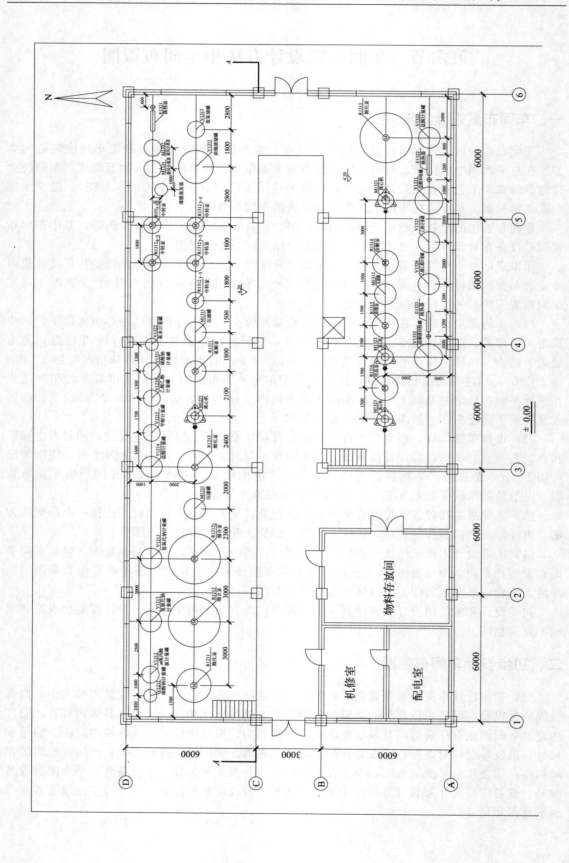

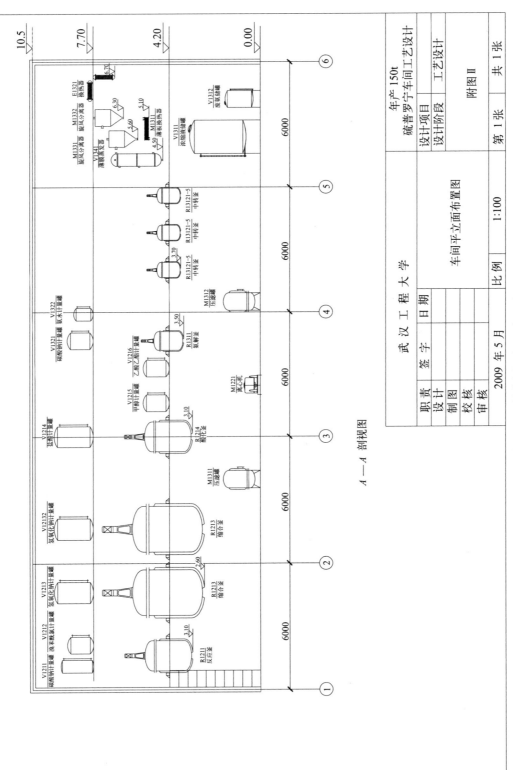

图11-17 原料药车间平立面布置图

（2）初步设计车间剖面图是在厂房建筑的适当位置上，垂直剖切后绘出的立面剖视图，表达的是在高度方向设备布置情况。剖视图内容有：①厂房建筑立面图，包括厂房边墙轮廓线，门及楼梯位置（设备后面的门及楼梯不画），柱间距离和编号，以及各层相对标高，主梁高度等；②设备外形尺寸及设备编号；③设备高度定位尺寸；④设备支撑形式；⑤操作台立面示意图和标高；⑥地坑、地沟的位置及深度。

三、初步设计车间布置图的绘制

初步设计车间布置图的绘制步骤：①考虑视图配制所需表达车间布置的各种图样。②选定绘图比例，常用 1∶100 或 1∶200，个别情况也可考虑采用 1∶50 或其他适合的比例。大的主项分散绘制时，必须采用同一比例。③确定图纸幅面时，一般采用 A1 幅面。如需绘制在几张图纸上，则规格力求统一，小的主项可用 A2 幅面，但不宜加宽或加长。为便于读图，在图下方和右方需画出一个参考坐标，即在图纸内框的下边和右边外侧以 3mm 长的粗线划分若干等份，A1 下边为 8 等份，右边为 6 等份，A2 下边为 6 等份，右边为 4 等份。若图幅以短边为横向时，A1 下边为 6 等份，右边为 8 等份。右边则自上向下写 1、2、3、4……，下边自右向左写 A、B、C……④绘制平面图时，需绘制建筑定位轴线，绘制与设备安装布置有关的厂房建筑基本结构，绘制设备中心线，绘制设备、支架、基础、操作平台等的轮廓形状。还需标注尺寸，标注定位轴线编号及设备位号、名称。图上如有分区，还需绘制分区界线并作标注。⑤绘制剖视图时，绘制前要在对应的平面图上标出剖切线位置，在剖视图中要根据剖切位置和剖视方向，表达出厂房建筑的墙、柱、地面、平台、栏杆、楼梯以及设备基础、操作平台支架等高度方向的结构与相对位置。⑥绘制方向标，在平面图的右上方绘制一个表示设备安装方位基准的符号，如 0°。⑦编制设备一览表。⑧注写有关说明、图例，填写标题栏。⑨检查、校核，最后完成图样。

1. 车间

在车间布置图中，设备的安装布置往往是以厂房建筑的某些结构为基准来确定的。

（1）车间布置图的图幅、比例和图例　①图幅。车间布置图一般采用 A1 幅面，对小主项可采用 A2 幅面，不宜加宽或加长。②比例。绘图比例通常采用 1∶100，也可采用 1∶200，1∶50，视设备布置疏密情况而定。对于大装置分段绘制时，必须采用同一比例。③图例。由于绘制厂房时采用缩小的比例，因此图中对有些结构、内容不可能按实际情况画出，应该采用国家标准规定的有关图例来表达各种建筑配件、建筑材料等。

（2）图示方法　①用细点划线画出承重墙、柱等结构的建筑定位轴线。②画出厂房形式，车间布置图中应按比例并采用规定的图例画出厂房占地大小、内部分隔情况以及和设备布置有关的建筑物及其构件，如门、窗、墙、柱、楼梯、操作平台、吊轨、栏杆、安装孔洞、管沟、明沟、散水坡等（厂房基本结构如门、窗、墙、柱、楼梯、操作平台等都采用细实线，常用 0.25mm 或 0.35mm）。厂房出入口、交通道、楼梯等都需精心安排。一般厂房大门宽度要比通过的设备宽度大 0.2m 以上，比满载的运输设备大 0.6~1.0m，单门宽一般 900mm，双门宽有 1200mm、1500mm、1800mm，楼梯坡度 45°~60°，主楼梯 45°的较多。砖墙宽 240mm，彩板宽一般为 50mm。③与设备安装定位关系不大的门、窗等构件，一般只在设备平面布置图上画出它们的位置及门的开启方向等，在剖视图上则不予表示。④车间布置图中，对于生活室和专业用房间如配电室、控制室等均应画出，但只以文字标注房间名称。

（3）尺寸标注　车间布置图的标注包括厂房建筑定位轴线的编号，建筑物及其构件的尺寸、设备的位号、名称、定位尺寸及其他说明等。厂房建筑及其构件应标注以下尺寸：①厂房建筑物的长度、宽度总尺寸；②厂房柱、墙定位轴线的间距尺寸；③为设备安装预留的孔、洞以及沟、坑等定位尺寸；④地面、楼板、平台、屋面的主要高度尺寸；⑤其他与设备安装定位有关的建筑结构件的高度尺寸。厂房平面尺寸标注形式见图11-18。

定位轴线的标注方法：如图11-18所示，将房屋的墙、柱等承重构件的轴线，用细点划线画出，并进行编号称为定位轴线。定位轴线用以确定房屋主要承重构件的位置，房屋的柱距与跨度，便于施工时定位放线及查间图纸。定位轴线编号方法：自西向东方向，自左至右用阿拉伯数字1，2，3，……依次编号称横向定位轴线。由南向北方向，自下而上用英文字母A，B，C依次编号称纵向定位轴线，其中I，O，Z三个字母不可编号，以免与数字1，0，2混淆。定位轴线编号中小圆的直径为8mm，用细实线画出，通常把横向定位轴线标注在图形的下方，纵向定位轴线标注在图形的左侧（当房屋不对称时，右侧也需标注）。在剖面图上一般只画出建筑物最外侧的墙、柱的定位轴线及编号。

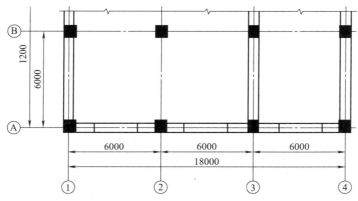

图 11-18　厂房平面的尺寸标注

厂房平面的尺寸标注方法：由于厂房总体尺寸数值大，精度要求不高，所以尺寸允许注成封闭链形。同时为施工方便，还需标注必要的重复尺寸，在绘制厂房时，通常沿长、宽两个方向分别标注两道尺寸。其中，第一道尺寸为外包尺寸，表示房屋的总长（如图11-18中的18000）；第二道尺寸为轴线尺寸，表示墙、柱定位轴线之间的距离（如图11-18中的6000）。建筑平面图中所有尺寸单位均为mm。

厂房立面的尺寸标注方法：对楼板、梁、屋面、门、窗等配件的高度位置，以标高形式来标注，其标注形式如图11-19所示。标高的单位为m，在图中不必注明单位，数字注到小

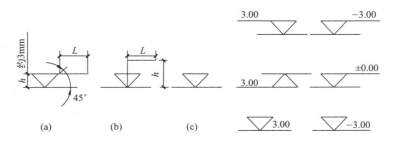

图 11-19　厂房立面的尺寸标注

数点以后第三位，通常以底层室内地面为零点标高，零点标高以上为正值，数字前可省略符号"＋"，零点以下为负值，数字前必须加符号"－"。

2. 设备

（1）设备视图 车间布置图中的视图通常包括一组平面图和立面剖视图。

① 平面图 设备是车间布置图中主要表达的内容，图中设备都应采用粗实线（常用0.5mm 或 0.7mm）按比例画出外形。被遮盖的设备轮廓一般不画。位于室外又与厂房不连接的设备一般只在底层平面图上绘制。穿过楼层的设备，每层平面图上均需画出设备的平面位置。车间布置图一般只绘制平面图，只有当平面图表示不清楚时，才绘制立面图或局部剖视图。平面图一般是每层厂房绘制一张，多层厂房按楼层或大的操作平台分层绘制，如有局部操作台时，则该平面图上可以只画操作台下的设备，对局部操作台及其上面设备另画局部平面图。如不影响图面清晰，也可重叠绘制，操作台下的设备用虚线画出。平面图可以绘制在一张图纸上，也可绘在不同图纸上。同一张图纸上绘制几层平面图时，应从最底层 0.000 平面开始画起，由下而上、由左到右排列，在平面图的下方应用标高注明平面图名称（图 11-20）。

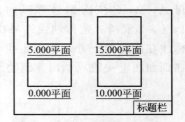

图 11-20 多层平面图的布置

② 立面剖视图 为表达在高度方向比较复杂的设备安装布置的情况，则采用立面剖视图。剖视图应完整、清楚地反映设备与厂房高度方向的关系。在充分表达的前提下，剖面图的数量应尽可能少。

a. 用细实线画出厂房剖面图。与设备安装定位关系不大的门窗等构件和表示墙体材料的图例，在剖面图上则一概不予表示。注写厂房定位轴线编号。

b. 用粗实线按比例画出带管口的设备立面示意图，被遮挡的设备轮廓一般不予画出。并加注位号及名称（应与工艺流程图中一致）。

c. 标注厂房定位轴线间的尺寸；标注厂房室内外地面标高；标注厂房各层标高；标注设备基础标高；必要时，标注主要管口中心线、设备最高点等标高。

剖视图中，规定设备的剖切位置及投影方向应按《机械制图》国家标准或《建筑制图》国家标准在平面图上标注清楚（图 11-21）。当剖视图与各平面图均有联系时，其剖切位置在各层平面图上都应标记，如图 11-21 中的 A—A 剖视图。

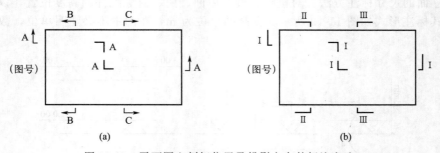

图 11-21 平面图上剖切位置及投影方向的标注方法

剖视图与平面图可以画在同一图纸上，也可以单独绘制。如画在同一张图上时，则按剖视顺序，从左至右、由下而上顺序排列。剖视图下方应注明相应的剖视名称，如"Ⅰ—Ⅰ剖视"等（图 11-22）。剖切位置需要转折时，一般以一次旋转剖为限。

（2）设备的标注　除标注厂房尺寸外，设备也
应标注尺寸。车间布置图中一般不注出设备定形尺寸
而只注定位尺寸。

①　平面定位尺寸　设备在平面图上的定位尺寸
一般应以建筑定位轴线为基准。立式设备：标注设备
中心线到柱中心线间的距离。当某一设备已采用建筑
定位轴线为基准标注定位尺寸后，邻近设备可依次用
已标出定位尺寸的设备的中心线为基准来标注定位尺
寸。卧式设备：标注设备中心线、固定端支座或管口
中心线到柱中心线间的距离（图11-23）。

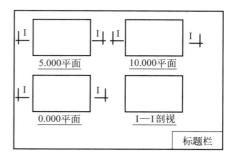

图 11-22　剖视图和平面图的对应

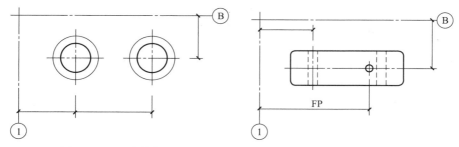

图 11-23　立式设备（左图）和卧式设备（右图）的平面定位尺寸

②　高度方向定位尺寸　一般选用主厂房地面为基准（±0.000 或 EL100.000 ）。立式设
备标注设备的基础面（即承重支撑点）标高（POS EL×××.×××）。卧式设备标注设备
中心线标高（CL EL×××.×××）。必要时也可标注设备支架、挂架、吊架、法兰面或主
要管口中心线、设备最高点（塔器）等的标高（图11-24）。如精馏塔可标注基础的标高和最
高点标高。

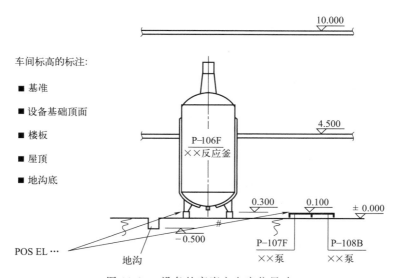

图 11-24　设备的高度方向定位尺寸

　　③ 名称及位号的标注　车间布置图中所有设备，均需标出名称与位号，名称和位号应与工艺管道及仪表流程图一致。设备名称和位号在平面图和剖视图上都需标注，一般标注在相应图形的上方或下方，也有只标位号不标名称的。

　　④ 安装方位标　安装方位标是确定设备安装方位的基准，一般将方位标符号画在图纸的右上角，符号以粗实线画出直径为 24mm 的圆和水平、垂直两轴线，并分别注以 0°、90°、180°、270° 等字样，通常以北向或接近北向的建筑轴线为零度方位基准（即所谓建筑北向），并注以 "N" 字样，如图 11-25 所示。

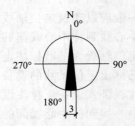

图 11-25　安装方位标

　　⑤ 设备一览表及标题栏　车间布置图中应将设备的位号、名称、技术规格及图号（或标准号）等在标题栏上方列表说明，也可单独制表在设计文件中附出，此时设备应按定型、非定型分类编制，如图 11-26 所示。标题栏的格式与设备图一致。在图名栏内，还应在上行填写×××车间布置图，下行填写 EL×××平面，或×—×剖视。

序号	设备位号	设备名称	型号/规格	材料	数量(台)	设备图号	安装图号	外形尺寸
4	1104	输送泵	2WG–251	不锈钢	5			直径:1000
3	1103	浓配罐	DH400	不锈钢	1			
2	1102	通风橱	TF–1200B	不锈钢	2			1200×7500×2400
1	1101	电子秤	称量范围:10kg	不锈钢	2			

项目经理 PM/d.		工程号 File No			
专业负责人 DC/d.					
设计/日期 Design/d.	2011/11/28	设计阶段 DP	冻干制剂车间		
校核/日期 Check/d.	2011/11/29	初步设计			
审核/日期 Audit/d.	2011/12/3	版次 Edit	工艺设备布置平面图		
审定/日期 Approve/d.	2011/12/4	3	图纸比例 Scale	1:100	图号 Draw.No
武汉工程大学 Wuhan Institute of Technology					

图 11-26　设备一览表及标题栏

四、施工图阶段车间布置图

　　施工图阶段车间布置设计内容和强度较初步设计阶段更加完整和具体，它必须满足设备安装定位所需的全部条件。

1. 施工图阶段车间布置图的内容

　　本阶段车间布置图的内容同初步设计阶段车间布置图的内容。

　　（1）图纸部分：①同初步设计阶段一样，要在平、剖面图上表示出厂房的墙、窗、门、柱、楼梯、通道、坑、沟及操作台等位置。②表示出厂房建筑物的长、宽总尺寸及柱、墙定位轴线间的尺寸。③表示出所有固定位置的全部设备（加上编号和名称）及其轴线和定位尺寸。④表示出全部设备的基础或支承结构的高度。⑤表示出全部吊轨及安装孔。

　　（2）设备一览表：与初步设计阶段相同。

　　（3）方位标。

2. 施工图阶段车间布置图的绘制

（1）以细实线按1∶100、1∶200（有时也采用1∶300、1∶400）比例画出厂房的墙、梁、柱、门、窗、楼板、平台、栏杆、屋面、地面、孔、洞、沟、坑等全部建筑线，并标注厂房建筑物的长、宽总尺寸。

（2）标注柱网编号及柱、墙定位轴线的间距尺寸。

（3）标注每层平面高度。

（4）采取同样比例，以粗实线绘制设备的外形及主要特征（如搅拌、夹套、蛇管等），并绘出主要物料管口方位及其代号，标注设备编号及名称。对多台相同的设备，可只对其中的一台设备详细绘制，其他可简明表示。

（5）尺寸的标注。①基准：以设备中心线或设备外轮廓为基准线，建筑物、构筑物以轴线为基准线，标高以室内地坪为基准线。②标注设备平面位置（纵横坐标）：定位尺寸以建筑定位轴线为基准，注出其与设备中心线或设备支座中心线的距离。悬挂于墙上或柱上的设备，应以墙的内壁或外壁、柱的边为基准，标注定位尺寸。③标注设备立面标高：定位尺寸一般可以用设备中心线、机泵的轴线、设备的基础面、支架、挂耳、法兰面等相对于室内地坪（±0.00）的标高来表示。④当设备穿过多层楼面时：各层都应以同一建筑轴线为基准线。

（6）方向标志。在平面图上，应用指北针表示出方位。指北针统一画在左上角。绘制时，尽量选取指北针向上180°内的方位。

 思考题

1. 车间设备布置设计的内容包括哪些？

2. 在进行设备布置时应注意哪些问题？

3. 初步设计车间平面布置图的具体内容是什么？

4. 无菌产品的人员净化程序和非无菌产品的有何异同？

5. 冻干粉针车间物料输送的方式更新很快，试给出原料药、胶塞、西林瓶、铝盖的转运方式。

第十二章
管道布置设计

学习目标:

通过本章的学习，了解管道设计的作用和目的；熟悉管道设计的内容；掌握管道、阀门和管件选择及其应用；掌握管道布置设计的内容、绘制方法和管道布置图。

第一节　概述

一、管道设计的作用和目的

管道在制药车间起着输送物料及公用工程介质的重要作用，是制药生产中必不可少的重要部分。因此，正确的管道设计和安装，对减少工厂基本建设投资以及维持日后的正常操作及维护有着十分重要的意义。

二、管道设计的条件

在进行管道设计时，除建构筑物平、立面图外，应具有如下基础资料：①工艺管道及仪表流程图；②设备布置图；③设备施工图（或工程图）；④设备表及设备规格书；⑤管道界区接点条件数据；⑥管道材料等级规定、配管材料数据库；⑦有关专业设计条件。

三、管道设计的内容

在初步设计阶段，设计带控制点工艺流程图时，首先要选择和确定管道、管件及阀件的规格和材料，并估算管道设计的投资。在施工图设计阶段，还需确定管沟的断面尺寸和位置，管道的支承方式和间距，管道和管件的连接方式，管道的热补偿与保温，管道的平、立面位置及施工、安装、验收的基本要求。施工图阶段管道设计的成果是管道平、立面布置图，管道轴测图及其索引，管架图，管道施工说明，管段表，管道综合材料表及管道设计预算。管道设计的具体内容如下所述。

1. 管径的计算和选择

根据物料性质和使用工况，选择各种介质管道的材料；根据物料流量和使用条件，计算管径和管壁厚度，然后根据管道现有的生产情况和供应情况作出决定。

2. 地沟断面的决定

地沟断面的大小及坡度应按管道的数量、规格和排列方法确定。

3. 管道的设计

根据工艺流程图，结合设备布置图及设备施工图进行管道的设计，应包含如下内容：①各种管道、管件、阀件的材料和规格，管道内介质的名称、介质流动方向用代号或符号表示；标高以地平面为基准面或以所在楼层的楼面为基准面。②同一水平面或同一垂直面上有数种管道，不易表达清楚时，应该画出其剖面图。③如有管沟时应画出管沟的截面图。

4. 提出资料

管道设计提出的资料应包括：①将各种断面的地沟尺寸数据提给土建；②将车间上水、下水、冷冻盐水、压缩空气和蒸汽等用量及管道管径及要求（如温度、压力等条件）提给公用系统；③管道管架条件（管道布置、载荷、水平推力、管架形式及尺寸等）提给土建；④设备管口修改条件返给设备布置；⑤如甲方要求还需提供管道投资预算。

5. 编写施工说明

施工说明是对图纸内容的补充，图纸内容只能表达一些表面的尺寸要求，对其他的要求无法表达，所以需要以说明的形式对图纸进行补充，以满足工程设计要求。

第二节　管道、阀门和管件及其选择

一、管道

1. 管道的标准化

管道材料的材质、制造标准、检验验收要求、规格等种类都很多，同种规格管道由于使用温度、压力不同，壁厚也都不一样。为方便采购和施工，应实施标准化。这就需要引入统一的选材参数。①公称压力。这是管道、管件和阀门在规定温度下的最大许用工作压力（表压，温度范围 $0 \sim 120℃$ ），由 PN 和无量纲数字组成，代表管道组成件的压力等级。管道系统中每个管道组成件的设计压力，应不小于在操作中可能遇到的最苛刻压力温度组合工况的压力。②公称直径。公称直径又称公称通径，它代表管道组成件的规格，一般由 DN 和无量纲数字组成。该数字与端部连接件的孔径或外径（用 mm 表示）等特征尺寸直接相关。同一公称直径的管道或管件，采用的标准确定后，其外径或内径即可确定，但管壁厚可根据压力计算确定选取。

2. 管径的计算和确定

管径的选择是管道设计中的一个重要内容，其与安全及成本费用有着直接的联系。

（1）管道流速的确定　流量确定的情况下，管道流速就成了确定管径的决定因素，流速需满足以下三大要求：①对于需要精确控制流量的管道，必须满足流量精确控制的要求；②管道的压力降必须小于该管道的允许压力降；③流速应满足经济性要求，流速过高会引起管道冲蚀和磨损的现象，所以相关标准推荐了常用介质的经济流速。

（2）管径计算　流体管径是根据流量和流速确定的，可用下式求取管径：

$$d = 1.128 \sqrt{\frac{V_s}{u}}$$

（12-1）

式中，d 为管道直径，m；V_s 为管内介质的体积流量，m^3/s；u 为流体的流速，m/s。

管道的管径还应该符合相应管道标准的规格数据，常用公称直径的管道外径见表 12-1。

表 12-1　常用公称直径的管道外径

公称直径(DN)		无缝管		焊接管
mm	in①	英制管外径/mm	公制管外径/mm	英制管外径/mm
15	1/2	22	18	21.3
20	3/4	27	25	26.9
25	1	34	32	33.7
32	1¼	42	38	42.4
40	1½	48	45	48.3
50	2	60	57	60.3
65	2½	76	76	76.1
80	3	89	89	88.9
100	4	114	108	114.3
125	5	140	133	139.7
150	6	168	159	168.3
200	8	219	219	219.1
250	10	273	273	273
300	12	324	325	323.9
350	14	356	377	355.6
400	16	406	426	406.4
450	18	457	480	457
500	20	508	530	508

① 1in=2.54cm。

3. 管壁厚度

管道的壁厚有多种表示方法，管道材料所用的标准不同，其所用的壁厚表示方法也不同，一般情况下管道壁厚常以钢管壁厚尺寸表示。中国、国际标准化组织 ISO 和日本部分钢管标准采用壁厚尺寸表示钢管壁厚系列。大部分国标管材都用厚度表示。

管径确定后，应该根据流体特性、压力、温度、材质等因素计算所需要的壁厚，然后根据计算壁厚确定管道的壁厚。工程上为了简化计算，一般根据管径和各种公称压力范围，查阅有关手册如化工工艺设计手册等可得管壁厚度。

4. 管道的选材

制药工业生产用管道、阀门和管件材料的选择原则主要是依据输送介质的浓度、温度、压力、腐蚀情况、压力事故、供应来源和价格等因素综合考虑决定。因此，必须高度重视。管道材料的选用原则为：①满足工艺物料要求；②材料的使用性能；③材料的加工工艺性能；④材料的经济性能；⑤材料的耐腐蚀性能；⑥材料的使用限制。

制药工业常用管道有金属管和非金属管。常用的金属管有铸铁管、硅铁管、焊接钢管、无缝钢管（包括热轧和冷拉无缝钢管）、有色金属管（如铜管、黄铜管、铝管、铅管）、衬里钢管。常用的非金属管有耐酸陶瓷管、玻璃管、硬聚氯乙烯管、软聚氯乙烯管、聚乙烯管、玻璃钢管、有机玻璃管、酚醛塑料管、石棉-酚醛塑料管、橡胶管和衬里管道（如衬橡胶、搪玻璃管等）。常用管道的类型、选材和用途及标准号可参阅《化工工艺设计手册》（化学工业出版社，2018）。

二、阀门

阀门是管道系统的重要组成部件，在制药生产中起着重要的作用。阀门可以控制流体在管内的流动，其主要功能有启闭、调节、节流、自控和保证安全等作用。通过接通和截断介质，防止介质倒流，调节介质压力、流量、分离、混合或分配介质，防止介质压力超过规定数值，以保证设备和管道安全运行等。因此，正确合理地选用阀门是管道设计中的重要问题。

如何根据工艺过程的需要，合理地选择不同类型、结构、性能和材质的阀门，是管道设计的重点。各种阀门因结构形式与材质的不同，有不同的使用特性、适合场合和安装要求。选用阀门的原则是：①流体特性，如是否有腐蚀性、是否含有固体、黏度大小和流动时是否会产生相态的变化；②功能要求，按工艺要求，明确是切断还是调节流量等；③阀门尺寸，由流体流量和允许压力降决定；④阻力损失，按工艺允许的压力损失和功能要求选择；⑤温度、压力，由介质的温度和压力决定阀门的温度和压力等级；⑥材质，取决于阀门使用的温度和压力等级与流体特性。通过对上述各项指标进行判断，列出阀门的技术规格，即阀门的型号和公称直径等参数，用于进行采购。《通用阀门规格书》应包含下列内容：采用的标准代号；阀门的名称、公称压力、公称直径；阀体材料、阀体连接形式；阀座密封面材料；阀杆与阀座结构；阀杆等内件材料，填料种类；阀体中法兰垫片种类、紧固件结构及材料；设计者提出的阀门代号或标签号；其他特殊要求。

1. 阀门的分类

按照阀门的用途和作用可分类为：①切断阀类（其作用是接通和截断管路内的介质，如球阀、闸阀、截止阀、蝶阀和隔膜阀）；②调节阀类（其作用是用来调节介质的流量、压力的参数，如调节阀、节流阀和减压阀等）；③止回阀类（其作用是防止管路中介质倒流，如止回阀和底阀）；④分流阀类（其作用是用来分配、分离或混合管路中的介质，如分配阀、疏水阀等）；⑤安全阀类。还可按照驱动形式、公称压力、温度等级对阀门分类。按照既考虑工作原理和作用，又考虑阀门结构，可分为：闸阀、蝶阀、截止阀、止回阀、旋塞阀、球阀、夹管阀、隔膜阀、柱塞阀等。

2. 常用阀门的选用

常用介质的阀门选择见表 12-2。常用阀门及其应用范围见表 12-3。为了安装和操作方便，管道上的阀门和仪表的布置安装高度一般为：阀门安装高度为 $0.8\sim1.5\mathrm{m}$；取样阀 $1\mathrm{m}$ 左右；温度计、压力计安装高度为 $1.4\sim1.6\mathrm{m}$；安全阀安装高度为 $2.2\mathrm{m}$；并列管路上的阀门、管件应保持应有距离，整齐排列安装或错开安装。

表 12-2　阀门选择

流体名称	管道材料	操作压力/MPa	连接方式	阀门类型		推荐阀门型号	保温方式
				支管	主管		
上水	焊接钢管	$0.1\sim0.4$	≤2″，螺纹连接 ≥2½″，法兰连接	≤2″，球阀 ≥2½″，蝶阀	蝶阀	Q11-116C DTD71F-1.6C	
清下水	焊接钢管	$0.1\sim0.3$			闸阀	Q41F-1.6C	

续表

流体名称	管道材料	操作压力/MPa	连接方式	阀门类型 支管	阀门类型 主管	推荐阀门型号	保温方式
生产污水	焊接钢管、铸铁管	常压	承插,法兰,焊接			根据污水性质定	
热水	焊接钢管	0.1～0.3	法兰,焊接,螺纹	球阀	球阀	Q11F-1.6 Q41F-1.6	岩棉、矿物棉、硅酸铝纤维玻璃棉
热回水	焊接钢管	0.1～0.3	法兰,焊接,螺纹	球阀	球阀	Q11F-1.6 Q41F-1.6	岩棉、矿物棉、硅酸铝纤维玻璃棉
自来水	镀锌焊接钢管	0.1～0.3	螺纹	球阀	球阀	Q11F-1.6 Q41F-1.6	岩棉、矿物棉、硅酸铝纤维玻璃棉
冷凝水	焊接钢管	0.1～0.8	法兰,焊接	截止阀 柱塞阀		J41T-1.6 U41S-1.6C	
蒸馏水	无毒 PVC、PE、ABS管、玻璃管、不锈钢管(有保温要求)	0.1～0.8	法兰,卡箍	球阀		Q41F-1.6C	
纯化水、注射用水、药液等	卫生级不锈钢薄壁管	0.1～0.8	卡箍	隔膜阀			
蒸汽	3″以下,焊接钢管 3″以上,无缝钢管	0.1～0.6	法兰,焊接	柱塞阀	柱塞阀	U41S-1.6(C)	岩棉、矿物棉、硅酸铝纤维玻璃棉
压缩空气	<1.0MPa 焊接钢管; >1.0MPa 无缝钢管	0.1～1.5	法兰,焊接	球阀	球阀	Q41F-1.6C	
惰性气体	焊接钢管	0.1～1.0	法兰,焊接	球阀	球阀	Q41F-1.6C	
真空	无缝管或硬聚氯乙烯管	真空	法兰,焊接	球阀	球阀	Q41F-1.6C	
排气		常压	法兰,焊接	球阀	球阀	Q41F-1.6C	
盐水	无缝钢管	0.3～0.5	法兰,焊接	球阀	球阀	Q41F-1.6C	软木、矿渣棉、泡沫聚苯乙烯、聚氨酯
回盐水		0.3～0.5	法兰,焊接	球阀	球阀	Q41F-1.6C	软木、矿渣棉、泡沫聚苯乙烯、聚氨酯
酸性下水	陶瓷管、衬胶管、硬聚氯乙烯管	常压	承插,法兰			PVC、衬胶	
碱性下水	无缝钢管	常压	法兰,焊接			Q41F-1.6C	
生产物料	按生产性质选择管材	≤42.0	承插,焊接,法兰				
气体(暂时通过)	橡胶管	<1.0					
液体(暂时通过)	橡胶管	<0.25					

注：表中的"″"是指英寸。

表 12-3　常用阀门类型及其应用范围

阀门名称及示图	基本结构与原理	优点	缺点	应用范围
旋塞阀	中间开孔柱锥体作阀芯,靠旋转锥体来控制阀的启闭	结构简单,启闭迅速,流体阻力小,可用于输送含晶体和悬浮物的液体管路中	不适于调节流量,磨光旋塞费工时,旋转旋塞较费力,高温时会由于膨胀而旋转不动	120℃以下输送压缩空气、废蒸汽-空气混合物;在120℃、10×10^5 Pa[或$(3\sim5)\times10^5$ Pa更好]下输送液体,包括含有结晶及悬浮物的液体,不得用于蒸汽或高热流体

续表

阀门名称及示图	基本结构与原理	优点	缺点	应用范围
球阀	利用中心开孔的球体作阀芯,靠旋转球体控制阀的启闭	价格比旋塞贵,比闸阀便宜,操作可靠,易密封,易调节流量,体积小,零部件少,重量轻。公称压力大于 16×10^5 Pa,公称直径大于 76mm。现已取代旋塞	流体阻力大,不得用于输送含结晶和悬浮物的液体	在自来水、蒸汽、压缩空气、真空及各种物料管道中普遍使用。最高工作温度300℃,公称压力为 325×10^5 Pa
闸阀	阀体内有一平板与介质流动方向垂直,平板升起阀即开启	阻力小,易调节流量,用作大管道的切断阀	价贵,制造和修理较困难,不宜用非金属抗腐蚀材料制造	用于低于120℃低压气体管道,压缩空气、自来水和不含沉淀物介质的管道干线,大直径真空管等。不宜用于带纤维状或固体沉淀物的流体。最高工作温度低于120℃,公称压力低于 100×10^5 Pa
截止阀(节流阀)	采用装在阀杆下面的阀盘和阀体内的阀座相配合,以控制阀的启闭	价格比旋塞贵,比闸阀便宜,操作可靠,易密封,能较精确调节装置,制造和维修方便	流体阻力大,不宜用于高黏度流体和悬浮液以及结晶性液体,因结晶固体沉积在阀座影响紧密性,且磨损阀盘与阀座接触面,造成泄漏	在自来水、蒸汽、压缩空气、真空及各种物料管道中普遍使用。最高工作温度300℃,公称压力为 325×10^5 Pa
止回阀(单向阀)	用来使介质只做单一方向的流动,但不能防止渗漏	升降式比旋启式密闭性能好,旋启式阻力小,只要保证摇板旋转轴线的水平,可以任意形式安装	升降式阻力较大,卧式宜装水平管上,立式应装垂直管线上。本阀不宜用于含固体颗粒和黏度较大的介质	适用于清净介质

三、管件

管件的作用是连接管道与管道、管道与设备、安装阀门、改变流向等，如有弯头、活接头、三通、四通、异径管、内外接头、螺纹短节、视镜、阻火器、漏斗、过滤器、防雨帽等。可参考化工工艺设计手册选用。图 12-1 为卫生级管件，图 12-2 为常用管件。

图 12-1　卫生级管件

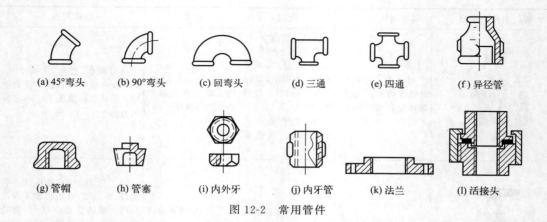

(a) 45°弯头　　(b) 90°弯头　　(c) 回弯头　　(d) 三通　　(e) 四通　　(f) 异径管

(g) 管帽　　(h) 管塞　　(i) 内外牙　　(j) 内牙管　　(k) 法兰　　(l) 活接头

图 12-2　常用管件

四、管道的连接

管道连接方法有螺纹连接、法兰连接、承插式连接和焊接连接，见图 12-3。管道连接在一般情况下首选焊接结构。此外还有卡箍连接和卡套连接等，见图 12-4 和图 12-5。卡箍连接是一种新型钢管连接方式，也叫沟槽连接件。卡箍是用两根钢丝环绕成环状的卡箍。卡箍具有造型美观、使用方便、紧箍力强、密封性能好等特点。

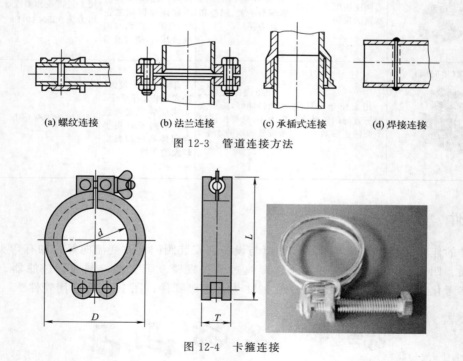

(a) 螺纹连接　　(b) 法兰连接　　(c) 承插式连接　　(d) 焊接连接

图 12-3　管道连接方法

图 12-4　卡箍连接

卡套连接是用锁紧螺帽和丝扣管件将管材压紧于管件上的连接方式。卡套式管接头由三部分组成：接头体、卡套、螺母。当卡套和螺母套在钢管上插入接头体后，旋紧螺母时，卡套前端外侧与接头体锥面贴合，内刃均匀地咬入无缝钢管，形成有效密封。

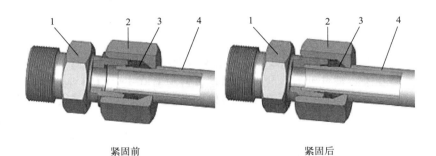

紧固前　　　　　　　　　　　　　　　紧固后

图 12-5　卡套连接示意图

1—接头体；2—螺母；3—卡套；4—管材

第三节　管道设计

一、管道布置

1. 管道布置的一般原则

在管道布置设计时，首先要统一协调工艺和非工艺管道的布置，然后按工艺管道及仪表流程图并结合设备布置、土建情况等布置管道。管道布置要统筹规划，做到安全可靠、经济合理，满足施工、操作、维修等方面的要求，并力求整齐美观。管道布置的一般原则为：

（1）管道布置不应妨碍设备、机泵及其内部构件的安装、检修和消防车辆的通行。

（2）厂区内全厂性管道的敷设，应与厂区内的装置、道路、建筑物、构筑物等协调，避免管道包围装置，减少管道与铁路、道路的交叉。对于跨越、穿越厂区内铁路和道路的管道，在其跨越段或穿越段上不得装设阀门、金属波纹管补偿器和法兰、螺纹接头等。

（3）输送介质对距离、角度、高差等有特殊要求的管道以及大直径管道的布置，应符合设备布置设计的要求。

（4）管道布置应使管道系统具有必要的柔性，同时考虑其支承点设置，利用管道自然形状达到自行补偿；在保证管道柔性及管道对设备、机泵管口作用力和力矩不超出允许值的情况下，应使管道最短，组成件最少。管道布置应做到"步步高"或"步步低"，减少气袋或液袋。不可避免时应根据操作、检修要求设置放空、放净。管道布置应减少"盲肠"。

（5）管道除与阀门、仪表、设备等需要用法兰或螺纹连接外，应采用焊接连接。当可能需要拆卸时应考虑法兰、螺纹或其他可拆卸连接。

（6）有毒介质管道应采用焊接连接，除有特殊需要外不得采用法兰或螺纹连接。有毒介质管道应有明显标志以区别于其他管道，有毒介质管道不应埋地敷设。布置腐蚀性介质、有毒介质和高压管道时，不得在人行通道上方设置阀件、法兰等，以免渗漏伤人。应避免由于法兰、螺纹和填料密封等泄漏而造成对人身和设备的危害。易泄漏部位应避免位于人行通道或机泵上方，否则应设安全防护。管道不直接位于敞开人孔或出料口上方，除非建立了适当保护措施。

（7）管道应成列或平行敷设，尽量走直线，少拐弯，少交叉。明线敷设管道尽量沿墙或柱安装，应避开门、窗、梁和设备，应避免通过电动机、仪表盘、配电盘上方。

（8）为便于安装、检修及操作，一般管道多用明线架空或地上敷设，且价格较暗线便宜；确有需要，可埋地或敷设在管沟内。

（9）管道上应适当配置活接头或法兰，以便安装、检修。管道成直角拐弯时，可用一端堵塞的三通代替，以便清理或添设支管。管道宜集中布置。地上管道应敷设在管架或管墩上。

（10）按所输送物料性质安排管道。管道应集中成排敷设，冷热管要隔开布置。在垂直排列时，热介质管在上，冷介质管在下；无腐蚀性介质管在上，有腐蚀性介质管在下；气体管在上，液体管在下；不经常检修管在上，检修频繁管在下；高温管在上，低温管在下；保温管在上，不保温管在下；金属管在上，非金属管在下。水平排列时，粗管靠墙，细管在外；低温管靠墙，热管在外，不耐热管应与热管避开；无支管的管在内，支管多的管在外；不经常检修的管在内，经常检修的管在外；高压管在内，低压管在外。输送易燃、易爆和剧毒介质的管道，不得敷设在生活间、楼梯间和走廊等处。管道通过防爆区时，墙壁应采取措施封固。蒸汽或气体管道应从主管上部引出支管。

（11）根据物料性质的不同，管道应有一定坡度。其坡度方向一般为顺介质流动方向（蒸汽管相反），坡度大小为：蒸汽管道 0.005、水管道 0.003、冷冻盐水管道 0.003、生产废水管道 0.001、蒸汽冷凝水管道 0.003、压缩空气管道 0.004、清净下水管道 0.005、一般气体与易流动液体管道 0.005、含固体结晶或黏度较大的物料管道 0.01。

（12）管道通过人行道时，离地面高度不少于 2m；通过公路时不小于 4.5m；通过工厂主要交通干道时一般应为 5m。长距离输送蒸汽的管道，在一定距离处应安装冷凝水排除装置，长距离输送液化气体的管道，在一定距离处应安装垂直向上的膨胀器。输送易燃液体或气体时，应可靠接地，防止产生静电。

2. 洁净厂房内的管道设计

在洁净厂房内，工艺管道主要包括净化水系统和物料系统等。公用工程主管线包括洁净空调、煤气管道、上水、下水、动力、空气、照明、通信、自控、气体等。一般情况下除煤气管道明装外，洁净室内管道尽量走到技术夹层、技术夹道、技术走廊或技术竖井中，从而减少污染洁净环境的机会。洁净环境中的管道布置需满足下列要求。

（1）技术夹层系统的空气净化系统管线，包括送风管道、回风管道、排气系统管道、除尘系统管道，这种系统管线特点是管径大，管道多且广，是洁净厂房技术夹层中起主导作用的管道，管道的走向直接受空调机房位置、逆回风方式、系统的划分三个因素的影响，而管道的布置是否理想又直接影响技术夹层。

（2）暗敷管道技术夹层的几种形式为：①仅顶部有技术夹层，此形式在单层厂房中较普遍；②厂房为二层洁净车间时，底层为空调机房、动力等辅助用房，则空调机房上部空间可作为上层洁净车间的下夹层，亦可将空调机房直接设于洁净车间上部；③管道竖井：生产岗位所需的管线管径较大，管线多时可集中设于管道竖井内引下，但多层及高层洁净厂房的管道竖井，至少每隔一层要用钢筋混凝土板封闭，以免发生火警时波及各层。技术走廊使用与管道竖井相同。

（3）在满足工艺要求的前提下，工艺管道应尽量缩短。管道中不应出现使输送介质滞流和不易清洁的部位。工艺管道的主管系统应设置必要的吹扫口、放净口和取样口。

（4）洁净区内应少敷设管道。工艺管道的主管宜敷设在技术夹层或技术夹道或技术竖井中。需要经常拆洗、消毒的管道采用可拆式活接头，宜明敷。易燃、易爆、有毒物料管道也宜明敷，当需要穿越技术夹层时，应采取安全密封措施。

（5）医药工业洁净厂房内的管道外表面，应采取防结露措施。

（6）空气洁净度 A 级的医药洁净室（区）不应设置地漏。空气洁净度 B 级、C 级的医药洁净室（区）应避免设置地漏。必须设置时，要求地漏材质不易腐蚀，内表面光洁，易于清洗，有密封盖，并应耐消毒灭菌。

（7）医药工业洁净厂房内应采用不易积存污物、易于清扫的卫生器具、管材、管架及附件。

（8）对于高致敏性、易感染、高药理活性或高毒性原料药，其所使用的污水管道、废弃物容器应有适当的防泄漏措施（例如双层管道、双层容器）。

（9）无菌原料药设备所连接的管道不能积存料液，要保证灭菌蒸汽的通道。

3. 管道材料、阀门和附件要求

管道、管件的材料和阀门应根据所输送物料的理化性质和使用工况选用。采用的材料和阀门应保证满足工艺要求，使用可靠，不应吸附和不污染介质，施工和维护方便。

（1）引入洁净室的明管材料一般采用不锈钢（如 316 钢和 316L 钢）。工艺物料主管不宜采用软性管道，不应采用铸铁、陶瓷、玻璃等脆性材料。如采用塑性较差的材料时，应有加固和保护措施。气体管道的管材宜采用透气性小、吸附作用小、内表面光滑、耐磨损、抗腐蚀、性能稳定、焊接处理时管材组织不发生变化的管材。液态的公用工程管道的管材一般选用 316L 不锈钢材质，另外聚丙烯（PP）、聚氯乙烯（PVC）、高密度聚乙烯（ＨＤＰＥ）等也是通常可选的材料。纯水的输送管道材料应无毒、耐腐蚀、易于消毒，一般采用内壁表面粗糙度 $0.5\mu m$ 的优质不锈钢或其他不污染纯化水的材料。

（2）工艺管道上阀门、管件和材料应与所在管道的材料相适应。

（3）洁净室内采用的阀门、管件除满足工艺要求外，应采用拆卸、清洗、检修方便的结构形式，如卡箍连接等。选用阀门也应考虑不积液原则，不宜使用普通截止阀、闸阀，宜使用清洗消毒方便的旋塞、球阀、隔膜阀、卫生蝶阀、卫生截止阀等。高纯气体管道一般选用密封性能良好的针形阀、球阀、真空阀角阀等，材质尽量考虑不锈钢。由于高颈焊接法兰安装焊接后能保持与管道内径一致，可以避免凹槽的产生导致细菌滋生，所以一般选用高颈焊接法兰。密封垫片可选用有色金属、不锈钢或聚四氟乙烯。

4. 管道的安装、保温要求

（1）工艺管道的连接一般采用焊接，不锈钢管采用内壁无痕的对接氩弧焊。管道连接时应最大限度减少焊接点，且注意不能错位焊接。公用工程的支管一般口径较小，可以采用弯管的方式替代弯头的焊接，但需注意弯管的弯曲半径不能过小，且弯管处不能出现褶皱现象。管道与阀门连接一般采用法兰、卡箍、螺纹或其他密封性能优良的连接件。凡接触物料的法兰和螺纹的密封应采用聚四氟乙烯等不易污染介质的材料。

（2）洁净室内的管道应排列整齐，尽量减少阀门、管件和管道支架的设置。管外壁均应有防锈措施。管架材料应采用不易锈蚀、表面不易脱落颗粒性物质的材料。

（3）洁净室内的管道应根据其表面温度、发热或吸热量及环境的温度和湿度确定绝热保温形式。冷保温管道的外壁温度不得低于环境的露点温度。管道保温层表面必须平整、光洁、不得有颗粒性物质脱落，并宜用不锈钢或其他金属外壳保护。

（4）各类管道不应穿越与其无关的控制区域，穿越控制区墙、楼板、顶棚的各类管道应敷设套管，套管内的管道不应有焊缝、螺丝和法兰。管道与套管之间，套管在穿越墙壁、天花板时，应有可靠的密封措施。

二、管道的支承

管道支吊架用于承受管道的重量荷载（包括自重、充水重、保温重等），阻止管道发生非预期方向的位移，控制摆动、振动或冲击。正确设置管道支吊架是一项重要的设计，支吊架选型得当，位置布置合理，不仅可使管道整齐美观，改善管系中的应力分布和端点受力

（力矩）状况，而且也可达到经济合理和运行安全的目的。

第四节　管道布置图

　　管道布置图是车间（或装置）管道安装施工中的重要依据。管道布置设计是在施工图设计阶段中进行的。管道布置设计中一般需绘制下列图：①管道布置图，用于表达车间内管道空间位置的平、立面图样；②管道轴测图，用于表达一个设备至另一个设备间的一段管道及其所附管件、阀门等具体布置情况的立体图样；③管架图，表达非标管架的零部件图样；④管件图，表达非标管件的零部件图样。

　　本节只介绍管道布置图。管道布置图又称配管图，是表达车间（或装置）内管道及其所附管件、阀门、仪表控制点等空间位置的图样。

一、管道布置图的内容

　　管道布置图含管道布置图和分区索引图。各部分内容如下所述。

1. 管道布置图

　　管道布置图一般包括以下内容：①一组视图。画出一组平、立面剖视图，表达整个车间（装置）的设备、建筑物及管道、管件、阀门、仪表控制点等的布置安装情况。②尺寸与标注。注出管道及有关管件、阀门、仪表控制点等的平面位置尺寸和标高，并标注建筑定位轴线编号、设备位号、管段序号、仪表控制点代号等。③方位标。表示管道安装的方位基准。④管口表。注写设备上各管口有关数据。⑤标题栏。注写图名、图号、设计阶段等。图12-6、图12-7为某车间设备的局部管道平面布置图和管道立面布置图。

2. 分区索引图

　　当车间（装置）范围较大，管道布置复杂，装置或主项管道布置图不能在一张图纸上完成时，管道布置图需分区绘制。这时还应同时绘制分区索引图，提供车间（装置）分区概况。

二、管道布置图的绘制步骤

1. 管道平面布置图的绘制步骤

　　①确定表达方案，视图的数量、比例和图幅后，用细实线画出厂房平面图，画法同设备布置图，标注柱网轴线编号和柱距尺寸。②用细实线画出所有设备的简单外形和所有管口，加注设备位号和名称。③用粗单实线画出所有工艺物料管道和辅助物料管道平面图，在管道上方或左方标注管段编号、规格、物料代号及其流向箭头。④用规定的符号或代号在要求的部位画出管件、管架、阀门和仪表控制点。⑤标注厂房定位轴线的分尺寸和总尺寸，设备的定位尺寸，管道定位尺寸和标高。⑥绘制管口方位图。⑦在平面图上标注说明和管口表。⑧校核审定。

2. 管道立面布置图的绘制步骤

　　①画出地平线或室内地面、各楼面和设备基础，标注其标高尺寸；②用细实线按比例画出设备简单外形及所有管口，并标注设备名称和位号；③用粗单实线画出所有主物料和辅助物料管道，并标注管段编号、规格、物料代号及流向箭头和标高；④用规定符号画出管道上的阀门和仪表控制点，标注阀门的公称直径、形式、编号和标高。

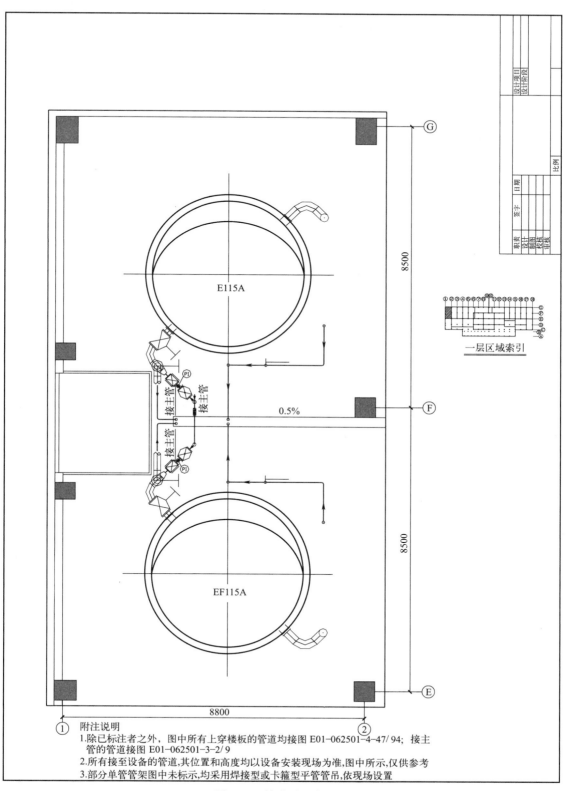

一层区域索引

E115A

EF115A

P1

接主管 接主管

接主管 接主管

P1

0.5%

8500

8500

8800

附注说明
1.除已标注者之外，图中所有上穿楼板的管道均接图 E01-062501-4-47/94；接主
　管的管道接图 E01-062501-3-2/9
2.所有接至设备的管道,其位置和高度均以设备安装现场为准,图中所示,仅供参考
3.部分单管管架图中未标示,均采用焊接型或卡箍型平管管吊,依现场设置

图 12-6　管道平面布置图

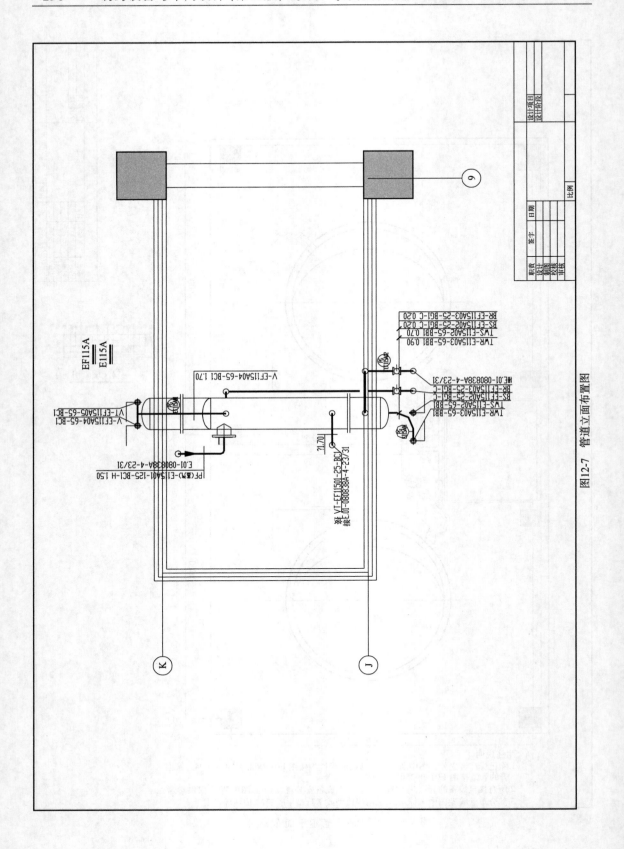

图12-7 管道立面布置图

三、管道布置图的视图

1. 图幅与比例

（1）图幅　管道布置图图幅一般采用 A0，比较简单的也可采用 A1 或 A2，同区的图应采用同一种图幅，图幅不宜加长或加宽。

（2）比例　常用比例为 1∶30，也可采用 1∶25 或 1∶50。同区或各层平面图应采用同一比例。

2. 视图的配置

管道布置图中需表达的内容通常采用平面图、立面图、剖视图、向视图、局部放大图等一组视图来表达。

平面图的配置一般应与设备布置图相同，对多层建（构）筑物按层次绘制。各层管道布置平面图是将楼板（或层顶）以下的建（构）筑物、设备、管道等全部画出。当某层的管道上、下重叠过多，布置较复杂时，可再分上、下两层分别绘制。

管道布置在平面图上不能清楚表达的部分，可采用立面剖视图或向视图补充表示。该剖视图或者轴测图可画在管道平面布置图边界线外的空白处，或者绘在单独的图纸上。一般不允许在管道平面布置图内的空白处再画小的剖视图或者轴测图。绘制剖视图时应按照比例画，可根据需要标注尺寸。轴测图可不按照比例画，但应标注尺寸。剖视图一般用符号 $A—A$、$B—B$ 等大写英文字母表示，在同一小区内符号不能重复。平面图上要表示剖切位置、方向及标号。为了表达得既简单又清楚，常采用局部剖视图和局部视图。剖切平面位置线的标注和向视图的标注方法均与机械图标注方法相同。管道布置图中各图形的下方均需注写"± 0.000 平面""$A—A$ 剖视"等字样。

3. 视图的表示方法

管道布置图应完整表达装置内管道状态，一般包含以下几部分内容：建（构）筑物的基本结构、设备图形、管道、管件、阀门、仪表控制点等的安装布置情况；尺寸与标注，注出与管道布置有关的定位尺寸、建筑物定位轴线编号、设备位号、管道组合号等；标注地面、楼面、平台面、吊车的标高；管廊应标注柱距尺寸（或坐标）及各层的顶面标高；标题栏，注出图名、图号、比例、设计阶段及签名。

4. 管道布置图上建（构）筑物应表示的内容

建筑物和构筑物应按比例根据设备布置图画出柱梁、楼板、门、窗、楼梯、吊顶、平台、安装孔、管沟、箅子板、散水坡、管廊架、围堰、通道、栏杆、爬梯和安全护圈等。生活间、辅助间、控制室、配电室等应标出名称。标出建筑物、构筑物的轴线及尺寸。标出地面、楼面、操作平台面、吊顶、吊车梁顶面的标高。按比例用细实线标出电缆托架、电缆沟、仪表电缆盒、架的宽度和走向，标出底面标高。

5. 管道布置图上设备应表示的内容

用细实线按比例以设备布置图所确定的位置画出所有设备的外形和基础，标出设备中心线和设备位号。设备位号标注在设备图形内，也可以用指引线指引标注在图形附近。

画出设备上有接管的管口和备用口，与接管无关的附件如手（人）孔、液位计、耳架和支脚等可以略去不画。但对配管有影响的手（人）孔、液位计、支脚、耳架等要画出。

吊车梁、吊杆、吊钩和起重机操作室要表示出来。

卧式设备的支撑底座需要按比例画出，并标注固定支座的位置，支座下如为混凝土基础时，应按比例画出基础的大小。

重型或超限设备的"吊装区"或"检修区"和换热器抽芯的预留空地用双点化线按比例表示。但不需标注尺寸。

6. 管道布置图上管道应表示的内容

（1）管道　管道布置图的管道应严格按工艺要求及配管间距要求，依比例绘制，所示标高准确，走向来去清楚，不能遗漏。

管道在图中采用粗实线绘制，大管径管道（$DN \geqslant 400mm$ 或 16in）一般用双线表示。绘成双线时，用中实线绘制。地下管道可画在地上管道布置图中，用虚线表示，并在管道的适当位置画箭头表示物料流向。当几套设备的管道布置完全相同时，可以只绘一套设备的管道，其余可简化并以方框表示，但在总管上绘出每套支管的接头位置。管道的连接形式，如图 12-8（a）所示，通常无特殊必要，图中不必表示管道连接形式，只需在有关资料中加以说明即可，若管道只画其中一段时，则应在管道中断处画上断裂符号，如图 12-8（b）所示。

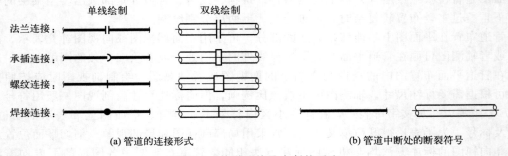

(a) 管道的连接形式　　　　　　　　　　(b) 管道中断处的断裂符号

图 12-8　管道连接及中断的画法

管道转折的表示方法如图 12-9 所示。管道向下转折 90° 角的画法见图 12-9（a），单线绘制的管道，在投影有重影处画一细线圆，在另一视图上画出转折的小圆角，如公称通径 $DN \leqslant 50mm$ 或 2in 管道，则一律画成直角。管道向上转折 90° 的画法见图 12-9（b）、（c）。双线绘制的管道，在重影处可画一"新月形"剖面符号（也可只画"新月形"，不画剖面符号）。大于 90° 角转折的管道画法见图 12-9（d）。

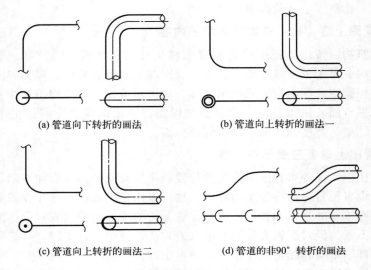

(a) 管道向下转折的画法　　　　　　(b) 管道向上转折的画法一

(c) 管道向上转折的画法二　　　　　(d) 管道的非90° 转折的画法

图 12-9　管道转折的画法

管道交叉画法见图 12-10，当管道交叉投影重合时，其画法可以把下面被遮盖部分的投影断开，如图 12-10（a）所示，也可以将上面管道的投影断裂表示，见图 12-10（b）。

(a) 管道交叉投影重合画法之一　　　　　　(b) 管道交叉投影重合画法之二

图 12-10　管道交叉的画法

在管道布置中，当管道有三通等引出分支管时，画法如图 12-11 所示。不同管径的管道连接时，一般采用同心或偏心异径管接头，画法如图 12-11 所示。此外，管道内物料的流向必须在图中画上箭头予以表示，对用双线表示的管道，其箭头画在中心线上，用单线表示的管道，箭头直接画在管道上，如图 12-11 所示。

（2）**管件、阀门、仪表控制点**　管道上的管件（如弯头、三通异径管、法兰、盲板等）和阀门通常在管道布置图中用简单的图形和符号以细实线画出，其规定符号见相应图例，阀门与管件须另绘结构图。特殊管件如：消声器、爆破片、洗眼器、分析设备等在管道布置图中允许作适当简化，即用矩形（或圆形）细线表示该件所占位置，注明标准号或特殊件编号。管道上的仪表控制点用细实线按规定符号画出。画在能清晰表达其安装位置的视图上。

（3）**管道支架**　管道支架是用来支承和固定管道的，其位置一般在管道布置图的平面图中用符号表示，如图 12-12 所示。

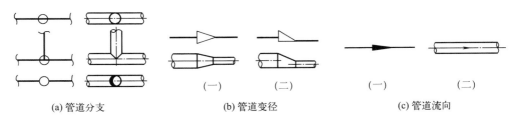

(a) 管道分支　　　　　　　(b) 管道变径　　　　　　　(c) 管道流向

图 12-11　管道分支、管道变径、管道流向的画法

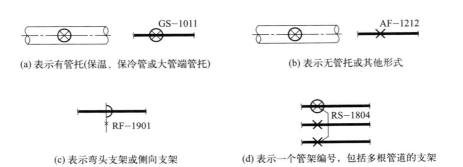

(a) 表示有管托(保温、保冷管或大管端管托)　　　　(b) 表示无管托或其他形式

(c) 表示弯头支架或侧向支架　　　　(d) 表示一个管架编号，包括多根管道的支架

图 12-12　管道布置中管道支架的图示方法

四、管道布置图的标注

管道布置图上应标注尺寸、位号、代号、编号等内容。

1. 建（构）筑物

在图中应注出建筑物定位轴线的编号和各定位轴线的间距尺寸及地面、楼面、平台面、梁顶面及吊车等的标高，标注方式均与设备布置图相同。

2. 设备和管口表

（1）设备　设备是管道布置的主要定位基准，设备在图中要标注位号，其位号应与工艺管道仪表流程图和设备布置图上的一致，注在设备图形近侧或设备图形内，如图 12-6 和图 12-7 所示，也可注在设备中心线上方，而在设备中心线下方标注主轴中心线的标高（$\phi +$×.××）或支承点的标高（POS＋×.××）。在图中还应注出设备的定位尺寸，并用 5mm×5mm 方块标注与设备图一致的管口符号，以及由设备中心至管口端面距离的管口定位尺寸，如图 12-13 所示（如若填写在管口表上，则图中可不标注）。

（2）管口表　管口表在管道布置图的右上角，表中填写该管道布置图中的设备管口。

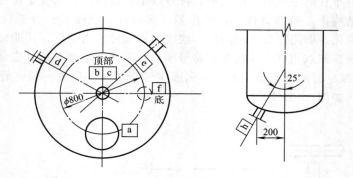

图 12-13　设备管口方位标注示例

3. 管道

在管道布置图中应注出所有管道的定位尺寸、标高及管段编号。

（1）管段编号　一段管道的管段编号要和带控制点的工艺流程图中的管段编号一致。一般管道编号全部标注在管道上方，也可分两部分分别标注在管道的上下方（图 12-14）。物料在两条投影相重合的平线管道中流动时，可标注为图 12-15 所示的形式。

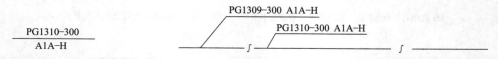

图 12-14　管道管段编号的标注方法　　图 12-15　物料在两条投影相重合的平线管道中流动的表示方法

（2）定位尺寸和标高　管道布置图以平面图为主，标注所有管道的定位尺寸及安装标高。如绘制立面剖视图，则管道所有的安装标高应在立面剖视图上表示。与设备布置图相同，图中标高的坐标以 m 为单位，小数点后取三位数；其余尺寸如定位尺寸以 mm 为单位，只注数字，不注单位。

在标注管道定位尺寸时，通常以设备中心线、设备管口中心线、建筑定位轴线、墙面等为基准进行标注。与设备管口相连直接管段，因可用设备管口确定该段管道的位置，故不需要再标注定位尺寸。

管道安装标高以室内地面标高 0.000m 或 EL100.000m 为基准。管道按管底外表面标注安装高度，其标注形式为"BOP EL ××.××"，如按管中心线标注安装高度则为"EL ××.××"。标高通常注在平面图管线的下方或右方，如图 12-16 所示，管线的上方或左方则标注与工艺管道仪表流程图一致的管段编号，写不下时可用指引线引至图纸空白处标注，也可将几条管线一起引出标注，此时管道与相应标注都要用数字分别进行编号，如图 12-16 所示。

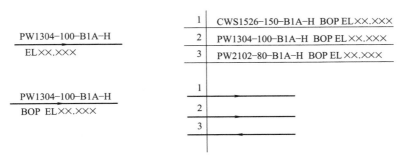

图 12-16　管道高度的标注方法

4. 管件、阀门、仪表控制点

管道布置图中管件、阀门、仪表控制点按规定符号画出后，一般不再标注，对某些有特殊要求的管件、阀门、法兰，应标注某些尺寸、型号或说明。

5. 管架

所有管架在管道平面布置图中应标注管架编号。管架编号由五个部分组成：

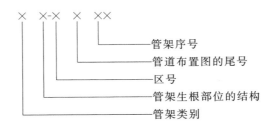

 思考题

1. 管道的公称直径的定义是什么，常见的公称直径单位有几种表示方法，如何换算？
2. 管线标注 PG1310-300A1A-H 的含义是什么？
3. 管道设计中的一个重要内容是阀门的布置，截止阀的安装有什么注意事项？
4. 卫生级管件有哪些具体产品？各有什么特点，适用于哪些场合？

第十三章
洁净车间净化空调系统设计

 学习目标：

　　通过本章的学习，熟悉对洁净厂房设施与操作环境的要求，掌握净化空调系统空气处理的气流组织与设计方法，了解空气洁净技术在制药过程中的应用。

第一节　医药工业洁净厂房

　　实施 GMP 的目的是在药品的制造过程中防止药品的混批、混杂、污染及交叉污染，它涉及药品生产的每一个环节，空气净化系统是其中的一个重要环节。医药工业空气净化系统的主要任务是控制室内悬浮微粒及微生物对生产的污染，以及防止交叉污染。医药工业洁净厂房环境控制的主要目的是防止污染或交叉污染，并为操作者提供舒适的操作环境。

一、对设施的要求

　　洁净区的厂房应设有必要的空调、通风、净化、防蚊蝇、防虫鼠、防异物混入等设施。

二、对环境控制的要求

1. 对洁净度的要求

　　医药工业洁净厂房应当根据产品特性、工艺和设备等因素，确定无菌药品生产用洁净区级别。每一步生产操作的环境都应当达到适当的动态洁净度标准，尽可能降低产品或所处理的物料被微粒或微生物污染的风险。根据我国 2010 版 GMP 的规定，无菌药品生产所需洁净区可分为 A 级、B 级、C 级和 D 级四个级别，各级别空气悬浮粒子的标准规定见表 13-1。

表 13-1　洁净区空气洁净度级别

洁净度级别	悬浮粒子最大允许数/m³			
	静态		动态	
	$\geq 0.5\mu m$	$\geq 5\mu m$	$\geq 0.5\mu m$	$\geq 5\mu m$
A 级	3520	20	3520	20
B 级	3520	29	352000	2900
C 级	352000	2900	3520000	29000
D 级	3520000	29000	不作规定	不作规定

（1）为了确定 A 级洁净区的级别，每个采样点的采样量不得少于 $1m^3$。A 级洁净区空气悬浮粒子的级别为 ISO 4.8，以 $\geqslant 5.0\mu m$ 的悬浮粒子为限度标准。B 级洁净区（静态）的空气悬浮粒子的级别为 ISO 5，同时包括表中两种粒径的悬浮粒子。对于 C 级洁净区（静态和动态）而言，空气悬浮粒子的级别分别为 ISO 7 和 ISO 8。对于 D 级洁净区（静态）空气悬浮粒子的级别为 ISO 8。测试方法可参照 ISO14644-1。

（2）在确认级别时，应当使用采样管较短的便携式尘埃粒子计数器，避免 $\geqslant 5.0\mu m$ 悬浮粒子在远程采样系统的长采样管中沉降。在单向流系统中，应当采用等动力学的取样头。

（3）动态测试可在常规操作、培养基模拟灌装过程中进行，证明达到动态的洁净度级别，但培养基模拟灌装试验要求在"最差状况"下进行动态测试。

此外，我国 2010 版 GMP 还对洁净区的微生物水平作了要求（表 13-2）。

表 13-2　洁净区微生物监测动态标准

洁净度级别	浮游菌 /(cfu/m³)	沉降菌(φ90mm) /(cfu/4h)	表面微生物	
			接触(φ55mm) /(cfu/碟)	5 指手套 /(cfu/手套)
A 级	<1	<1	<1	<1
B 级	10	5	5	5
C 级	100	50	25	—
D 级	200	100	50	—

注：1. 表中各数值均为平均值；
　　2. 单个沉降碟的暴露时间可以少于 4h，同一位置可使用多个沉降碟连续进行监测并累积计数。

2. 对压差的要求

压差控制是维持洁净室洁净度等级、减少外部污染、防止交叉污染的最重要、最有效的手段。洁净室内一般应保持正压，但当洁净室内工艺生产或活动使得室内空气内含高危险性的物质，如青霉素等高致敏性药物，高传染性高危险的病毒、细菌等，洁净室压差需保持相对负压。洁净室静压差具有如下作用：

（1）洁净室门窗关闭时，防止周围环境的污染由门窗缝隙渗入洁净室内。

（2）洁净室门窗开启时，保证足够的气流速度，尽量减少门窗开启和人员进入时瞬时进入洁净室的气流，保证气流方向，以便把进入的污染减小到最低程度。我国 2010 版 GMP 要求"洁净区与非洁净区之间、不同级别洁净区之间的压差应当不低于 10Pa，必要时，相同洁净度级别的不同功能区域（操作间）之间也应当保持适当的压差梯度"。因此，在医药工业洁净室的设计过程中，广泛采用 10~15Pa 的设计压差。关键工艺性房间与相邻同级别房间、不同级别相邻房间之间应设置压差表或压差传感器，压差值应被记录，并设置报警系统。

3. 对温湿度的要求

洁净区的温度和相对湿度应与药品生产工艺相适应，满足产品和工艺的要求，并满足人体舒适的要求。除有特殊要求外，A 级、B 级、C 级洁净区温度一般应为 20~24℃，相对湿度一般应为 45%~60%；D 级洁净区温度一般应为 18~26℃，相对湿度一般应为 45%~65%。生产工艺对温度和/或相对湿度有特殊要求时，应根据工艺要求确定。

4. 对新风量的要求

医药工业洁净区内应提供一定的新鲜空气量，应取下列最大值：①补偿室内排风和保持正压所需的新鲜空气量;②保证人员舒适性,新鲜空气量应大于 $40m^3/$(人·h)。

5. 对照度的要求

医药工业洁净区应根据生产要求提供足够的照度,足够的照度是保证生产有序进行的必要条件,但也需考虑到节能,合理设计。主要工作室一般照明的照度值宜为 300lx,辅助工作室、走廊、气锁室、人员净化和物料净化用室的照度值不宜低于 200lx。

6. 对噪声的要求

非单向流医药洁净区的噪声级(空态)不应大于 60dB(A),单向流和混合流医药洁净区的噪声级(空态)不应大于 65dB(A)。

第二节　净化空调系统的空气处理

送入洁净室的空气不但有洁净度的要求,还要有温度和湿度的要求,所以除了对空气过滤净化外,还需加热或冷却、加湿或去湿等各种处理,这套服务于净化区的空气处理系统称为净化空调系统。

一、空气过滤器

洁净室内的污染源为内部污染源和外部污染源。常用空调净化用过滤器按国内规范分为粗效过滤器、中效过滤器、高中效过滤器、亚高效过滤器和高效过滤器五类,见表 13-3。

表 13-3　空气过滤器的分类(国内标准)

类别	额定风量下的效率/%	额定风量下的初阻力/Pa	备注
粗效	人工尘计重效率≥10 粒径≥$2\mu m$ $\eta \geq 20$	≤50	除注明外,效率为大气尘计数效率
中效	粒径≥$0.5\mu m$ $20 \leq \eta < 70$	≤80	
高中效	粒径≥$0.5\mu m$ $70 \leq \eta < 95$	≤100	
亚高效	粒径≥$0.5\mu m$ $95 \leq \eta < 99.9$	≤120	
高效 A 类	粒径≥$0.5\mu m$ $99.9 \leq \eta < 99.99$	≤190	A、B、C 类效率为钠焰法效率;D、E、F 类效率为计数效率;D、E、F 类出厂要检漏
高效 B 类	粒径≥$0.5\mu m$ $99.99 \leq \eta < 99.999$	≤220	
高效 C 类	粒径≥$0.5\mu m$ $H \leq 99.999$	≤250	
高效 D 类	粒径≥$0.1\mu m$ $99.999 \leq \eta < 99.9999$	≤250	
高效 E 类	粒径≥$0.1\mu m$ $99.9999 \leq \eta < 99.99999$	≤250	
高效 F 类	粒径≥$0.1\mu m$ $\eta \geq 99.99999$	≤250	

空气净化处理中常采用粗效、中效、高效空气过滤器三级过滤。粗效过滤器布置在新风入口处，或空调机组入口处，主要过滤≥$5\mu m$的大颗粒；中效过滤器集中布置在空气处理机组的正压段，主要提供对末端高效过滤器的保护；高效过滤器设置在净化空调系统的末端送风口内，安装高效过滤器的风口一般称为高效过滤风口。

1. 粗效过滤器

粗效过滤器也称初效过滤器，主要用作对大于$5\mu m$的大颗粒尘埃的控制，主要靠惯性作用和碰撞作用，滤速可达$1.2m/s$。其滤材一般采用易于清洗更换的粗中孔泡沫塑料或涤纶无纺布（无纺布是不经过织机，而用针刺法、簇绒法等把纤维交织成织物，或用黏合剂使纤维黏合在一起而成）等化纤材料，形状有平板式、抽屉式、自动卷绕人字式、袋式。近年来滤材用无纺布较多，渐渐代替泡沫塑料。其优点是：无味道、容量大、阻力小、滤材均匀、便于清洗，不像泡沫塑料那样易老化，成本也下降。

2. 中效过滤器

中效及高中效过滤器一般放在高效过滤器之前和风机之后，用于对末级高效过滤器的预过滤保护，延长高效过滤器使用寿命。主要过滤对象是$1\sim10\mu m$的尘粒。滤材一般采用中细孔泡沫塑料、涤纶无纺布、玻璃纤维等，形状常做成袋式（图 13-1）、平板式、抽屉式。

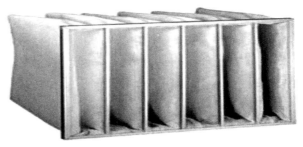

图 13-1　袋式中效过滤器

3. 亚高效过滤器

亚高效过滤器用作终端过滤器或作为高效过滤器的预过滤，主要对象是$5\mu m$以下尘粒，滤材一般为玻璃纤维滤纸、棉短绒纤维滤纸等制品。

4. 高效过滤器

高效过滤器作为送风及排风处理的终端过滤，主要过滤小于$1\mu m$的尘粒。一般放在通风系统的末端，即室内送风口上，滤材用超细玻璃纤维纸或超细石棉纤维滤纸，其特点是效率高，阻力大，不能再生。高效过滤器一般能用$1\sim5$年。高效过滤器对细菌等微生物的过滤效率基本上是100%，通过高效过滤器的空气可视为无菌。为提高对微小尘粒的捕集效果，需采用较低的滤速，以cm/s计，故滤材需多层折叠，使其过滤面积为过滤器截面积的$50\sim60$倍。高效过滤器分为有隔板和无隔板两种形式（图 13-2），为高效过滤器的基本形状。

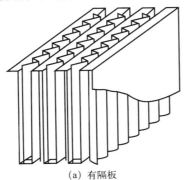
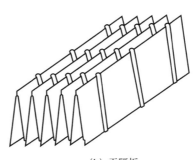

(a) 有隔板　　　　　　　　　　(b) 无隔板

图 13-2　高效过滤器

二、空气处理系统

制药净化空调系统一般采用全空气系统，按照回风方式可分为一次/二次回风系统、全新风系统、全循环系统等形式。这里只介绍两个系统。

1. 一次回风系统

一次回风系统是最为常见的空气处理形式。图 13-3 所示为一次回风系统及其夏季的空气处理过程，室外新风和室内回风直接混合，经过表冷、加热、加湿等处理送入室内。

图中 W 表示室外新风，N 表示室内回风，C 为混合点，L 为机器露点，O 为送风点。新风出口处一般设置防虫滤网和/或可清洗式粗效过滤器，机组内设置粗、中效过滤器，其中中效过滤器设置在风机正压段，送风末端设置高效过滤器。一般室内回风口设置尼龙过滤网或粗效滤网。

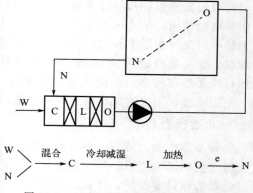

图 13-3　一次回风系统及夏季处理过程

2. 全新风系统

对于制药行业的部分产品的生产车间，基于工艺的考虑无法利用回风，如青霉素类等高致敏性产品的生产车间、疫苗生产车间、高毒性产品如抗癌药等的生产车间、有特殊气味的生产车间等需要采用全新风的空气处理系统。全新风系统也称为直流式系统（图 13-4）。

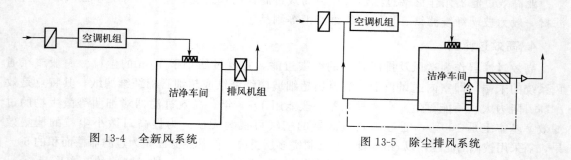

图 13-4　全新风系统　　　　　　　图 13-5　除尘排风系统

三、排风系统

制药行业洁净厂房内设置的排风系统，按照其作用可分为热湿排风、除尘排风和消毒排风等多种形式。

1. 热湿排风

当房间有大量的热湿负荷时，一般房间设置排风系统，以排除热湿，减小空调系统负荷，如清洗间、灭菌间、有较大散热量的工艺房间等。热湿排风可以是整个房间全部排风，不利用回风，也可以设置部分排风，主要取决于热湿负荷的位置和负荷量。

2. 除尘排风

对于散发大量粉尘的房间应设置除尘排风，如固体制剂的粉碎、过筛、制粒、干燥、整粒、混粉、压片等房间，中药材的筛选、切片、粉碎等房间，物料的称量间、取样间、轧盖间等（图 13-5）。

3. 消毒排风

对于设置臭氧消毒、甲醛消毒、汽化过氧化氢（VHP）消毒等空气消毒的空气处理系统，消毒后一般需要将室内残留的较高浓度的臭氧、甲醛、过氧化氢等排出室外，因此需要设置消毒排风系统。

四、空气消毒系统

实际生产时，由于机器的运行、人流、物流、建筑围护结构表面尘粒等原因，均会引起微生物的滋生（其中人员的污染是最主要的原因），这样洁净区内空气必须进行消毒处理。目前制药行业对洁净室采用较普遍的消毒灭菌方法归纳起来有以下几种：紫外线消毒、化学熏蒸消毒、臭氧消毒、汽化过氧化氢消毒。

五、洁净区气流组织

为了特定目的而在室内造成一定的空气流动状态与分布，通常叫作气流组织。一般来说，空气自送风口进入房间后首先形成射入气流，流向房间回风口的是回流气流，在房间内局部空间回旋的则是涡流气流。为了使工作区获得低而均匀的含尘浓度，洁净室内组织气流的基本原则是最大限度地减少涡流；使射入气流经过最短流程尽快覆盖工作区，希望气流方向能与尘埃的重力沉降方向一致；使回流气流有效地将室内灰尘排出室外。洁净区的气流组织分单向流和非单向流两种。

1. 单向流洁净室

单向流洁净室以往称为层流洁净室。由于室内气流并非严格的层流，因此现在改称单向流洁净室。单向流是指沿单一方向呈平行流线并且横断面上风速一定的气流。单向流洁净室按气流方向又可分为垂直单向流和水平单向流两大类。

垂直单向流多用于灌封点局部保护和单向流工作台。图 13-6 为典型垂直单向流洁净室示意图，图 13-7 为典型水平单向流洁净室示意图。

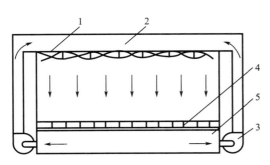

图 13-6　典型垂直单向流洁净室
1—顶棚满布高效过滤器；2—送风静压箱；3—循环风机；
4—格栅池板及中效过滤器；5—回风静压箱

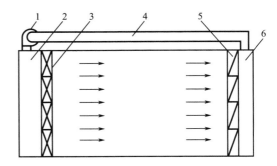

图 13-7　典型水平单向流洁净室
1—循环风机；2—送风静压箱；3—高效过滤器；
4—循环风道；5—中效过滤器；6—回风静压箱

2. 非单向流洁净室

凡不符合单向流定义的气流为非单向流。习惯上非单向流洁净室也称为乱流洁净室。乱流洁净室的作用原理是将含尘浓度水平较低的洁净空气从送风口送入洁净室，迅速向四周扩散、混合，同时把房间空气从回风口排走，用洁净空气稀释室内含尘浓度水平较高的空气，直至达到平衡。简而言之，乱流洁净室的原理就是稀释作用（图 13-8），而单向流洁净室的原理是活塞（置换）作用。

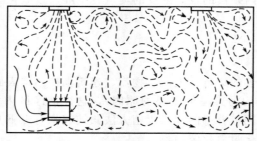

图 13-8　乱流洁净室原理

3. 局部净化

为降低造价和运转费，在满足工艺条件下应尽量采用局部净化。最为常见的是在 B 级或 C 级的背景环境中实现 A 级。图 13-9 所示单向流和非单向流组合气流，也称为混合流。

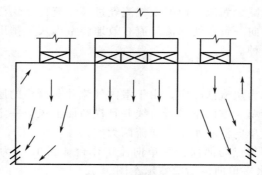

图 13-9　局部净化

4. 隔离器及 RABS

隔离器在制药工业中主要用于药品无菌生产过程控制及生物学实验。在制药工业中的应用，不仅满足了对产品质量改进的需要，同时也能保护操作者免受在生产过程中有害物质和有毒物质带来的伤害，降低了制药工业的运行成本。

隔离器采用物理屏障的手段将受控空间与外部环境相互隔绝，在内部提供一个高度洁净、持续有效的操作空间。它能最大限度降低微生物、各种微粒和热原的污染，实现无菌制剂生产全过程以及无菌原料药的灭菌和无菌生产过程的无菌控制。隔离器的高度密闭性可降低周边环境的洁净度要求，最低可至 D 级。但隔离器的采购成本较高。

RABS（restricted access barrier system）是一种介于传统洁净室和隔离器之间的技术，与隔离器相比，其要求较低，形式也更多。RABS 可分为被动型、主动型和封闭型等形式（图 13-10）。RABS 的特点是单向流、屏障、可干预，被认为是目前"先进的无菌隔离装置"。图中，HEPA 是高效空气过滤器，HVAC 是供热通风与空气调节系统，SIP 是在线灭菌。

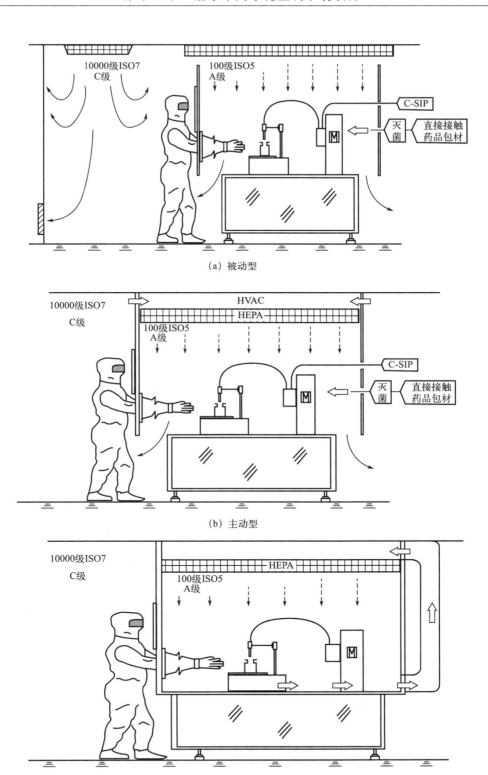

(a) 被动型

(b) 主动型

(c) 封闭型

图 13-10　不同类型的 RABS

第三节　空气洁净技术的应用

一、片剂生产

片剂生产车间的空调系统除要满足厂房的净化要求和温湿度要求外，重要的一条就是要对生产区的粉尘进行有效控制，防止粉尘通过空气系统发生混药或交叉污染。

片剂产品属于非无菌制剂，洁净度级别为 D 级。除了满足厂房洁净和温湿度要求，并在车间工艺布局、工艺设备选型、厂房、操作和管理上采取一系列措施外，对空气净化系统要做到：在产尘点和产尘区设隔离罩和除尘设备；控制室内压力，产生粉尘的房间应保持相对负压；合理的气流组织；对多品换批生产的片剂车间，产生粉尘的房间不采用循环风。最重要的一条就是要有效控制生产区的粉尘，防止粉尘通过空气系统发生混药或交叉污染。

在称量、混合、过筛、整粒、压片、胶囊填充、粉剂灌装等各工序中，最易发生粉尘飞扬扩散，特别是通过洁净空调系统发生混药或交叉污染。对于有强毒性、刺激性、过敏性的粉尘，问题就更严重，因此，粉尘控制和清除就成为片剂生产需要解决的重要问题。粉尘控制和清除采用的措施为物理隔离、就地排除、压差隔离和全新风全排等。

1. 物理隔离

为了防止粉尘飞扬扩散，最好是把尘源用物理屏障加以隔离，不应等到粉尘已扩散到全房间再去通风稀释。物理隔离也适用于对尘源无法实现局部排尘的场合。例如，尘源设备形状特殊，排尘吸气罩无法安装，只能在较大范围内进行物理隔离，具体分类可见图 13-11。

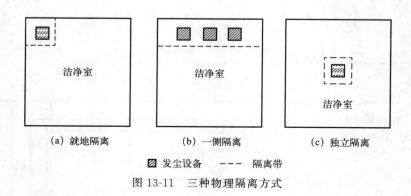

洁净室	洁净室	洁净室
(a) 就地隔离	(b) 一侧隔离	(c) 独立隔离

▨ 发尘设备　---　隔离带

图 13-11　三种物理隔离方式

采取物理隔离措施以后，主要有三种空气净化方案。

（1）被隔离的生产工序对空气洁净度有相当要求　这种情况下可给隔离区内送洁净风，达到一定洁净度级别。在隔离区门口设缓冲室，缓冲室与隔离区内保持同一洁净度级别而使其压力高于隔离区和外面的车间。也可以把缓冲室设计成"负压陷阱"，即其压力低于两边房间。但此时由于人员进出可能将压入缓冲室的内室空气裹带了一些出来，如果不仅考虑尘的浓度还要考虑尘的性质的影响，则后一种方式不如前述的那种方式。

（2）被隔离的生产工序对空气洁净度要求不高　这种情况下可在隔离区内设独立排风，使隔离区外车间内的空气经过物理屏障上的风口进入隔离区。如果发尘量不大则不必开风口，通过缝隙或百叶进风就可以了。

（3）隔离区需要很大的排风量　这种情况下，这部分排风如完全来自外面的车间，将增加整个系统的冷、热负荷和净化负荷。在这种情况下可以把隔离区内的排风经过除尘过滤后再送回隔离区，即形成自循环。但为了使隔离区略呈负压，在经过除尘过滤后的回风管段上开一旁通支管排到室外或车间内。如图 13-12 所示。

2. 就地排除

物理隔离也需要排除含尘空气，但就地排除措施的除尘则是因为有些工序如果隔离起来会对操作带来不便，或者尘源本身容易在局部位置层积。就地排除措施，即安装外部吸气罩。由于外部吸气罩一般都安装在尘源的上部或侧面，其尺寸和安装位置应按图 13-13 所示。为了避免横向气流影响，罩口离尘源不要太高，其高度 H 尽可能小于或等于 $0.3A$（罩口长边尺寸），外部吸气罩的排风量计算详见相关通风设计手册。

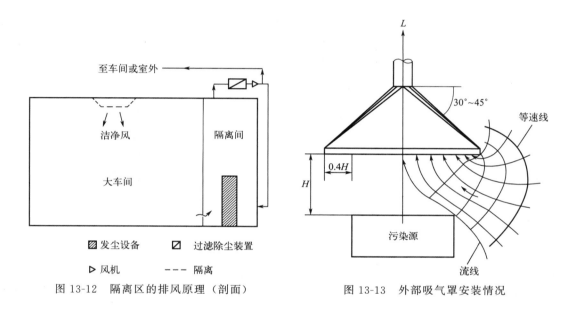

图 13-12　隔离区的排风原理（剖面）　　　图 13-13　外部吸气罩安装情况

3. 压差隔离

对于不便于设置物理隔离、局部设置吸气罩的车间，或者虽然可以在局部设置吸气罩，但要求较高，还需进一步确保扩散到车间内的污染不会再向车间外面扩散，这就要靠车间内外的压力差来控制区域气流的流动，分以下两种情况。

（1）粉尘量少或没有特别强的药性的药品　平面设计可按图 13-14 中的（a）或（b）这两种形式考虑。图 13-14（a）的前室为缓冲室，而通道边门和操作室边门不同时开启，使操作室 A 的空气不会流向通道和操作室 B（或相反）。图 13-14（b）的操作室 A、B 的粉尘向通道流出，相互无影响。通道污染空气不会流入操作室，但容易污染通道。

（2）粉尘量多或有特别强的药性的药品　平面可设计如图 13-14 中的（c）或（d）这两种形式。图 13-14（c）的操作室和通道中出来的粉尘，在前室中排除，不进入通道。图 13-14（d）通道作为洁净通道，应使通道压力增大，操作室粉尘不能流向通道。由于通道的空气有时会进入操作室，因此，有必要将通道的洁净度级别与操作室设计一致甚至更高。

4. 全新风全排

对于多品种换批生产的固体制剂车间，为了防止交叉污染，应采用全新风而不能用循环

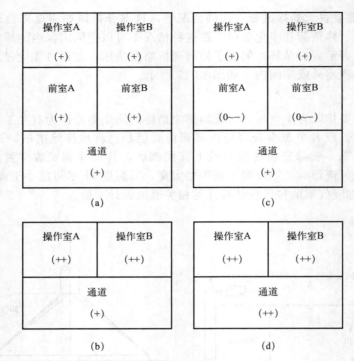

图 13-14　压差控制的平面设计

风，目的是尽可能减少新风用量。

二、水针剂生产

水针剂生产分为最终灭菌产品和非最终灭菌产品（图 13-15），主要生产工序对洁净度有不同要求。净化系统可使用水针洗灌封联动机的空气净化装置或选用 U 形布置的水针流水线。针剂属于无菌药品，在灌封口要求局部 A 级措施。实现局部 A 级有 5 种方式：大系统敞开式、小系统敞开式、层流罩敞开式、阻漏层送风末端和小室封闭式。

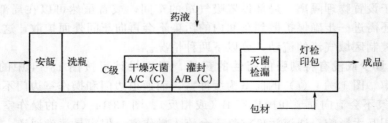

图 13-15　水针剂工艺示意（括号内为可灭菌水针剂）

1. 大系统敞开式

洁净车间中设置敞开式局部 A 级区，并将局部 A 级的送回风都纳入大系统中（图 13-16）。优点是噪声很小，不需要单独设机房。但由于局部 A 级风量大，使这种房间不是过冷就是过热。这种车间生产工序的产品往往具有特

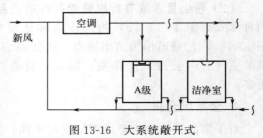

图 13-16　大系统敞开式

殊性（例如强的致敏性），所以纳入大系统并不合适。若一定要这样做，最好使局部 A 级靠近机房，以便缩短大管径送回风管的长度。

2. 小系统敞开式

使该局部 A 级送回风自成独立系统，这是常用的一种方法，可以解决风机压头、风量不匹配问题，但噪声可能仍较大。可以将风机放入回风夹层中，在回风夹层中和送风管段中考虑消声吸声措施（图 13-17）。

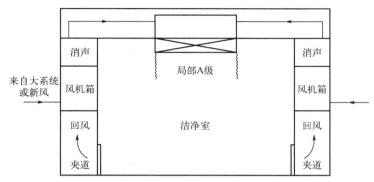

图 13-17　小系统敞开式

3. 层流罩敞开式

可将上侧回风口封死，在贴顶棚安装的层流罩顶部另开回风口（图 13-18）。回风口连接管道引向房间侧墙，在侧墙做回风夹层，从下部开回风口，由于只能单侧回，房间不能太宽。

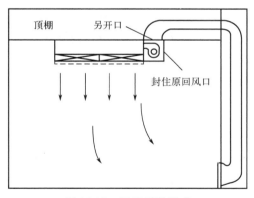

图 13-18　层流罩敞开式

4. 阻漏层送风末端

阻漏层送风末端即阻漏层送风口，它是最新的研究成果和产品，具有减小层高，阻止漏泄，对乱流可扩大主流区，风机和过滤器与风口分离，方便安装和维修等特点，凡用层流罩的地方均可用它代替。除阻漏层送风末端外，还有近似于层流罩的 FFU 末端方式。

5. 小室封闭式

如图 13-19 所示，灌封机被置于单向流洁净小室内，小室可以是刚性或柔性围护结构。

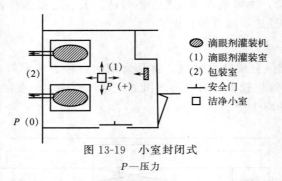

图 13-19　小室封闭式

P—压力

　　洁净空调系统必须得到验证，应在设计阶段认真进行设计和审图，尽量将返工改造降至最低，以利于顺利通过测试和验证。整个制药厂房洁净室系统组成包括：①建筑结构（室内装修含彩钢板围护、自流平地坪等）；②净化空调系统；③排风除尘系统；④公用动力系统；⑤制药工艺设备及工艺管道系统；⑥电气照明系统；⑦通信消防安全设施系统；⑧环境控制设施系统。

　　保证药品质量的重要环节是生产方法，其优劣取决于选用的生产技术和生产环境。生产环境是个动态的概念，它是环境控制的各项措施综合作用的结果。其中，药厂建筑设计与装修，空调净化系统的设计、运行与维护具有重要地位。

 思考题

1. 2010 版 GMP 和 1998 版 GMP 在洁净级别的定义上有哪些不同？
2. 不同洁净级别的洁净室的气流组织形式有何异同，为什么？
3. 粗效、中效和高效过滤器分别在空气净化中起到什么样的作用？
4. 单向流洁净室的气流形式有何特点，如何实现单向流？

第十四章

非工艺设计项目

 学习目标：

通过本章的学习，掌握工业厂房结构分类和基本组件，了解土建设计条件，掌握劳动安全中的生产火灾危险性分类和厂房耐火等级设计内容，树立制药仓库布置是制药生产重要组成部分的理念，掌握工程经济的计算方法。

第一节　建筑设计概论

一、工业厂房结构分类和基本组件

工业建筑是指用以从事工业生产的各种房屋，一般称为厂房。

1. 厂房的结构组成

在厂房建筑中，支承各种荷载的构件所组成的骨架，通常称为结构。各种结构建筑物都是由地基、基础、墙、柱、梁、屋顶、楼板、隔墙、楼梯、门、窗等组成。

（1）**地基**　地基是建筑物的地下土壤部分，它支承建筑物的全部重量。①地基的承载力。地基必须具有足够的强度（承载力）和稳定性，以保证建筑物的正常使用和耐久性。若土壤具有足够的强度和稳定性，可直接砌置建筑物的地基称为天然地基；反之，需经人工加固后的土壤称为人工地基。②土壤的冻胀性能。在0℃以下，土壤中水分在一定深度内会冻结，其深度称为土壤的冻结深度。由于水的冻胀和融缩作用，会使建筑物的各个部分产生不均匀的拱起和沉降，使建筑物遭受破坏。所以在大多数情况下，应将基础埋置在最大冻结深度以下。③地下水位是从地面到地下水水面的深度。地下水对地基强度和土的冻胀具有影响，若水中含有酸、碱等侵蚀性物质，建筑物位于地下水中的部分要采取相应的防腐蚀措施。

（2）**基础**　将建筑物与土壤直接接触的部分称为基础，基础承担着厂房结构的全部重量，并将其传到地基中去，起着承上传下的作用。为防止土壤冻结膨胀对建筑的影响，基础底面应位于冻结深度以下10~20cm。基础的形式分为：①条形基础；②杯形基础，它是一般单层和多层工业厂房常用的基础形式；③基础梁，当厂房用钢筋混凝土柱作承重骨架时，外墙或内墙的基础一般用基础梁代替，墙的重量直接由基础梁承担并传到基础上。

（3）**墙**

① 承重墙　它是承受屋顶、楼板和设备等上部的载荷并传递给基础的墙。一般承重墙

的厚度是 240mm、370mm、490mm 等几种。墙的厚度主要满足强度要求和保温条件。

② 填充墙　工业建筑的外墙多为此种墙体，它只起围护、保温和隔声作用，仅承受自重和风力的影响。常用空心砖或轻质混凝土等轻质材料作填充墙，并与柱直接相连接。

③ 防火隔墙和防火墙　防火隔墙是建筑内防止火灾蔓延至相邻区域、相邻建筑或相邻水平防火分区且耐火极限不低于规定要求 3h 的不燃性墙体。防火墙应直接设置在建筑的基础或框架、梁等承重结构上，应从楼地面基层隔断至梁、楼板或屋面板的底面基层。当高层厂房（仓库）屋顶承重结构和屋面板的耐火极限低于 1h，其他建筑屋顶承重结构和屋面板的耐火极限低于 0.5h 时，防火墙应高出屋面 0.5m 以上。

④ 防爆墙　它是具有抗爆炸冲击波能力、能将爆炸的破坏作用限制在一定范围内的墙。通常防爆墙为：钢筋混凝土墙、纤维水泥复合钢板墙和砖墙配筋墙。防爆墙的设计应根据生产部位可能产生的爆炸超压值、泄压面积大小、爆炸的概率，结合工艺和建筑中采取的其他防爆措施与建造成本等情况综合考虑。常用 370mm 厚砖墙、钢筋混凝土墙、轻质防爆墙。在防爆墙上不允许任意开设门、窗等孔洞。

⑤ 泄爆墙　它是提供室内燃爆紧闭爆炸压力而能瞬间解除临界压力的泄爆装置。分为轻型泄压墙（单位质量不宜大于 $0.6kN/m^2$）和轻质易碎墙。轻型泄压墙分为岩棉夹芯彩钢板墙和单层压型钢板复合保温墙两种，适用于需要泄爆的危险性生产工房。轻质易碎墙分为纤维增强水泥板墙、膨石轻型板墙和泡沫混凝土复合墙板三种。对于粉尘爆炸和气体爆炸的危险性生产厂房采用轻型泄压墙体，对于高能爆炸物危险性工房采用轻质易碎墙体。

（4）柱　它是厂房的主要承重构件，应用最广的是现浇钢筋混凝土柱。柱的截面形式有矩形、圆形、工字形等。矩形柱截面尺寸为 400mm×600mm，工字形柱截面尺寸为 400mm×600mm、400mm×800mm 等。

（5）梁　是建筑物中水平放置的受力构件，除承担楼板和设备等载荷外，梁还与柱、承重墙等组成建筑物的空间体系，以增加建筑物的刚度和整体性。梁有屋面梁、楼板梁、平台梁、过梁、连系梁、墙梁、基础梁和吊车梁等。材料一般为钢筋混凝土。可现浇，亦可预制，预制的钢筋混凝土梁强度大，材料省。梁的常用截面为高大于宽的矩形或 T 形。

（6）屋顶　屋顶起着围护和承重的双重作用。其承重构件是屋面大梁或屋架，它直接承接屋面荷载并承受安装在屋架上的顶棚、各种管道和工艺设备的重量。工业建筑常用预制的钢筋混凝土平顶，上铺防水层和隔热层，以防雨和隔热。

（7）楼板　它是沿高度将建筑物分成层次的水平间隔。其承重结构由纵向和横向的梁和楼板组成。整体式楼板由现浇钢筋混凝土制备，装配式楼板则由预制件装配。楼板应具有强度、刚度、最小结构高度、耐火性、耐久性、隔声、隔热、防水及耐腐蚀等功能。

（8）建筑物的变形缝　①沉降缝：当建筑物上部荷载不均匀或地基强度不够时，它会发生不均匀的沉降，以致在某些薄弱部位发生错动开裂。因此，将建筑物划分成几个不同的结构区段，以允许各结构区段间存在沉降缝。②伸缩缝：因建筑材料自身的收缩或气温变化而产生变形，为使建筑物有伸缩余地而设置的缝叫伸缩缝。③抗震缝：为避免建筑物的各部分在发生地震时互相碰撞而设置的缝。

（9）门、窗和楼梯　①门：为了正确组织人流、车间运输和设备的进出，保证车间的安全疏散，在设计中要预先合理地布置好门。门的数目和大小取决于建筑物的用途、使用上的要求、人的通过数量和出入货物的性质和尺寸、运输工具的类型以及安全疏散的要求等。②窗：窗的设计不仅要满足采光和通风的要求，还要根据生产工艺，满足其他一些特殊要求。如有爆炸危险的车间，窗应有利于泄压；要求恒温恒湿的车间，窗应有足够的保温隔热性能；洁净车间要求窗防尘和密闭等。③楼梯：楼梯是多层房屋中垂直方向的通道。按使用性质可分为主要楼梯、辅助楼梯和消防楼梯。多层厂房应根据厂房的火灾危险性以及厂房的防火分区设置楼梯。楼梯坡度采用30°左右，辅助楼梯可用45°。疏散楼梯最小净宽度不宜小于1.1m，高层厂房和甲、乙、丙类多层厂房的疏散楼梯以及建筑高度大于32m且任一层人数超过10人的厂房应采用封闭楼梯间或室外楼梯。

2. 建筑物的结构

建筑物的结构有钢筋混凝土结构、钢结构和砖混结构等。

（1）钢筋混凝土结构　当需要有较大的跨度和高度时，最常用的是钢筋混凝土结构形式。其优点是强度高，耐火性好，不需经常进行维修，节约钢材，医药化工厂常用钢筋混凝土结构。缺点是自重大，施工较复杂。

（2）钢结构　其主要承重结构件如屋架、梁柱等都是用钢材制成的，制作简单，施工快。缺点是金属用量多，并须经常进行维修保养。

（3）砖混结构　它是指用砖砌的混合结构的承重墙，而屋架和楼盖则用钢筋混凝土制成的建筑物。医药化工厂现很少采用这种结构形式。

3. 厂房的定位轴线

厂房定位轴线是划分厂房主要承重构件标志尺寸和确定其相互位置的基准线，也是厂房施工放线和设备定位的依据。当厂房跨度≤18m时，采用3m倍数；跨度＞18m时，尽量采用6m倍数。厂房常用跨度为6m、12m、15m、18m、24m、30m、36m。当工艺布置有明显优越性时，才可采用9m、21m、27m和33m跨度。以经济指标、材料消耗与施工条件等方面来衡量，厂房柱距应采用6m，必要时也可采用9m。单层厂房适用于工艺过程为水平布置的安排，安装体积较大、较高的设备。它适用于大跨度柱网及大空间的主体结构，具有较大的灵活性，适合洁净厂房的平面、空间布局，施工工期较短。

4. 洁净厂房的室内装修

（1）基本要求　①洁净厂房的主体应在温度变化和震动情况下，不易产生裂纹和缝隙，应使用发尘量少、不易黏附尘粒、隔热性能好、吸湿性小的材料。其围护结构和室内装修应选气密性良好，且在温湿度变化下变形小的材料。②墙壁和顶棚表面应光洁、平整、不起尘、不落灰、耐腐蚀、耐冲击、易清洗、易除尘。在装修选材上最好选用彩钢板吊顶，墙壁选用仿瓷釉油漆。墙与墙、地面、顶棚相接处宜做成半径适宜的弧形。③地面应光滑、平整、无缝隙、耐磨、耐腐蚀、耐冲击，不积聚静电，易除尘清洗。④技术夹层的墙面、顶棚应抹灰。需要在技术夹层内更换高效过滤器时，技术夹层的墙面及顶棚应刷涂料饰面，以减少灰尘。⑤送风道、回风道、回风地沟的表面装修应与整个送回风系统相适应，易于除尘。⑥洁净室最好采用中空双层洁净窗，墙体与窗在同一平面。充分考虑对空气和水的密封，防止污染粒子的渗入，避免由于室内外温差而结露。门框不得设门槛。

（2）洁净室内的装修材料和建筑构件　洁净室内的装修材料应耐清洗、无孔隙裂缝、表面平整光滑、不得有颗粒物质脱落。对选用的材料要考虑材料的使用寿命、施工简便与否、价格来源等因素（表14-1）。

表 14-1　洁净室内装修材料要求一览表

项目	使用部位			要求	材料举例
	吊顶	墙面	地面		
发尘性	√	√	√	材料本身发尘量少	金属板材、聚酯类表面装修材料、涂料

续表

项目	使用部位			要　求	材料举例
	吊顶	墙面	地面		
耐磨性		√	√	磨损量少	水磨石地面、半硬质塑料板
耐水性	√	√	√	受水浸不变形，不变质，可用水清洗	铝合金板材
耐腐蚀性	√	√	√	按不同介质选用对应材料	树脂类耐腐蚀材料
防霉性	√	√	√	不受温度、湿度变化而霉变	防霉涂料
防静电	√	√	√	电阻值低，不易带电，带电后可迅速衰减	防静电塑料贴面板，嵌金属丝水磨石
耐湿性	√	√		不易吸水变质，材料不易老化	涂料
光滑性	√	√	√	表面光滑，不易附着灰尘	涂料、金属、塑料贴面板
施工	√	√	√	加工、施工方便	
经济性	√	√	√	价格便宜	

① 地面与地坪　必须采用整体性好、平整、不裂、不脆、易于清洗、耐磨、耐撞击、耐腐蚀的无孔材料。地面还应是气密的，以防潮湿和减少尘埃的积累。地面形式有如下几种。a. 水泥砂浆地面：用于无洁净度要求的房间，如原料车间、动力车间、仓库等。b. 水磨石地面：其整体性好，光滑，耐磨，不易起尘，易清洁，有一定强度，耐冲击。一般用于没有洁净度要求的区域（中药前处理区域、公用工程间、外包间等）。c. 塑料地面：PVC 塑料地面在洁净车间运用较多，适用于设备荷载较轻的岗位。可用于固体制剂生产的更衣区域、制粒、压片、分装、包装、灌装等岗位及参观走廊等非洁净区域。d. 耐酸瓷板地面：用于原料车间中有腐蚀介质的区段，也可在有腐蚀介质滴漏的范围局部使用。e. 玻璃钢地面：具有耐酸瓷板地面的优点，但材料的膨胀系数与混凝土基层不同，故不宜大面积使用。f. 环氧树脂磨石子地面：在地面磨平后用环氧树脂（或丙烯酸酯、聚氨酯等）罩面，具有水磨石地面的优点，宜用于空调机房、配电室、更衣室等。g. 环氧自流平：涂层厚 2.5～3mm，它是环氧树脂＋填料＋固化剂＋颜料，具有耐水性、耐油性、耐酸碱性、耐盐雾腐蚀性等化学特性，且表面光亮、平整、美观、无接缝、易清洗、经久耐用。环氧自流平和PVC 广泛用于洁净车间，可用不同颜色地面反映不同洁净级别。

② 墙面　墙面和地面、天花板一样，应表面光滑、光洁，不起尘，避免眩光，耐腐蚀，易于清洗。墙面有：a. 抹灰刷白浆墙面，只能用于无洁净度要求的房间。b. 油漆涂料墙面，缺点是涂上油漆后易起皮。普通厂房可用调和漆，清洁度高的房间可用环氧漆，包装间等无洁净度要求但又要求清洁的区域可用乳胶漆，各种涂层应用见表 14-2。c. 白瓷砖墙面不宜大面积用，用于非洁净级别的场所。d. 不锈钢板或铝合金材料墙面价格高，用于垂直层流室。

③ 墙体　砖墙是较为理想的墙体，缺点是自重大。加气砖块墙体（砖材料自重仅为砖的 35%）应避免用于潮湿房间和用水冲洗墙面的房间。轻质隔断：在薄壁钢骨架上用自攻螺丝固定石膏板或石棉板，外表再涂油漆或贴墙纸。常用为轻钢龙骨泥面石膏板墙体、轻钢龙骨埃特板墙体、泰柏板墙体及彩钢板墙体等，而彩钢板墙体因有不同的夹芯材料及不同的构造体系，广泛用在药厂的洁净车间。玻璃隔断：用钢门窗的型材加工成大型门扇连续拼装，离地面 90cm 以上镶以大块玻璃，下部用薄钢板以防侧击。这种隔断自重较轻，配以铝合金的型材美观实用。抗爆板：它是型钢外覆抗爆板结构，内添岩棉纤维。与钢筋混凝土抗

爆墙相比具有重量轻和易装易卸等优点。全封闭厂房的墙体可用空心砖及其他轻质砖，既保温隔声，又可减轻建筑物的结构荷载。为了美观和采光可选用空心玻璃（绿、蓝色）做大面积的玻璃幕墙。

各种涂层材料见表 14-2。

表 14-2 各种涂层材料

涂层名称	应采用的涂料种类
耐酸涂层	聚氨酯、环氧树脂、过氯乙烯树脂、乙烯树脂、酚醛树脂、氯丁橡胶、氯化橡胶等涂料
耐碱涂层	过氯乙烯树脂、乙烯树脂、氯化橡胶、氯丁橡胶、环氧树脂、聚氨酯等涂料
耐油涂层	醇酸树脂、氨基树脂、硝基树脂、缩丁醛树脂、过氯乙烯树脂、醇溶酚醛树脂、环氧树脂等涂料
耐热涂层	醇酸树脂、氨基树脂、有机硅树脂、丙烯酸树脂等涂料
耐水涂层	氯化橡胶、氯丁橡胶、聚氨酯、过氯乙烯树脂、乙烯树脂、环氧树脂、酚醛树脂、沥青、氨基树脂、有机硅等涂料
防潮涂层	乙烯树脂、过氯乙烯树脂、氯化橡胶、氯丁橡胶、聚氨酯、沥青、酚醛树脂、有机硅树脂、环氧树脂等涂料
耐溶剂涂层	聚氨酯、乙烯树脂、环氧树脂等涂料
耐大气涂层	丙烯酸树脂、有机硅树脂、乙烯树脂、天然树脂漆、油性漆、氨基树脂、硝基树脂、过氯乙烯树脂等涂料
保色涂层	丙烯酸树脂、有机硅树脂、氨基树脂、硝基树脂、乙烯树脂、醇酸树脂等涂料
保光涂层	醇酸树脂、丙烯酸树脂、有机硅树脂、乙烯树脂、硝基树脂、醋酸丁酸纤维素等涂料
绝缘涂层	油性绝缘漆、酚醛绝缘漆、醇酸绝缘漆、环氧绝缘漆、氨基漆、聚氨酯漆、有机硅漆、沥青绝缘漆等涂料

④ 天棚及饰面　洁净环境要求各种管道暗设，故设技术隔离（或称技术吊顶）。天棚要选用硬质、无孔隙、不脱落、无裂缝的材料。天棚与墙面接缝处应用凹圆脚线板盖住。所用材料必须能耐热水、消菌剂，能经常冲洗。技术吊顶有两种：a. 硬吊顶为用钢筋混凝土制作吊顶。最大优点是在技术夹层内安装、维修等方便；缺点是结构自重大，夹层中结构高度大，因有上翻梁，为满足大断面风管布置的要求，故夹层高度一般大于软吊顶。b. 软吊顶（又称悬挂式吊顶）是按一定距离设置拉杆吊顶，结构自重大大减轻，拉杆最大距离可达2m，载荷完全满足安装要求，费用大幅度下降。软吊顶主要有：钢骨架-钢丝网抹灰吊顶；轻钢龙骨纸面石膏板吊顶；轻钢龙骨埃特板吊顶；彩钢板吊顶；高强度塑料吊顶等。

⑤ 门的设计　门在洁净车间中的主要功能是作为人行通道或材料运输通道，这两种功能对门有不同要求。随着洁净级别的增加，为减少污染负荷，还需限制移动。洁净室用门要求平整、光滑、易清洁、不变形。选择门和其他装饰材料的要点是要保持门的耐磨和表面无裂缝。一般为不锈钢门和玻璃门。门要与墙面齐平，与门的自动启闭器紧密配合在一起。门两端的气塞采用电子联锁控制。门的主要形式有：铝合金门、钢板门、不锈钢板门、中密度板观面贴塑门、彩钢板门，无论何种门，在离门底 100mm 高处应装 1.5mm 不锈钢护板，以防推车刮伤。

⑥ 窗的设计　玻璃具有坚硬、平滑、密实、易清洗的特点，符合洁净车间的设计要求。玻璃能很好地镶嵌在原有建筑框架中，或是使用较厚的、叠片板来完成整个高度的区分。洁净室窗户必须是固定窗，有单层固定窗和双层固定窗。洁净室内的窗要求严密性好，并与室内墙齐平。尽量采用大玻璃窗，不仅为操作人员提供敞亮愉快的环境，便于管理人员通过窗户观察操作情况，还可减少积灰点，又有利于清洁工作。洁净室内窗若为单层的，窗台应陡峭向下倾斜，内高外低，且外窗台应有不低于 30° 的角度向下倾斜，以便清洗和减少积尘，并避免向内渗水。双层窗（内抽真空）更适宜于洁净度高的房间，两层玻璃各与墙面齐平，

无积灰点。目前常用材料有铝合金窗和不锈钢窗。

⑦ 门窗设计的注意点　洁净级别不同的联系门要密闭平整，造型简单，门向级别高的方向开启。钢板门强度高、光滑、易清洁，但要求漆膜牢固、能耐消毒水擦洗。蜂窝贴塑门的表面平整光滑、易清洁、造型简单，且面材耐腐蚀；洁净区要做到窗户密闭，空调区外墙上、空调区与非空调区之间隔墙上的窗要设双层窗，其中一层为固定窗；无菌洁净区的门窗不宜用木制，因木材遇潮湿易生霉长菌；凡车间内经常有手推车通过的钢门，应不设门槛；洁净区传递窗材料一般采用不锈钢；传递窗开启形式主要为平开钢（铝合金）窗，其具有密闭性好、易于清洁的优点，但开启时要占一定的空间。

为防止积尘，造成不易清洗、消毒的死角，洁净室门、窗、墙壁、顶棚、地（楼）面的构造和施工缝隙，均应采取可靠的密闭措施。凡板面交界处，宜做圆弧过渡，尤其是与地面的交角，必须做密封处理，以免地面水渗入壁板的保温层，造成壁板内的腐蚀。

⑧ 技术隔层　技术隔层内承担风口布局（开孔）、照明灯具安装（多用 LED 平板洁净灯）、电线（大部分是照明线，少数敷设动力线管线）铺设，还用于设置给排水、工艺管线，如物料、工艺用水、蒸汽、工艺用气（压缩净化气体、氯气、氧气、二氧化碳气、煤气等），及其检修功能，故顶板（开孔率高，面积又较大）的强度应比壁板高，其壁厚（即镀锌铁皮）应较墙板厚。若壁板用 0.42～0.45mm 厚，则顶棚宜用 0.78～1mm。此外，技术隔层内设检修通道，一般 2m×2m 作吊杆，以免有移动荷载时变形，连接处裂缝，导致洁净室空气泄漏。

二、土建设计条件

土建设计在设计工程公司中一般分为建筑设计与结构设计。

建筑设计主要是根据建筑标准对制药厂的各类建筑物进行设计。应将新建筑物的立面处理和内外装修的标准与建设单位原有环境进行协调。对墙体、门、窗、地坪、楼面和屋面等主要工程做法加以说明。对有防腐、防爆、防尘、高温、恒温、恒湿、有毒物和粉尘污染等特殊要求的，在车间建筑结构上要有相应的处理措施。

结构设计主要包括地基处理方案，厂房的结构形式确定及主要结构构件（如地基、柱、楼层梁等）的设计，对地区性特殊问题（如地震等）的说明及在设计中采取的措施以及对施工的特殊要求等。

1. 设计依据

（1）气象、地质、地震等自然条件资料　①气象资料。对建于新区的工程项目，需列出完整的气象资料；对建于熟悉地区的一般工程项目，可只选列设计直接需用的气象资料。②地质资料。厂区地质土层分布的规律性和均匀性，地基土的工程性质及物理力学指标，软弱土的特性，具有湿陷性、液化可能性、盐渍性、胀缩性的土地的判定和评价。地下水的性质、埋深及变幅，在设计时应以地质勘探报告为依据。③地震资料。建厂地区历史上地震情况及特点，场地地震基本烈度及其划定依据，以及专门机关的指令性文件。

（2）地方材料　简要说明可供选用的当地大众建材以及特殊建材（如隔热、防水、耐腐蚀材料）的来源、生产能力、规格质量、供应情况、运输条件及单价等。

（3）施工安装条件　当地建筑施工、运输、吊装的能力以及生产预制构件的类型、规格和质量情况。

（4）当地建筑结构标准图和技术规定。

2. 设计条件

（1）**工艺流程简图**　应将车间生产工艺过程（从原料到成品的每一步操作要点、物料用量、反应特点和注意事项等）加以简要说明。

（2）**厂房布置及说明**　设计工艺设备布置图，并加以简要说明［房屋的火灾危险性、高度、层数、地面（或楼面）的材料、坡度及负荷，门窗位置及要求等］。

（3）**设备一览表**　应包括流程位号、设备名称、规格、重量（设备重量、操作物料荷重、保温、填料、震动等）、装卸方法、支承形式等项。

（4）**安全生产**　①按照职业病危害预评价、安全生产预评价以及环境预评价的要求进行设计；②根据生产工艺特性，按照防火标准确定防火等级；③根据生产工艺特性，按照卫生标准确定卫生等级；④根据生产工艺所产生的毒害程度，考虑人员操作防护措施以及排除有害烟尘的净化措施；⑤提供有毒气体的最高允许浓度；⑥提供爆炸介质的爆炸范围；⑦特殊要求，如汞蒸气存在时，女工对汞蒸气毒害的敏感性。

（5）**楼面的承重情况**。

（6）**楼面、堵面的预留孔和预埋件的条件，地面的地沟，落地设备的基础条件**。

（7）**安装运输情况**　①工艺设备的安装采取何种方法［人工还是机械，大型设备进入房屋需要预先留下安装门（吊装口），多层房屋需要安装孔以便起吊设备至高层安装，每层楼面还应考虑安装负荷等］；②运输机械采取何种形式（起重机、电动吊车、货梯、吊钩等；起重量、高度、应用面积等）。同时考虑设备维修或更换时对土建的要求。

（8）**人员一览表**　包括人员总数、最大班人数、男女工人比例等。

（9）**其他**　在土建专业设计基础上，工艺专业进一步进行管道布置设计，并将管道在厂房建筑上穿孔的预埋件及预留孔条件提交土建专业；暖通专业的排风、排烟管井，电气电信专业的管井等。

此外，设计中工艺专业应提出建筑物特征表的相关内容，见表 14-3。

表 14-3　建筑物特征表

序号	车间名称	范围		人员情况		安全生产			操作环境					腐蚀特征	防雷等级
		标高	建筑曲线	生产班数	定员人数	火险分类	毒性等级	爆炸	卫生等级	有害介质或粉尘	噪声情况	温度	湿度		

第二节　仓库

仓库由储存物品的库房、运输传送设施（如吊车、电梯、滑梯等）、出入库房的输送管道和设备、消防设施、管理用房等组成。

一、仓库功能

以系统的观点来看，仓库应具备以下功能。

1. 储存和保管功能

仓库具有一定的空间，用于储存物品，并根据储存物品的特性配备相应的设备，以保持储存物品完好性。例如：储存挥发性溶剂的仓库，必须设有通风设备，以防止空气中挥发性物质含量过高而引起爆炸。储存药品的仓库，需防潮、防尘、恒温，因此，应设立空调、恒温等设备。在仓库作业时，还要求防止搬运和堆放时碰坏、压坏物品，从而要求搬运器具和操作方法的不断改进，使仓库真正起到储存和保管的作用。

2. 调节供需的功能

创造物质的时间效用是医药流通环节的两大基本职能之一，物流的职能是由物流系统仓库完成的。从现代化生产的连续生产和消费来看，不同医药产品都有不同的特点，有些产品生产是均衡的，而消费是不均衡的，还有一些产品生产是不均衡的，而消费是均衡的。要使生产和消费协调起来，仓库就要起到"蓄水池"的调节作用。

3. 调节货物运输能力

各种运输工具（船舶、火车、汽车）的运输能力是不一样的。这种运输能力的差异，是通过仓库进行调节和衔接的。

4. 流通配送加工的功能

现代仓库的功能已处在由保管型向流通型转变的过程之中，即仓库由储存、保管货物的中心向流通、销售中心转变。这就扩大了仓库的经营范围，提高了物质的综合利用率。

5. 信息传递功能

在处理仓库活动有关的各项事务时，需要依靠计算机和互联网，通过电子数据交换（EDI）和条形码技术来提高仓储物品信息的传输速度，及时而又准确地了解仓储信息，如仓库利用水平、进出库的频率、仓库的运输情况、顾客的需求以及仓库人员的配置等。

6. 产品生命周期的支持功能

现代物流包括了产品从"生"到"死"的整个生产、流通和服务的过程。因此，仓储系统应对产品生命周期提供支持。

二、仓库分类

仓库分类必须按存放条件不同（阴凉、常温、冷藏）分开存放，易串味品、贵细药品、精神药品、易制毒品、中药饮片/中药材和非药品必须分开分类存放。

（1）按功能分为生产仓库（原辅料库、包装材料库、成品库等）、辅助仓库（备品备件库、工具库、五金材料库及劳保用品库等）和综合仓库。各功能库可单独设库，也可合并为综合仓库。

（2）根据 GB 51073—2014《医药工业仓储工程设计规范》，按储存条件分为普通库（无温度、湿度或其他要求）、常温库（温度 $10\sim30℃$，且相对湿度 $35\%\sim75\%$）、阴凉库（温度不高于 $20℃$，且相对湿度 $35\%\sim75\%$）、冷库（温度 $2\sim10℃$，相对湿度 $35\%\sim75\%$）、冷冻库（温度低于 $0℃$）和其他库（有温度、湿度或避光等特殊要求）。

三、仓库的布置

仓库平面布置指对仓库的各个部分（存货区、入库检验区、理货区、流通加工区、配送备货区、通道以及辅助作业区）在规定范围内进行全面合理的安排。仓库布置是否合理，对仓储作业的效率、储存质量、储存成本和仓库盈利目标的实现将产生很大影响。

在仓库总平面布置时，应满足如下要求：①遵守各种建筑及设施规划的法律法规；②满足仓库作业流畅性要求，避免重复搬运的迂回运输；③保障商品的储存安全；④保障作业安全；⑤最大限度地利用仓库面积；⑥有利于充分利用仓库设施和机械设备；⑦符合安全保卫和消防工作要求；⑧考虑仓库扩建的要求。

仓库布置时，通常采取区域划分的原则：①区域的色标管理。绿色代表正常，合格品库（区）/发货区/零货称取区用绿色标；黄色代表待定（待处理），待验区（库）/退货区（库）用黄色标；红色代表不正常，不合格品库（区）用红色标。②符合"药品性能一致，药品养护措施一致，消防方法一致"的原则。③分区要便于药品分类，集中保管。④充分利用仓库空间，有利于合理存放药品。⑤货区分位要适度。有利于提高仓库的经济效益，有利于保证安全生产和文明生产。

四、仓库储存环境

药品储存应符合以下要求：①药品应按标示的储存条件存放，未明确标示温度范围的，可在不同储存仓库的温湿度范围内储存。②药品应按质量状态实行色标管理：待确定药品为黄色，合格药品为绿色，不合格药品为红色。③储存药品应避免阳光直射。④搬运和堆码药品应严格遵守外包装标示的要求规范操作，堆码高度应适宜，避免损坏药品包装。药品堆码时，垛距不小于 5cm，与仓库间墙、顶、温湿度调控设备及管道等设施间距不小于 30cm，与地面的间距不小于 10cm。⑤药品应按批号堆码，不同批号的药品不得混垛。药品与非药品、外用药与其他药品应分开存放；中药材和中药饮片与其他药品分库存放。⑥麻醉药品、第一类精神药品应专库存放，医疗用毒性药品应专库（柜）存放；双人双锁保管，专人管理，专账记录。⑦第二类精神药品应专库（柜）存放，专人管理，专账记录。⑧危险品按国家有关规定存放。⑨拆零药品应集中存放，并保留原包装及说明书。⑩ 储存药品的货架、底垫等设施设备应保持清洁，无杂物，完好无损。

五、仓库安全条件

仓库安全是保障生产持续进行的重要环节。根据不同类别仓库的特点，其安全要求也有所不同。

1. 一般原料仓库

通常医药化工原料仓库是存放一些有机溶剂和固体原料，这些原材料仓库的安全条件有一定的通用规则，安全要求体现为：①原料仓库按照使用就近原则，布置在厂区厂房的主导风向的下风向。②仓库内的原料要结合性能差别，分区分类摆放，严禁混放。③为保证安全，仓库内照明和用电应采取防爆灯、防爆开关与插座，避免产生电火花。同时，增加通风排风系统，避免挥发性气体蓄积。④结合储存原材料性质特点，做好消防设施的选用，如干粉灭火器、消防沙、灭火毯等。尤其是遇水燃烧、爆炸的有机原料，严禁使用消防水栓处置。⑤修建应急导流渠，防止液体原料泄漏，造成土壤、水质环境污染。

2. 危险品仓库

危险化学品必须储存在经省、自治区、直辖市人民政府经济贸易管理部门或者设区的市级人民政府负责危险化学品安全监督管理综合工作的部门审查批准的危险化学品仓库中。未经批准不得随意设置危险化学品储存仓库。储存危险化学品必须遵照国家法律、法规的规定，如《危险化学品安全管理条例》《常用化学危险品贮存通则》《易燃易爆性商品储藏养护技术条件》等，除满足一般原料仓库要求以外，还需要注意：

（1）仓库应远离居民区和水源。

（2）避免阳光直射、暴晒，远离热源、电源、火源，库内在固定方便的地方配备与毒害品性质适应的消防器材、报警装置和急救药箱。

（3）不同种类毒害品要分库存放，危险程度和灭火方法不同的要分库存放，性质相抵（如氧化剂和还原剂）的禁止同库混存。

（4）剧毒品应专库储存或存放在彼此间隔的单间内，执行"五双"制度（双人验收、双人保管、双人发货、双把锁、双本账），安装防盗报警装置。此外，发现剧毒化学品被盗、丢失或者误售、误用时，必须立即向当地公安部门报告。

（5）装卸对人身有毒害及腐蚀性物品时，操作人员应根据危险条件，在满足下述要求下操作：①装卸毒害品人员应具有操作毒品的一般知识。操作时轻拿轻放，不得碰撞、倒置，防止包装破损商品外溢。作业人员应戴手套和相应的防毒口罩或面具，穿防护服。②装卸腐蚀品人员应穿工作服，戴护目镜、胶皮手套、胶皮围裙等必需的防护用具。操作时，应轻搬轻放，严禁背负肩扛，防止摩擦振动和撞击。③作业中不得饮食，不得用手擦嘴、脸、眼睛。每次作业完毕，应及时用肥皂（或专用洗涤剂）洗净面部、手部，用清水漱口，防护用具应及时清洗，集中存放。

3. 成品仓库

制药企业的成品仓库，主要是存放最终制备的原料药成品和有剂型的药品成品。成品仓库的安全条件主要是依据《药品经营质量管理规范》（GSP）的相关条款要求执行的：①仓库的选址、设计、布局、建造、改造和维护应当符合药品储存的要求，防止药品的污染、交叉污染、混淆和差错。②按照《中华人民共和国药典》规定的贮藏要求，进行避光、通风、防潮、防虫、防鼠等条件的储存。③按包装标示的温度要求储存药品，能有效调控温湿度及室内外空气交换，同时具有自动监测、记录库房温湿度的设备。

六、仓库设备

仓库设备是能正常存储、转运和运行仓库职能的硬件基础，按照其功能可分为转运设备、存储设备和运行设备。

1. 转运设备

转运设备包括登高车、液压叉车、搬运车、自动输送轨道等，见图14-1。

2. 存储设备

存储设备包括货架、托盘、仓储笼、物料盒、周转箱等，其中货架和托盘是仓库中最常见的设备。

（1）货架 货架泛指存放货物的架子。在仓库设备中，货架是指专门用于存放成件物品的保管设备。货架在物流及仓库中占有非常重要的地位，不仅要求货架数量多，而且要求具有多功能，并能实现机械化、自动化要求。不同类型的货架具有不同的特点。

① 高位货架具有装配性好、承载能力大、稳固货架作用强等特点。货架采用冷热钢板制作。通廊式货架（图14-2）为储存大量同类托盘货物而设计。托盘一个接一个按深度方向存放在支撑导轨上，增大了储存密度，提高了空间利用率。这种货架通常用于储存空间昂贵的场合，如冷冻仓库等。通廊式货架由框架、导轨支撑、托盘导轨、斜拉杆4部分组成。这

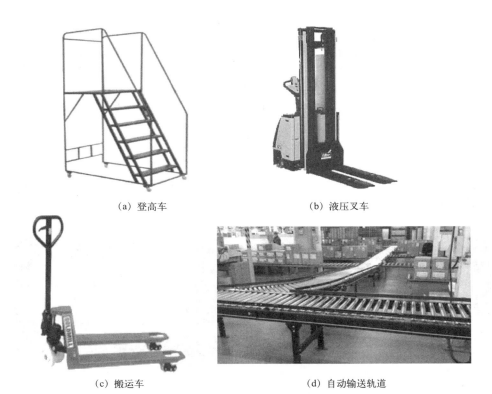

(a) 登高车　　　　　　　　　　　　　(b) 液压叉车

(c) 搬运车　　　　　　　　　　　　　(d) 自动输送轨道

图 14-1　常用转运设备

种货架仓库利用率高，可实现先进先出，或先进后出，适合储存大批量、少品种货物、批量作业的存储，可用最小的空间提供最大的存储量。叉车可直接驶入货道内存取货物，作业方便。货架机械设备是反平衡式叉车或堆高机。通廊式货架适用于库存流量较低的储存，可提供 20％～30％的可选择性，用于取货率较低的仓库。地面使用率较高，为 60％。

　　② 横梁式货架（图 14-3）是最流行、最经济、最简单、最广泛使用的一种货架，安全方便，适合各种仓库，直接存取货物，可充分地利用空间。采用方便的托盘存取方式，有效配合叉车装卸，极大地提高作业效率。机械设备为反平衡式叉车或堆高机。堆高机可提高地面空间使用率 30％，操作高达 16m 以上。横梁式货架的特点：流畅的库存周转，可提供百分之百的挑选能力，提高平均的取货率。

图 14-2　通廊式货架

图 14-3　横梁式货架

③ 重力式货架（图 14-4）相对普通托盘货架而言，不需要操作通道，故增加 60% 空间利用率；托盘操作遵循先进先出的原则；自动储存回转；储存和拣选两个动作的分开大大提高了输出量。由于是自重力使货物滑动，而且没有操作通道，所以减少了运输路线和叉车的数量。在货架每层的通道上，都安装有一定坡度的、带有轨道的导轨，入库的单元货物在重力的作用下，由入库端流向出库端。这样的仓库，在排与排之间没有作业通道，大大提高了仓库面积利用率。但使用时，最好同一排、同一层上为相同的货物或一次同时入库和出库的货物。层高可调，配以各种型号叉车或堆垛机，能实现各种托盘的快捷存取。单元货格最大承载可达 5000kg，是各行各业最常用的存储方式。

④ 阁楼式货架（图 14-5）适用于场地有限、品种繁多、数量少的情况下，它能在现有的场地上增加几倍的利用率，可配合使用升降机操作。全组合式结构，专用轻钢楼板，造价低，施工快。可根据实际场地和需要，灵活设计成二层、多层，充分利用空间。

图 14-4　重力式货架　　　　　图 14-5　阁楼式货架

（2）托盘　托盘是用于集装、堆放、搬运和运输单元负荷的货物和制品的水平平台装置，是便于装卸、搬运单元物资和小数量的物资，并保持药品与地面之间有一定距离的设备。托盘按照材质分类如下：①木制托盘。以天然木材为原料制造的托盘，价格便宜，结实耐用，使用广泛。②塑料托盘。以工业塑料为原材料制造的托盘。比木制托盘略贵，载重也较小，但随着塑料托盘制造工艺的进步，一些高载重的塑料托盘已出现，正慢慢取代木制托盘。③金属托盘。以钢、铝合金、不锈钢等材料为原材料加工制造的托盘。④钢托盘。采用镀锌钢板或烤漆钢板制成，100% 环保，可回收再利用。特别是用于出口时，不需要熏蒸、高温消毒或者防腐处理。⑤纸托盘。以纸浆、纸板为原料加工制造的托盘。随着整个国际市场对包装物环保性要求的日益提高，为达到快速商检通关以实现快速物流的要求，托盘生产商们研制出高强度的纸托盘。⑥蜂窝托盘。仿造蜂巢结构（蜂窝六边形结构以最少的材料消耗构筑成坚固的蜂巢），以纸为基材，采用现代技术机电合一生产出蜂窝状的新型材料制成。它质量轻、强度高、刚度好，并具有缓冲、保温、隔振、隔热、隔声等性能。同时它成本低，适用性广，广泛应用于包装、储运、建筑业等，以替代木材、泥土砖、发泡聚苯乙烯等，对减少森林砍伐、保护生态环境具有重大意义。⑦复合托盘。以两种或两种以上的不同材料经过一定的处理，使其发生化学变化而得到的材料，以此为原材料加工制造的托盘。如塑木托盘是采用国际最先进的专利技术生产的塑木材料，通过组装而成的各种规格、尺寸的托盘、垫板。它综合了木托盘和塑料托盘及钢制托盘的优点，摒弃了其不足，价格低于其他各类托盘。产品具有强度高、韧性好、不变形、不吸潮、不霉蛀、抗腐蚀、耐老化、易加工、低成本、可回收、无污染等优点。

3. 运行设备

运行设备包括空调恒温恒湿机组、冷库的冷冻机组、照明设备、管理计算机设施等。①空调恒温恒湿机组由制冷系统、加热系统、控制系统、湿度系统、送风循环系统和传感器系统等组成。这些系统分属电气和机械制冷两大部分。②冷冻机是用压缩机改变冷媒气体的压力变化来达到低温制冷的机械设备。采用的压缩机，按冷冻机结构和工作原理的差别，分为活塞式、螺杆式、离心式等几种形式。③照明设备按照光源种类可分为传统光源工矿灯和LED工矿灯。与传统光源工矿灯相比，LED工矿灯的主要优势为：a. LED工矿灯显色指数（RA）高，$RA > 70$；b. LED工矿灯光效高，更加节能，100W LED工矿灯可替代250W传统光源工矿灯；c. 传统光源具有灯具温度高的缺点，灯具温度可达200～300℃。而LED是冷光源，灯具温度低，更加安全，属于冷驱动；d. LED工矿灯技术在不断的创新中，最新型的鳍片式散热器工矿灯更加合理的散热器设计，大大减轻了工矿灯具的重量，使80W LED工矿灯的总体重量下降到了4kg以下，并可完美解决80～300W LED工矿灯的散热问题。

七、高架仓库

1. 高架仓库的概念

高架仓库又称立体仓库，指能够充分利用空间进行储存，采用十层及十层以上的货架储存货物，并且用专门的仓储作业设备进行货物出库或入库作业的机械化、自动化仓库。

2. 高架仓库的类型

物流系统的多样性决定了高架仓库的多样性。一般可按两个原则分类。

（1）按建筑结构形式分类　按建筑结构形式分类，高架仓库可分为整体式和分离式两种。整体式的高架仓库货架除了储存货物外，还可以作为建筑物的支撑结构，即库房和货架形成一体。货架不仅可以承受货物载荷，还可以承受建筑物屋顶和侧壁的载荷。由于货架的支撑作用，仓库屋顶的力学跨度变小，因此，这种仓库结构重量轻、整体性好，对抗震特别有利。分离式是指货架和建筑物是独立的，适于将现有建筑物改造成为高架仓库。这种仓库可以先建库房后立货架，所以施工安装比较灵活方便。

（2）按货架形式分类，　高架仓库可分为单元货格式货架仓库、容器货架仓库、贯通式货架仓库和回转货架式仓库。

① 单元货格式货架仓库　设计是针对集装化的托盘单元储存而提出的，是使用最广泛、适用性较强的一种仓库形式。其特点是货架沿仓库宽度方向分成若干排，每两排货架为一列，其间的巷道供堆垛机或其他起重机行走。每排货架沿仓库的纵向又分成若干列，沿垂直方向又分成若干层，从而形成大量货格，用于储存货物。在一般情况下，每个货格存放两个货物单元，如果采用四向进叉的托盘，也可存放三个货物单元。

② 容器货架仓库　与单元货格式货架仓库相仿，采用的是组合式货架，储存单元是盛装货物的容器或包装盒，多用于配送中心等要求快速存取的场合。

③ 贯通式货架仓库　在单元货格式仓库中，巷道占了约1/3面积。为提高仓库面积利用率，取消巷道，可将所有货架并在一起，使同一层、同一列的货位互相贯通，形成能依次存放货物单元的通道。在通道的一端，由一台入库起重机将货物单元装入通道，而在另一端由出库起重机取货，这就是贯通式仓库。根据货物单元在通道内移动方式的不同，贯通式仓库又分为：重力式货架仓库、动力式贯通仓库和穿梭小车式贯通仓库。在重力式货架中，每

个存货通道只能存放同一种货物，故仅适用于货物品种不多而数量又大的场合。动力式贯通货架中货物由链条式输送机移动，可避免重力货架中货物下滑时与出口端挡板或和前面货物产生的冲击和碰撞。穿梭小车式贯通货架中的货物由穿梭小车运输。堆垛机或叉车仅在巷道口作业，货架通道内托盘存取、运输通过穿梭小车的往复穿梭来完成。

④ 回转货架式仓库　是由分层水平回转货架配备必要的输送系统构成的。常用在仓储作业频率不是很高的场合。

3. 高架仓库的构成

高架仓库主要由出入库机械系统、信息系统、库房和配套的公用工程设施等构成。

（1）出入库机械系统　其功能是完成货物的存取并支持分拣系统的工作。对低层高架仓库，一般采用叉车为主，辅以行车、手推车、电瓶搬运车进行出入库作业；高层高架仓库使用有轨巷道式堆垛机、无轨巷道式堆垛机或桥式堆垛机，辅以输送机、AGV 小车、垂直提升机、叉车或轨道小车进行出入库作业。为了提高仓储机械设备的利用系数和单位面积的库容量，不必严格区分出库和入库系统。除非仓库的出库口和入库口分在两个不同的平面。

（2）信息系统　不同类型仓库具有不同的信息管理系统，但不同的仓库管理信息系统都有货物识别和跟踪、出入库作业信息管理、库存信息管理、绩效管理等基本功能。

（3）库房　库房平面按功能可划分成储货区、拣货区、入库区、出库区和管理区。储存的货物不同，如原料、制成品等，库房的结构形式也不一样。储存集装化托盘货物单元的仓库，对货种有一定的兼容性。

（4）配套的公用工程设施　如消防系统、照明系统、通风及采暖系统、给排水系统和动力系统。

4. 高架仓库的优缺点

（1）高架仓库的优点：　①可提高仓库的管理水平。货物在高架仓库中货位划分有序可循，很容易实现货位管理的数字化和信息化。借助于计算机管理能有效地发挥仓库的库存能力，便于清点盘库；便于实现货物的先入先出，防止仓储货物的老化、变质、生锈和丢失，减少货损。②可提高仓库的出入库频率。高架仓库内货物单元形式标准，仓储作业的标准化程度很高，而货位管理容易实现信息化。因此，通过计算机网络系统做好机电、控制和仓库管理的一体化，就可实现货物的高效率的自动存取。③可提高仓库单位面积的库容量。高架仓库采用高层货架储存货物，存储区可以大幅度向高空发展，充分利用了仓库地面和空间，提高了单位面积的库容量。

（2）高架仓库的缺点：　①结构复杂，配套设备多，其基建和设备投资大以及与之相配套的软硬件系统的建设投资大；②储存货物的品种受到一定限制，对长、笨的货物以及要求特殊保管条件的货物，必须单独设立存储系统；③货架设计及安装要求高，施工周期长；④对仓库管理及技术人员的要求高。

5. 制药企业高架仓库

（1）制药企业高架仓库的设计要求　医药产品种类繁多，储存条件复杂，2010 版GMP 对不同种类的药品在不同库区的运输、储存等环节有着严格的温湿度要求，不同种类药品，有不同的储存环境，需要进行分类分区储存，以免串味、相互污染而变质。如中药与西药分区、有毒与无毒药品分区、特殊药品与普通药品的分区等。制药高架仓库需要考虑通风、避光、防虫、防潮等功能需求和安全防护措施，库房还应考虑在装卸、搬运、接收、发货等作业过程设置预防日晒、防雨、防雪等技术措施。

（2）制药企业高架仓库的设计重点　制药企业高架仓库按货物流程细分有入库暂存区、

检验区、码垛区、储存区、出库暂存区、托盘暂存区、不合格产品暂存区以及杂物区。立体库储存系统的自动化体现在按照计算机管理系统指令自动完成货物的存取，并对库存进行智能仓储管理，实现自动化作业的过程。在高架仓库的设计过程中需关注以下要点。

① 高架仓库最佳高度的确定　高架仓库高度主要指存储作业区的药品货架高度。货架高度的确定取决于药品的吞吐量、周转率及订货发送的配套方式。实际工程中，根据生产线的货物产能、托盘尺寸、数量以及包装形式等综合分析进行设计，一般在 20～30m。货架底部除了满足一定的隔离设备外，货架顶层也需留出 1m 左右的空间高度，以便安装消防管道及风扇、照明货架和安装操作空间等需要。仓库的入库、出库区有时做成两层，每层层高在 6m 左右，首层以辅料、包装入库，成品出库、检验区为主，二层以空调设备区、成品入库为主。

② 收发货与库存区的衔接方式　收发货区是指货物装卸、接收、搬运、发货的平台。高架仓库的收发货区有两种形式：月台式与输送机系统。月台式又可分为室内装卸台与室外月台，药企中的立体库以室外月台居多。货台高度一般在 1.2m 左右，其长度与装卸库的短边尺寸平齐，一般在货台一侧设叉车坡道，便于叉车停放、检验、充电。

收发货与库存区的衔接方式有三种：叉车与输送机系统，自动导引 AGV 小车与输送机系统，输送机配套入库月台装卸系统。进入库内货架区以堆垛机为主，其中输送机配套入库月台装卸系统是目前药企中常用的一种，AGV 小车与输送机系统智能高效、节省人力，但前期投入较大，在小型企业中有待推广。

货物入库位置一般由码垛机布置决定，出库位置根据货运流线布置，通常出入库位置在货架两侧，同时运转效率更高。

③ 堆垛机位置及数量的确定　堆垛机在立体化仓库中起着关键作用，药企中的堆垛机一般布置在带轨道的巷道里，巷道宽度在 1.8m 左右。堆垛机可分为单立柱和双立柱堆垛机，单立柱堆垛机可运载两吨以下的货物，适用于提升高度≤21m 的仓库，双立柱堆垛机适用于＞21m 的仓库。每个堆垛机可服务 1～2 个巷道储存，为方便堆垛机在不同巷道间调动，可在巷道内设置弯道。

在制药工程设计中堆垛机布局与巷道布置紧密相关，一般每个巷道内布置一台堆垛机，而巷道的数量是根据库的最大吞吐量确定。当库区平面及货架高度尺寸一定时，库内货架组合方式不同，单深或双深巷道及堆垛机位置不同，托盘总数不同。由此计算的托盘总数最大的方案为最优方案。

（3）制药企业高架仓库消防设计　高架仓库一般空间高大，储存物品密集，室内开窗少，一旦发生火灾，温度快速升高，燃烧强度会逐渐变大。所以在消防设计中，设计者在设计中要充分考虑高架仓库火灾特点加以重视和防范。

针对高架仓库内部空间紧密、无人化作业特点，根据《建设工程消防监督管理规定》，在墙体上设置自动排烟窗及灭火救援窗，且不宜少于 2 个，窗口间距≤20m，并应正对货架或堆垛间的通道设置。

针对高架仓库采用轻钢结构、耐火性较差、仓库高度偏高的特点，采用内外搭配消防设施措施。对内提高主要承重构件的耐火极限，配涂新型高效、超薄型防火涂料，隔墙板、隔断板等采用无机不燃材料，对外在立体库周围设计环形消防车道，车道宽度、转弯半径等要满足《消防车通道设置规范标准》，为消防救援预留足够的消防空间。

针对高架仓库屋架跨度大、屋面板无法承重的难题，可考虑将货架喷淋干管设计在纵向货架间的地面上；暖通的送风管采用 B1 级 IRR 型内支撑纤维织物风管；排烟采用在储烟仓内设置自动排烟窗等方式。

八、仓库管理

医药仓库是储存医药商品、物资的重要场所。其基本任务是：在保证安全的前提下，做到储存多、进出快、保管好、费用省、损耗少，促进医药生产和流通的发展。

1. 商品、物资出入库

① 仓库必须根据《药品管理法》及有关规定，建立健全商品、物资出入库的验收复核制度、作业程序和工作质量标准。②仓库根据业务部门填报的月、季、年度商品、物资进出库计划，编制储存计划。③商品、物资入库要把好验收关。④商品、物资出库要把好复核关，必须有正式凭证。

2. 商品、物资储存

① 商品、物资要实行分区、分类管理，以安全、方便、节约为原则；②仓库必须设保管账（卡）；③仓库要通过物资进、出、存等活动，随时了解有无积压、不配套、近期失效、盲目进货、仓库存货而门市脱销等问题，向业务部门反映情况，以改进工作。

3. 商品物资养护

① 仓库要建立健全养护组织；②仓库要维护商品、物资的质量，建立商品、物资养护档案。

4. 仓库核算和定额管理

① 仓库要根据本单位条件实行独立核算，加强财产管理。②仓库要实行定额管理。大中型仓库定额主要项目包括单位面积储存量（t/m^2），收发货差错率（万分），账货相符率（％），平均保管损失（元/万元），平均保管费用（元/t），人均工作量（t/人）等。

5. 仓库安全

（1）企业和仓库必须有领导主管安全工作，切实做好防火、防盗、防破坏、防工伤事故、防自然灾害、防霉变残损等工作，确保人身、商品物资和设备安全。

（2）仓库要制定安全工作的各项规章制度，制定生产作业的操作规程。

（3）仓库严格执行《中华人民共和国消防法》《仓库防火安全管理规则》和《危险化学品安全管理条例》。仓库防火工作要实行分区管理、分级负责的制度。按区、按级指定防火负责人，防火负责人对本责任区的安全负全部责任。仓库的存货区要和办公室、生活区、汽车库、油库等严格分开。不得紧靠库房、货场收购和销售商品，规模很小的基层仓库也要根据具体条件尽量分开，以保安全。新建、扩建、改建仓库，应按《建筑设计防火规范》有关规定办理，面积过大的库房要设防火墙以及消防喷淋系统。

（4）仓库必须严格管理火种、火源、电源、水源。

（5）仓库必须根据建筑规模和储存商品、物资的性质，配置消防设备，做到数量充足、合理布置、专人管理、经常有效、严禁挪作他用。大中型仓库和雷区仓库要安装避雷设备。仓库消防通道要保持经常畅通。

（6）仓库实行逐级负责的安全检查制度并有可靠的安全防护措施，对无关人员进入实行可控管理，防止药品被盗、替换或者混入假药。

（7）仓库发生火灾或其他事故要按规定迅速上报，企业和仓库领导要抓紧清查处理事故。

第三节　劳动安全

一、安全工程概述

围绕人、机、环境三个子系统，安全工程又分为安全人机工程、机械安全工程（如锅炉、压力容器、电气、起重输送等安全技术）、环境安全工程（工业防毒、噪声与振动控制、辐射防护等技术）、安全管理工程和系统安全工程等分支。

随着医药工业持续高速发展，必须充分认识"安全第一、预防为主、综合治理"的安全观对于医药工业生产的重要性。在设计过程中认真分析可能遇到的各种职业危险、危害因素，并根据国家和行业标准规范采取各种有效的劳动安全卫生防范措施，从设计上保障职工的安全和健康，防止和控制各类事故的发生，确保装置能安全生产，确保工程项目在劳动安全卫生方面符合国家的有关标准规范的要求。同时要用系统安全工程的科学方法，在初步设计、基础工程设计和详细工程设计阶段对工艺流程、总图、布置、设备选型、材料选择进行系统安全分析，对不安全因素采取措施，力争消灭在施工投产之前。

从医药工业生产角度，安全设计是工程设计的重要环节，工业安全主要有两个方面：①设计人员具体落实以防火防爆为主的安全措施；②防止污染扩散形成的暴露源对人身造成的健康危害。因此，安全工程人员除了通晓化工专业知识外，还要具备生物化学、燃烧、毒理、爆炸方面的知识，更要掌握系统安全分析技能，熟悉各种安全标准规范。

二、防火防爆

1. 防火防爆的基本概念

医药企业为创造安全生产的条件，必须采取各种措施防止火灾与爆炸的发生。

（1）燃点　某一物质与火源接触而能着火，火源移去后，仍能继续燃烧的最低温度称为它的燃点或着火点。

（2）自燃点　某一物质不需火源即自行着火，并能继续燃烧的最低温度称为它的自燃点或自行着火点。同一种物质的自燃点随条件的变化而不同。压力对自燃点有很大影响，压力越高，自燃点越低。自燃点是氧化反应速度的函数，而系统压力是影响氧化速度的因素之一。可燃气体与空气混合物的自燃点，随其组成改变而不同。混合物组成符合等当量反应计算量时，自燃点最低；空气中氧的浓度提高，自燃点亦降低。

（3）闪点　在规定的试验条件下，可燃性液体和固体表面产生的蒸汽与空气形成的混合物，遇火源能够闪燃的液体或固体的最低温度（采用闭杯法测定）。两种可燃液体混合物的闪点，一般介于原来两种液体的闪点之间，但常常并不等于由这两种组分的分子分数而求得的平均值，通常要比平均值低 $1 \sim 11$℃。具有最低沸点或最高沸点的二元混合液体，亦具有最低闪点或最高闪点。

燃点与闪点的关系：易燃液体的燃点高于闪点 $1 \sim 5$℃。可燃液体的闪点在 100℃ 以上者，燃点与闪点相差可达 30℃ 或更高；而苯、乙醚、丙酮等的闪点都低于 0℃，二者相差只有 1℃ 左右。对于易燃液体，因为燃点接近于闪点，所以在估计这类易燃液体的火灾危险性时，可以只考虑闪点而不考虑其燃点。

（4）爆炸　物系自一种状态迅速地转变成另一种状态，并在瞬间以机械功的形式放出大量能量的现象，称为爆炸。爆炸亦可视为气体或蒸气（汽）在瞬间剧烈膨胀的现象。

① 爆炸的分类 爆炸可分为物理性爆炸和化学性爆炸两大类。物理性爆炸是由于设备内部压力超过了设备所能承受的强度而引起的爆炸，没有化学反应产生。化学性爆炸分为简单分解爆炸物的爆炸、复杂分解爆炸物的爆炸、爆炸性混合物的爆炸。

② 爆炸极限 可燃的蒸汽、气体或粉尘与空气混合物，遇火源即能发生爆炸的最低浓度，称为该气体或蒸气（汽）的爆炸下限；刚足以使火焰蔓延的最高浓度，称为爆炸上限。在下限以下及上限以上的浓度时，不会着火。爆炸极限一般用可燃气体或蒸气在混合物中的体积分数或浓度（每立方米混合气体中含若干克）表示。

每种物质的爆炸极限不是固定的，而是随一系列条件变化而变化。混合物的初始温度越高，则爆炸极限的范围越大，即下限越低，而上限越高。当混合物压力在 0.1MPa 以上时，爆炸极限范围随压力的增加而扩大（一氧化碳除外）；当混合物压力在 0.1MPa 以下时，随着初始压力的减小，爆炸极限的范围也缩小；当混合物压力降到某一数值时，下限与上限结成一点，压力再降低，混合物即变成不可爆炸。这一最低压力，称为爆炸的临界压力。

2. 防火防爆技术

（1）发生火灾与爆炸的主要原因 任何种类的燃烧凡超出有效范围者，都称为火灾。火灾与爆炸发生的原因很复杂，一般可归纳为：①外界原因，如明火、电火花、静电放电、雷击等；②物质的化学性质，如可燃物质的自燃，危险物品的相互作用等；③生产过程和设备原因，如设计错误、不符合防火或防爆要求、设备缺少适当安全防护装置、密闭不良、操作时违反安全技术规程、生产用设备及通风采暖照明设备等失修与使用不当等。

（2）生产火灾危险性分类 生产火灾危险性是按照在生产过程中使用或产生物质的危险性进行分类的；可分为甲、乙、丙、丁、戊五类，以便在生产工艺、安全操作、建筑防火等方面区别对待，采取必要的措施，使火灾、爆炸的危险性减到最小限度。一旦发生火灾爆炸，将火灾影响限制在最小范围内。对于可燃气体采用爆炸下限分类：爆炸下限<10% 为甲类；爆炸下限≥10% 为乙类。受到水、空气、热、氧化剂等作用时能产生可燃气体的物质，按可燃气体的爆炸下限分类；对于可燃液体采用闪点分类：闪点<28℃ 为甲类；28℃≤闪点<60℃ 为乙类；≥60℃ 为丙类。有些固体如樟脑、萘、磷等能缓慢地挥发出可燃蒸气，有的物质受到水、空气、热、氧化剂等作用能产生可燃蒸气，也按其闪点分类。对于可燃粉尘、纤维一类的物质，凡是在生产过程中排出浮游状态的可燃粉尘、纤维物质，并能够与空气形成爆炸混合物的，全部列为乙类。甲、乙类生产厂房，属于有爆炸危险的建筑，建筑设计应采用防爆措施。生产火灾危险性分类见表 14-4。

表 14-4 生产火灾危险性分类

生产类别	火灾危险性的特征
甲	使用或生产下列物质： 1. 闪点<28℃的易燃液体； 2. 爆炸下限<10%的可燃气体； 3. 常温下能自行分解或在空气中氧化即能导致迅速自燃或爆炸的物质； 4. 常温下受到水或空气中水蒸气的作用，能产生可燃气体并引起燃烧或爆炸的物质； 5. 遇酸、受热、撞击、摩擦、催化以及遇有机物或硫黄等易燃的无机物，极易引起燃烧或爆炸的强氧化剂； 6. 受撞击、摩擦或与氧化剂、有机物接触时能引起燃烧或爆炸的物质； 7. 在密闭设备内操作温度不小于物质本身自燃点的生产

续表

生产类别	火灾危险性的特征
乙	使用或产生下列物质： 1. 28℃≤闪点＜60℃的易燃、可燃液体； 2. 爆炸下限≥10%的可燃气体； 3. 助燃气体和不属于甲类的氧化物； 4. 不属于甲类的化学易燃危险固体； 5. 生产中排出浮游状态的可燃纤维或粉尘，并能与空气形成爆炸性混合物者
丙	使用或产生下列物质： 1. 闪点≥60℃的可燃液体； 2. 可燃固体
丁	具有下列情况的生产： 1. 对非燃烧物质进行加工，并在高热或熔化状态下经常产生辐射热、火花或火焰的生产； 2. 利用气体、液体、固体作为燃料或将气体、液体进行燃烧作其他用的各种生产； 3. 常温下使用或非加工难燃烧物质的生产
戊	常温下使用或加工难燃烧物质的生产

注：在生产过程中，如使用或产生易燃、可燃物质的量较少，不足以构成爆炸或火灾危险时，可按实际情况确定其火灾危险性的类别。

一座厂房内或其防火墙间有不同性质的生产时，其分类应按火灾危险性较大的部分确定，但火灾危险性大的部分占本层面积的比例小于5%（丁、戊类生产厂房中的油漆工段小于10%），且发生事故时不足以蔓延到其他部位，或采取防火措施能防止火灾蔓延时，可按火灾危险性较小的部分确定。

（3）厂房的耐火等级 耐火等级高低是按建筑物耐火程度来划分的。为了限制火灾蔓延和减小爆炸损失，生产厂房必须具备一定的建筑耐火等级。根据我国《建筑设计防火规范》，将建筑物耐火等级分为四级，它是由建筑构件的燃烧性能和最低耐火极限决定的。具体划分时以楼板为基准，如钢筋混凝土楼板的耐火极限可达1.5h，即以一级为1.5h（二级为1.0h，三级为0.5h，四级为0.25h），然后再配备楼板以外的构件，并按构件在安全上的重要性分级选定耐火极限，如梁比楼板重要选2.0h，柱比梁更重要选2～3h，防火墙则需4h。一级耐火等级建筑，用钢筋混凝土结构楼板、屋顶、砌体墙组成；二级耐火等级建筑和一级基本相似，但所用材料的耐火极限可以较低；三级耐火等级建筑，用木结构屋顶、钢筋混凝土楼板和砖墙组成的砖木结构；四级耐火等级建筑，用木屋顶、难燃烧体楼板和墙的可燃结构。见表14-5。

表14-5　不同耐火等级厂房和仓库建筑构件的燃烧性能和耐火极限　　单位：h

构件名称		耐火等级			
		一级	二级	三级	四级
墙	防火墙	不燃性 3.00	不燃性 3.00	不燃性 3.00	不燃性 3.00
	承重墙	不燃性 3.00	不燃性 2.50	不燃性 2.00	难燃性 0.50
	楼梯间和前室的墙 电梯井的墙	不燃性 2.00	不燃性 2.00	不燃性 1.50	难燃性 0.50
	疏散走道两侧的隔墙	不燃性 1.00	不燃性 1.00	不燃性 0.50	难燃性 0.25
	非承重外墙 房间隔墙	不燃性 0.75	不燃性 0.50	难燃性 0.50	难燃性 0.25

续表

构件名称	耐火等级			
	一级	二级	三级	四级
柱	不燃性 3.00	不燃性 2.50	不燃性 2.00	难燃性 0.50
梁	不燃性 2.00	不燃性 2.00	不燃性 1.50	难燃性 0.50
楼板	不燃性 1.50	不燃性 1.00	不燃性 0.75	难燃性 0.50
屋顶承重构件	不燃性 1.50	不燃性 1.00	难燃性 0.50	可燃性

　　厂房的耐火等级、层数和面积应与生产的火灾危险类别相适应。甲、乙类生产应采用一、二级耐火等级；丙类生产应不低于三级；丁、戊类生产可任选一级。若采用一、二级耐火等级，因防火条件较好，层数可不限。但从便于疏散人员、扑救火灾出发，对甲、乙类生产除工艺上必须采用多层外，最好采用单层厂房；切不能将甲、乙类生产设在地下室或半地下室内。丙类生产火灾危险仍较大，采用三级耐火等级时，按照疏散和灭火的需要，不要超过两层。丁、戊类生产采用三级耐火等级时，可以多层但不能超过三层。从减少火灾损失出发，对各类生产的各级耐火等级厂房，防火墙间的占地面积也有不同限制。

　　（4）厂房的防爆　有爆炸危险的甲、乙类厂房宜独立设置，并宜采用敞开或半敞开式。其承重结构宜采用钢筋湿凝土或钢框架、排架结构。

表 14-6　厂房内爆炸性危险物质的类别与泄压比 (C) 规定值　　单位：m^2/m^2

厂房内爆炸性危险物质的类别	C 值
氨、粮食、纸、皮革、铅、铬、铜等 $K_尘 < 10MPa \cdot m/s$ 的粉尘	≥0.030
木屑、炭屑、煤粉、锑、锡等 $10MPa \cdot m/s < K_尘 < 30MPa \cdot m/s$ 的粉尘	≥0.055
丙酮、汽油、甲醇、液化石油气、甲烷、喷漆间或干燥室，苯酚树脂、铝、镁、锆等 $K_尘 > 30MPa \cdot m/s$ 的粉尘	≥0.110
乙烯	≥0.160
乙炔	≥0.200
氢	≥0.250

　　① 有爆炸危险的厂房或厂房内有爆炸危险的部位应设置泄压设施。泄压设施宜采用轻质屋面板、轻质墙体和易于泄压的门、窗等，应采用安全玻璃材料等在爆炸时不产生尖锐碎片。泄压设施的设置应避开人员密集场所和主要交通道路，并靠近有爆炸危险的部位。作为泄压设施的轻质屋面板和墙体质量不宜大于 $60kg/m^2$。屋顶上泄压设施应采取防冰雪积聚措施。厂房泄压面积宜按下式计算，但当厂房的长径比大于 3 时，宜将建筑划分为长径比不大于 3 的多个计算段，各计算段中的公共截面不得作为泄压面积：

$$A = 10CV^{2/3}$$

　　式中，A 为泄压面积，m^2；V 为厂房的容积，m^3；C 为泄压比，可按表 14-6 选取。

　　② 散发较空气轻的可燃气体、可燃蒸气的甲类厂房，宜采用轻质屋面板作为泄压面积。顶棚应尽量平整、无死角，厂房上部空间应通风良好。

　　散发较空气重的可燃气体、可燃蒸气的甲类厂房和有粉尘、纤维爆炸危险的乙类厂房，应符合下列规定：a. 采用不发火花的地面。采用绝缘材料作整体面层时，应采取防静电措施。b. 散发可燃粉尘、纤维的厂房，其内表面应平整、光滑，并易于清扫。c. 厂房内不宜设置地沟，确需设置时，其盖板应严密，地沟应采取防止可燃气体、可燃蒸气和粉尘、纤维在地沟积聚的有效措施，且应在与相邻厂房连通处采用防火材料密封。

　　有爆炸危险的甲、乙类生产部位，宜布置在单层厂房靠外墙的泄压设施或多层厂房顶层靠外墙的泄压设施附近。有爆炸危险的设备宜避开厂房的梁、柱等主要承重构件布置。

　　有爆炸危险的甲、乙类厂房的总控制室应独立设置。有爆炸危险的甲、乙类厂房的分控制室宜独立设置，当相邻外墙设置时，应采用耐火极限不低于 3.00h 的防火隔墙与其他部位分隔。有爆炸危险区域内的楼梯间、室外楼梯或有爆炸危险的区域与相邻区域连通处，应设置门斗等防护措施。门斗的隔墙应为耐火极限不低于 2.00h 的防火隔墙，门应采用甲级防火门并应与楼梯间的门错位设置。

　　③ 使用和生产甲、乙、丙类液体的厂房，其管、沟不应与相邻厂房的管、沟相通，下水道应设置隔油设施。甲、乙、丙类液体仓库应设置防止液体流散的设施。遇湿会发生燃烧爆炸的物品仓库应采取防止水浸渍的措施。

　　④ 有粉尘爆炸危险的筒仓，其顶部盖板应设置必要的泄压设施。有爆炸危险的仓库或仓库内有爆炸危险的部位，宜按上述厂房规定采取防爆措施、设置泄压设施。

　　厂房的安全疏散出口应分散布置，其中厂房的安全疏散距离（即厂房安全出口至最远工作地点的允许距离）见表 14-7。

表 14-7　厂房的安全疏散距离

生产类别	耐火等级	单层厂房/m	多层厂房/m
甲	一、二级	30	25
乙	一、二级	75	50
丙	一、二级	75	50
	三级	60	40
丁	一、二级	不限	不限
	三级	60	50
	四级	50	—
戊	一、二级	不限	不限
	三级	100	75
	四级	60	—

注：厂房安全出口一般不应少于两个，门、窗向外开。

3. 洁净厂房的防火与安全

　　制药工业有洁净度要求的厂房，在建筑设计上均考虑密闭（包括无窗厂房或有窗密闭操作的厂房）空调，所以更应重视防火和安全问题。

　　（1）洁净厂房的特点　①空间密闭。一旦火灾发生后，烟量特别大，对于疏散和扑救极为不利，同时由于热量无处泄漏，火源的热辐射经四壁反射，室内迅速升温，使室内各部位材料缩短达到燃点的时间。当厂房为无窗厂房时，一旦发生火灾不易被外界发现，故消防问题更显突出。②平面布置曲折，增加了疏散路线上的障碍，延长了安全疏散的距离和时间。③若干洁净室通过风管彼此相通，火灾发生时，特别是火灾刚起尚未发现而仍继续送回风时，风管将成为火及烟的主要扩散通道。

　　（2）洁净厂房的防火与安全措施　根据生产中所使用原料及生产性质，严格按《建筑设计防火规范》对生产的火灾危险性分类定位。一般洁净厂房无论是单层还是多层，均采用钢筋混凝土框架结构，耐火等级为一、二级。内装饰围护结构的材料符合表面平整、不吸湿、不透湿、隔热、保温、阻燃、无毒的要求。顶棚、壁板（含夹心材料）应为不燃体，不得采用有机复合材料。为便于生产管理和人流的安全疏散，应根据火灾危险性分类、建筑物的耐火等级决定厂房的防火间距。每座厂房按其分层，或单层大面积厂房按其生产性质（如火灾危险性、洁净等级、工序要求等）进行防火分区，配套相应的消防设施。

　　根据洁净厂房的特点，洁净厂房的安全与防火措施的重点是：

　　① 洁净厂房耐火等级不应低于二级，一般钢筋混凝土框架结构均满足二级耐火等级构造要求。

　　② 甲、乙类生产的洁净厂房，宜采用单层厂房，按二级耐火等级考虑，其防火分区最大允许占地面积，单层厂房应为 3000m²，多层厂房应为 2000m²。丙类生产的洁净厂房，按二级耐火等级考虑，其防火墙间最大允许占地面积，单层厂房应为 8000m²，多层厂房应为4000m²。厂房内设置自动灭火系统时，每个防火分区的最大允许建筑面积增加 1.0 倍。厂房内局部设置自动灭火系统时，其防火分区的增加面积可按局部面积的 1.0 倍计算。仓库内设置自动灭火系统时，除冷库的防火分区外，每座仓库的最大允许占地面积和每个防火分区的最大允许建筑面积可增加 1.0 倍。甲、乙类生产区域应采用防爆墙和防爆门斗与其他区域分隔，并应设置足够的泄压面积。

　　③ 为了防止火灾的蔓延，在一个防火区内的综合性厂房，其洁净生产与一般生产区域之间应设置非燃烧体防火墙封闭到顶。穿过隔墙的管线周围空隙应采用非燃烧材料紧密填塞。防火墙耐火极限要 4h。

　　④ 采取电气井及管道井技术。竖井的井壁应为非燃烧体，其耐火极限不应低于 1h，12cm 厚砖墙可满足要求。井壁口检查门的耐火极限不应低于 0.6h。竖井中各层或间隔应采用耐火极限不低于 1h 的不燃烧体。穿过井壁的管线周围应采用非燃烧材料紧密填塞。

　　⑤ 提高顶棚抗燃烧性能，有利于延缓顶棚燃烧倒塌或向外蔓延。甲、乙类生产厂房的顶棚应为非燃烧体，耐火极限不宜小于 0.25h，丙类生产厂房的顶棚应为非燃烧体或难燃烧体。

　　⑥ 洁净厂房每一生产层、每一防火分区或每一洁净区段的安全出口均不应少于两个。安全出口应分散均匀布置，从生产地点至安全出口（外部出口或楼梯）不得经过曲折人员净化路线。安全疏散门应向疏散方向开启，不得采用吊门、转门、推拉门及电动自控门。

　　⑦ 无窗厂房应在适当部位设门或窗，以备消防人员进入。当门窗口间距大于 80m 时，应在该段外墙的适当部位设置专用消防口，其宽度不应小于 750mm，高度不应小于1800mm，并有明显标志。

　　⑧ 对疏散距离的设置。根据火灾实验的温度-时间曲线，火灾初起阶段持续时间在 5～20min，起火点尚在局部燃烧，火势不稳定，因而这段时间对于人员疏散、抢救物资、消防灭火是极为重要的，故疏散时间与距离以此进行计算。一般制剂厂房为丙类生产，个别工序使用易燃介质，因此在车间布置时均将其安排在车间外围，有利于疏散。

　　人群在平地上行走速度约为 16m/min，楼梯上为 10m/min，考虑到途中附加的障碍，若控制疏散距离为 50m，可在 3～4min 内疏散完毕。此时一般尚处于火灾初起阶段，当然还需有明显的引导标志和紧急照明为前提。

　　《建筑设计防火规范》对一级或二级耐火建筑物中乙类生产用室疏散距离规定是单层厂房 75m、多层厂房 50m。

目前设计中，对安全疏散有两种误区：一种是强调生产使用面积，因而安全出口只借用人员净化路线或穿越生产岗位设出口，缺少疏散路线指示标志；另一误区是不顾防火分区面积，不考虑同一时间生产人员的人数和火灾危险性的类别，单纯强调安全疏散的重要性。作为设计者，在符合《建筑设计防火规范》的条件下，应设法提高生产使用面积，以有效地节约工程投资费用。

按生产类别，药物制剂绝大部分属丙类，极个别属甲、乙类（如不溶于水而溶于有机溶剂的冻干类产品），故在防火分区中应严格按《建筑设计防火规范》规定设置安全出口。以丙类厂房为例，面积超过 $500m^2$，同一时间生产人员在 30 人左右，宜设 2～3 个安全出口。其位置应与室外出口或楼梯靠近，避免疏散路线迂回曲折，耐火等级采用一级二级时其路线从最远点至外部出口（或楼梯）单层厂房的疏散距离为 80m、多层厂房为 60m。洁净区的安全出口安装密闭式平开门，并在疏散路线安装疏散指示灯。楼梯间设防火门，此外，洁净厂房疏散走廊，应设置机械防排烟设施。为及时灭火，还宜设置建立烟感报警和自动喷淋灭火系统。

根据《医药工业洁净厂房设计标准》（GB 50457—2019），厂房的每个防火分区、各防火分区内的每个楼层以及每个相对独立的洁净生产区的安全出口或安全疏散门的数量应符合现行国家标准《建筑设计防火规范》（GB 50016—2014）的有关规定；安全出口或安全疏散门应分散布置，并应设明显的疏散标志，从生产地点至安全出口不应经过曲折的人员净化路线，安全疏散距离应符合现行国家标准《建筑设计防火规范》GB 50016—2014 有关规定；除甲类、乙类生产区外，当洁净区的面积不大于 $100m^2$，且同一时间的生产人数不超过 5 人时，人员净化路线可兼做疏散路线，净化路线上联锁门的联锁装置应同时解除；甲类、乙类生产区的安全疏散应采用平开门，并应向疏散方向开启。洁净度级别为 A 级、B 级的医药洁净室，安全疏散门中的一个可采用钢化玻璃固定门。

4. 静电的消除

静电的主要危害表现为：在生产上影响效率和成品率，在安全上可能引起火灾、爆炸等事故。

洁净室消除静电应从消除起电的原因、降低起电的程度和防止积累的静电对器件的放电等方面入手综合解决。

（1）消除起电原因　消除起电原因最有效方法之一是采用高电导率的材料来制作洁净室的地坪、各种面层和操作人员的衣鞋。为了使人体服装的静电尽快地通过鞋及工作地面泄漏于大地，工作地面的导电性能起着很重要的作用。因此，对地面抗静电性能的要求是抗静电地板对静电来说是良导体，可让静电泄漏，而对 220V、380V 交流工频电压则是绝缘体，以保证人身安全。

（2）减少起电程度　可通过各种物理和化学方法来加速电荷的泄漏以减少起电程度。①物理方法。a. 接地是消除静电的一种简单、可靠、省钱的有效方法，其接地必须符合安全技术规程的要求。b. 调节湿度法。控制生产车间的相对湿度在 40%～60%，可以有效地降低起电程度，减少静电发生。提高相对湿度可以使衣服纤维材料的起电性能降低，当相对湿度超过 65% 时，材料中所含水分足以保证积聚的电荷全部泄漏掉。②化学方法。化学处理是减少电气材料上产生静电的有效方法之一。它是在材料的表面镀覆特殊的表面膜层和采用抗静电物质。如在地坪和工作台介质面层的表面、设备和各种夹具的介质部分上涂覆一层暂时性的或永久性的表面膜。

第四节 工程经济

一、工程项目的设计概算

概算是指大概计算车间的投资。其作为上级机关对基本建设单位拨款的依据，同时也作为基本建设单位与施工单位签订合同付款及基本建设单位编制年度基本建设计划的依据。由于扩初设计没有详细的施工图纸，每个车间的费用不可能很详细地编制出来。概算主要提供有关车间建筑、设备及安装工程费用的基本情况。

预算是施工图设计阶段编制对车间建设进行的投资预算，包括车间内部的全部费用，作为国家对基本建设单位正式拨款的依据，也为基本建设单位与施工单位进行工程竣工后结算的依据。由于有了施工图，故有条件编制得详细和完整。

每个生产车间的概（预）算包括土建、给排水、采暖通风、特殊构筑物、电气照明、工艺设备及安装、工艺管道、电气设备及安装等工程和器械、工具及生产用家具购置等的概（预）算。工程预算根据各工程数量乘以工程单价，采用表 14-8 的格式编制的。整个车间的综合概（预）算汇总采用表 14-9 的格式。

表 14-8 ×××预算书格式

建设单位名称：

预算：   元（其中包括设备费、安装费和购置费）

技术经济指标：   单位、数量

预算书编号：

工程名称：

工程项目：

根据 图纸 设备明细表及×××年价格和定额编制

序号	项目名称和项目编号	设备及安装工程名称	数量及单位	重量/t		预算价值/元					
				单位重量	总重量	单位价值			总价值		
						设备	安装工程		设备	安装工程	
							总计	其中工资		总计	其中工资

编制人：   审核人：负责人：

×年×月×日 编制

表 14-9 综合概（预）算汇总

序号	概预算书编号	工程和费用名称	概、预算价值/元						技术经济指标		
			建筑工程	设备	安装工程	器械、工具及生产用家具购置	其他费用	总值	单位	数量	单位价值/元

1. 工程概算费用的分类

（1）设备购置费 包括设备原价及运杂费用，如需要或不需要安装的所有设备、工器具及生产家具（用于生产的柜、台、架等）购置费；备品备件（设备、机械中较易损坏的重要零部件材料）购置费；作为生产设备使用的化工原料和化学药品及一次性填充物购置费。

（2）安装工程费　包括主要生产、辅助生产、公用工程项目中需要安装的工艺、电气、自控、机运、机修、电修、仪修、通风空调、供热等定型设备、非标准设备及现场制作的气柜、油罐的安装工程费；工艺、供热、供排水、通风空调、净化及除尘等各种管道的安装工程费；电气、自控及其他管线、电线、电缆等材料的安装工程费；现场进行的设备内部充填、内衬，设备及管道防腐、保温（冷）等工程费；为生产服务的室内供排水、煤气管道、照明及避雷、采暖通风等的安装工程费。

（3）建筑工程费　包括土建工程：主要生产、辅助生产、公用工程等的厂房、库房、行政及生活福利设施等建筑工程费；构筑物工程：各种设备基础、操作平台、栈桥、管架管廊、地沟、冷却塔、水池、道路、围墙、厂门等工程费；场地平整及厂区绿化等工程费；与生活用建筑配套的室内供排水、煤气管道、照明及避雷、采暖通风等安装工程费。

（4）其他费用　是指工程费用以外的建设项目必须支出的费用。

① 建设单位管理费　建设项目从立项、筹建、建设、联合试运转及后评估等全过程管理所需费用。内容为：a. 建设单位开办费。是指新建项目为保证筹建和建设期间工作正常进行所需办公设备、生活家具、用具、交通工具等购置费用；b. 建设单位经费。是指建设单位管理人员的基本工资、工资性补贴、劳动保险费、职工福利费、劳动保护费、待出保险费、办公费、差旅交通费、工会经费、职工教育经费、固定资产使用费、工具用具使用费、标准定额使用费、技术图书资料费、生产工人招募费、工程招标费、工程质量监督检测费、合同契约公证费、咨询费、审计费、法律顾问费、业务招待费、排污费、绿化费、竣工交付使用清理及竣工验收费、后评估费用等。

② 临时设施费　建设单位在建设期间所用临时设施的搭设、维修、摊销费用或租赁费用。

③ 研究试验费　是指为本建设项目提供或验证设计参数、数据资料等进行必要的研究试验及按设计规定在施工中必须进行试验、验证所需的费用，以及支付科技成果、先进技术等的一次性技术转让费。

④ 生产准备费　是指新建企业或新增生产能力的企业，为保证竣工交付使用进行必要生产准备所发生的费用。包括：生产人员培训费；生产单位提前进厂费。

⑤ 土地使用费　是指建设项目取得土地使用权所需支付的土地征用及迁移补偿费用或土地使用权出让金。

⑥ 勘察设计费　是指为本建设项目提供项目建议书、可行性研究报告及设计文件所需费用（含工程咨询、评价等）。

⑦ 生产用办公与生活家具购置费　是指新建项目为保证初期正常生产、生活和管理所必需的或改扩建项目新补充的办公、生活家具等费用。

⑧ 生产装置联合试运转费　新建企业或新增生产能力的扩建企业，按设计规定标准，对整个生产线或车间进行预试车和生产投料试车所发生的费用支出大于试运转收入的差额部分费用。

⑨ 供电补贴费　指建设项目申请用电或增加用电容量时，应交纳的由供电部门规划建设的 110kV 及以下各级电压的外部供电工程费用。

⑩ 工程保险费　为建设项目对建设期间付出施工工程实施保险部分的费用。

⑪ 工程建设监理费　指建设单位委托工程监理单位，按规范要求对设计及施工单位实施监理与管理所发生的费用。

⑫ 施工机构迁移费　为施工企业因建设任务的需要，成建制由原基地（或施工点）调往另一施工地承担任务而发生的迁移费用。

⑬ 总承包管理费　总承包单位在组织从项目立项开始直到工程试车竣工等全过程中的管理费用。

⑭ 引进技术和进口设备所需的其他费用。

⑮ 固定资产投资方向调节税　国家为贯彻产业政策调整投资结构，加强重点建设而收缴的税金。

⑯ 财务费用　指为筹集建设项目资金所发生的贷款利息、企业债券发行费、国外借款手续费与承诺资、汇兑净损失及调整外汇手续费、金融机构手续费以及筹措建设资金发生的其他财务费用。

⑰ 预备费　包括基本预备费（指在初步设计及概算内难以预料的工程和费用）与工程造价调整预备费两部分。

⑱ 经营项目铺底流动资金　经营性建设项目为保证生产经营正常进行，按规定列入建设项目总资金的铺底流动资金。

2. 工程概算的划分

在工程设计中，对概算项目的划分是按工程性质类别进行的，这样可便于考核工程建设投资的效果。我国设计概算项目划分为四个部分。

（1）工程费用　系指直接构成固定资产项目的费用。它是由主要生产项目、辅助生产项目、公用工程项目（供排水，供电及电讯，供汽，总图运输，厂区之内的外管）、服务性工程项目、生活福利工程项目及厂外工程项目六个项目组成。

（2）其他费用　系指工程费用以外的建设项目必须支付的费用。具体包括上述一、1.（4）其他费用中的第①～⑪款、第⑬款以及城市基础设施配套费等项目。

（3）总预备费　包括基本预备费和涨价预备费两项。前者指在初步设计及其设计概算中未可预见的工程费用；后者指在工程建设过程中由于价格上涨、汇率变动和税费调整而引起的投资增加需预留的费用。

（4）专项费用　①投资方向调节税。有时国家在特定期间可停止征收此项税费。②建设期贷款利息。指银行利用信用手段筹措资金对建设项目发放的贷款，在建设期间根据贷款年利率计算的贷款利息金额。③铺底流动资金。按规定以流动资金（年）的 30% 作为铺底流动资金，列入总概算表。注意该项目不构成建设项目总造价（即总概算价值），只是将该资金在工程竣工投产后，计入生产流动资产。

二、项目投资

1. 总投资构成

建设项目总投资是指为保证项目建设和生产经营活动正常进行而发生的资金总投入量，它包括项目的固定资产投资及伴随着固定资产投资而发生的流动资产方面的投资，见图 14-6。

固定资产投资包括建筑工程费、设备购置费（含工具及生产用具购置费）、安装工程费及其他费用四大类。

流动资产投资包括定额流动资金和非定额流动资金。定额流动资金包括储备资金、生产资金和成品资金。这三部分资金是企业流动资金的主要组成部分，其占用量最多。非定额流动资金包括货币资金和结算资金。这两部分资金影响因素较多，需用量变化较大，很难事先

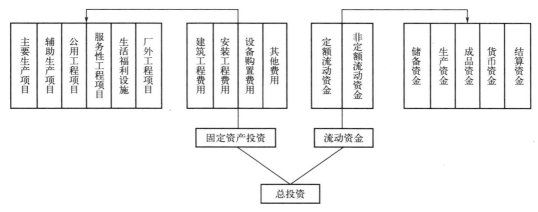

图 14-6　项目投资构成图

确定一个确切的数额，故称非定额流动资金。建设项目总投资的计算公式如下：

不包括建设期投资贷款利息的总投资：

$$总投资＝固定资产投资＋流动资金$$

包括建设期投资贷款利息的总投资：

$$总投资＝固定资产投资＋固定资产投资贷款建设期利息＋流动资金$$

2. 投资估算方法

项目建设总投资通常由三部分构成：基本建设投资、生产经营所需要的流动资金和建设期贷款利息。

（1）基本建设投资估算　基本建设投资是指拟建项目从筹建到建筑、安装工程完成及试车投产的全部建设费，是由单项工程综合估算、工程建设其他费用项目估算和预备费组成。

① 单项工程综合估算　是指按某个工程分解成若干个单项工程进行估算，如把一个车间分解为若干个装置，然后对若干个装置逐个进行估算。汇总所有的单项工程估算即为单项工程综合估算，它包括主要生产项目、辅助生产项目、公用工程项目、服务性工程项目、生活福利设施和厂外等工程项目的费用，是直接构成固定资产的项目费用。单项工程综合估算通常由建筑工程费用、设备购置费用和安装工程费用组成。

② 工程项目其他费用　是指一切未包括在单项工程投资估算内，但与整个建设有关，按国家规定可在建设投资中开支的费用。工程建设其他费用，包括土地购置及租赁费、赔偿费、建设单位管理费、交通工具购置费、临时工程设施费等。此部分费用是按照工程综合费用的一定比例计算的。

③ 预备费　是指一切不能预见的与工程相关的费用。在进行估算时，要把每一项工程，按照设备购置费、安装工程费、建筑工程费和其他基建费等分门别类进行估算。由于要求精确严格，估算都是以有关政策、规范、各种计算定额标准及现行价格等为依据。在各项费用估算完毕后，将工程费用、其他费用、预备费各个项目分别汇总列入总估算表。采用这种方法所得出的投资估算结果是比较精确的。

（2）流动资金的估算　流动资金一般参照现有类似生产企业的指标估算。根据项目特点和资料掌握情况，可以采用产值资金率法、固定资金比例法等扩大指标粗略估算方法，也可以按照流动资金的主要项目分别详细估算，如定额估算法。

① 产值资金率法　即按照每百元产值占用的流动资金数额乘以拟建项目的年产值来估算流动资金。一般加工工业项目多采用此法进行流动资金估算。计算公式为：

流动资金额＝拟建项目产值×类似企业产值资金率

② 固定资金比例法　按照流动资金与固定资金的比例来估算流动资金额，即按固定资金投资的一定百分比来估算。计算公式为：

流动资金额＝拟建项目固定资产价值总额×类似企业固定资产价值资金率

式中，类似企业固定资产价值资金率是指流动资金占固定资产价值总额的百分比。

在缺乏足够数据时，流动资金也可按固定资金的 12％～20％估计。

汇总基本建设投资和流动资金及建设期贷款利息之和即为工程项目建设的总投资。

三、成本估算

1. 产品成本的构成及其分类

（1）产品成本的构成　产品成本是指工业企业用于生产和经营销售产品所消耗的全部费用，包括耗用的原料及主要材料、辅助材料费、动力费、工资及福利费、固定资产折旧费、低值易耗品摊销及销售费用等。通常把生产划分为制造成本、行政管理费、销售与分销费用、财务费用和折旧费四大类，前三类成本的总和称为经营成本，其关系见图 14-7 所示。由图 4-17 看出，经营成本是指生产总成本减去折旧费和财务费用（利息）。经营成本的概念在编制项目计算期内的现金流量表和方案比较中是十分重要的。

（2）产品成本的分类　产品成本根据不同的需要分类并具有特定的含义，国内在计划和核算成本中，通常将全部生产费用分类为要素成本和项目成本。为了便于分析和控制各个生产环节上的生产耗费，产品成本通常计算项目成本。项目成本是按生产费用的经济用途和发生地点来归集的，见图 14-8。

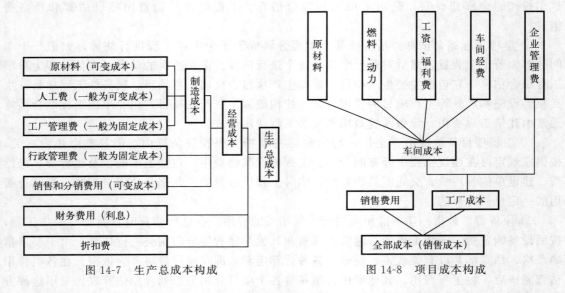

图 14-7　生产总成本构成　　　　图 14-8　项目成本构成

在投资项目的经济评价中，还要求将产品成本划分为可变成本与固定成本。可变成本是指在产品总成本中随着产量增减而增减的费用，如生产中的原材料费用、人工工资（计件）等。固定成本是指在产品的总成本中，在一定的生产能力范围内，不随产量的增减而变动的费用，如固定资产折旧费、行政管理费及人工工资（计时工资）等。项目经济评价中可变成本与固定成本的划分通常是参照类似企业两种成本占总成本的比例来确定。

2. 产品成本估算

年产品成本估算以成本核算原理为指导，在掌握有关定额、费率及同类企业成本水平等资料的基础上，按产品成本的基本构成，分别估算产品总成本及单位成本。为此，先要估算以下费用。

（1）原材料　指构成产品主要实体的原料和主要材料，以及有助于产品形成的辅助材料，而单耗是生产每千克产品所需要各种原材料的质量（kg）。

$$单位产品原材料成本 = 单位产品原材料消耗定额 \times 原材料价格$$

（2）工资及福利费　指直接参加生产的工人工资和按规定提取的福利基金。工资部分按直接生产工人定员人数和同行业实际平均工资水平计算；福利费按工资总额的一定百分比计算。

（3）燃料和动力　指直接用于工艺过程的燃料和直接供给生产产品所需的水、电、蒸气、压缩空气等公用工程费用，分别根据单位产品消耗定额乘以单价计算。

（4）车间经费　指为管理和组织车间生产而发生的各种费用：一种方法是根据车间经费的主要构成内容分别计算折旧费、维修费和管理费；另一种方法是按照车间成本的前三项（图14-8）之和的一定百分比计算。无论采用哪种方法，估算时都应分析同类型企业的开支水平，再结合本项实际考虑一个改进系数。

以上（1）～（4）之和构成车间成本。

（5）企业管理费　指为组织和管理全厂生产而发生的各项费用。企业管理费的估算与车间经费估算的方法相类似：一种方法是分别计算厂部的折旧费、维修费和管理费；另一种方法是按车间成本或直接费用的一定百分比计算。企业管理费的估算也应在对现有同类企业的费用情况分析后求得，企业管理费与车间成本之和构成工厂成本。

（6）销售费用　指在产品销售过程中发生的运输、包装、广告、展览等费用。销售费用与工厂成本两者之和构成销售成本，即总成本或全部成本。销售费用估算一般在分析同类企业费用基础上，考虑适当的改进系数。按照直接费用或工厂成本的一定比例求得。

（7）经营成本　经营成本的估算在上述总成本估算的基础上进行。计算公式为：

$$经营成本 = 总成本 - 折旧 - 流动资金利息$$

投产期各年的经营成本按下式估算：

$$经营成本 = 单位可变经营成本 \times 当年产量 + 固定总经营成本$$

在医药生产过程中，往往在生产某一产品的同时，还生产一定数量的副产品。这部分副产品应按规定的价格计算其产值，并从上述工厂成本中扣除。

此外，有时还有营业外的损益，即非生产性的费用支出和收入。如停工损失、"三废"污染、超期赔偿、科技服务收入、产品价格补贴等，都应计入成本（或从成本中扣除）。

3. 折旧费的计算方法

折旧是固定资产折旧的简称，是将固定资产的机械磨损和精神磨损的价值转移到产品的成本中去。折旧费就是这部分转移价值的货币表现，折旧基金也是对两种磨损的补偿。

折旧费的计算是产品成本、经营成本估算的重要内容。常用的折旧费计算方法如下所述。

（1）直线折旧法　直线折旧法亦称平均年限法，是指按一定的标准将固定资产的价值平均转移为各期费用，即在固定资产折旧年限内，平均地分摊其磨损的价值。其特点是在固定资产服务年限内的各年的折旧费相等。年折旧率为折旧年限的倒数，也是相等的。折旧费分摊的标准有使用年限、工作时间、生产产量等，计算公式如下：

$$固定资产年折旧费 = \frac{固定资产原始价值 - 预计残值 + 预计清理费}{预计使用年限}$$

（2）曲线折旧法 曲线折旧法是在固定资产使用前后期不等额分摊折旧费的方法。它特别考虑了固定资产的无形损耗和时间价值因素。曲线折旧法可分为前期多提折旧的加速折旧法和后期多提折旧的减速折旧法。目前较常用的是前期多提折旧的加速折旧法，包括余额递减折旧法和双倍余额递减法两种。

① 余额递减折旧法 即以某期固定资产价值减去该期折旧额后的余额，依次作为下期计算折旧的基数，然后乘以某个固定的折旧率，故又称为定率递减法。计算公式如下：

$$年折旧费 = 年初折余价值 \times 折旧率$$
$$年初折余价值 = 固定资产原始价值 - 累计折旧费$$

$$折旧率 = 1 - \left(\frac{固定资产净残值}{固定资产原始价值}\right)^{1/n}$$

式中，n 为使用年限。

② 双倍余额递减法 是在固定资产使用年限最后两年的前面各年，用直线折旧法折旧率的两倍作为固定的折旧率乘以逐年递减的固定资产期初净值，得出各年应提折旧额的方法；在固定资产使用年限的最后两年改用直线折旧法，将倒数第二年初的固定资产账面净值在这两年平均分摊。双倍余额递减法的计算公式如下：

$$年折旧费 = 年折余价值 \times 折旧率$$
$$年折余价值 = 固定资产原始价值 - 累计折旧费$$

年折旧率为直线法折旧率的 2 倍。采用使用年限法时为：

$$折旧率 = \frac{2}{预计使用年限}$$

在项目经济要素的估算过程中，折旧费的具体计算应根据拟建项目的实际情况，按照有关部门的规定进行。我国绝大部分固定资产是按直线法计提折旧，折旧率采用国家根据行业实际情况统一规定的综合折旧率。根据国家有关建设期利息计入固定资产价值的规定，项目综合折旧费的计算公式如下：

$$年折旧费 = \frac{固定资产投资 \times 固定资产形成率 + 建设期利息 - 净残值}{折旧年限}$$

四、工程项目的财务评价

项目财务评价是指在现行财税制度和价格条件下，从企业财务角度分析计算项目的直接效益和直接费用，以及项目的盈利状况、借款偿还能力、外汇利用效果等，以考察项目的财务可行性。

根据是否考虑资金的时间价值，可把评价指标分成静态评价指标和动态评价指标两大类。因项目的财务评价是以进行动态分析为主，辅以必要的静态分析，所以财务评价所用的主要评价指标是财务净现值、财务净现值比率、财务内部收益期、动态投资回收期等动态评价指标，必要时才用静态投资回收期、投资利润率、投资利税率和静态借款偿还期等静态评价指标。常用的评价指标如下所述。

1. 静态投资回收期

静态投资回收期又称还本期（payout time），即还本年限，是指项目通过项目净收益（利润和折旧）回收总投资（包括固定资产投资和流动资金）所需的时间，以年表示。

当各年利润接近可取平均值时，有如下关系：

$$P_t = \frac{I}{R}$$

式中，P_t 为静态投资回收期；I 为总投资额；R 为年净收益。

求得的静态投资回收期 P_t 与部门或行业的基准投资回收期 P_c 比较，当 $P_t \leqslant P_c$ 时，可认为项目在投资回收上是令人满意的。静态投资回收期只能作为评价项目的一个辅助指标。

2. 投资利润率

投资利润率是指项目达到设计生产能力后的一个正常生产年份的年利润总额与项目总投资的比率。对生产期内各年的利润总额变化幅度较大的项目应计算生产期年平均利润总额与总投资的比率。它反映单位投资每年获得利润的能力，其计算公式为：

$$投资利润率 = \frac{R'}{I} \times 100\%$$

式中，R' 为年利润总额；I 为总投资额。

年利润总额 R' 的计算公式为：

年利润总额＝年产品销售收入－年总成本－年销售税金－年资源税－年营业外净支出

总投资额 I 的计算公式为：

总投资额＝固定资产总投资（不含生产期更新改造投资）＋建设期利息＋流动资金

评价判据：当投资利润率＞基准投资利润率时，项目可取。

基准投资利润率是衡量投资项目可取性的定量标准或界限。在西方国家，是由各公司自行规定，称为最低允许收益率。后来在工业项目评估中成为基准。

 思考题

1. 洁净室的门窗设计要注意哪些问题？
2. 环氧树脂自流平地面的工艺操作如何进行？
3. 仓库的托盘可采用哪些材质？各有什么特点？
4. 甲级防爆车间和乙级防爆车间的定义是什么？
5. 消除药厂静电的方法有哪些？

参 考 文 献

[1] 张珩. 制药工程工艺设计. 3 版. 北京：化学工业出版社，2018.
[2] 张珩，万春杰. 药物制剂过程装备与工程设计. 北京：化学工业出版社，2012.
[3] 张珩，王存文，汪铁林. 制药设备与工艺设计. 3 版. 北京：高等教育出版社，2018.
[4] 郭永学. 制药设备与车间设计. 2 版. 北京：中国医药科技出版社，2019.
[5] 张珩. 反应工程简明教程. 北京：高等教育出版社，2013.
[6] 丁一刚. 化学反应工程简明教程. 2 版. 北京：化学工业出版社，2015.
[7] 国家食品药品监督管理局. 药品生产质量管理规范，2010.
[8] 中石化上海工程有限公司. 化工工艺设计手册（上、下册）. 5 版. 北京：化学工业出版社，2018.
[9] 王志祥. 制药工程学. 3 版. 北京：化学工业出版社，2015.
[10] 陈燕忠，朱盛山. 药物制剂工程. 2 版. 北京：化学工业出版社，2018.
[11] 许钟麟. 空气洁净技术原理. 3 版. 北京：科学出版社，2003.
[12] 张功臣. 制药用水，北京：化学工业出版社，2021.
[13] 朱宏吉，张明贤. 制药设备与工程设计. 2 版. 北京：化学工业出版社，2011.
[14] 朱世斌，刘红. 药品生产质量管理工程. 3 版. 北京：化学工业出版社，2022.
[15] 陈甫雪，尹宏权，李欢，等. 制药过程安全与环保. 2 版. 北京：化学工业出版社，2023.